程序设计基础——数据结构
（C 语言版）

冯 山 编著

科 学 出 版 社
北 京

内 容 简 介

程序设计基础包含编程语言、数据结构和算法设计与分析等内容。数据结构是提高程序设计技术和算法设计水平的关键。本书涉及经典数据结构及其算法，可作为数据结构课程学习的参考教材。内容共分三部分：第一部分包含数据结构和算法分析相关的概念、术语和抽象数据类型（ADT）描述方法（第1章）；第二部分讨论经典数据结构及相关算法（第2～7章）；第三部分讨论排序和查找类问题及其相关算法（第8～9章）。本书取材经典，内容呈现方式简洁，概念表述清晰，算法设计与描述严格遵守输入-处理-输出（IPO）规范，案例图表展示清楚。每章配有课外习题，方便读者掌握并运用所学内容。

本书适合计算机类或信息类相关专业的读者使用，也可供从事计算机类工作的科技工作者参考。

图书在版编目(CIP)数据

程序设计基础：数据结构：C 语言版 / 冯山编著. -- 北京：科学出版社, 2025. 6. -- ISBN 978-7-03-080263-7

Ⅰ. TP312.8

中国国家版本馆 CIP 数据核字第 202471RH09 号

责任编辑：陈丽华 / 责任校对：彭 映
责任印制：罗 科 / 封面设计：墨创文化

科学出版社 出版
北京东黄城根北街16号
邮政编码：100717
http://www.sciencep.com

成都锦瑞印刷有限责任公司 印刷
科学出版社发行 各地新华书店经销

*

2025 年 6 月第 一 版 开本：787×1092 1/16
2025 年 6 月第一次印刷 印张：19 1/4
字数：457 000

定价：70.00 元

（如有印装质量问题，我社负责调换）

前　言

瑞士著名计算机科学家尼克劳斯·沃思(Niklaus Wirth)教授提出的“程序=算法+数据结构”的观点深刻影响着程序设计的学习内容和途径。程序设计基础包含编程语言基本技巧(如 C/C++)、数据结构和算法等内容。数据结构是编程技术水平和算法设计与分析能力提升的理论基础。在算法实践中，良好的抽象思维和软件工程规范性养成，好算法的设计和好程序的编写，是数据结构课程学习的基本要求。学习数据结构，要充分运用输入-处理-输出(IPO)思维方法、自顶向下(FTTB)逐步求精与自底向上(FBTT)逐步综合的设计与实现方法、模块化思想，以及结构化编程技术。从具体到抽象的抽象数据类型(ADT)思维方式是提升数据抽象能力的有力保证。

本书源自四川师范大学的校级规划教材计划和教改项目支撑，基于作者 30 余年数据结构课程教学经验的积累，它以实际教学教案为蓝本，历经 6 年时间整理而成。

在内容组织上，主要参照了国内外经典教材的结构和内容，以便保持数据结构课程学习的系统性和兼容性，但略去了动态内存管理、外排序和文件等章节的内容，以便读者能够更集中地学习和掌握课程的核心内容。

在撰写方式上，本书具有如下特点：

(1) 强调和突出概念、术语、原理、方法的重要性。陈述尽量准确、简单、明了，且尽量结合生活常识或案例进行解读。

(2) 对数据结构和算法相关的常识，以脚注形式给出，以免影响阅读连贯性。同时，有助于提升学习者的学习兴趣，扩大知识面。

(3) 提供了丰富的图表，以便读者清晰地了解数据逻辑结构、存储结构和算法结构等。

(4) 以课外思考形式引导读者进行课外拓展。

(5) 各章增设了较为丰富的课外习题，为课程内容消化与提升提供了必要的素材。

在统稿和修订过程中，作者对书本结构、文字与图表等均进行了多次审阅和修订。但是，由于作者本身认知水平的局限，难免还有一些考虑和表达不足之处。恳请各位读者在使用过程中提出宝贵的批评指正建议。

冯山

2024 年 8 月于蓉城狮子山

读者须知：

对数据结构内容的组织，本书力图让读者认知和构建如下知识体系。

(1) 研究内容：被加工者—数据，加工者—基本操作，应用—综合算法。

(2) 研究手段：对待求解问题进行一般化的 ADT 描述。它由三方面内容组成：一是待加工对象(元素集合)的构成研究；二是元素关系的数学模型描述；三是抽取待加工对象在给定关系下的基本操作。待加工对象及其元素关系是传统的(狭义)数据结构研究内容。

(3) 知识基点：基本概念体系要清晰，术语运用和理解要准确。尤其是逻辑结构、存储结构、顺序映射、非顺序映射、虚拟存储结构、抽象数据类型等。

(4) 思维基础：要特别注意 IPO、自顶向下设计和自底向上设计等模块化思想及结构化编程技术的掌握和运用，它们是增强学习信心的方法保障。同时，要注意掌握经典算法的基本思想。

(5) 实现方法：经典数据逻辑结构有集合、线性表、树和图四种，存储结构有顺序表和链表两种类别。在 C/C++背景下，存储结构的实现有两类五种方式：静态顺序表、动态顺序表、动态链表、动态分配的静态链表和静态分配的静态链表。

围绕 ADT 三要素“数据对象+数据结构+基本操作”，具体内容安排如下。

绪论。讨论数据结构的研究目的、内容、方法和基本术语的概念体系，基于 ADT 的数据结构研究方法、算法及其评价方法，以及算法书写规范约定等。

集合与线性表及其限定与拓展，共分为 4 章。第 2 章介绍集合与一般线性表。集合不关心元素关系，线性表只关心元素间的线性逻辑关系。除此以外，没有其他约束。因此，本章对线性表的两类五种存储结构及其算法设计与实现方法进行系统性讨论。第 3 章介绍操作受限的线性表：堆栈与队列。要注意理解堆栈与队列本质上的辩证统一性。第 4 章介绍元素类型受限的线性表：字符串。主要关注定长顺序和块链存储结构，以及字符串核心操作子集。第 5 章介绍元素维度和结构扩展，是对线性表表示能力的一般化提升。

非线性结构。第 6 章介绍线性关系的后继唯一性拓展。第 7 章介绍线性关系的前驱唯一性拓展，拓展后形成网关系，问题表达能力更强。这两章涉及的数据结构和算法更复杂，经典算法较多，需要读者花费更多精力学习和掌握。

排序与查找。第 8 章介绍内部排序，第 9 章介绍查找。它们可以被看作对经典数据结构的拓展应用研究。其中，需要掌握经典数据结构和算法思想。

另外，每章都配置丰富的课外习题。带*部分可根据专业培养需要和读者背景选学。

在陈述和分析相关知识时，本书尽量做到准确和简洁，对原理和方法的讨论，尽量采用实际案例并以图表展示，以便读者直观理解概念内涵和原理方法实质。在组织和编写上，尽量结合作者长期的教学经验布局各章节内容，且所有案例都经过演算验证。

要想培养数据结构及算法设计能力，就要不断地进行实践训练，避免出现“听得懂，做不来”的问题。为了尽快掌握和运用所学理论解决实际问题，建议读者要积极完成相关实验，以提升解决实际问题的能力。总结适合自己的学习方法，继而遵照执行，往往能达到事半功倍的学习效果。以下是作者归纳的学习心法，希望对大家有用：

(1) 基于 IPO 思想的自顶向下设计和自底向上设计模块化思维训练。

(2) 学习七步：概念→关系→原理→方法→过程→演算→反思。

目　　录

第1章 绪　　论

当计算机技术和产品全面融入人们生产和生活的方方面面时，如何更好地组织和处理计算机要加工的对象，是软件开发者面临的基本问题。对程序对象的专门组织和管理研究源于两大原因：一是随着计算机应用领域的广泛渗透，程序设计不再局限于科学计算类的纯数值问题求解，而是要对具有一定结构的数据对象进行加工处理，这使得程序设计活动面临许多新的需要解决的问题，如字符、表格、图形、图像和声音等数据对象的表示与处理。二是人们发现，要编写出好的程序系统，必须对数据对象的数据特性和数据对象间的关系进行专门分析、梳理和组织。

对计算机中需要加工的数据对象进行组织、管理和研究，以便编写好程序，是本书研究的核心动力。

1.1　数据结构

1.1.1　数据结构的一般概念

要准确认识数据结构(data structure)的概念，需要对数据、信息、结构等基本概念及其内涵进行准确理解。

数据(data)是事实或对客观现象的观察结果，也是为计算机准备的或存储在计算机中的信息。它实际上是对客观事物或现象进行描述的一种逻辑归纳，是用于描述客观事物的现象、状态和结果时未经加工的原始材料。它既可以是连续的值，如声音、图形、图像、视频等；也可以是离散的值，如符号、文字、数字等。它可以用于描述客观事物的性质、状态和相互关系，是对客观对象的属性、特性、数量、位置和相互关系的抽象描述。信息(information)是数据本身所具有或被加工处理后所得到的对人们的决策产生影响的具有逻辑性和概念性的一类特定数据，是原始材料数据的内在含义。可以说，数据是信息的载体，信息是数据要表达的内涵。因此，数据内涵的解释表达了数据的语义。

结构(structure)是将构成事物描述的各个组成成分(数据)按照一定方式进行拼接、组织和构建，以形成对事物的整体描述的方法。它强调基于(数据)构件的事物整体描述方式或模型的构建。从对事物、现象或对象的描述上讲，结构是一种对象或问题描述模型。

数据结构是针对事物、现象或问题的基于其原始数据的一种描述模型。在计算机科学领域，数据结构通常指，在计算机中组织数据的特定方法，它能够有效地用于表示和求解现实世界中的实际问题。

1.1.2 不同类型的问题对应的数据结构描述模型

在现实世界中，待解决的问题种类繁多。面对各种待求解问题，其数据描述模型千差万别。在进行数据描述模型设计时，面对纷繁复杂的问题进行分类是困难的。事实上，在研究不同类型问题的描述模型时，首先要考虑客观世界中所有问题的共性特征，再考虑具体问题的个性特征。针对不同研究和应用领域，从不同数据对象的使用角度看，会有不同的问题分类方法和结果。从软件设计与实现方面，数据结构是研究数据对象及其描述和现实问题的方法，是用于全部外部世界问题的数据和问题求解过程描述的一般性方法。

通过程序设计课程的学习知道，用计算机程序解决一个现实问题的基本步骤如下。

(1) 问题数学模型的抽象(求解方法的确定+核心求解模型的数学描述)；

(2) 求解模型的算法描述(运用数学模型方法完成问题求解的过程描述)；

(3) 源程序的编写(将问题求解算法描述转换成程序语言描述)；

(4) 问题求解过程的测试或程序调试用的特定实例的设计；

(5) 获得问题求解结果。

经过仔细琢磨和分析可以发现，贯穿以上问题求解过程的核心是，问题的数学模型描述和基于数学模型描述的问题求解算法描述，它们是程序设计高效、正确的基础。围绕这一思路，人们把对客观世界的问题描述类型分为数值型和非数值型两大类。数值型问题一般用传统数学模型进行描述，其求解过程易于表达。非数值型问题一般难以用传统数学模型方法进行抽象描述，其求解过程描述也相对复杂。因此，广义上讲，数据结构学科是研究所有外部世界问题的计算机表示方法。但实际上，该课程研究的重点内容是非数值型问题的数学模型构建和问题求解算法设计。

1. 数值计算问题

数值计算问题是指那些能够用相应的传统数学模型建模并通过数值计算求解的问题，如桥梁梁架结构中的应力计算问题，以及人口增长预测用的微分方程、矩阵运算、方程组求解等问题。针对这类问题，模型建立的关键在于分析问题，提取或寻找问题中对象之间的结构关系，再用相应的数学语言进行模型描述，最后围绕问题模型进行计算求解过程描述。

例 1-1 数值计算问题实例。

对这类问题，其数据结构模型描述的关键在于问题的数学模型公式构建。例如，对梁架结构应力计算、应力分析及其计算的数学模型建立是关键。对图 1-1 所示的悬臂梁的端子正向力和最大应力计算，分析端子的受力并建立它们的计算公式是问题求解描述的关键。图中，正向力的计算公式为 $F=(W\times E\times D\times T^3)/(4\times L^3)$，最大应力的计算公式为 $\sigma=F\times(6\times L)/(W\times T^2)$，其中，$D$ 为位移量，E 为弹性系数，W、T 和 L 分别为端子的宽度、厚度和力臂长度。又如，对人口增长预测计算问题，人口

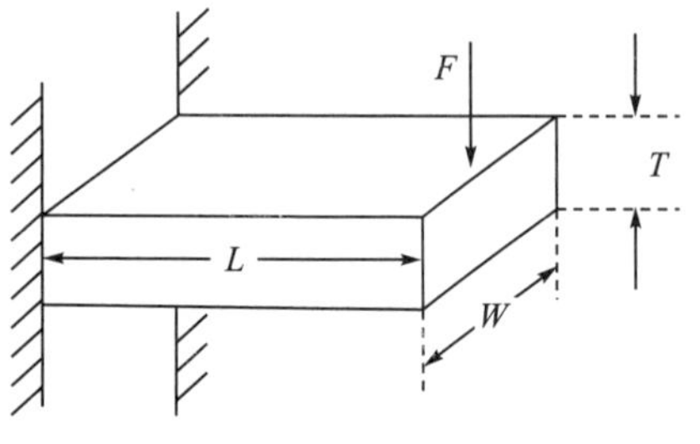

图 1-1 悬臂梁端子的受力分析图

增长预测的数学模型建立是关键。假设模型初始计算年份的人口基数为 x_0，k 年后的人口数为 x_k，人口的年增长率为 r，则最简单的人口增长预测数学模型为 $x_k=x_0\times(1+r)^k$。

2. 非数值计算问题

当难以用简单数值计算或传统数学模型对问题求解进行描述时，问题相关的数据对象及其关系的模型抽象就成为问题求解的关键。这类问题的数学模型表示相对复杂，需要采用非传统的数学模型进行问题结构描述。对问题求解而言，针对问题或问题对象的数据模型描述是基础。一般而言，将问题的数学模型描述和问题求解过程描述集中在数据结构的建立中，可以更有效地获取问题的表达结构和求解结构。为了简化理解，在上下文不产生歧义时，数据结构一般可以理解为，问题的数据对象及其关系的描述结构。对非数值计算问题，数据对象及其关系的基本描述模型一般分为集合结构、线性结构、树结构和图结构，它们构成了描述全部外部世界问题的基础数据结构。

例 1-2　“线性结构”问题实例。

图书馆书目检索系统自动化问题。对图书馆中的图书书目，每一本书都有一个唯一的登录号，另有作者名、书名、分类号、出版社、出版时间等信息。按登录号排列的书目表结构就是问题中关于书目信息的数学模型(表 1-1)。一本书的信息占用表格的一行且有唯一登录号。该书目表结构称为线性结构关系模型。为了借阅查询快速和方便，可以进一步对书目表按书名、作者名或分类号建立索引表(表 1-2～表 1-4)。显然，它们不属于数值计算问题。这几张表之间所表示的都是书目记录或对象之间的某种线性映射关系。比如，无论排序与否，任何时刻一本书都只能存放在一个位置；无论如何编号，一本书都只有一个编号。因此，我们可称其为线性的数据结构模型。表 1-1～表 1-4 所对应的数学模型就是整个书目检索自动化问题的数学模型。

表 1-1　按登录号排列的书目表结构

登录号	作者名	书名	分类号	出版社	出版时间
0001	严蔚敏	数据结构(C 语言版)	C01	清华大学出版社	2007.06
0002	同济大学应用数学系	线性代数	S01	高等教育出版社	2014.06
0003	陆汝钤	人工智能(上册)	C02	科学出版社	2000.06
0004	陆汝钤	人工智能(下册)	C02	科学出版社	2002.02
⋮	⋮	⋮	⋮	⋮	⋮

表 1-2　书名索引

书名	索引
人工智能(上册)	0003
人工智能(下册)	0004
数据结构	0001
线性代数	0002
⋮	⋮

表 1-3　作者名索引

作者名	索引
陆汝钤	0003,0004
同济大学应用数学系	0002
严蔚敏	0001
⋮	⋮

表 1-4　分类号索引

分类号	索引
C01	0001
C02	0003,0004
S01	0002
⋮	⋮

当线性关系模型中的对象具有无序关系，模型涉及的数据对象具有唯一性，且对问题求解的描述遵循集合的操作性质时，这个模型就称为集合模型，对应的数据结构称为集合结构。

例 1-3 “树结构”问题实例。

人机对弈问题。人机对弈是一个复杂的人工智能问题，也是人们探索人类智能自动化的重要研究课题。它包含了各类棋类竞技活动研究，如跳棋、国际象棋、中国象棋、围棋等。20 世纪 90 年代出现的“深蓝”和“小深”成功挑战国际象棋大师卡斯帕罗夫(多次获得世界排名第一)，2016～2017 年 Google 成功开发的 AlphaGo 分别成功挑战韩国棋手李世石和中国棋手柯洁(多次获得世界排名第一)，这些智能程序的数据组织方式和问题求解策略的数学模型并非简单的数值计算模型。人机对弈问题涉及对弈策略、规则驱动、棋盘状态、前景预测等方法模型的建立，棋盘状态的描述模型是人机对弈问题的关键性数据描述模型，但棋局之间往往不是一一对应的线性关系，一般需要用非线性的模型结构来描述。例如，对“#”字游戏问题，假设两个棋手在一个 3×3 的棋盘上对弈，当一方的 3 个棋子处于棋盘的同一行、同一列或对角线上时，该棋手获胜。如图 1-2 所示，棋盘状态可用一个 3×3 的阵列表示，棋盘状态之间的格局转换关系是一个一对多的非线性模型。在数据结构研究领域，它被称为树型结构。一般而言，棋盘的开始状态称为树结构的根，没有后继棋盘状态的棋盘状态称为树结构的叶子，从一个棋盘状态到另一个棋盘状态所经过的各分支的组合称为树结构中的路径。

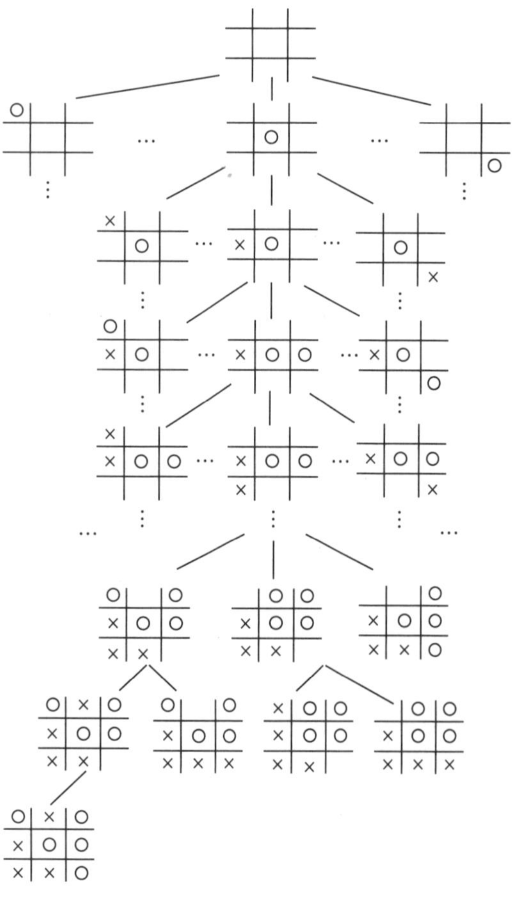

图 1-2 “#”字游戏棋盘状态及其转换示例

例 1-4 “图结构”问题实例。

在多叉路口交通灯的管理、学校教务管理中的排课、道路交通中的最佳路径选择、工程建设中的最小代价与最短工期规划、哥尼斯堡七桥一笔画(图 1-3)、逻辑电路设计与测试、社交网络的建立等问题的表示中，各对象之间都可能存在关联关系，其关系比线性结构更为复杂。例如，对一个多叉路口交通灯的有效管理问题，最终可以转换为等价的图的顶点着色问题，对学校教务管理中的排课问题，其本质上是一个多约束条件下的组合优化问题。对这类问题，其数据组织结构是无法用传统数学模型描述的，而用图结构可以使问题的表达与求解更方便。

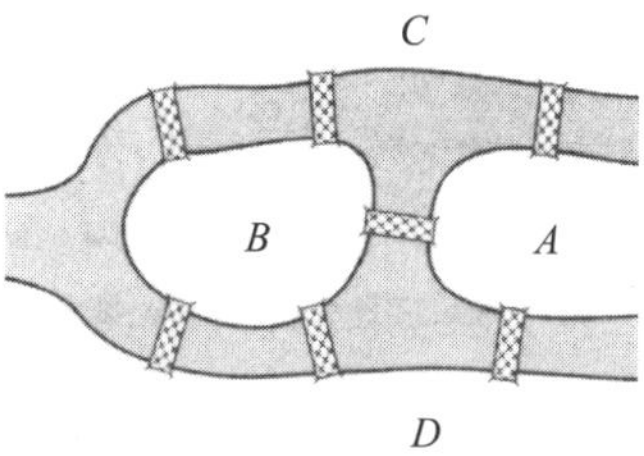

图 1-3　哥尼斯堡七桥图

1.1.3　数据结构研究的发展历史、内容与趋势

数据结构课程研究的内容，主要针对非数值计算的程序设计问题。具体研究问题求解涉及的数据对象在计算机中的表示和问题求解的相关操作。

数据结构课程作为一门独立的课程，在早期，其研究内容和范围并没有严格规定，课程的具体教学内容主要涉及图论、表或树等。后来，随着计算机技术的发展，人们对课程的内容进行了扩充，把网络、集合代数、栅格和关系等内容纳入了课程，这一部分内容后来又成为离散数学课程的核心内容。结合计算机表示和问题处理的实际需要，研究者又将数据存储结构研究相关的内容也纳入了课程。随着数据库管理系统的快速发展，与文件管理相关的内容最终也被纳入了课程，如文件管理和内存管理等技术。

图 1-4　唐纳德·E.克努特[①]

实际上，唐纳德·E.克努特(Donald E. Knuth)(图 1-4)在 1968 年开创了数据结构课程的最初体系，其名著《计算机程序设计艺术》(第一卷，基本算法)系统地阐述了关于数据组织的逻辑结构、存储结构及与此相关的基础性操作的关系。随着软件规模的增大和软件的独立性增强，尤其是模块化、结构化程序设计思想与方法学的不断成熟，如何选择好结构和设计好程序成为 20 世纪 70 年代以来软件开发领域的基本要求。在此背景下，数据结构理论与技术的掌握越来越成为计算机从业者基本的和必要的素质要求。

图 1-5　尼克劳斯·沃思[②]

同一时期，尼克劳斯·沃思(图 1-5)教授提出了“程序=算法+数据结构”的著名论断。他设计的 PASCAL 语言及编著的学

① 唐纳德·E.克努特，1938 年出生于美国威斯康星州(Wisconsin)，美国斯坦福大学荣誉退休教授，算法和程序设计技术的先驱，现代计算机科学的鼻祖。主要成就：《计算机程序设计艺术》、字体设计系统 METAFONT、文学化编程(literate programming)和 TEX 排版系统(全球学术排版的标准版本，软件版本号以π值表示)。1974 年，他获得美国计算机协会(Association for Computing Machinery，ACM)颁发的图灵奖，是当时最年轻的图灵奖获得者。1979 年美国卡特总统授予他科学金奖。1996 年 11 月，他因发明先进技术获得京都奖(Kyoto Prize)。图片来源：https://www-cs-faculty.stanford.edu/~knth/

② 尼克劳斯·沃思，1934 年出生于瑞士，苏黎世联邦理工学院(ETH)教授。主要成就：提出了“程序设计=算法+数据结构”的著名论断，PASCAL 语言之父，结构化程序设计思想提出者，开发了一系列计算机语言，如 EULER、ALGOL-W、MODULA 和 PASCAL。于 1984 年获得图灵奖，1987 年获得 ACM 计算机科学教育杰出贡献奖，1989 年获得 IBM 欧洲杰出科学技术奖。图片来源：https://www.comp.hkbu.edu.hk/dlecture/wirth/nwprofile.php

习教程特别凸显了这一思想，影响着后来的所有软件开发者。图灵奖获得者中，还有多人的工作与程序设计、数据结构和编译系统相关，不少的研究成果后来都成了数据结构课程的基本内容和方法，如罗伯特·W.弗洛伊德(Robert W. Floyd，1978 年图灵奖获得者)与J.威廉姆斯(J. Williams)1964 年共同发明的堆排序算法 HEAPSORT，以及他 1962 年与沃舍尔(Warshall)合作发布的利用动态规划思想设计的高效的求最短路径的 Floyd 算法，英国学者查尔斯·霍尔(Charles Hoare，1980 年图灵奖获得者)1960 年发明的高效排序算法 QUICKSORT，荷兰学者 E.W. 迪杰斯特拉(Edsger Wybe Dijkstra，1972 年图灵奖获得者)1956 年提出的动态规划问题中的典范——Dijkstra 算法。在数据库技术方面，查尔斯·W.巴赫曼(Charles W. Bachman，1973 年图灵奖获得者，DBTG[①]之父)、埃德加·弗朗克·科德(Edgar Frank Codd，1981 年图灵奖获得者，关系数据库理论的创立者)和詹姆斯·尼古拉·格雷[James Nicholas Gray，1998 年图灵奖获得者，结构化查询语言(structure query language，SQL)数据库先驱]作出了杰出的贡献。

目前，数据结构课程内容不仅是计算机类专业学生素养培养的必备基础，也是很多理工类专业的必修或选修内容。课程研究内容的综合性非常强，既涉及软件设计，也涉及硬件结构，还涉及基础数学和代数系统等理论，是联系数学理论、计算机软件和计算机硬件知识的核心课程。课程的学习既是一般程序设计的技术基础，更是编译程序、操作系统、数据库系统及其他大型系统程序和大量应用程序设计与实现的重要技术基础。

随着信息社会的全面到来和计算机应用领域的扩大，尤其是人工智能(artificial intelligence)和大数据(big data)时代的到来，面对新问题的数据结构研究不断出现。事实上，数据结构研究已经成为人们运用计算机技术表示和解决问题的基本前提条件，其解决问题的基本思路甚至会影响人们的日常问题表达与求解习惯。

作为一门核心课程，数据结构既要研究一般问题的表示方法，也要研究针对特定领域的特殊问题的表示，以及新的应用研究课题。随着面向对象和组件等思想的编程技术的成熟和广泛运用，基于抽象数据类型的问题表达与问题求解模型的数据结构研究与学习，已经成为目前学习数据结构的基本方法，也是进一步学习和掌握面向对象程序设计思想的数据结构理论的好途径。

1.2 数据结构的相关概念与术语

1.2.1 基本概念和术语

为了在本课程的后续学习中准确理解数据结构的相关知识和技术，以及方便读者进行交流，需要我们对主要基本概念和术语内涵达成共识，下面将讨论一些基本概念。

① DBTG 指数据库任务组(data base task group)。

1. 数据

数据是指能输入计算机中并能被计算机加工处理的针对客观事物的观察结果的符号描述，是计算机程序完成工作任务时进行加工的原材料。

例如，对求解方程或方程组而言，其自变量、系数、运算符号和根等就是问题求解相关的数据。又如，对一个编译器而言，源程序代码就是其要处理的数据。再如，对一个文字处理器而言(如 Word、WPS、记事本)，文字表示所用的字符串就是处理器面对的数据。各类数据的表现可以是数值和文字形式的，也可以是图像和声音等形式的，其表现形式也不是固定不变的，而是可以相互转换的，但基本形式是数值和字符符号。

2. 数据元素和数据项

数据元素(data element)是在计算机中对数据进行加工的基本单位。

以数据元素为单位进行数据问题处理时，数据元素往往是问题描述中不可分割的一个整体。根据当前问题的求解规模和层级不同，数据元素可大可小。例如，对图 1-2 所示的“#”字游戏棋盘，各个棋盘状态构成该问题的元素，对一个棋盘状态的描述而言，棋盘上的棋子和棋盘本身也可看作元素。又如，对一张图而言，图中顶点是顶点集中的元素，边是边集中的元素。图书馆书目检索系统中，书目即检索系统的元素。

对数据集中的数据元素的描述，往往并不仅仅用单值完成，而是需要由关于数据元素的多个侧面的描述共同完成。数据元素的描述由多个侧面构成时，一个侧面就是构成数据元素值的一个数据项(data item)。从构成数据元素的数据项角度看，数据项是进行数据逻辑描述的最小的不可分割单位，一个数据元素由多个数据项构成。例如，在书目检索系统中，对数据元素——书的描述，由登录号、书名、作者名、分类号和出版社等数据项构成。又如，在“#”字游戏棋中，一个棋盘格局由棋盘和棋盘上各空格上的棋子(○和×)的具体分布来表示，它们构成了描述棋盘格局的数据项。

3. 数据对象

如前所述，数据元素的描述由多个侧面构成，一个侧面对应数据元素的一个属性或性质。数据对象(data object)是具有相同性质或属性的数据元素的集合。它是数据的一个子集，可以是任何实体、事物、行为、事件、角色、地点和结构等。狭义地讲，数据对象是由一组属性所定义的实体。它可以是单属性描述的简单类型，如整型数据对象 $N=\{0,\pm1,\pm2,\cdots\}$ 和字母字符型数据对象 $C=\{'A','B',\cdots\}$。也可以是更为复杂的属性描述结构，如“#”字游戏棋的棋盘状态格局、书目检索系统中的书目、某个班的全体同学等类型。

4. 数据结构

数据结构是指数据元素之间存在一种或多种特定关系的数据对象模型。一般来讲，它指计算机中存储和组织数据对象的方式，是对待求解问题涉及的操作对象抽象出来的有关数据对象的(数学)描述模型。通常来讲，数据对象中的数据元素之间不是孤立存在的，而是相互之间存在着关联关系。数据元素之间存在的关系即数据元素之间的结构，即数据对象的结构。在数据结构研究中，数据对象中数据元素之间的关联关系一般分为以下四种基本类型。

(1)集合关系。集合关系(set relationship)表示数据对象中的数据元素共同属于一个数据对象，“同属一个数据对象”就是它们的关系。数据元素之间在数据对象中并无其他关系，其摆放位置也无逻辑上的先后之分，是一种完全无序的松散关系。例如，当不考虑序关系而只考虑在不在和有没有关系时，书目、同学、棋盘状态等的关系就是集合型关系。

(2)线性关系。如果数据对象中元素之间的关系是一一(one-to-one)对应关系，则数据对象的关系称为线性关系(linear relationship)，对应的数据结构称为线性结构(linear structure)。例如，书目检索问题中，一本书有唯一的书目登录号对应，反之亦然。同理，一本书只能占用一个书位，反之亦然。此时，书目登录号关系和存放位置关系都是线性关系。

(3)树关系。如果数据对象中元素之间的关系是一对多(one-to-many)的关系，则数据对象的关系称为树关系(tree relationship)，对应的数据结构称为树结构(tree structure)。例如，“#”字游戏棋中，各棋盘格局之间的状态转换关系、图书馆书目的索引与书目之间的对应关系、同班同学中的班级与同学的对应关系等都是树关系。

(4)图关系。如果数据对象中元素之间的关系是多对多(many-to-many)的关系，则数据对象的关系称为图关系(graph relationship)或者网关系(net relationship)，对应的数据结构称为图结构(graph structure)或网结构(net structure)。例如，同班同学关系、交叉路口交通管理中的通路关系、哥尼斯堡七桥问题中的通路问题等都是图数据结构。

数据对象中数据元素之间的四种关系对应的逻辑结构如图 1-6 所示。可以看出，集合关系中元素之间具有无序性，线性关系中元素之间具有一一对应关系，树结构中的元素具有一对多关系(自顶向下)，而图结构中的元素之间是一种多对多的关系。

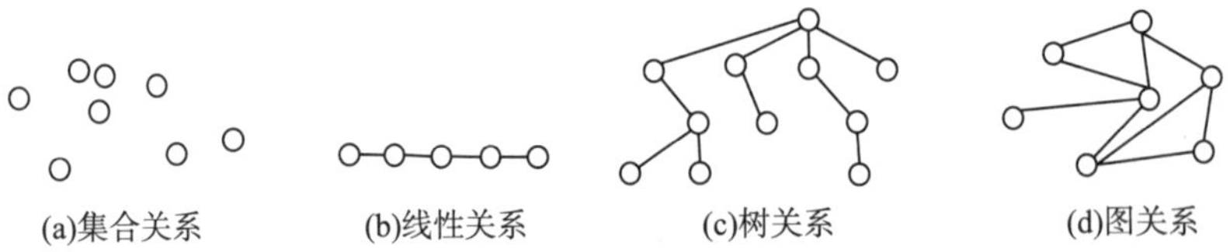

图 1-6　数据对象中元素之间的四种基本关系逻辑图示

从计算机对数据对象的逻辑组织和存储角度看，数据对象及其关系构成了传统意义上的数据结构，它是一个二元结构。显然，假设数据对象为 D，D 上的关系为 S，数据对象 D 的数据结构可表示为 $DS=(D,S)$。

注意：D 是数据对象中有限个数的数据元素的集合，S 为 D 上数据元素之间有限个数的关系的集合。

1.2.2　数据结构模型描述实例分析

为了更好地理解数据结构的基本二元关系描述，下面举例说明针对特定问题领域数据对象的数据结构分析方法。

例 1-5　复数定义域中复数对象的数据结构模型描述。

复数域中的任一元素都用两个实数或一个实数对表示(实部和虚部)，且它们构成一个序偶。复数由实数序偶对所构成，其数据结构可表示为 DS-Complex=(C,R)，C 是实数序偶对<c_1,c_2>的集合(c_1 是实部、c_2 是虚部)，R 是定义在 C 上的复数关系，它可以包含多种关系。

例 1-6　科研课题小组事务管理系统中成员信息管理数据结构模型描述。

假设每个课题组包含 1 名老师(T)、1～3 名研究生(G)和 1～6 名本科生(S)。其指导关系是：研究生由老师指导，本科生由研究生指导。问题的数据对象由若干个 3～10 人的课题组构成，每个课题组中，1 名老师可以带 1～3 名研究生，1 名研究生可以带 1～2 名本科生。故其数据结构模型为 DS-Group=(P,R)。其中，$P=\{T,G_1,G_2,\cdots,G_n,S_{1,1},S_{1,2},\cdots,S_{n,m}\}$ $(1\leqslant n\leqslant 3, 1\leqslant m\leqslant 2)$，$R$ 由<T,G>和<G,S>关系构成，即 $R=\{R_1, R_2\}$，$R_1=\{<T, G_i>|1\leqslant i\leqslant n, 1\leqslant n\leqslant 3\}$，$R_2=\{<G_i,S_{i,j}>|1\leqslant i\leqslant n, 1\leqslant j\leqslant m, 1\leqslant n\leqslant 3, 1\leqslant m\leqslant 2\}$。显然，这一数据结构描述反映了科研课题小组事务管理中各小组的成员构成及小组成员之间的基本依赖与约束关系。

注意：以上数据对象抽象模型可以拓展到图书馆书目自动检索和“#”字游戏棋的棋盘状态格局表示上。(留作读者自行思考。)

可见，对问题的数据结构设计与描述，首先需要分析问题涉及的数据对象的元素构成，再分析元素间的结构关系。这种结构关系是纯粹从问题所操纵的数据对象抽象而来的静态数学模型描述，表示的是数据对象中数据元素之间逻辑上的某种关系。它是在计算机中构建数据组织和数据存储模型的基本数学基础，也是软件和程序设计与实现时，对数据对象的逻辑组织基础。

1.2.3　其他概念和术语

除前面讨论的基本概念和术语，数据结构研究还会涉及其他一些重要的概念和术语。它们是讨论问题的数据结构及其算法设计与实现的必要知识准备，也是全面理解利用数据结构对问题进行研究的基础，有利于整体掌握课程内容和思想方法的学习。

1. 逻辑结构

逻辑结构(logical structure)分为系统的逻辑结构和数据对象的逻辑结构两类。系统的逻辑结构是指系统的功能结构，它包含系统完成任务所需的输入、存储、发送、处理和信息传递等基本操作功能和模式。数据对象的逻辑结构是指数据元素之间的逻辑关系，简称数据的逻辑结构，是针对待求解问题选择恰当的数据结构进行表示的前提。例如，将书目按登录号排列时，其先后逻辑结构表示了书目和登录号之间的一一映射关系，选择用线性逻辑结构表示是合适的。

2. 物理结构

研究数据对象时，不仅要研究其元素间的逻辑结构，还要研究其在计算机中的存储结构，以便使用相关的算法实现对数据对象及其元素进行操纵、管理和利用。数据对象的物理结构(physical structure)是指，数据元素在计算机中的实际存储结构。它反映了数据对象的逻辑结构在存储空间中的存储映射关系，其设计与表示一般包含两部分内容：一是数据元素的存储表示；二是数据元素之间关系的存储表示。

3. 存储空间容量的计量单位

在计算机中，信息表示的最小单位是 bit，基本单位是 B(byte)，常用单位是 KB(kilobyte)、MB(megabyte)、GB(gigabyte)、TB(terabyte)、PB(petabyte)和 EB(exabyte)等。

4. 元素、结点和数据域

一般而言，数据对象中的数据元素简称元素(element)或结点(node)，可以将其在计算机中的存储结构看成一个二进制位串。当一个数据元素的值由若干个基本数据项组成时，称这些基本数据项对应的二进制位串(段)为元素的(存储)数据域(data field)。因此，可以把元素或结点看成数据元素在计算机内部的一个位串存储映像。讨论存储结构时，一般用元素或结点等术语表示数据对象中的数据元素。

5. 数据元素之间关系的两种存储映射

如前所述，一个数据结构既要反映待求解问题涉及的数据对象构成，还要表示数据元素之间的逻辑关系。如何在计算机内部存储和组织数据元素之间的逻辑关系，是数据结构及算法设计任务的核心。一般来讲，逻辑关系的存储映射(storage mapping)有两种：一是用存储在计算机中的物理(位置)顺序直接反映数据元素间的逻辑顺序，即顺序映射(sequential mapping)；二是借助位置指示器表示元素间的逻辑顺序，各元素的实际物理存储顺序并不代表其逻辑次序，即非顺序映射(non-sequential mapping)。

借助元素在存储器中的存储位置先后关系，表示元素间的逻辑先后关系时，对应的存储结构称为顺序存储结构。借助能表达元素所在存储空间位置的指示器(如指针、下标)，表示元素间的逻辑先后关系时，对应的存储结构称为非顺序存储结构或链式存储结构。

注意：数据对象的逻辑结构与物理结构是紧密相关的。一般来讲，算法的设计思想依赖于数据对象的逻辑结构，算法的实现方式依赖于数据对象的存储结构。

6. 虚拟存储结构

无论顺序映射还是非顺序映射，数据存储结构的设计者直接操纵存储器的位串级表示均是不现实的，也是不方便的。事实上，一般情形下，数据结构内容的研究与讨论并不需要关心具体的物理存储位置，更多的是在某类语言抽象级上讨论它们。这种讨论依赖于程序语言所提供的数据对象类型或结构，它们在计算机内部的具体存储机理和过程无须考虑。一般来讲，讨论数据结构的算法所依赖的程序语言提供了基本的顺序存储映射机制(如数组)和非顺序存储实现工具(如指针)。可以把用于表示数据对象存储结构的程序语言环境看作一个建立在物理存储级上的虚拟存储结构，由此，数据存储结构的讨论可以基于高级程序语言的数据类型表达机制完成，即通过虚拟存储结构(virtual storage structure)描述。

以 C 语言为虚拟存储结构层时，所讨论的数据结构问题在计算机系统中的层次结构关系如图 1-7 所示。基于 C 语言的数据类型描述中，一维数组就是一种用于表示顺序存储映射关系的数据存储结构，指针则是用于表示非顺序映射关系(链式存储关系)的主要工具。C 语言对数据元素的表示分为基本数据类型和复杂问题结构类型(如 struct 和 union 等)。

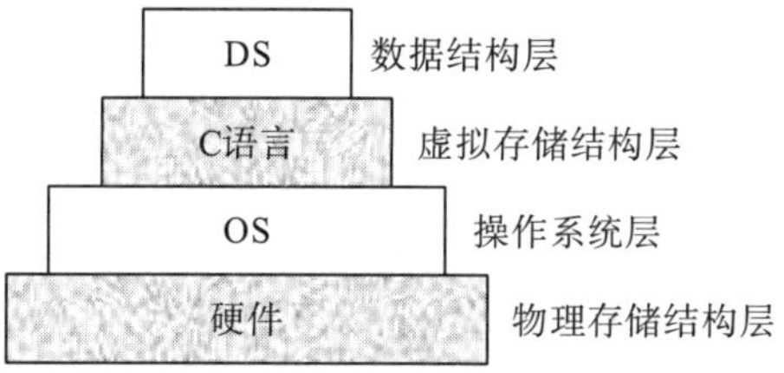

图 1-7　数据结构的虚拟存储结构的层次定位

7. 数据类型

数据类型(data type)是用于刻画程序中操作对象值集，以及定义在该值集上的一组相关的基本操作的抽象统称。简单地理解，对象值的集合由数据对象中的数据元素值构成，定义在值集上的操作是与问题求解过程描述相关的一些基本操作或算子。程序语言中的每个变量、常量或表达式都有一个属于其自己的数据类型，该数据类型显式或隐式地表示了其在程序执行期间的所有可能取值，以及针对这些取值的一组操作。例如，对整型变量或常量，其在 C 语言中的取值范围定义在某个取值区间[①]，如[−32768，+32767]，同时，还有定义在该值集上的一组基本操作，如加法、减法、乘法、除法等。

程序语言中的数据元素取值类型可以分为原子数据类型(atom data type)和结构数据类型(structure data type)。原子数据类型是程序语言环境中的内建(built-in)类型，如 C 语言的基本数据类型(int、float、double、char)、enum、指针和 void 等。结构数据类型是由若干数据项或成分按照一定的组织方式构成的一个可分解的表示结构，其结构成分可以是原子数据类型，也可以是结构数据类型。例如，在 C 语言中，数组元素可以是原子数据类型，也可以是结构体、共用体、数组等复杂数据类型。同理，对结构体，其成员变量可以是原子数据类型，也可以是结构体、共用体、数组等复杂数据类型。

一般而言，数据结构是具有相同结构的数据元素的值的集合，其对应的数据类型是该结构及其上的一组基本操作的抽象总称。

要注意，这里讨论的数据类型仅限定于高级程序语言内，但实际数据类型概念不局限于此。对任何一个计算机系统，都有从底层到各高层抽象的一系列相应的原子和结构数据类型。底层处理器硬件系统提供了位、字节、字等类型，各种软件系统提供了自己的基本类型和结构类型，如操作系统、数据库系统、高级语言系统等。类似于图 1-7 的层级转换结构，计算机系统各层之间的数据类型间可以相互转换表示。从硬件层看，数据类型可用于解释硬件上所存储符号的含义。由此，对数据类型的“用户”或使用者而言，可以实现：

---

① 对不同软件和硬件环境，变量所分配的存储空间大小和采取的存储格式不同，会导致取值区间不同。

在上层引用下层数据类型时，无须了解下层信息的存储细节，从而实现层级间的信息隐藏或封装。例如，在高级语言这一虚拟存储结构层，对整数、实数、字符、结构体、共用体等的引用，无须关心其在操作系统层和硬件层上的存储细节，也无须关心其各自相关的基本操作的实现细节，只需将它们作为一个整体概念运用即可。这样一来，应用层的软件开发者可以将更多精力集中在面向问题的数据结构表示设计和针对问题求解过程的算法描述设计上。

8. 抽象数据类型

有了用户自定义数据类型机制[①]，可以使编程者根据实际需要设计问题求解所需的特定数据类型或数据结构，它是程序语言发展历程中的一个里程碑。随后，在 C 语言和 PASCAL 语言等代表性程序设计语言中得以全面实现。1967 年，著名的 Simula 67 语言[②]首次提出了将数据及其操作结合成一体的类型概念，最终形成了程序设计领域中的抽象数据类型(abstract data type，ADT)概念，成了近现代程序设计活动中的主流方法和技术。

本质上讲，抽象数据类型是问题相关的数学模型描述及定义在该模型描述上的一组操作的统一抽象。引入抽象数据类型的好处是，数据类型意义取决于其涉及的数据对象元素关系和操作的逻辑结构特性，与数据对象在计算机中的存储结构设计和实现无关。它提供了一个关于数据对象的外部数学逻辑特性不变的算法设计场景，极大地方便了基于特定数据类型的问题求解方案的制定、设计和实现。

抽象数据类型是一般数据类型概念的拓展，或者说它是一种特殊的数据类型。它将一般数据类型所具有的数学特性进行了抽象描述，使数据类型的含义具有了机器无关性。对所有用户，同一抽象数据类型的含义在各种应用场合是一致的。抽象数据类型不仅对固定数据类型[③]适用，对用户针对软件开发问题专门设计的自定义数据类型也适用。

数据和针对数据的操作是程序设计方法学中的两大基本要素，也是程序设计方法学研究中不可分割的两个方面。在以操作为主的传统程序设计方法学下，随着软件规模的不断扩大，提升软件开发中的模块复用率越来越困难。随着数据类型概念和机制的提出，尤其是抽象数据类型概念的提出，数据对象及其组织结构在大型软件开发中的重要性越来越凸显，以数据对象为基础构建软件系统的程序设计方法学已经成为软件构建的主要模式。

现代软件设计方法学认为，对构成软件系统的各个相对独立的模块，应当同时建立一组与之相关的数据对象和针对数据对象的一组(基本)操作，并在模块的内部描述中给出数据对象的表示和操作实现。在模块外部的算法设计中，如果要运用该模块进行问题求解，只需从抽象的逻辑上引用模块内部的(抽象)数据和(抽象)操作。一般来讲，模块的数据类型抽象层次越高，软件系统中包含该抽象数据类型的模块在软件系统构建过程中被重用的机会就越大。

---

① 该机制由 ALGOL 语言设计者所开创。

② Simula 67 语言首次引入了将数据和对数据的操作统一成一体的类型概念。同时，它还引入了对象(object)、类(class)、继承(inheritance)、子类(subclass)、虚拟过程(virtual procedure)、协同程序(coroutine)、离散事件模拟(discrete event simulation)、垃圾回收(garbage collection)等重要的面向对象编程(object oriented programming，OOP)概念，成为第一个 OOP 程序语言。

③ 固定数据类型指各个计算机系统已经定义和实现的数据类型，如 C 语言中的基本数据类型。

原子数据类型的值不可分割。在抽象数据类型描述中，一般只有少量的固有数据类型属于原子数据类型。除非问题求解有特别需要，一般不再做新定义。抽象结构的数据类型可分为固定聚合类型(fixed-aggregate data type)和可变聚合类型(variable-aggregate data type)。对固定聚合类型，其结构成分的数量、大小和存储顺序是确定不变的，如构成复数的实部和虚部关系、有理数的分子和分母关系等。对可变聚合类型，其构成成分数目、成分的取值数目及存储顺序等是不确定的，如“有序整数序列”类型的取值个数就是可变的，带头结点的链表中结点的个数是可变的。

1.2.4 ADT 的结构及定义方法

如前所述，ADT 是软件系统模块化构建的基础。对一个独立软件模块的定义就是完成其数据对象及相应的一组(基本)操作，并在模块内部给出其实现细节。基于 ADT 的软件模块定义，通常由数据对象定义、数据元素关系定义和基本操作实现细节描述三部分构成，它们构成了抽象数据类型的基本定义形式：

$$ADT=(D,S,P)$$

其中，D 是数据对象；S 是 D 上的元素关系的集合(set of relationships on D)；P 是关系集 S 下针对 D 的基本操作集合(set of basic operations for D under S)。

为讨论方便，对 ADT 的定义可以采用以下统一的描述模式：

```
ADT 抽象数据类型名 {
    D: <数据对象的定义>
    S: <数据关系的定义>
    P: <基本操作的定义>
} ADT 抽象数据类型名
```

其中，数据对象是问题相关的数据元素的集合，数据关系是数据元素的数学逻辑结构特征描述。它们一起构成了数据对象的逻辑结构特征描述，即传统意义上的数据结构定义部分。ADT 的定义以形式化描述方式为主，辅以适当的文字描述和说明。基本操作是定义在数据结构(D,S)上的常见的和公共的基本操作算子。其一般定义格式如下：

```
基本操作名(参数表)
    初始条件：<初始条件描述>
    操作结果：<操作结果描述>
```

其中，参数表中的参数分为传值和传地址引用两类。传值(value copy)型也称为赋值型，一般采用传值调用技术实现，它给基本操作提供输入值。地址引用(address reference)型参数既可提供输入值，也可提供返回值。一般采用程序语言提供的地址引用技术实现，如 C 语言提供的指针(*)和引用(&)[①]技术。

① 指针是一个对象的地址，引用是一个对象的别名。因此，有：1.指针可以多级，引用只有一级；2.指针可以为空值 NULL，引用不行；3.指针值可以改变以指向另一对象，引用不行；4.指针的++是指向下一对象，引用的++是对变量实体值加 1；5.指针空间的大小是存放指针的空间大小，引用空间的大小是别名所代表的变量实体的空间大小；6.指针可以用 const 修饰，引用不行；7.在传递参数时，指针传递的是实参的地址，因此，通过指针可以改变实参的值。引用传递的是实参本身，而不是它的拷贝(值传递)，也不是它的地址(指针传递)，因此，对形参的改变就是对实参的改变(时空效率高)。

基本操作定义主要从输入-处理-输出(inputprocess output，IPO)角度对基本操作的 I 和 O 进行描述，它反映基本操作的 I/O 映射逻辑。一般来讲，初始条件描述基本操作执行前的模块数据结构和参数应满足的特定要求。如不能满足，基本操作的执行将终止，并应返回相应出错信息，以便使用者了解出错原因。当满足指定要求时，基本操作便可以执行。在正常操作完成后应当返回一个操作结果，它反映了数据结构的变化及其应该返回的操作结果。在 ADT 定义阶段，对初始条件和操作结果的描述一般可结合伪代码形式进行。如果基本操作的描述不涉及初始条件，其初始条件定义部分可以为空或省略。

例 1-7 复数抽象数据类型的定义。

在通常的高级语言中，复数一般不作为基本数据类型内建，但对复数运算系统，将复数定义为基本数据类型非常必要。复数抽象数据类型可定义如下：

ADT Complex {

数据对象：$D=\{c_1,c_2|c_1,c_2\in \mathrm{ElemType}\}$ //ElemType 表示实数集

数据关系：$R=\{<c_1,c_2>|c_1$ 和 c_2 分别是复数的实部和虚部$\}$

基本操作：

initComplex(&z)

初始条件：z 不存在

操作结果：为 z 动态分配存储空间

Assign (&z,*c*1,*c*2)

操作结果：以参数 *c*1 和 *c*2 分别作为实部和虚部构造复数 z

Destroy(&z)

操作结果：销毁复数 z

GetReal(z)

初始条件：复数 z 存在

操作结果：从复数 z 中获得实部 z.realPart

GetImag(z)

初始条件：复数 z 存在

操作结果：从复数 z 中获得虚部 z.imagPart

Add(z1,z2,&z3)

初始条件：复数 z1 和 z2 存在

操作结果：z1+z2→z3

Sub(z1,z2,&z3)

初始条件：复数 z1 和 z2 存在

操作结果：z1-z2→z3

Multiply(z1,z2,&z3)

初始条件：复数 z1 和 z2 存在

操作结果：z1×z2→z3

GetConjugate(z)

初始条件：复数 z 存在

操作结果：返回 z 的共轭复数
JudgeConjugate (z1,z2)
初始条件：复数 z1 和 z2 存在
操作结果：判断 z1 和 z2 是否共轭，如果是返回 TRUE，否则返回 FALSE
Modulus (z)
初始条件：复数 z 存在
操作结果：返回复数 z 的模
} ADT Complex

1.2.5　多形数据类型

多形数据类型(polymorphic data type)又称多态数据类型，它指成分取值类型具有不确定性或具有多种取值类型的抽象数据类型。对多形数据类型，同一类型取值之间具有相同数学抽象特性描述，即不论数据元素自身的特性如何，元素之间的逻辑关系不变，针对元素的操作逻辑也完全相同。数据元素本身可以简单，也可以复杂。

多形数据类型在面向对象程序设计语言(object-oriented programming language，OOPL)C++中也称为多态，以实现同一对象对不同消息(message)做出不同响应的应用场景。其实现涉及 C++中的虚函数(virtual function)等 OOP 技术。

本课程只讨论具有确定成分取值类型的普通抽象数据类型，属于经典数据结构内容，如复数和实数类型等。有关 OOP 的多态数据类型的方法和技术可以在后续课程学习或在本课程学习期间进行课外拓展学习。

注意：本书算法以类 C 为背景描述。数据结构中元素的成分类型是确定的，但具体类型要结合实际问题而定。上机实践时，实际问题的数据类型由程序设计者自行选择确定。

1.3　ADT 的表示与实现

基本原则：ADT 的表示与实现依赖于高级程序语言固有的基本数据类型。如图 1-7 所示，数据结构的讨论基于高级语言虚拟层，无论抽象数据类型设计还是其算法实现都依赖于虚拟存储层上的编程语言环境。因此，ADT 的表示与实现讨论一般在虚拟层进行。

为什么选择 C 语言：计算机是通过操作数据完成问题求解的，决定计算机程序求解问题难易程度的基本而重要的因素是，计算机系统提供的数据类型描述方法和现实世界中问题描述所需的数据类型的匹配程度。多样化的数据类型与结构环境是更好地运用数据结构进行算法设计的基础。基于 ALGOL 语言(algorithmic language)的用户自定义数据类型和灵活的数据结构设计思想，尼克劳斯·沃思教授将其引入了 PASCAL 语言，是数据类型技术发展过程中最重要的一个进步。与其同步发展的 C 语言也完全继承了这一机制。

虽然，C 语言并不是描述抽象数据类型最理想的工具，但它提供了必要的几种基本数据类型和用户自定义数据类型机制，能够完成《程序设计基础——数据结构(C 语言版)》

涉及的 ADT 表示与实现。同时，因《面向对象的程序设计》一般不作为程序设计入门课程或数据结构课程学习的先行课程，一般不会被直接选作数据结构课程学习的算法描述工具。另外，C/C++编程技术是软件程序设计与实现的主流方法，基于 C 语言的 ADT 描述转换成 C++实现也较为容易。

解决的办法：精选一个 C 语言子集，作为类 C 算法描述的核心子集，基本操作的参数传递也引入 C++的引用调用方式，它们构成了本书算法描述的类 C 描述语言基础。

本书选定的类 C 描述语言核心子集。

(1) 算法描述常用的预定义常量和类型约定。

```
#define TRUE          1
#define FALSE         0
#define OK            1
#define ERROR         0
#define INFEASIBLE   -1
#define OVERFLOW     -2
typedef int Status;          //Status—用于表示操作结果是某种状态时的返回值类型
```

(2) 数据结构的存储结构表示与定义方法约定。

用 C 语言的类型定义机制 typedef 为数据类型或数据结构命名。在默认情况下，数据元素类型一般统一用 ElemType 表示，具体类型由用户在实际算法描述与实现时确定。

(3) 基本操作或算法的函数描述约定。

```
函数类型  函数名(函数参数列表){
    //算法说明部分
    算法实现过程描述的语句序列
}//函数名
```

算法说明部分：函数功能和参数使用说明，以及其他与参数或功能相关的简要注释。

约定符号含义：①用 a,b,c,d,e 等表示数据元素；②用 i,j,k,l,m,n 表示整型变量；③用 p,q,r 等表示指针变量；④函数返回值为状态类型时，函数类型建议用 Status 说明，其含义比 int 直观；⑤函数调用的参数传递方法分为值调用和引用调用(&)两种。

(4) 赋值语句表示形式约定。

除 C 语言固有的简单赋值、连等赋值和条件赋值外，还允许以下形式的赋值表达。

①成组赋值表示。

```
(变量名 1,…,变量名 n)=(表达式 1,…,表达式 n) //多个变量一一对应赋值
结构体名=(值 1,…,值 n)                     //结构体的成员变量列表赋值
变量名[]=表达式                             //数组整体单值赋值
变量名[起点..终点]=变量名[起点..终点]        //数值下标定界赋值
```

②交换赋值表示。

变量名←→变量名

(5) 选择语句(if/switch)。

(6) 循环语句(for/while/do-while)。

(7) 结束语句(return/break/exit)。

(8) 输入输出语句[scanf()/printf()]。

(9) 注释(//或/**/)。

(10) 假定一些基本函数已经实现。

```
max(表达式 1,…,表达式 n) //n 个数取大者
min(表达式 1,…,表达式 n) //n 个数取小者
abs(表达式)/fabs(表达式)  //取绝对值函数
floor(表达式)      //向下取整函数
ceil(表达式)       //进位取整函数
eof(文件变量)    //文件结束判定函数
eoln(文件变量)  //行结束判定函数
```

(11) 逻辑运算符约定(&&, ||, !等)。

例 1-8　复数 Complex 的表示与实现。

假定采用顺序存储结构，其类型结构定义如下。

```
//----------复数的存储结构----------
typedef float ElemType;  //复数中的实部和虚部元素类型为实型
typedef struct {
    ElemType realPart;
    ElemType imagPart;
} Complex;
```

由 ADT Complex 定义知，Complex 类型的基本操作函数原型可声明如下：

```
//----------复数的基本操作的函数原型声明----------
Status initComplex(Complex &z);  //为 z 分配空间,成功返回 TRUE,否则返回 FALSE
void Assign (Complex &z, ElemType c1,ElemType c2);  //z.realPart=c1,z.imagPart=c2
Status Destroy(Complex &z);      //销毁 z 的空间：free(z)，成功返回 OK
ElemType GetReal(Complex z);  //返回 z 的实部 z.realPart
ElemType GetImag(Complex z);  //返回 z 的虚部 z.imagPart
void Add(Complex z1,Complex z2,Complex &z3);  //z1+z2→z3
void Sub(Complex z1,Complex z2,Complex &z3);  //z1-z2→z3
void Multiply(Complex z1,Complex z2,Complex &z3);  //z1×z2→z3
Complex GetConjugate(Complex z);  //返回 z 的共轭复数
Status JudgeConjugate(Complex z1,Complex z2);//z1 和 z2 共轭返回 TRUE，否则返回
FALSE
ElemType Modulus(Complex z);      //返回 z 的模数
```

ADT 基本操作的实现是数据类型在计算机中完成定义的最后一步。复数的部分基本操作实现算法代码可描述如下。

```
//----------复数的基本操作算法实现的类C描述--------
Status initComplex(Complex &z) {//为z分配空间，成功返回TRUE，否则返回FALSE
    z=(Complex*)malloc(sizeof(Complex));//sizeof(Complex)==sizeof(ElemType)*2
    if (!z) exit(OVERFLOW);
    return TRUE;
}//initComplex
void Assign(Complex &z,ElemType c1,ElemType c2) { //用实数c1和c2构造复数z
    z.realPart=c1; z.imagPart=c2;
    return;
}//Assign
Status Destroy(Complex &z) {  //销毁z的空间：free(z)，成功返回OK
    if (T) {free(T); T=NULL;}
    return OK;
}//Destroy
ElemType GetReal(Complex z) {  //返回z的实部z.realPart
    return z.realPart;
}//GetReal
ElemType GetImag(Complex z) {  //返回z的虚部z.imagPart
    return z.imagPart;
}//GetImag
void Add(Complex z1,Complex z2,Complex &z3) { //z3=z1+z2
    z3.realPart=z1.realPart+z2.realPart;
    z3.imagPart=z1.imagPart+z2.imagPart;
    return;
}//Add
void Sub(Complex z1,Complex z2,Complex &z3) { //z3=z1−z2
    z3.realPart=z1.realPart-z2.realPart;
    z3.imagPart=z1.imagPart-z2.imagPart;
    return;
}//Sub
void Multiply(Complex z1,Complex z2,Complex &z3) { //z1×z2→z3
    z3.realPart=z1.realPart*z2.realPart-z1.imagPart*z2.imagPart;
    z3.imagPart=z1.realPart*z2.imagPart+z1.imagPart*z2.realPart;
    return;
}//Multiply
Complex GetConjugate(Complex z) {  //返回z的共轭复数
    Complex temp=z;
    temp.imagPart=-temp.imagPart
```

```
        return temp;
    }//GetConjugate
    Status JudgeConjugate(Complex z1,Complex z2){//z1 和 z2 共轭返回 TRUE，否则返回
FALSE
        if (z1.realPart==z2.realPart && z1.imagPart==-z2.imagPart) return TRUE
        else return FALSE;
    }//JudgeConjugate
    ElemType Modulus(Complex z) {   //返回 z 的模数
        return sqrt(z.realPart*z.realPart+z.imagPart*z.imagPart);
    }//Modulus
```

1.4　算法及其分析与评价

1.4.1　算法及其特征

算法(algorithm)是特定问题求解步骤的操作指令有限序列。它由问题求解需要遵守的规则或计算过程集构成，是在有限时空内以专门定义的程序语言来表达有关函数计算的有效方法[①]。算法指令可代表一个操作，也可代表多个操作。算法具有如下基本特征。

(1) 有穷性(finite)：对任何合法输入，算法的执行必须在有限步骤内停止。“有穷性”不保证算法一定得解。算法停止时，算法的求解结果有如下几种可能：有解；无解；有理论解，但没得到；不知有解还是无解。

(2) 确定性(definite)：算法中的每一条指令均有确切含义，不会产生理解上的偏差。在任何时候，算法只有唯一的一条执行路径。面对相同输入，算法的输出结果相同。

(3) 可行性(feasibility)：任何算法操作都可以通过已有操作的有限次数运算实现。

(4) 输入(input)：算法有 0 个或多个来自特定数据对象的元素集合的输入。

(5) 输出(output)：算法有 1 个或多个与输入相关联的输出结果。

1.4.2　算法设计的基本要求

研究算法设计方法的目的是，针对问题获得好算法。算法好坏一般从四个方面衡量。

(1) 正确性(correctness)：算法必须满足实际问题的求解要求。算法正确性评价有四种级别：①无语法错误；②对几组输入数据可得到符合要求的解；③对精选、典型、苛刻输入，能得到符合要求的解；④对一切合法输入，可以得到符合要求的解。通常，可用达到正确性的第三层作为合格算法的评判标准。

(2) 可读性(readability)：算法需要有好的可读性，以易于阅读、理解和交流。

---

① 英文表述：Set of rules or procedures that must be followed in solving a problem. / An effective method that can be expressed within a finite amount of space and time and in a well-defined formal language for calculating a function.

(3)健壮性(robustness)：对非法输入或操作，算法能从容应对并给出提示，不影响结果。

(4)时空效率(time-space efficiency)：从效率上，算法的时空效率要高。

1.4.3 算法的时间效率度量方法

效率是衡量算法好坏的关键，其预测与评估是算法设计与分析研究工作的重要内容。效率分为时间和空间两个方面。时间效率是指算法执行时间的快慢，空间效率是指算法完成任务所需存储空间的大小。假设执行环境相同，对于同一个问题的多种算法方案，执行时间短的算法时间效率高，所需最大存储空间少的算法空间效率高。显然，无论时间效率还是空间效率，其评估都与问题的规模大小直接相关。

算法效率度量一般分为事先估计和事后统计两类。无论时间效率分析还是空间效率分析，都有一些共同的分析准则要遵循。为了简化主题的讨论，下面先以时间效率分析为准进行讨论，再将其分析方法和思路拓展到空间效率分析中。

1. 事后统计法

思想：根据算法程序在计算机上的实际执行时间长短判定算法快慢，也称绝对时间法。

特点：事后统计法的优势是，结论直观且易于理解。其缺陷有两个：一是，它以算法程序的执行为前提，当算法程序没有执行完时，评估工作是无法进行的；二是，算法程序执行时间的长短与软、硬件环境直接相关，执行时间可能无法真实反映算法的本质优劣。显然，只要是绝对时间评估方法，都难以避免这些缺陷。

2. 事先估计法

思想：寻找算法中与软、硬件环境无关的因素进行效率评估才是科学和合理的。一般可以用这些因素相关的函数映射来衡量算法效率的高低，也称为函数映射法。

优势：通过问题特性分析，获得能够衡量算法效率且与环境无关的因素，并建立算法效率映射函数，从而避开事后统计法评估的缺陷。

算法程序执行的耗时因素：①算法策略。不同求解策略会影响问题求解的快慢。②问题规模。问题规模大小会影响算法执行的快慢。③程序语言类别。程序语言级别越高，算法的问题求解时间效率越低。④编译器质量。不同编译器编译的代码结构和效率有差异。⑤机器指令的执行速度。机器系统不同，程序代码的执行效率会不同。

分析易知，以上影响算法程序执行的耗时因素中，只有用问题规模因素反映不同算法的快慢时，算法效率才会具有与实施环境的无关性，可用于衡量算法程序执行工作量的大小或效率。因此，可用问题规模相关的评估函数衡量算法的时空效率。

算法的控制结构由顺序、选择和循环等组成，其工作量由基本操作执行次数表示，而基本操作是算法工作量规模评估的关键。一般来讲，基本动作针对固有数据类型，也称原子操作(atom operation)。为了更好地分析算法时间效率，可用算法的基本操作(basic operation)衡量算法时间复杂度，它比直接用针对固有数据类型的原子操作有效、灵活和方便。相对固有数据类型原子操作，基本操作概念是相对的。对不同的问题求解方法，可有不同的基本操作。对同一算法，不同分析人员界定基本操作也可不同。但是，对同一问题的多种算法进行时间效率比较时，一般以各算法基本操作进行算法的时间复杂度度量，基本操作也称为算法分析的原子操作或原操作。

例如，对于一个 $n×n$ 矩阵的乘法问题，数学公式为 $C=A×B$，算法描述如图 1-8 所示。其中，最能反映矩阵乘法耗时量的基本操作是结果矩阵元素 $c[i][j]$的计算，如果以它的计算为基本操作，算法的执行时间正比[①]于结果矩阵中的元素个数 n^2，记为 $T(n)=O(n^2)$。同理，如果以计算结果矩阵元素运算中的乘法操作作为基本操作，即 $c[i][j]$+=$a[i][k]$*$b[k][j]$ 中的乘法，则算法的时间复杂度函数 $T(n)=O(n^3)$。

```
for(i=1;i<=n;i++)
  for(j=1;j<=n;j++){
   c[i][j]=0;
   for(k=1;k<=n;k++)c[i][j]+=a[i][k]*b[k][j];
  }
```

图 1-8　$n×n$ 矩阵的乘法算法描述

其中，$T(n)$表示问题规模为 n 时算法的时间复杂度。$O(f(n))$表示问题规模为 n 时算法的时间复杂度是一个与 $f(n)$成正比的函数，比如 $f(n)=n^2$ 或 $f(n)=n^3$。实际上，当问题规模很大时，精确计算和分析算法的时间性能 $T(n)$是困难的，也是不必要的。一般用能够表示算法时间性能变化的趋势和规律来反映算法的时间耗费量变化趋势和规律。为此，人们引入了能够反映这种趋势和规律的渐近时间复杂度(asymptotic time complexity)概念来描述，它用问题规模 n 趋于无穷大时，算法时间复杂度函数的渐近上界来表示，一般用 $T(n)$的数量级形式表示。算法的渐近时间复杂度简称为时间复杂度(time complexity)。

对算法时间复杂度的归纳，涉及对问题原操作的定义及其执行频度计算。频度(frequency count)是指，算法原操作或程序语句(组)的重复执行次数。算法时间复杂度分析常常从原操作的频度计算与归纳开始。例如，对矩阵乘法问题，其算法时间复杂度就是从其原操作频度计算归纳出来的。又如，对以下算法段实例，其频度分别为 1、n 和 n^2，对应的时间复杂度可以表示为 $O(1)$、$O(n)$和 $O(n^2)$。

①{++x;s=0;}　//原操作：++x;s=0;

②for (j=1;j<=n; j++) {++x;s+=x;}　//原操作：++x;s+=x;

③ for(j=1;j<=n;j++)

　　for(k=1;k<=n;k++) {++x;s+=x;}　//原操作：++x;s+=x;

注意：在时间复杂度的分析中，事先估计法和事后统计法是可以相互结合使用的。

① 问题的基本操作或原子操作的重复执行次数和算法的执行时间呈正比关系。

1.4.4 常见的时间复杂度函数增长率分析

常见的时间复杂度：根据 $f(n)$ 的数量级形式，问题规模 n 相关的算法时间复杂度可分为常量阶 $O(1)$、线性阶 $O(n)$ 和平方阶 $O(n^2)$ 等多项式阶 $O(n^k)$，以及对数阶 $O(\log n)$ 和指数阶 $O(2^n)$ 等形式。对不同量级的时间复杂度，算法的时间开销随着问题规模变化而变化的快慢是不同的。在选择算法策略和评估算法时间效率时，要注意以下几个问题。

(1) 优先选用 $O(n^k)$ 型算法或 $\log(n)$ 型算法，少用 $O(2^n)$ 型算法。

(2) 基本操作一般只选一个，但根据问题求解算法描述的实际，也可以有多个基本操作。此时，如果基本操作的执行时间差异明显，可以对各基本操作赋予一定权值，以统一衡量算法的相对时间量，也便于比较同一问题的多种算法设计方案的优劣。

(3) 仅需考虑问题规模相关的算法复杂度增长率，而不是基本操作的精确执行频度。此时，一般只考虑关于问题规模的阶数，即采用 $f(n)$ 中对增长率影响最显著的项，作为算法的渐近时间复杂度的阶。

例如，对以下算法描述，基本操作的执行频度表达式是 $n(n+1)/2$，算法的时间复杂度表示为 $O(n^2)$。

```
for (i=1;i<=n;i++)
    for(j=1;j<=i;j++) {++x;a[i][j]=x;} //基本操作：++x;a[i][j]=x;
```

(4) 基本操作执行次数受环境或输入数据变化影响时，可以采用平均时间复杂度 (average time complexity) 度量。但输入的组合排列往往情形复杂，确定算法平均时间复杂度困难。常用的方法是以最坏情形时间复杂度 (the worst-case complexity of time) 作为算法的时间复杂度。

例如，对以下冒泡排序算法，输入序列排列不同，其基本操作的执行频度不同，故可用平均时间复杂度度量，但分析过程较为复杂。比如，它既要考虑各种排列情形，又要考虑排列出现的概率分布等因素。用最坏情形度量较容易，即 $T(n)=O(n^2)$。

```
void bubble_sort(int a[],int n) { //将数组 a 中的 n 个整数由小到大排序
  for (i=n-1,change=TRUE; i>=1 && change; i--) {
    change=FALSE;  //假设无交换
    for (j=0; j<i; j++)
        if (a[j]>a[j+1]) {a[j]←→a[j+1]; change=TRUE;} //基本操作：值交换
  }
} //bubble_sort
```

注意：除特别说明，本书的时间复杂度度量都假设在最坏情形下展开讨论。

时间复杂度确定的一般原则：对问题求解过程的算法描述，可选一个或几个基本操作。根据具体的问题分析需要，时间复杂度度量可以选增长率、平均值或执行次数等作标准。

1.4.5　算法的空间复杂度

算法的空间复杂度(space complexity)是指，对算法执行所需最大存储空间大小的度量。与时间复杂度类似，算法的空间复杂度分析结果可以记为 $S(n)=O(f(n))$。其中，n 为问题规模，$f(n)$ 为与问题规模 n 相关的算法空间需求映射函数。

算法程序执行的空间需求分为两种类型：一是算法和程序执行必备的存储空间，如指令、常量、变量、数据的输入和输出等所需的存储空间；二是完成任务所需的辅助性工作单元和数据存储空间。如果输入输出数据所占存储空间大小与算法(规模)无关，则只需针对输入输出及算法程序必备空间以外的存储空间需求进行效率分析，否则，空间效率分析时必须同时考虑与输入输出相关的效率问题。如果任务执行所需额外空间需求相对于输入数据量是一个不变的常值，算法在空间需求上属于原地工作(local working)类别。如果任务执行所需额外空间需求依赖于输入数据量的大小，应当采取类似于时间效率分析的最坏情形法(worst case method)进行分析。

注意：除特别说明，空间复杂度采用最坏情形法分析度量。

1.4.6　算法方案选择的时空辩证关系

在算法时空效率评价的一般性讨论中，对时空复杂度的度量和比对，需要剔除问题中与环境相关的评价影响因素，只保留与环境无关的问题规模因素。它会使得算法的效率评估度量结果更加科学和合理，且评估方法更具有可比性。但是，由于问题求解的算法程序执行一般都是在特定环境下完成的，问题求解算法的方案设计和选择必须考虑算法程序的实现环境影响和制约，包含问题求解方案的时空有效性约束。

算法时空效率取舍规律：时空不能两全。也就是说，增加空间(降低空间效率)，可减少时间(提高时间效率)；减少空间(提高空间效率)，会增加时间(降低时间效率)①。

虽然设计同时满足高效率的时、空算法是困难的，但算法的时、空效率是可以互换的。如果算法对时间效率要求高，那么，其对空间效率的要求一般要适当降低。反之亦然。

设计和选择时空高效算法的基本原则：一是可行的或可执行的；二是时空效率的综合评价结果要高效和合理，尽量避免仅仅追求单一性能指标的高效。

课 外 习 题

1-1 简述下列术语：数据、数据元素、数据项、数据域、数据对象、数据结构、存储结构、逻辑结构、数据类型、抽象数据类型。

1-2 简述顺序映射和非顺序映射的区别与联系。

---

① 更通俗地讲：要节约空间，其代价是多花费时间；要节约时间，其代价是多分配空间。

1-3 简述逻辑结构、存储结构和虚拟存储结构之间的关系。

1-4 简述数据结构、抽象数据类型和程序设计语言中的数据类型之间的区别。

1-5 数据结构的三要素是什么?基本的数据结构是指哪些?

1-6 算法的五大基本特征是什么?

1-7 算法好坏的评价标准是什么?算法设计中，算法时空效率设计和运用准则是什么?

1-8 常见的算法复杂度评估数量级分为几类?它们是哪几类?

1-9 什么是本地工作模式?

1-10 为什么数据结构的研究要引入 ADT 的方法?

1-11 对数据结构(D,R)，假设$D=\{d_1,d_2,d_3,d_4\},R=\{r\},r=\{(d_1,d_2),(d_2,d_3),(d_3,d_4)\}$，试给出其逻辑结构图。

1-12 对以下程序段，请给出其流程图描述：

(1) product=1;i=1;while (i<=n) {product*=i;i++;}

(2) i=0; do {i++;} while ((i!=0) && (a[i]!=x));

1-13* 假设 n 为正整数。试确定下列程序段中前面有@的语句的执行频度。

(1)
```
i=1; k=0;
while (i<=n-1) {
@     k+=10*i;
      i++;
}
```

(2)
```
i=1; k=0;
do {
@     k+=10*i;
      i++
} while (i<=n-1);
```

(3)
```
k=0;
for (i=1; i<=n; i++)
    for (j=i; j<=n; j++)
@         k++;
```

(4)
```
x=91; y=100;
while (y>0)
{
@     if (x>100) {x-=10; y--;}
      else x++;
}
```

1-14* 假设 n 为 2 的乘幂且 $n>2$，对以下算法，试评估其时间复杂度并计算变量 count 的值(以 n 的函数形式表示)。

注：“*”表示习题有一定难度；“**”表示习题难度较大。

```
int Frequency (int n) {
    count=0; x=2;
    while (x<n/2) {
        x*=2; count++;
    }
    return (count);
}//Frequency
```

1-15* 已知两个算法实现了同一功能，其时间复杂度分别为 $O(2^n)$ 和 $O(n^{10})$，假设计算机可连续运算的时间为 10^7 秒(100 多天)，每秒完成基本操作 10^5 次。试问：这两个算法可解问题的规模分别是多少？哪个算法更合适？为什么？

1-16* 试用数学归纳法证明：

(1) $\sum_{i=1}^{n} i^2 = n(n+1)(2n+1)/6(n \geqslant 0)$；

(2) $\sum_{i=0}^{n} x^i = (x^{n+1}-1)/(x-1)(x \neq 1, n \geqslant 0)$；

(3) $\sum_{i=1}^{n} 2^{i-1} = 2^n - 1(n \geqslant 1)$；

(4) $\sum_{i=1}^{n} (2i-1) = n^2(n \geqslant 1)$。

1-17* 假设有 A,B,C,D,E 五个高校进行田径对抗赛，各院校的单项成绩均要存入计算机中并形成一张表格，表中每一行的格式如下：

项目名称	性别	校名	成绩	得分

试编写一个算法处理以上表格，要求统计各院校男女总分和团体总分并输出结果。

1-18** 试编写算法计算 $i! \times 2^i (i=0,1,\cdots,n-1)$ 的值，结果分别存入 arr[nArrSize]各分量中。假设系统最大整数值为 MAXINT，当 n>arr[nArrSize] 或 $k(0 \leqslant k \leqslant n-1)$ 使得 $k! \times 2^k$>MAXINT 时，按出错处理。注意选择你认为较好的出错处理方法。

1-19** 试编写算法求一元多项式 $P_n(x) = \sum_{i=0}^{n} a_i x^i$ 的值，分析算法中每一语句的执行次数及算法整体时间复杂度。注意选择你认为较好的输入输出方法。本题输入为 $a_i (i = 0,1,\cdots,n)$ 和 x_0、n，输出为 $P_n(x_0)$。

1-20* 计算并绘制 $O(3)$、$O(2n)$、$O(n^2)$、$O(3\log_2 n)$ 和 $O(2^n)$ 的曲线变化对比图。根据图像变化快慢给出其自小至大的排列顺序。

第 2 章　集合与线性表

集合问题只考虑元素是否属于数据对象，具有最简单的元素关系(空关系)。在线性表中，元素间具有某种一一映射关系(线性关系)。它们是研究复杂数据类型或结构的基础。本书第 2～5 章将分别从不同角度对线性表展开讨论。

2.1　集合及其逻辑结构特点

将具有相同属性结构的元素聚集在一起，就构成集合(set)。实际上，集合是集合关系、集合结构或集合数据类型的简称，是元素关系最简单的抽象数据类型，其相关操作不考虑元素序关系，但元素要准确标注才能更好地描述有关集合的操作。一般情况下，可用元素在集合中存放(出现)的顺序号作为元素(位置)下标标注①。假设集合中的元素个数为 n，则处于集合第一位置处的元素可称为集合的第一个元素，记为 a_1。最后位置处的元素记为 a_n。

集合的逻辑结构特点如下。

(1) 由空集或有限数量的非空元素构成，即 $S=\{\}$ 或 $S=\{a_1,\cdots,a_n\}$，n 为集合大小。

(2) 元素不能重复，即 $\forall a_i,a_j \in S$，$i \neq j$ 时，$a_i \neq a_j (1 \leqslant i, j \leqslant n)$。

(3) 元素数据类型相同。

(4) 元素间没有序关系，即元素之间的序关系为空。

(5) 元素保持联系的方式仅限于属于($\in$)和不属于($\notin$)某个集合 S 两种。

集合元素类型可以是 int 和 float 等基本数据类型，也可以是记录(record)、文件(file)、图形(graph)和图像(image)等复杂数据类型。一般来讲，集合的类型由其元素类型确定，如 int 集合、图像集合、学生集合等。元素类型一般用 ElemType 表示。

注意：复杂元素的类型 ElemType 一般由 struct 等类型自定义机制完成定义。

2.2　集合的 ADT 描述

为更简洁地描述集合的 ADT 及其基本操作算法，对参数引用的表示可做如下约定。

(1) 参数值在算法中的改变要返回时，调用将采取引用或指针方式。反之亦然。

(2) 参数值不能被改变时，参数前可加 const 修饰，或者采用值传递方式。

---

① 标注元素编号是为了方便识别和引用元素，不是为了表达元素间的逻辑关系。

有关集合的 ADT 描述可定义如下：

```
ADT Set {
  数据对象：D={ai|ai∈ElemType,i=1,…,n,n≥0} //n=0 时表示数据对象是空集∅
  数据关系：R={} //元素间没有任何关系约束
  基本操作：
    InitSet(&S) //结果：为 S 分配初始空间
    DestroySet(&S) //条件：S 存在。结果：销毁或回收 S 的空间
    EmptySet(S) //条件：S 存在。结果：S 为空时返回 TRUE，否则返回 FALSE
    ClearSet(&S) //条件：S 存在。结果：将 S 置为空集
    GetSetLength(S) //条件：S 存在。结果：获得 S 中元素的个数，空集时为 0
    GetElem(S,i,&e) //条件：S 存在且 i 合法。结果：返回 e。非法时返回 FALSE
    FindElem(S,e) //条件：S 存在。结果：返回 e 在 S 中的位置编号。0 表示不存在
    SetInsert(&S,e) //条件：S 存在。结果：将 e 插入集合 S，返回 e 的位置编号
    SetDelete(&S,e) //条件：S 存在。结果：在 S 中删除元素 e，返回 e 的位置编号
    SetTraverse(S,visit()) //条件：S 存在。结果：用 visit()一一访问 S 中的元素
} ADT Set
```

注意：集合的所有操作都必须满足元素的唯一性约束原则。

2.3 集合的表示和实现

ADT 的表示和实现涉及两部分：一是确定存储结构；二是实现基本操作。实践中表现为要解决三个具体问题：①确定 ElemType 和数据对象取值域；②确定元素关系表示方法(数组或链表等)；③描述基本操作算法。类似地，实际问题的求解也对应三个步骤：①定义 ElemType；②确定问题存储结构；③基于基本操作的问题求解过程实现描述。

假设 ElemType 为 int，采用动态顺序存储结构，有关集合的数据结构可定义如下：

```
#define SET_INIT_SIZE 100      //集合存储空间初始大小
#define SET_INCREMENT 10       //集合存储空间增量步长
typedef int ElemType;  //集合中的元素由 int 值构成
typedef struct {
  ElemType *set;   //set 表示动态顺序存储结构
  int length;      //length 表示元素个数
  int setSize;     //setSize 表示存储空间大小
} SqSetList;
```

集合的动态顺序存储结构如图 2-1 所示。图中，预分配的集合存储空间大小为 setSize，已使用的空间大小为 n 或 length。要注意的是，进行类 C 描述[①]时，第一个元素下标为 0，

① 类 C 描述下，应遵守 C 语言的下标编号约定，即顺序存储元素时，“第 i 个元素”指下标位序为 i−1 的元素，“下标为 i 的元素”是逻辑上第 i+1 个元素。

第 n 个元素下标为 $n-1$。另外，元素下标号只是标记其存储位置，没有逻辑上的顺序意义。

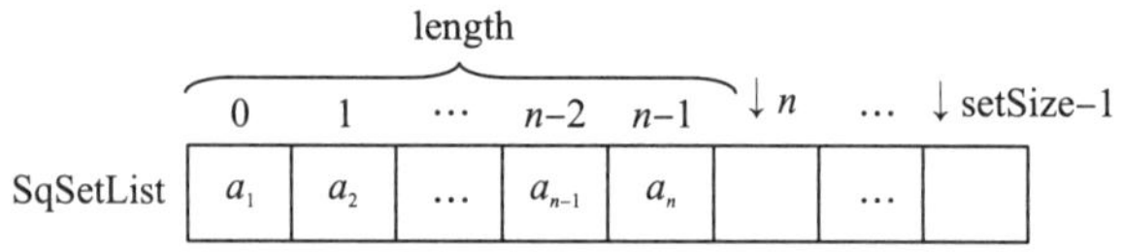

图 2-1 集合的动态顺序存储结构示意图

基于以上存储结构，集合的部分基本操作的类 C 描述如下：

算法 2-1—InitSet_Sq()

```
Status InitSet_Sq(SqSetList &S){ //为 S 分配初始顺序存储空间(代入参数前没有分配)
  S.set=(ElemType*)malloc(SET_INIT_SIZE*sizeof(ElemType));
  if (!S.set) exit(OVERFLOW); //空间分配失败时退出
  S.length=0; //空集大小
  S.setSize=SET_INIT_SIZE; //预分配的空间大小
  return OK;
} //InitSet_Sq
```

算法 2-2—DestroySet_Sq()

```
void DestroySet_Sq(SqSetList &S) { //销毁或回收 S 占用的空间
  if (S.set) free(S.set);
  S.set=NULL;
  return;
} //DestroySet_Sq
```

算法 2-3—SetInsert_Sq()

```
int SetInsert_Sq(SqSetList &S,ElemType e) { //将 e 插入集合 S，返回 e 的位置
 //返回值 0 表示元素已在集合中，无须插入。否则，返回元素插入位置。
  if ((i=FindElem(S,e))>0) {printf("%d existed in S.\n",e);return 0;} //无须插入
  if (S.length>=S.setSize) { //存储空间已满时，增加集合存储空间
   newBase=(ElemType*)realloc(S.set,(S.setSize+SET_INCREMENT)*sizeof(ElemType));
   if (!newBase) exit(OVERFLOW);
   S.set=newBase;
   S.setSize+=SET_INCREMENT;
  } //if
  S.set[length]=e; S.length++; //尾部插入
  return S.length;
} //SetInsert_Sq
```

算法 2-4—SetDelete_Sq()

```
int SetDelete_Sq(SqSetList &S,ElemType e) { //在 S 中删除元素 e。返回 e 的位置编号
```

```
    //返回值 0 表示元素不在集合中，无删除。否则，返回删除元素的位置。
    if (i=FindElem(S,e)) { //元素 e 存在时删除
      S.set[i-1]=S.set[S.length-1]; S.length--; //最后一个元素前移到 e 的位置
    } //if
    return i; //非 0 表示真，也表示删除元素的位置
} //SetDelete_Sq
```

有关集合的其他基本操作实现描述，留给读者完成[①]。

以上实现方案是以动态顺序存储为基础的。实际上，根据 C 语言的特点，数据对象存储结构可分为两类：一是顺序存储结构；二是链表存储结构。

顺序存储结构又可分为静态顺序存储结构和动态顺序存储结构。静态顺序存储结构是 C 语言内建的数组结构，动态顺序存储结构通过内存分配管理系统临时分配，由指针指向的顺序数组结构，也称动态数组结构。无论是动态还是静态顺序存储结构，分配给数据对象的存储空间一定是地址连续的统一内存块，在使用上都具有数组特性。

理论上讲，链表各结点存储空间的地址不必连续，可将较小内存块(结点)进行地址链接，以形成逻辑结构一致的整体结构。在表示和实现中，根据存储管理的链接实现方式，链表可分为静态链表和动态链表。静态链表是指，通过数组存储结构表示的链表，其存储空间要一次性预分配，且要求地址连续。动态链表是指，从可用内存空间临时分配和链接成的链表，其操作要按需逐一分配，各结点地址空间不必连续。根据静态链表(数组)存储空间获取方式，又可分为静态(分配)的静态(链接)和动态(分配)的静态(链接)两种。

链表的表示和实现见 2.7 节。在学习初期，建议读者尽量尝试两种以上的存储结构设计和实现，以对比不同存储结构及其算法设计和实现技术方法上的差异。

注意：关于集合的链式存储结构算法实现，留给读者进行课外拓展与思考。

2.4　线性表及其逻辑结构特点

如前所述，集合只考察元素是否属于特定数据对象，不考虑元素间的关系。当元素间具有一一对应的相邻逻辑位序映射关系时，称其满足线性关系。此时，线性关系会按某种规则使元素逻辑关系与存储或排列位置一一对应。

线性表(linear list)是由 n 个数据元素所构成的一个有限序列。其第一个元素记为 a_1，最后一个元素记为 a_n，a_i 是第 i 个元素。

线性表的逻辑结构特点如下。

(1) 线性表是非空有限元素的集合，记为 $(a_1,\cdots,a_{i-1},a_i,a_{i+1},\cdots,a_n)$。

(2) 所有元素具有相同属性结构或元素类型，具体类型根据实际问题确定。

(3) 元素间的有序关系是相邻逻辑位序一一对应，一般可用序偶表示。

(4) 序列中有唯一没有前驱的头元素(first element) a_1，也有唯一没有后继的尾元素

---

① SetTraverse() 的实现要用到“指向函数的指针作为函数参数”引用技术，读者做实验时需要提前熟悉。

(last element) a_n。除此以外，每个元素 a_i 都有且仅有唯一的前驱元素 a_{i-1} 和唯一的后继元素 a_{i+1}，它们分别简称为 a_i 的(直接)前驱元素(prior element)和(直接)后继元素(next element)。

(5)表中元素的个数表示线性表的长度($n \geqslant 0$)。当表的长度为 0 时，线性表被称为空表(null/empty list)。非空表的每个元素在序列中都有一个唯一的确定位置对应。

类似于集合类型，线性表类型由构成线性表的元素类型确定。元素类型可以是简单的数字、符号等，也可以是若干数据项构成的复杂类型。复杂类型可以是记录，也可以是若干记录构成的文件类型。

例 2-1 线性表实例。

(1)简单线性表：由简单数字或数、字符和字母等构成。

例如，(1,3,4,8,9,4,1,2,8,3)为数字型线性表；

(A,B,C,D,E,F)为英文字母序列；

('2', 'A', 'B', '9', 'e', 'x')为字符序列；

(6,7,12,12,18,77,78, ··· ,400,1200)为整数列表。

(2)复杂线性表：由若干记录、文件等复杂结构构成。

无论对象多复杂，它们之间都可以是线性关系。

例如，对表 1-1 的登录号书目表，每本书对应一条记录，所有书目记录一起构成书目文件。表 1-1～表 1-4 等多个表(文件)构成书目自动检索文件系统。又如，表 2-1 中，每位同学的数据信息对应一条记录，所有同学信息一起构成线性数据对象——成绩单或表格文件。

表 2-1 信息与计算科学专业 2013 级 5 班成绩单

学号	姓名	性别	导论	C 语言	数据结构
2013060501	陈红	女	90	86	86
2013060502	陈平	男	85	78	82
2013060503	李静	女	75	78	68
⋮	⋮	⋮	⋮	⋮	⋮
2013060539	王建波	男	89	80	84
2013060540	张波	男	80	75	62

2.5 线性表的 ADT 描述

对任何类型线性表，要保持元素的相邻逻辑位序一一对应关系，需要以空间分配与回收、插入、删除、查找、遍历等基本操作进行管理和维护。故线性表的 ADT 可定义如下：

ADT List {

数据对象：$D=\{a_i|a_i \in \text{ElemType}, i=1,\cdots,n, n \geqslant 0\}$ //n=0 时表示数据对象是空集∅

数据关系：$R=\{<a_{i-1},a_i>|a_{i-1},a_i \in D, i=2,\cdots,n\}$

基本操作：

```
InitList(&L)  //结果：为 L 分配初始空间并构造空表
DestroyList(&L)  //条件：L 存在。结果：销毁或回收 L 占用的空间
ListEmpty(L)  //条件：L 存在。结果：L 为空时返回 TRUE，否则返回 FALSE
ClearList(&L)  //条件：L 存在。结果：L 置为空表
ListLength(L)  //条件：L 存在。结果：获得 L 的长度
GetElem(L,i,&e)  //条件：L 存在且 i 范围合法。结果：返回 L 第 i 个元素到 e
LocateElem(L,e,compare())  //条件：L 存在，compare()是对 e 的判定函数。
                           //结果：返回 e 的第一次出现位序。无 e 时返回 0
PriorElem(L,cur_e,&pre_e)  //条件：L 存在。结果：cur_e 非头元素时用 pre_e
                           //返回其前驱，否则失败，且 pre_e 无定义
NextElem(L,cur_e, &next_e)  //条件：L 存在。结果：cur_e 非尾元素时用 next_e
                            //返回其后继，否则失败，且 next_e 无定义
ListInsert(&L,i,e)  //条件：L 存在，且 1≤i≤ListLength(L)+1。结果：在 L 第
                    //i 个元素前插入新元素 e，L 长度加 1
ListDelete(&L,i,e) //条件：L 存在，且 1≤i≤ListLength(L)。结果：删除第 i 个
                   //元素 e
ListTraverse(L,visit())  //条件：L 存在，visit()已实现。结果：用 visit()遍历 L
} ADT List
```

注意：所有线性表相关的操作都要保证，表中元素要保持相邻逻辑位序的性质。

List 定义只涉及线性表基本操作。借助它们，可以实现表的合并、拆分、复制等操作。

例 2-2　集合列表的并(union list)：利用线性表完成集合的并操作(也可用集合类型！)。

问题描述：$A=A\cup B$。其中，A 和 B 是线性结构表示的集合。

基本思想：依次将集合线性表 B 中元素合并到集合线性表 A 中。

算法 2-5—unionList()

```
void unionList(List &La, List Lb) { //将在 Lb 不在 La 中的元素插入 La
 La_len=ListLength(La); Lb_len=ListLength(Lb); //获取表长
 for (i=1;i<=Lb_len;i++) { //扫描表 Lb
   GetElem(Lb,i,e);       //取 Lb 第 i 个元素到 e
   if (!LocateElem(La,e,equal)) //La 中找不到 e 时在 La 的尾部插入 e
      ListInsert(La,++La_len,e);
 } //for
} //unionList
```

时间复杂度：unionList()的时间复杂度效率取决于对表的操作开销。假设 GetElem()和 ListLength()的执行与表的长度无关。由于算法采取尾部插入策略，ListInsert()的执行也与表的长度无关。在最坏情形下，LocateElem()操作的执行时长与表的长度成正比。因此，unionList()的整体时间复杂度为 $O(\text{ListLength(La)}\times\text{ListLength(Lb)})$。

例 2-3 有序列表的并：归并递增有序列表 LA 和 LB 成递增有序列表 LC。

假设 LA=(3,5,8,11)，LB=(2,6,8,9,11,15,20)，归并后 LC=(2,**3**,**5**,6,8,**8**,9,11,**11**,15,20)。要完成其有序列表的合并操作，算法设计思路可以有多种。下面给出三种设计方案。

方案 1：将 LA 和 LB 直接合并到 LC，然后对 LC 排序。(无序列表合并)

方案 2：因 LA 和 LB 有序，可先将 LC 置为其一(如 LA)，再将另一序列(如 LB)中元素一一有序插入。(有序列表插入)

方案 3：设指针或指示器 cur_la 和 cul_lb 分别指向 LA 和 LB 当前元素，cur_lc 指向 LC 当前插入位置，交替扫描 LA 和 LB，并将小者插入 LC 当前位置。(有序列表合并)

易知，从时间效率上讲，方案 1 是最差方案，方案 2 次之，方案 3 最优。关于方案 1 和方案 2，其算法的设计与实现请读者自行课外完成。方案 3 的算法实现描述如下：

算法 2-6—MergeList()

```
void MergeList(List La, List Lb, List &Lc) { //将 La 和 Lb 有序合并成 Lc
  InitList(Lc);
  cur_la=cur_lb=1; cur_lc=0; //指针指示器初始化
  La_len=ListLength(La); Lb_len=ListLength(Lb);
  while ((cur_la<=La_len) && (cur_lb<=Lb_len)) { //La 和 Lb 均未处理完时。O(com)
    GetElem(La,cur_la,a_cur); //取 a_cur
    GetElem(Lb,cur_lb,b_cur); //取 b_cur
    //a_cur<=b_cur 时 a_cur 插入 LC，cur_la 指向 LA 的下一元素位置
    //否则，b_cur 插入 LC，cur_lb 指向 LB 的下一元素位置
    if (a_cur<=b_cur) {ListInsert(Lc,++cur_lc,a_cur); cur_la++;}
    else {ListInsert(Lc,++cur_lc,b_cur); cur_lb++;}
  } //while 1
  while (cur_la<=La_len) { //La 不空时其元素一一取出插入 Lc
    //com=cur_la+Lb_len; xx=La_len-cur_la;
    GetElem(La,cur_la++,a_cur); ListInsert(Lc,++cur_lc,a_cur); //O(xx)
  } //while 2
  while (cur_lb<=Lb_len) { //Lb 不空时其元素一一取出插入 Lc
    // com=cur_lb+La_len; xx=Lb_len-cur_lb
    GetElem(Lb,cur_lb++,b_cur); ListInsert(Lc,++cur_lc,b_cur); //O(xx)
  } //while 3
} //MergeList
```

分析易知，后面两个 while()循环控制结构只可能有一个被成功执行。算法的时间复杂度为 O(com+xx)=O(La_len+Lb_len)$\Rightarrow O$(ListLength(La)+ListLength(Lb))。

注意：关于表的拆分和复制等操作，留给读者课外思考和实现。

2.6　线性表的顺序表示和实现

基本思想：用一组地址连续的存储单元依次存储线性表中数据元素。

如图 2-2 所示，假定线性表 $(a_1,\cdots,a_{i-1},a_i,a_{i+1},\cdots,a_n)$ 中元素的存储单元字节数为 L，因整个存储空间由一组地址连续的存储单元构成，故第 i 个元素的空间地址可由下式计算：

$$\mathrm{LOC}(a_i)=\mathrm{LOC}(a_1)+(i-1)\times L \tag{2-1}$$

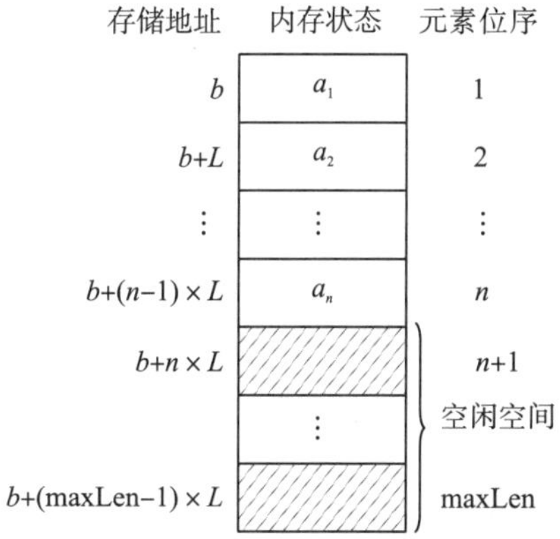

图 2-2　线性表的顺序存储结构示意图

这种机内存储结构称为线性表的顺序存储结构或顺序映像结构，对应的线性表称为顺序表(sequential list)。

存储特点：①逻辑上相邻的元素在机内的物理存放位置也相邻，即物理位序与逻辑位序一致。②随机存取。只要知道表的起始存储位置，即可通过顺序存储地址计算式(2-1)随机访问表中任何元素。因此，基于顺序表的存储结构是一种随机存储结构。

实现方法：利用 C 语言数组结构的随机访问特性，可以实现线性表的顺序存储表示。一般来讲，直接采用 C 语言数组实现时称为静态数组(static array)。但问题规模可变时，静态数组适应能力不强。如果问题规模大小可变，一般要用动态数组(dynamic array)技术，以动态分配和改变数组空间大小。例如，对基于动态分配思想的长度可变一维数组，其顺序存储结构可定义如下：

```
//----------线性表的顺序动态分配存储结构(动态数组)----------
#define LIST_INIT_SIZE 100   //线性表存储空间的初始分配大小(元素个数)
#define LIST_INCREMENT 10   //线性表存储空间的增长步长(元素个数)
typedef struct {
   ElemType *elem; //线性表的空间基址
   int length;   //线性表的长度(元素个数)
   int listSize;   //线性表的空间大小
```

```
} SqList;
```

基于以上存储结构，线性表的(部分)基本操作算法的描述如下：

算法 2-7—InitList_Sq()

```
Status InitList_Sq(SqList &L) { //为 L 分配初始空间并构造空表
 L.elem=(ElemType*)malloc(LIST_INIT_SIZE*sizeof(ElemType)); //分配空间
 if (!L.elem) exit(OVERFLOW); //分配失败退出
 L.length=0;  //空表长度(元素个数)
 L.listSize=LIST_INIT_SIZE; //存储空间大小
 return OK;
} //InitList_Sq
```

要注意的是，对线性表的插入、删除、查询、合并、复制、运算等操作，应保证元素逻辑相邻时物理上也相邻。

算法 2-8—ListInsert_Sq()

```
Status ListInsert_Sq(SqList &L,int i,ElemType e) { //将 e 插入到 L 的位置 i
 if (i<1 || i>L.length) return ERROR; //插入位序错误
 if (L.length>=L.listSize) { //存储空间满时增加表空间
   ElemSize=sizeof(ElemType);
   newBase=(ElemType*)realloc(L.elem,(L.listSize+LIST_INCREMENT)*ElemSize);
   if (!newBase) exit(OVERFLOW); //分配失败退出程序执行
   L.elem=newBase; //新表的首地址(基址)
   L.listSize+=LIST_INCREMENT; //新空间大小
 } //if
 q=&(L.elem[i−1]); //e 的插入位置(前插)
 for(p=&(L.elem[L.length−1]);p>=q;p−−)*(p+1)=*p; //插入点后的元素后移一个位置
 *q=e;
 L.length++;
 return OK;
} //ListInsert_sq
```

易知，对 ListInsert_Sq()，若元素移动为原操作或基本操作，算法的时间复杂度为 $O(n)$。

算法 2-9—ListDelete_Sq()

```
Status ListDelete_Sq(SqList &L,int i,ElemType &e) { //删除 L 第 i 个元素并由 e 返回
 if (i<1 || i>L.length) return ERROR; //删除位序错误
 p=&(L.elem[i−1]); //记住删除位置
 e=*p; q=L.elem+L.length−1;
 for (++p;p<=q;p++) *(p−1)=*p; //将第 i 个元素后面的元素逐一前移一个位置
 L. length−−;
 return OK;
```

```
} //ListDelete_Sq
```

如果以元素移动为基本操作，ListDelete_Sq()的时间复杂度为 $O(n)$。

算法 2-10—LocateElem_Sq()

```
int LocateElem_Sq(SqList L,ElemType e, Status (*compare)(ElemType,ElemType)) {
  //用 compare()函数在 L 中查找 e，返回第一个匹配的 e 在 L 中的位序
  i=1; p=L.elem; //初始化查找的起始位序和起点地址
  while (i<=L.length && !(*compare)(*p++,e)) i++; //未到表尾且*p 和 e 不相同时继续
  if (i<=L.length) return i; //返回首次匹配成功的元素位序(成功)
  return 0; //查找失败返回
} //LocateElem_Sq
```

LocateElem_Sq()的时间复杂度为 $O(n)$。对其他基本操作，请读者自行设计和实现。

对算法 2-8～算法 2-10 的时间复杂度，即使考虑概率因素，从移动或比较次数期望值分析，结果均是 $O(n)$。例如，以 ListInsert_Sq()为例，其时间复杂度可分析如下。

假设 p_i 是在第 i 个元素前插入 e 的概率，那么，插入 e 时元素移动次数期望值为

$$E_{\text{insert}} = \sum_{i=1}^{n} p_i(n-i+1) \tag{2-2}$$

假设 e 在表中各个位序处的插入概率一致，则有

$$E_{\text{insert}} = \frac{1}{n}\sum_{i=1}^{n}(n-i+1) = \frac{n+1}{2} \tag{2-3}$$

可见，ListInsert_Sq()的平均移动次数为 $(n+1)/2$，算法的时间复杂度为 $O(n)$。

要注意，一般线性表的并、有序列表的并和集合的并是不同的，有关它们的算法设计思想与实现方法也不相同。

2.7　线性表的链式表示和实现

由 2.3 节可知，存储结构实现可分为顺序和链式两类。对前面所讨论的算法，其实现都基于(动态)顺序结构，实际上，也可用静态顺序结构完成。本节将讨论线性表的链式存储结构表示和实现。其特点是：不要求元素物理存储位置与逻辑位置保持相邻关系的一致性。

2.7.1　线性链表的概念

易知，线性表的顺序存储结构特点是：元素在逻辑上相邻时，其在物理存储位置上也相邻。也即元素的逻辑顺序与物理存储顺序一一对应。其好处是可以通过元素存储位置进行高效的元素随机存取访问。但是，顺序存储结构下的线性表插入和删除要伴随大量的元素移动，才能保持表的顺序存储映射关系，它会造成顺序线性表插入和删除算法的低效。

为更好地理解链表存储结构的特点及优势，下面先引入几个基本概念。

链表(link table/link list)：由若干元素结点(node)通过结点指针域(pointer domain/field)按照结点的逻辑排列顺序链接而成的存储结构。

结点(node)：由数据域(data domain/field)和指针域构成的对元素的存储结构描述或存储结构映像。结点结构一般如图 2-3(a)所示。

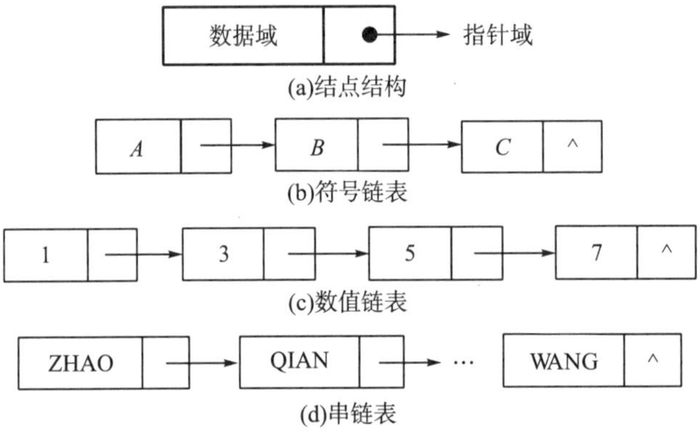

图 2-3　链表结点结构和线性链表逻辑表示实例

数据域是结点中表达元素值的域，指针域是结点中用于表达元素逻辑先后指向关系的域。指针域简称指针(pointer)或者链(link)。一般来讲，指针域用来存储元素前驱或后继结点位置。它可以是元素地址值，也可以是元素位序值。

线性链表(link list)：对用结点表示的线性表元素，通过结点指针链接而成的线性表存储结构。一般而言，线性链表中结点只含一个指针域时，称为单链表(single link list)。

综上，链式存储结构特点是：用任意一组存储单元存储数据元素的值和关系，存储单元的地址可以连续，也可以不连续。在链表中，元素的直接前驱和直接后继等逻辑指向关系用结点指针域指向。例如，线性表(A,B,C)、(1,3,5,7)和(ZHAO,QIAN,SUN,LI,ZHOU,WU,ZHENG,WANG)的链表结点结构及其逻辑指向关系如图 2-3 所示。

链表最后一个结点为尾结点(tail node)，也称尾部结点，其指针域为^或者 NULL 时，表示结点指针域为空指针。图 2-3 所示是普通链表表示形式，其第一个结点对应了线性表的头元素，是不带头结点或头部结点的单链表。实际上，对链表结构来讲，更多采用的是图 2-4 所示的带头结点的链接结构形式。其中，头结点(head node)指向整个链表，也可以说它代表了链表。在基于链表的算法设计与描述中，这会带来很多便利，如涉及空链表状态的算法设计与描述①。

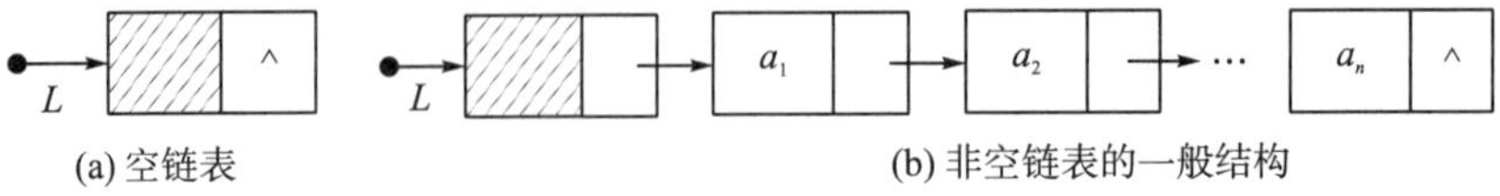

图 2-4　带头结点的链表结构逻辑示意图

① 对不带头结点链表 L，空链表判断条件是 L=NULL。对带头结点链表 L，空链表判断条件是 L.next=NULL。

图 2-3(d)的字符串链表存储结构及其指针域指向逻辑关系实例如图 2-5 所示。

线性表的链表实现有两种方式：一是利用 C 语言的结构指针实现[动态链表(dynamic link list)]；二是利用预分配存储空间的顺序存储结构实现[静态链表(static link list)]。通常，采用动态链表方式更加灵活，在逻辑组织和存储空间利用上有优势。但有些程序语言并不提供类似于 C 的指针功能和动态分配存储技术(如 BASIC 语言)。如果以它们作为虚拟存储结构，相应链表算法的设计和应用只能采用顺序存储结构下的静态链表完成。

	地址	数据域	指针域
头指针	1	LI	43
H=31	7	QIAN	13
	13	SUN	1
	19	WANG	NULL
	25	WU	37
	31	ZHAO	7
	37	ZHENG	19
	43	ZHOU	25

图 2-5　字符串线性链表实例

C 语言的动态链表结构的一般格式定义如下：

```
//-----动态单链表存储结构(动态链表)----------
typedef struct LNode { //单链表数据结点存储结构
   ElemType data;          //数据域
   struct LNode *next;     //指针域
} LNode,*LinkList;
```

2.7.2　(动态)单链表的表示和实现

动态单链表存储结构如前所述，带头结点的单链表逻辑示意如图 2-4 所示。由此，基于动态单链存储结构的线性表，其部分基本操作算法的实现描述如下。

算法 2-11—CreateList_L()

```
void CreateList _L(LinkList &L, int n) { //逆序输入 n 个元素，建立带头结点单链表 L
 L=(LinkList)malloc(sizeof(LNode)); L→next=NULL; //建立带头结点空链表
 for (i=n;i>0;i--) {
   p=(LinkList)malloc(sizeof(LNode)); //分配新结点
   scanf(&p→data);
   p→next=L→next; //将新结点链接到链表 L
   L→next=p;
  } //for
} //CreateList_L
```

算法 2-12—GetElem_L()

```
Status GetElem_L(LinkList L, int i, ElemType &e) { //返回 L 第 i 个元素到 e
 //有第 i 个元素时通过 e 返回，函数返回 OK，否则返回 ERROR
 p=L→next; j=1;
 while (p && j<i) {p=p→next; ++j;} //定位到第 i 个元素或 p 为空(NULL)
 if (!p || j>i) return ERROR; //没有第 i 个元素时返回 ERROR
 e=p→data;
 return OK;
```

```
} //GetElem_L
```

算法 2-13—ListInsert_L()

```
Status ListInsert_L(LinkList &L, int i, ElemType &e) { //将 e 插入 L 第 i 个位置前
  p=L; j=0;
  while (p && j<i−1) {p=p→next; ++j;} //定位到第 i−1 个元素 p 处
  if (!p || j>i−1) return ERROR; //i 小于 1 或者 i 超过表长+1 时返回 ERROR
  newNode=(LinkList)malloc(sizeof(LNode)); //分配新结点
  newNode→data=e;
  newNode→next=p→next; //将新结点 newNode 插入结点 p 前
  p→next=newNode;
  return OK;
} //ListInsert_L
```

算法 2-14—ListDelete_L()

```
Status ListDelete_L(LinkList &L, int i, ElemType &e) { //删除 L 第 i 个元素，e 返回
  p=L; j=0;
  while (p→next && j<i−1) {p=p→next; ++j;} //定位到第 i−1 个元素 p 处
  if (!(p→next) || j>i−1) return ERROR; //i 非法时返回 ERROR
  deleNode=p→next;
  p→next=deleNode→next; //从链表 L 中删除结点
  e=deleNode→data;
  free(deleNode);
  return OK;
} //ListDelete_L
```

算法 2-15—DestroyList_L()

```
Status DestroyList_L(LinkList &L) { //回收 L 结点空间
  while (L→next) {p=L→next;L→next=p→next;free(p);} //逐一回收各个结点
  free(L); L=NULL; //回收头结点空间
  return OK;
} //DestroyList_L
```

其他基本操作需要读者自己完成，如 NextElem()、PriorElem()、ListEmpty()、ListLength()、ClearList()、FirstElem()和 LastElem()等。

可见，相比顺序存储，链表是非随机存取结构的。其元素间的逻辑关系通过结点指针域指向关联，任意两个元素的逻辑关系无法用其存储位置关系来描述。基于链表的元素查找、插入、删除和销毁等，都要遍历链表才能完成。其相应的算法实现描述如算法 2-12～算法 2-15 所示。

用链表存储的优点：①插入和删除操作时，无须移动表中结点，只需改变指针域链接指向关系；②存储空间的分配与回收以结点为单位，无须一次性预分配大额空间。因此，

链表存储方式对可用存储空间的利用会更好、更灵活[①]。其结点插入和删除逻辑如图 2-6 和图 2-7 所示。

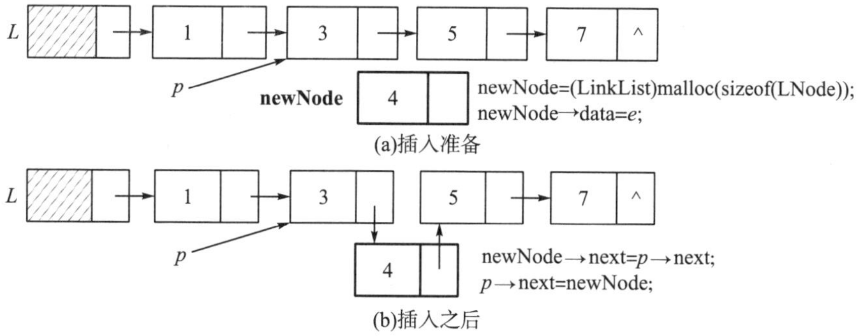

图 2-6　在单链表结点 p 处(后)插入 newNode 的操作逻辑示意图

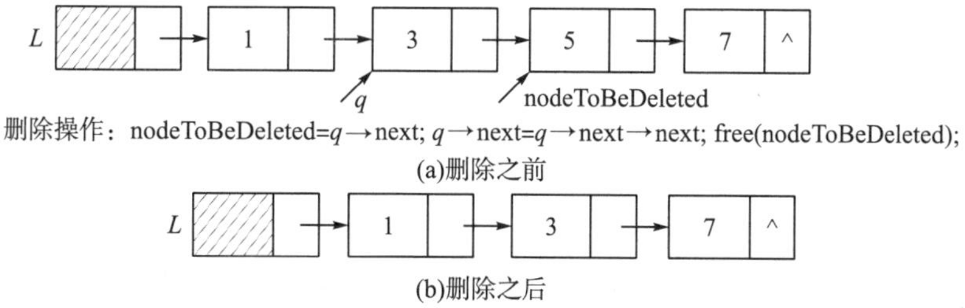

图 2-7　在单链表 q 处删除结点 nodeToBeDeleted 的操作逻辑示意图

在动态单链表存储结构下，unionList()和 MergeList()等算法的描述将更方便。例如，MergeList_L()算法的实现描述如下。

算法 2-16—MergeList_L()

```
void MergeList_L(LinkList &La, LinkList &Lb, LinkList &Lc) { //La+Lb→Lc
 //初始条件：La 和 Lb 已知、非递减有序，且带头结点，Lc 无定义
 pa=La→next; pb=Lb→next; //用 pa 和 pb 指向 La 和 Lb 的第一元素
 Lc=pc=La;                 //La 头结点作为 Lc 头结点
 while (pa && pb) { //pa 和 pb 都不空时交替归并入 Lc
    if (pa→data <= pb→data) {pc→next=pa; pc=pa; pa=pa→next;} //pc 后接 pa
    else {pc→next=pb; pc=pb; pb=pb→next;} //pc 后接 pb
 } //while
 pc→next=pa?pa:pb; //pc 后接剩余(不空)的表 pa 或 pb
 free(Lb); //释放 Lb 头结点
} //MergeList_L
```

① malloc()、realloc()和 free()是 C 语言的可用内存空间管理函数。此外，C++还提供了 new 和 delete 内存空间分配与回收方式。

分析 MergeList( )和 MergeList_L( )易知，其时间复杂度相同。但是，在空间复杂度上，MergeList_L()是原地工作模式。对 unionList_L()的描述请读者自行完成。另外，关于线性表的动态链表拆分、比较和复制等问题，请读者课外思考完成。

2.7.3 (静态)单链表的表示和实现

用数组形式表示的链表即静态链表。可用两个大小相同的数组表达元素间的链接关系①，其中一个用来存放元素值，另一个用来表示元素指向关系。一般来讲，值数组的下标号可以充当指针角色，用于指示元素间的关联关系。由于数组内存空间是连续顺序分配的，元素下标和元素存储空间地址有固定的一一对应关系。

静态链表可以用两个一维数组表示，如 data[*N*]表示值和 cur[*N*]表示元素链接关系。也可用二维数组表示，如用 data[2][*N*]表示，data[0][*N*]表示值，data[1][*N*]表示链接关系。为了突显 C 的链表结点概念，静态单链表存储结构可定义如下：

```
#define MAX_SIZE 1000 //链表最大长度(结点数)
typedef struct {
    ElemType data;
    int cur; //游标
} component, SLinkList[MAX_SIZE];
```

静态链表特点：在静态链表存储结构中，指示元素链接关系的下标指示器称为游标，用 cur 表示，它用于指示结点之间的关联关系，具体取值为结点在数组中的相对位置值(下标)。cur 为 0 表示空，等效于动态链表中的 NULL 指针，即链表最后一个结点的指针域。静态链表的存储空间要预分配，但其插入和删除等操作可以保持链表的操作优势，即无须移动元素或结点。结合 C 语言的特点②，一般可以将下标为 0 的结点或分量作为链表的头结点。图 2-8 给出了字符串静态链表的初态和插入、删除结点时的状态变迁。

静态链表初始状态

下标	data	cur
0		1
1	ZHAO	2
2	QIAN	3
3	SUN	4
4	LI	5
5	ZHOU	6
6	WU	7
7	ZHENG	8
8	WANG	**0**
9		
10		

插入SHI后的状态

下标	data	cur
0		1
1	ZHAO	2
2	QIAN	3
3	SUN	4
4	LI	*9*
5	ZHOU	6
6	WU	7
7	ZHENG	8
8	WANG	**0**
9	***SHI***	*5*
10		

删除ZHENG后的状态

下标	data	cur
0		1
1	ZHAO	2
2	QIAN	3
3	SUN	4
4	LI	*9*
5	ZHOU	6
6	WU	*8*
7	~~ZHENG~~	~~8~~
8	WANG	**0**
9	***SHI***	5
10		

图 2-8 字符串线性表的静态链表操作状态变化图示

① 用数组下标(游标)代替指针表达元素(结点)前驱和后继关联的链表，就是静态链表。

② 0 表示假，非 0 表示真。

静态链表的空间管理：静态链表存储空间是预分配的。针对预分配空间的使用，可以分为两类：一是备用；二是已用。在结点为单位的链接管理思想下，模拟动态链表的内存空间管理，设计和实现类似于 malloc () 和 free () 功能的静态链表空间管理操作是必要的。在插入和删除等操作中，可以引入存储空间的预分配、结点分配和结点回收等空间管理的基本操作(算法 2-17～算法 2-19)。

算法 2-17—InitSpace_SL ()

```
void InitSpace_SL (SLinkList &space) { //以 space[0].cur 为头指针建立 space 备用链
  for (i=0;i<MAX_SIZE-1;i++) space[i].cur=i+1;
  space[MAX_SIZE-1].cur=0; //尾结点游标值
} //InitSpace_SL
```

算法 2-18—Malloc_SL ()

```
int Malloc_SL (SLinkList &space) { //从备用链表取空闲结点空间
  i=space[0].cur; //取可用空闲结点空间游标或指针
  if (space[0].cur) space[0].cur=space[i].cur; //调整备用链结构
  return i; //返回空闲结点空间游标值，0 表示分配失败
} //Malloc_SL
```

算法 2-19—Free_SL ()

```
void Free_SL (SLinkList &space, int k) { //回收下标为 k 的结点空间到备用链
  space[k].cur=space[0].cur;
  space[0].cur=k;
} //Free_SL
```

要运用静态链表进行问题求解，就要完成其基本操作的实现。例如，从静态链表中查找结点的算法 LocateElem_SL () 可描述如下：

算法 2-20—LocateElem_SL ()

```
int LocateElem_SL (SLinkList S, ElemType e) {//返回 e 的首次出现位序，无时返 0
  i=S[0].cur; //取出头结点的指针域
  while (i && S[i].data!=e) i=S[i].cur;
  return i;
} //LocateElem_SL
```

类似地，可以实现 ListInsert_SL () 和 ListDelete_SL () 等基本操作。然后就可以对复杂问题进行算法设计和描述。比如，基于线性表的集合运算类问题[①]。

例 2-4　已知集合 A 和 B，以静态链表表示和实现 $(A-B)\cup(B-A)$ 运算。

分析：观察易知，如何求解两个集合的差是关键，然后再求集合的并。并集运算在前面讨论中已解决，因此，差集计算求解是关键。对给定的集合 A 和 B，差集 $A-B$ 的计算思想如下：假设 $S=A$，扫描 B，如果 B 中元素在 S 中出现，则删除它在 S 中的出现。

如果 $|A|=m$ 且 $|B|=n$，S 存储集合 A，那么，差集计算公式 $A=A-B$，算法的计算步骤可

① 集合运算可以基于集合的抽象类型表示和实现，也可以基于一般线性表。

描述如下：

(1) 构造静态链表备用链，获取其头结点指针作为 S 头，r 指向 S 当前结点。

(2) 输入集合 A 和 B 中的元素个数 m 和 n。

(3) 建立集合 A 的链表(循环 m 次进行结点空间分配、元素值输入、链表链接)。

(4) 依次对集合 B 的元素进行如下处理：

①输入集合 B 的元素 b。

②检查 b 是否在集合 A 中。如果不在，则加入 A；否则，从 A 中删除。

假设 A=('c','b','e','g','f','d')，B=('a','b','n','f')，$A=A-B$ 的算法演算过程如图 2-9 所示。

链表 S 表示的集合 A

下标	data	cur
0		8
1		2
2	'c'	3
3	'b'	4
4	'e'	5
5	'g'	6
6	'f'	7
7	'd'	0
8		9
9		10
10		0

插入'a'后

下标	data	cur
0		9
1		2
2	'c'	3
3	'b'	4
4	'e'	5
5	'g'	6
6	'f'	7
7	'd'	8
8	'a'	0
9		10
10		0

删除'b'后

下标	data	cur
0		3
1		2
2	'c'	4
3	~~'b'~~	~~9~~
4	'e'	5
5	'g'	6
6	'f'	7
7	'd'	8
8	'a'	0
9		10
10		0

插入'n'后

下标	data	cur
0		9
1		2
2	'c'	4
3	'n'	0
4	'e'	5
5	'g'	6
6	'f'	7
7	'd'	8
8	'a'	3
9		10
10		0

删除'f'后

下标	data	cur
0		6
1		2
2	'c'	4
3	'n'	0
4	'e'	5
5	'g'	7
6	~~'f'~~	~~9~~
7	'd'	8
8	'a'	3
9		10
10		0

图 2-9 差集 $A=A-B$ 的演算过程实例

时间复杂度分析：第(3)步循环 m 次。第(4)步循环 n 次，每次要检查元素 b 是否属于 A，故算法的渐进时间复杂度为 $O(m\times n)$。

关于算法的静态链表实现，请读者自行完成。实际上，差集计算的常用形式是 $C=A-B$。对静态链表的集合创建算法 createSetList_SL() 和 $C=A-B$ 方法的 difference_SL() 算法，其类 C 描述如算法 2-21 和算法 2-22 所示。

算法 2-21—CreateSetList_SL()

```
void createSetList_SL(SLinkList &setSpace,int &S,int m) { //构造集合 S
 if (m>MAX_SIZE) exit(OVERFLOW); //0<=m<=MAX_SIZE
 InitSpace_SL(setSpace); //初始化备用空间 setSpace
 S=Malloc_SL(setSpace); //从 setSpace 中分配新结点 S 作为静态链表头结点(Head)
 r=S; setSpace[r].cur=0;   //初始状态为空集，尾结点指针域(游标)置空(NULL)
 for (i=1;i<=m;i++) {
     scanf(e);
     if (LocateElem_SL(setSpace,S,e))
     {printf("Elem repeated!\n",); continue;}//e 不重复
     j=Malloc_SL(setSpace);                    //从 setSpace 中分配新结点 j
     setSpace[j].data=e; setSpace[r].cur=j; r=j;   //将结点 j 链接到链表 S
 } //for
 return;
} //createSetList_SL
```

算法 2-22—Difference_SL()

```
void difference_SL(SLinkList SA,int a,SLinkList SB,int b,SLinkList &SC,int &c)
{//C=A-B
 //初始条件：合法集合 SA 和 SB 存在，集合链表头结点 a,b,c 已知
 InitSpace_SL(SC);  //初始化备用空间
 c=Malloc_SL(SC); r=c; SC[r].cur=0; //分配并初始化链表头结点 c

 p=SA[a].cur; //SA 的第一个结点
 while (p) {  //SC=SA
  j=Malloc_SL(SC);
  SC[j].data=SA[p].data; SC[j].cur=SC[r].cur; SC[r].cur=j; r=j; //链接
  p=p.cur; //取 SA 下一结点
 } //while

 p=SB[b].cur; //SB 第一个结点
 while (p) {  //SC=SA-SB
  if (LocateElem_SL(SC,c,SB[p].data)) ListDelete_SL(SC,c,SB[p].data);
  p=SB[p].cur;
 } //while
} //difference_SL
```

从算法实现描述可知，在静态链表结构中，LocateElem_SL()和 ListDelete_SL()等基本操作还需要实现。

2.7.4 循环链表

用链表表示线性表时，元素在线性表中的位序概念被淡化。对于单向链表，其不足在于，链表的很多操作都要从表头出发，故必须记住头结点，否则，操作的实现不方便。例如，对链表的遍历，只能从头结点开始，不能从链表的其他结点开始。

当链表变成循环链表(circular link list)时，就可以利用链表尾结点的指针域(回头)指向头结点，从而形成一个环状逻辑结构(图 2-10)来表示线性表。

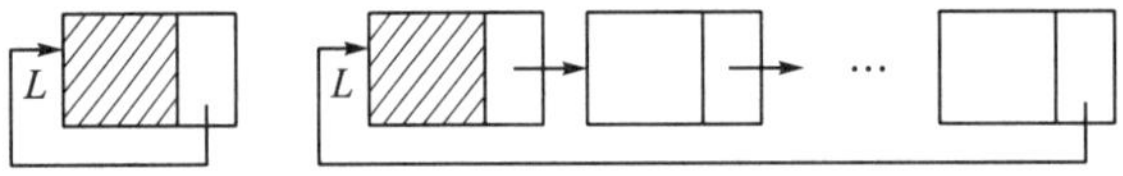

(a) 空循环链表　(b) 非空循环链表

图 2-10　带头结点的单向循环链表逻辑结构示意图

由图可见，因循环链表包含了头结点，对链表的操作就可从任意结点开始，这给很多链表操作算法的实现带来了方便，如链表遍历。但要注意，假设 L 是头结点，遍历链表的循环控制条件不能再用单向链表下的 p=NULL 或 p→next=NULL 形式(等效于 p 或 p→next)，而要用类似于 p→next=L 的循环控制条件。

易知，在带头结点的单向循环链表中，从尾部结点访问头结点简单，但从头结点访问尾部结点不方便。在一些应用中，记住尾部结点会带来方便，如对两个循环链表的头尾拼接。只有头结点指针时，必须遍历并指向尾部结点，拼接任务才能完成。如果设置一个指向链表尾部结点的指针，算法效率将大大提高(图 2-11)，如一元多项式的表示等。

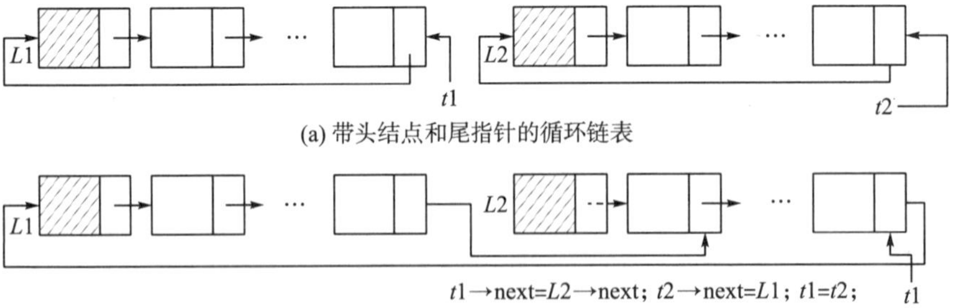

(a) 带头结点和尾指针的循环链表

(b) 循环链表拼接实例

图 2-11　带头结点的单向循环链表拼接操作逻辑结构示意图

带头结点和尾指针的单向循环链表的 ADT 类型定义参见附录 B。有关循环链表存储结构下的线性表基本操作，读者在求解问题时自行完成。

2.7.5 双向链表

对单向链表，无论循环与否，任何遍历都只能沿后继链接关系顺序往后进行，但要访问当前结点的前驱结点不方便。要确定当前结点的前驱，只有从头重新遍历。显然，这种遍历查找是不方便的。为此，可以引入能够双向移动的双向链表(double link list)数据存储结构，其逻辑结构的表示如图 2-12 所示。

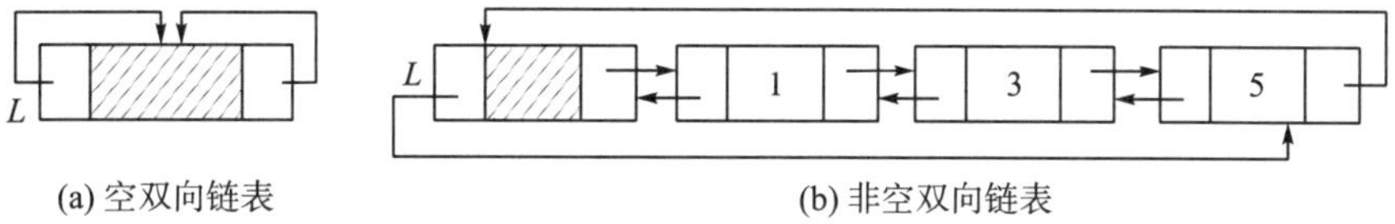

图 2-12　带头结点的双向链表存储逻辑结构示意图

双向链表存储结构的实现如下：

```
//----------线性表的双向链表存储结构----------
typedef struct DuLNode { //双向链表存储结构
    ElemType data;
    struct DuLNode *prior; //前驱指针域
    struct DuLNode *next; //后继指针域
} DuLNode, *DuLinkList;
```

易知，双向链接关系下，对任一结点 p，以下指向关系等式成立：

$$p\to next\to prior=p\to prior\to next=p$$

可见，在双向链表中，对结点前驱、后继和结点本身的访问有较强的灵活性和多样性。

双向链表 ADT 类型涉及的基本操作与单向循环链表相似。如果算法的实现只需单指针，任选前驱或后继搜索均可，如 ListLength()、LocateElem()和 GetElem()等。此时，算法的实现描述与使用单向链表类似。如要改变链表结点的指向关系，算法描述比单向链表复杂一些。例如，双向链表插入和删除操作逻辑如图 2-13 和图 2-14 所示，其实现描述如下。

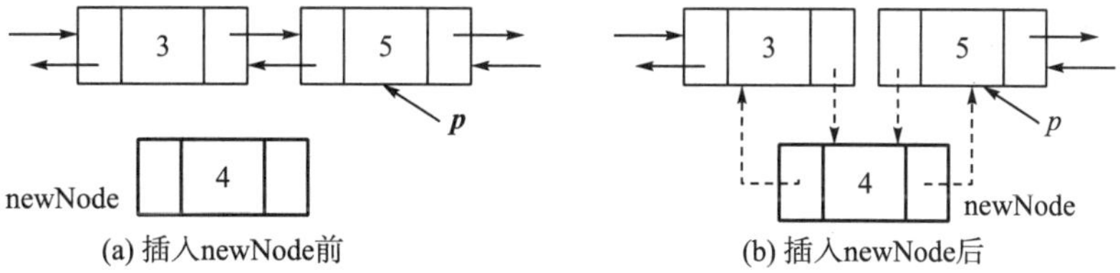

图 2-13　双向链表的结点插入操作逻辑示意图

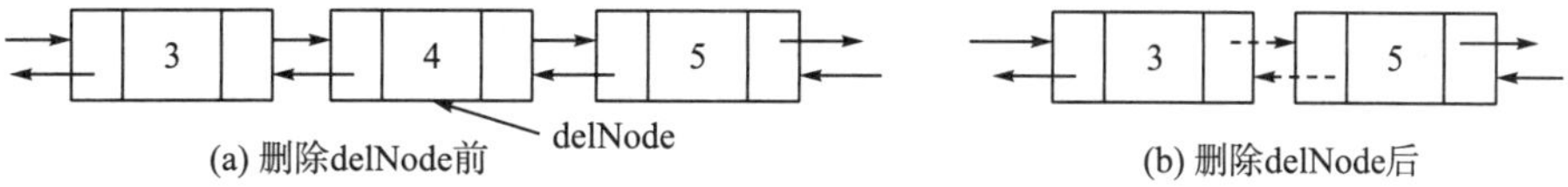

图 2-14　双向链表的结点删除操作逻辑示意图

算法 2-23—ListInsert_Dul()

```
Status ListInsert_DuL(DuLinkList &L, int i, ElemType e) {//e 插入到第 i 个元素之前
    if(!(p=GetElemP_DuL(L,i))) return ERROR;   //确定第 i 元素的位置 p
    if(!(newNode=(DuLinkList)malloc(sizeof(DuLNode))))return ERROR;//获取新结点
    newNode→data=e;
    newNode→prior=p→prior;
    p→prior→next=newNode;
    newNode→next=p;
    p→prior=newNode;
    return OK;
} //ListInsert_DuL
```

算法 2-24—ListDelete_Dul()

```
Status ListDelete_DuL(DuLinkList &L, int i, ElemType &e) { //删除第 i 个元素
    if(!(delNode=GetElemP_DuL(L,i))) return ERROR; //确定第 i 元素之位置 p
    e=delNode→data;
    delNode→prior→next=delNode→next;
    delNode→next→prior=delNode→prior;
    free(delNode);
    return OK;
} //ListDelete_DuL
```

可见，双向链表的结点插入和删除操作特点如下：①访问给定结点的前驱和后继方便；②插入新结点时，要进行多个指向关系调整，且调整指令的顺序有讲究；③结点删除很方便(图 2-14)，也容易实现指定结点前删和后删。例如，要删除图 2-14 中 delNode 前面的结点 3，其删除操作实现描述如下：

```
p=delNode→prior;
e=delNode→prior→data;
delNode→prior→prior→next=delNode;
delNode→prior=delNode→prior→prior;
free(p);
```

综上，采用链表的存储结构，其主要优点是：①空间利用率高。它无须预分配大额存储空间，有多少结点分配多少空间。②链接地址指向避开了反映结点逻辑先后与存储先后一一对应的位序概念。插入和删除等操作只需改变结点指针域链接关系。因此，链表一般可作为线性表实现的首选方案。相比顺序存储结构，在一些操作上也有它自身的不足。例如，计算线性表长度时，必须遍历链表。再如，对线性表存储空间只能一个一个结点回收。实际应用中，数据结构的设定需要根据问题类型和编程环境，具体问题具体分析。

2.8　线性表的应用实例

问题描述：对一元多项式 P 和 Q，设计算法对它们进行加法运算①。若 P 和 Q 分别有 $m+1$ 项和 $n+1$ 项且 $m<n$，其加法运算结果可以表示为 $R=(p_0+q_0,p_1+q_1,\cdots,p_m+q_m,q_{m+1},\cdots,q_n)$。其中，$P$ 和 Q 的一般表示形式如下：

$$P(x)=p_0+p_1x+p_2x^2+\cdots+p_mx^m \text{ 且 } Q(x)=q_0+q_1x+q_2x^2+\cdots+q_nx^n$$

一元多项式运算是经典的基于线性表结构的算法设计问题。要借助计算机实现运算，首先要解决多项式在计算机中的存储结构问题，再进行算法的设计。

分析易知，一元多项式由若干个多项式项(polynomial item/term)构成，假设多项式的最高项指数为 m 且取非负整数，理论上讲，该多项式至少有 $m+1$ 项。多项式项一般由系数(coefficient)和指数(exponent)共同表示。

一元多项式问题的 ADT 定义如下：

ADT Polynomial {
　数据对象：$D=\{a_i|a_i\in \text{ElemType},i=1,2,\cdots,m,m\geqslant 0\}$ //ElemType 由系数、指数对构成
　数据关系：$R=\{<a_{i-1},a_i>|a_{i-1},a_i\in D,a_{i-1}$ 的指数 $<a_i$ 的指数$,i=2,3,\cdots,m\}$
　基本操作：
　　CreatePolyn(&p,m)　//结果：创建 m 个项的多项式 p
　　DestroyPolyn(&p)　//条件：多项式 p 存在。结果：销毁 p
　　PrintPolyn(&p)　//条件：多项式 p 存在。结果：输出 p
　　PolynLength(p)　//条件：多项式 p 存在。结果：返回 p 的项数
　　AddPolyn(&pa,&pb)　//条件：多项式 pa 和 pb 存在。结果：pa=pa+pb，销毁 pb
　　SubtractPolyn(&pa,&pb)　//条件：多项式 pa 和 pb 存在。结果：pa=pa-pb，销毁 pb
　　MultiplyPolyn(&pa,&pb) //条件：多项式 pa 和 pb 存在。结果：pa=pa*pb，销毁 pb
} ADT Polynomial

可以利用静态顺序存储结构(即 C 语言内建数组)表示。数组元素下标用于表示项对应的自变量指数，数组元素的值代表项的系数(图 2-15)。元素值(系数)为零表示多项式中没有该项。此时，多项式加法运算的算法过程就是将数组对应的项的系数相加。但是，在实际应用中，多项式中的项数往往并不固定，且运算中有些项可能会随机消失或者增加。采用简单数组结构缺乏灵活性和适应能力，还易造成时空浪费。例如，对 $P(x)=1+x^{20}+x^{30000}$，用顺序存储结构要预分配 30001 个项单元。同时，完成加法运算要执行 30001 次循环。

0	1	−2	0	0	8	0	0
0	1	2	3	4	5	6	7

$P(x)=x-2x^2+8x^5$

图 2-15　顺序存储结构下一元多项式存储实例

① 一元多项式运算与一元多项式求值是不同的。前者是指多项式的代数运算，结果是一元多项式。后者是针对自变量的给定值，对多项式进行算术运算，结果是数据值。

项的指数取值范围限定还会影响算法的实用性，如负指数项的表示与运算。为此，可以根据一元多项式基本数学模型，定义元素或项的描述结构，以便存储由任意系数和指数构成的项。其数据类型结构如下：

```
typedef struct { //元素(项)
   float coef;    //系数
   int expn;      //指数
} term, ElemType;
```

基于 term 的顺序结构仍然无法克服图 2-15 结构的根本缺陷。为了进一步提高一元多项式存储结构的灵活性，可用图 2-16 所示的单链表结构，其数据结构的实现描述如下：

```
typedef struct LNode { //一元多项式链表结点结构
   ElemType data;
   struct LNode *next;
} *Link, *position;
```

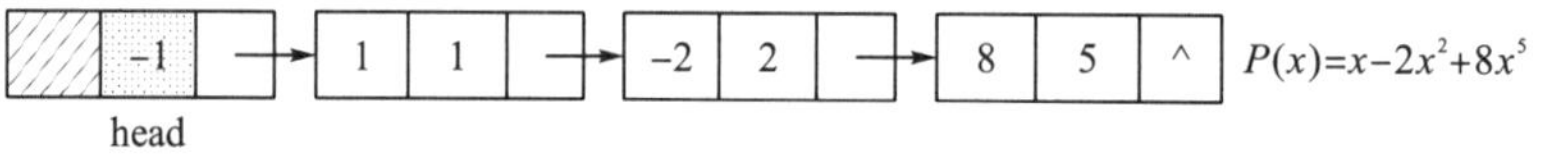

图 2-16　一元多项式的单链表存储实例

显然，基于链表的存储结构优于顺序存储结构。实际上，存储结构选择与问题求解目标有关。比如，对一元多项式求值问题，可直接采用顺序结构表示和实现。不过，用链表方式更灵活、方便和高效。大多数情形下，链表容易成为线性表存储结构的首选。

对一元多项式运算问题，采用头尾指针分别指向多项式首项和尾项的链表结构，对多项式运算操作的实现会更方便，其数据结构的实现描述定义如下：

```
typedef struct {//(见附录 B)
   Link head,tail;
   int len;
} LinkList;
typedef LinkList polynomial;
```

图 2-17 是链表首尾表示法实例。由此，ADT Polynomial 基本操作原型可描述如下：

```
void CreatePolyn(polynomial &p,int m); //输入 m 项的系数和指数以构造 p
void DestroyPolyn(polynomial &p); //销毁 p
PrintPolyn(polynomial p); //输出 p
PolynLength(polynomial p); //返回 p 的项数
AddPolyn(polynomial &pa,polynomial &pb); //pa=pa+pb
SubtractPolyn(polynomial &pa,polynomial &pb); //pa=pa-pb
MultiplyPolyn(polynomial &pa,polynomial &pb); //pa=pa*pb
int cmp(term a, term b); //比较项 a 和 b，返回-1,0,1 分别表示<、=和>结果
Status LocateElem(LinkList L, ElemType e, Position &q,\ //有序定位 L 中的 e
```

```
        int(*compare)(ElemType, ElemType));//并由 q 指示，成功返回 TRUE
Status OrderInsert(LinkList L, ElemType e, \
        int(*compare)(ElemType, ElemType));//将 e 插入有序链表 L(前插)
```

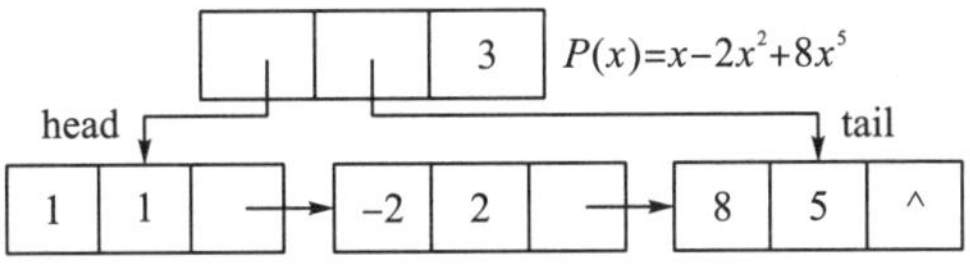

图 2-17　polynomial 结构的多项式存储实例

这些基本操作都假定，多项式链表按项的指数大小顺序有序排列(升序或降序)。cmp()、CreatePolyn()和 AddPolyn()算法的描述如下，其余算法由读者自行完成。

<u>算法 2-25</u>—cmp()

```
int cmp(term a,term b) { //比较 a 和 b，返回−1,0,+1 分别表示<、=和>结果
 if (a.expn>b.expn) return 1;
 else if (a.expn<b.expn) return -1;
 return 0;
} //cmp
```

<u>算法 2-26</u>—CreatePolyn()

```
void CreatePolyn(polynomial &p,int m) { //创建项数为 m 的一元多项式 p
 InitList(p);
 h=GetHead(p); //获得多项式头结点
 e.coef=0.0; e.expn=-1; SetCurElem(h,e); //设置头结点元素值
 for (i=1;i<=m;i++) { //创建多项式 p
     scanf(e.coef,e.expn);
     if (!LocateElem(p,e,q,(*cmp)())) { //多项式 p 中无 e
         if (MakeNode(s,e)) InsFirst(q,s); //由 e 生成项 s，并插入多项式 p 中
     } //if
  } //for
} //CreatePolyn
```

假设 InitList()、GetHead()、MakeNode()和 InsFirst()等基本操作如附录 B 所示，且一元多项式已按指数有序链接，那么一元多项式的加法运算可描述如下。

<u>算法 2-27</u>—AddPolyn()

```
void AddPolyn(polynomial &pa, polynomial &pb) { //pa=pa+pb
 ha=GetHead(pa); hb=GetHead(pb); //取 pa 和 pb 表头结点
 ta=NextPos(pa,ha); tb=NextPos(pb,hb); //ta 和 tb 分别为 pa 和 pb 当前项或结点
 while (ta && tb)  //如果两个多项式都还没空
 {
   a=GetCurElem(ta); b=GetCurElem(tb); //取当前元素的指数值
```

```
    switch (*cmp(a,b))
    {
        case -1:ha=ta; ta=NextPos(pa,ta); break; //pa 指数值小时
        case 0:sum=a.coef+b.coef;
                if (sum!=0.0) { //修改 pa 项系数
                    SetCurElem(ta,sum);
                    ha=ta;
                }
                else { //删除 pa 当前项 ta
                    DelFirst(ha,ta);
                    FreeNode(ta);
                }
                DelFirst(hb,tb); FreeNode(tb); //删除 pb 当前项 tb
                tb=NextPos(pb,hb); ta=NextPos(pa,ha); break; //pa 和 pb 后移一项
        case 1:DelFirst(hb,tb); InsFirst(ha,tb); //将 pb 当前项 tb 插入 ha
                tb=NextPos(pb,hb); ta=NextPos(pa,ha); break; //pb 后移一项
    } //switch
  } //while
  if (!ListEmpty(pb)) Append(pa,pb); //pb 不空时，全部尾部链接到 pa
  FreeNode(hb); //销毁 pb 头结点
} //AddPolyn
```

从算法 2-26 和算法 2-27 的实现描述可见，如果带头、尾指针的链表及其基本操作已实现，算法的描述将更方便，且整体可读性会变好。假设 $P(x)=10+x^3-3x^4+2x^9$，$Q(x)=-x+x^3-x^9$，则 $R(x)=P(x)+Q(x)=10-x+2x^3-3x^4+x^9$，其逻辑存储结构如图 2-18 所示。

在多项式运算实现时，要注意项结点的分配与释放操作判定与协调。

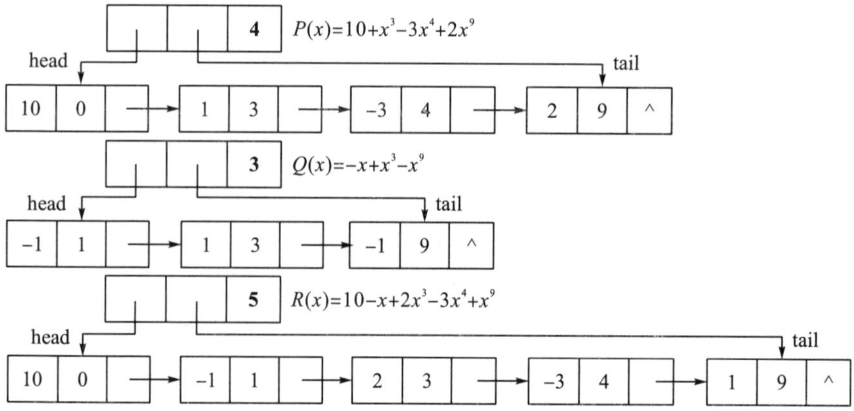

图 2-18 polynomial 结构的多项式加法运算逻辑存储结构实例

课 外 习 题

2-1 头结点和第一个元素结点的区别是什么?

2-2 假设表中元素个数为 n，那么

(1) 顺序表中，插入或删除一个元素要平均移动__________次元素。元素移动的具体次数与__________有关。

(2) 顺序表中，逻辑上相邻的元素物理位置上________紧邻。单向链表中，逻辑上相邻的元素在物理上________紧邻。

(3) 单向链表中，除第一个结点外，任何一个结点的存储位置由________指示。

(4) 在单向链表中，设置头结点的作用是______________________________。

2-3 实际应用中，在什么情况下使用顺序存储结构的表比链表存储结构好?

2-4 线性表的基本操作有哪些?为什么?

2-5 什么是顺序表的随机访问?元素的位序和元素存储位置的区别是什么?

2-6 顺序表的静态分配和动态分配的异同是什么?

2-7 假设 LNode、LinkList、ListInsert_L() 和 ListDelete_L() 如教材所约定，画出下列语句执行后各指针及链表的逻辑示意图。

```
L=(LinkList)malloc(sizeof(LNode));p=L;
for (i=1;i<=4;i++) {
    p→next=(LinkList)malloc(sizeof(LNode));
    p=p→next;
    p→data=i*2-1;
} //for
p→next=NULL;
for (i=4;i>=1;i--) ListInsert_L(L,i+1,i*2);
for (i=1;i<=3;i++) ListDelete_L(L,i,e);
```

2-8 简述以下算法的功能：

```
(1) Status A(LinkList L) { //L 是无表头结点的单链表结构
      q=L; L=L→next; p=L;
      while (p→next) p=p→next;
      p→next=q; q→next=NULL;
      return OK;
    } //A
(2) void BB(LNode *s,LNode *q) {
      p=s;
      while (p→next!=q) p=p→next;
      p→next=s;
```

```
} //BB
void AA(LNode *pa,LNode *pb) { //pa 和 pb 分别指向单向循环链表中两个结点
   BB(pa,pb);
   BB(pb,pa);
} //AA
```

2-9 指出以下算法中错误和低效之处，并为其改写一个正确而高效的算法：

```
Status DeleteK(SqList &a,int i, int k) {
   //本过程从顺序存储结构线性表 a 中删除第 i 个元素起的 k 个元素
   if (i<1||k<0||i+k>a.length) return INFEASIBLE;
   else {
       for (count=1;count<k;count++) { //删除一个元素
           for (j=a.length;j>=i+1;j--) a.elem[j-1]=a.elem[j];
           a.length--;
       } //for
   } //if
   return OK;
}//DeleteK
```

2-10 假设顺序表 L 中的数据元素按递增有序，试写一算法将数 x 插入表 L 中，并保持表 L 的递增有序性。

2-11 设计一个在不带头结点的链表中插入一个元素的算法。

2-12 对长度为 n 的顺序表 L，设计一个时间复杂度为 $O(n)$、空间复杂度为 $O(1)$ 的算法，要求它删除 L 中所有值为 x 的数据元素。

2-13 从给定的顺序表 L 中删除其值在给定值 s 和 t 之间的所有元素($s<t$)，如果 s 和 t 不合理或表空，显示出错信息，并退出运行。

2-14* 设 $A=(a_1,a_2,\cdots,a_m)$ 和 $B=(b_1,b_2,\cdots,b_n)$ 均为顺序表，A'和 B'分别为 A 和 B 中除去其最大公共前缀后的子表。如果 $A'=B'=\varnothing$，则 $A=B$；如果 $A'=\varnothing$，而 $B'\neq\varnothing$，或者两者均不空，则 A'的第一个元素小于 B'的第一个元素时，$A<B$；否则，$A>B$。试写一个比较 A、B 大小的算法。要注意的是，算法不能破坏原来的表 A 和表 B，也不一定要先求出 A'、B' 才进行比较。

2-15 试写一个求带头结点的线性链表长度的操作算法 LENGTH(L)。

2-16 试写一个在带头结点的线性链表中查找值 x 的位置的操作 LOCATE(L,x)。

2-17 试写一个在不带头结点的动态链表上实现 INSERT(L,i,e)操作的算法，并与带头结点的算法进行比较。

2-18*给定两个单链表 $L1$ 和 $L2$，编写算法找出 $L1$ 和 $L2$ 的公共结点。

2-19*在带头结点的单链表 L 中，删除所有值为 x 的结点，并释放其空间，假设值为 x 的结点不唯一，试编写算法以实现上述操作。

2-20*已知线性表中元素按值递增有序并以单链表存储。试写一个高效算法实现删除表中大于 min_k 且小于 max_k 的元素(如果有此元素)，同时释放被删除结点的空间。然

后分析此算法的时间复杂度。

2-21　与题 2-20 相似，删除具有相同值元素的线性表中多余的元素。

2-22*试写一个算法实现如下功能：顺序存储结构表的原地工作模式下的逆置。即以原地工作模式完成如下功能：$(a_1,a_2,\cdots,a_n)\Leftrightarrow(a_n,a_{n-1},\cdots,a_1)$。

2-23*对题 2-22，如果以线性链表为存储结构，算法又该如何实现?

2-24*假设有线性表如下：$A=(a_1,a_2,\cdots,a_m)$,$B=(b_1,b_2,\cdots,b_n)$，试写一个算法按照下列规则进行合并，其合并结果存入线性表 C 中。即完成如下式子的功能：

$C=(a_1,b_1,a_2,b_2,\cdots,a_m,b_m,b_{m+1},\cdots,b_n)$ $(m<n)$，或者 $C=(a_1,b_1,a_2,b_2,\cdots,a_n,b_n,a_{n+1},\cdots,a_m)$ $(m\geqslant n)$

其中表 A,B,C 均为单向链表存储结构，且 C 的空间完全利用 A,B 的空间构成。

2-25**已知 A,B,C 为三个递增有序线性表，假设要求对表 A 作如下操作：删除那些既在 B 中又在 C 中的元素。试以顺序表存储结构为基础，给出其算法的实现并分析时间复杂度。

2-26**对题 2-25，如果以链表为存储结构，实现题目要求的相同功能。试给出其算法的实现并分析时间复杂度。

2-27**设计算法实现如下功能：完成一元多项式的加、减、乘和除四种算法，并以此为基础进行上机实现。

2-28　给出图 2-14 所示双向链表存储结构下，对指定结点的后删算法描述。

2-29**利用 2.2 节的 ADT Set，完成给定集合的并、交、补、差算法设计与实现。

2-30　设计算法实现对无序列表进行排序，给出算法描述，分析其复杂度。

2-31　设计在有序列表中插入元素的算法，给出算法描述，分析其复杂度。

2-32**对给定有序列表 A 和 B，假定 B 是 A 中部分元素的有序排列下标位序列表(A 的一个有序子表)。试设计算法完成：根据 B 将 A 拆分成两个有序子表，结果存于 A 中。其中，拆分后的两个有序子表中，有一个是 B 对应的有序子表。

第 3 章　堆栈和队列

集合操作只考虑数据对象中元素的存在性，无须考虑元素间的摆放位序关系，而线性表操作不仅要考虑数据对象中元素的存在性，还要考虑其位序关系。在第 2 章的讨论中，线性表插入和删除等算法的实现没有操作点位约束(图 3-1)。实际上，在现实世界中，对很多问题的处理，需要对操作点位进行约束，如铁路列车的进站出站调度问题和排队问题。针对线性表操作点位的约束，本章重点讨论堆栈(stack)和队列(queue)两类操作(点位)受限的特殊线性表数据结构的概念、特征、表示、实现和运用。

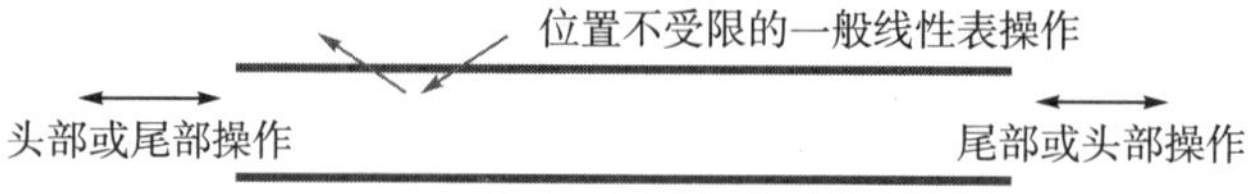

图 3-1　线性表操作的逻辑特点

3.1　堆　　栈

3.1.1　现实生活中的例子

例 3-1　串碟模型的操作。

对图 3-2(a)，假设只能一张张依次存取 CD 碟，在塔架上进行 CD 碟的存取将具有如下特点：只有上面的碟取出后，下面的才能取出；也只有下面位置存放碟后，上面才能存放。对图 3-2(b)，假设每次只能依存取方向存取一张盘子，存放顺序先左后右，取出顺序先右后左，则存取盘子的操作逻辑具有先存后取的特点。图 3-2(c)的 Hanoi(汉诺)塔游戏中，每一根柱子上的圆盘依次一张一张存取也具有先存后取的特点。

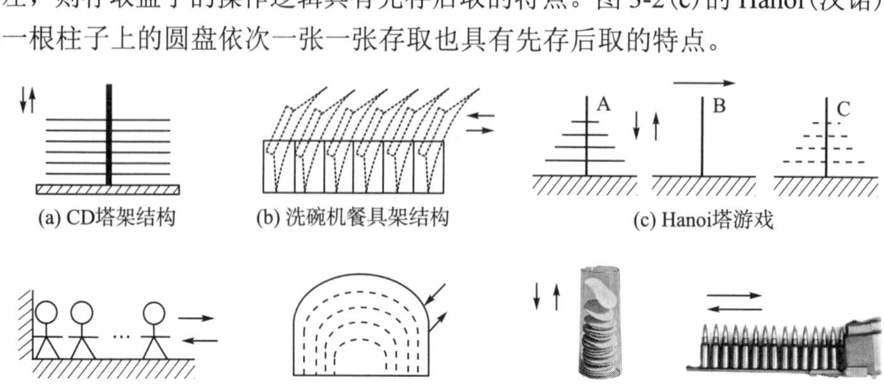

(a) CD塔架结构　(b) 洗碗机餐具架结构　(c) Hanoi塔游戏

(d) 死胡同问题（单人行）　(e) 多层嵌套结构　(f) 薯片筒问题　(g) 弹夹子弹装填问题

图 3-2　具有堆栈操作逻辑的现实生活实例

例 3-2　死胡同问题(单人行)。

假设一个狭窄胡同只能单人行走，一队人马依次走入死胡同且遇到挡墙后不能继续前行时，人们要退到入口时，只能依次逆序后退，先进胡同的后退，后进胡同的先退。

例 3-3　多层嵌套的不倒翁结构。

多层嵌套的不倒翁的逻辑层次结构类似于图 3-2(e)所示结构。对其进行一层一层罩住和去罩操作时，其操作顺序也具有先罩的后去和后罩的先去特点。

例 3-4　薯片筒问题。

对薯片筒[图 3-2(f)]的薯片装取，假设在流水线上将薯片一片一片装入筒时上端开口、下端封闭，吃薯片时只能从入口处一片一片取出，考察薯片的装、取动作顺序可以发现，它们具有先装的后取和后装的先取特点。

同理，枪支弹夹的子弹依次一颗一颗装填[图 3-2(g)]和射出的过程、铁路列车顺序调度操作的过程(图 3-3)等都具有先进后出的特点。

(a) 铁路调度场景　(b) 铁路列车调度操作

图 3-3　铁路调度场景和调度操作图示

课外思考：作为课外扩展，读者可另举若干与以上操作特点相似的生活例子，以进一步观察、发现和熟悉日常生活中这类操作逻辑的运用场景。

3.1.2　堆栈的逻辑结构特点

从图 3-1 可见，对一般线性表结构，数据元素进出线性表的位置可以是任意的，既可以从表的两端进出，也可以从表的中间进出。也就是说，它对进出表数据元素所处位置没有约束。而图 3-2 和图 3-3 的例子表明，对线性表进行操作时，元素的位置有时是要受约束的。比如，图例中的所有进出表的操作都只能从表的某一端进行。

在数据结构研究中，这种插入和删除操作位置受限的线性表本质上是一般线性表的子类或受限的线性表。仅能在表的一端进行插入、删除操作的线性表称为堆栈，简称栈。如图 3-4 所示，操作受限端称为堆栈的底部或栈底(bottom)，能进行插入和删除操作的一端称为堆栈的顶部或栈顶(top)。栈底位置处的元素称为栈底元素(bottom element)，栈顶位置处的元素称为栈顶元素(top element)。作为线性表的特殊子类，堆栈操作具有先进后出(first in last out，FILO)或后进先出(last in first out，LIFO)操作特征。

为了区分堆栈和其他线性表类型，除上述基本逻辑概念外，对堆栈的操作描述一般还作如下约定：堆栈抽象数据类型中，元素进入堆栈的操作称为入栈或压入(push)，元素退出堆栈的操作称为出栈或弹出(pop)。

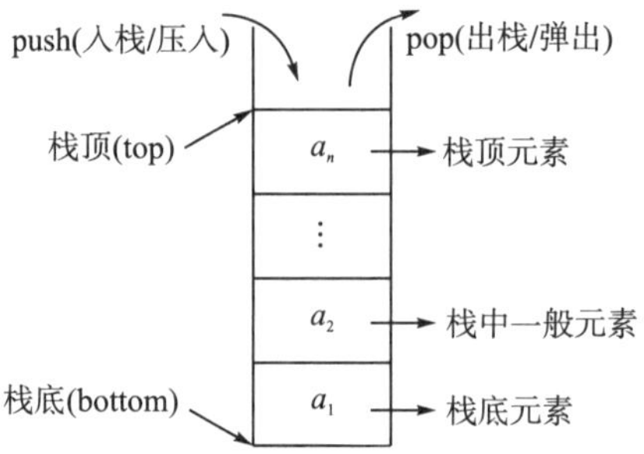

图 3-4 堆栈的逻辑结构图示

3.1.3 堆栈结构的抽象数据类型定义

假设堆栈型线性表记为 $S=(a_1,a_2,\cdots,a_n)$，如果 a_1 为栈底元素，a_n 为栈顶元素，那么元素的进栈顺序是 $a_1\to a_n$，出栈顺序是 $a_n\to a_1$，反之亦然。假定 e 表示堆栈操作中的元素，堆栈的 ADT 可定义如下：

```
ADT Stack {
  数据对象：D={ai|ai∈ElemType,i=1,2,…,n,n≥0}
  数据关系：R={<ai-1,ai>|ai-1,ai∈D,i=2,…,n}，其中 an 为栈顶元素，a1 为栈底元素
  基本操作：
    InitStack(&S)   //结果：构造空栈 S
    DestroyStack(&S)  //条件：栈 S 存在。结果：销毁栈 S
    ClearStack(&S)  //条件：栈 S 存在。结果：清空栈 S
    StackEmpty(S)   //条件：栈 S 存在。结果：S 为空返回 TRUE，否则返回 FALSE
    Push(&S,e)   //条件：S 存在，带入 e。结果：将 e 压栈入 S 成新的栈顶元素
    Pop(&S,&e)   //条件：S 存在。结果：将 S 的栈顶元素弹出并放入 e 中带回
    GetTop(S,&e)   //条件：S 存在。结果：取栈顶元素放入 e，栈顶位置不变
    StackLength(S)   //条件：S 存在。结果：返回栈 S 中元素的个数，或栈长
    StackTraverse(S,visit()) //条件：S 存在。结果：从底到顶或从顶到底遍历每个元
                             //素并用 visit()处理，visit()失败时，遍历操作失败
} ADT Stack
```

分析 ADT Stack 可知，其数据对象和数据关系与 ADT List 一致。从基本操作构成来看，与一般线性表的主要操作差异是，引入了 Push()和 Pop()等基本操作。在应用中，栈中元素的数据类型应根据实际问题的表示和实现需要确定。

3.1.4 堆栈结构的表示与实现方法

和第 2 章讨论相似，堆栈的存储结构有两种：一是顺序存储结构；二是链表存储结构。

1. 堆栈的顺序存储结构

顺序存储结构的基本思想：用地址连续的一组存储单元依次存放堆栈从栈底到栈顶的元素。

如图 3-5 所示，为算法描述方便，假设指向栈顶的指针或下标号为 top，指向栈底的指针或下标号为 bottom。一般来讲，在顺序存储结构中，可用 top==0 或 top==bottom 表示栈空，top==*N* 表示栈满。C 语言环境下，顺序存储结构的下标起点是 0，如果用 top==0 表示栈空，那么 top 就要指向栈顶元素，否则会出现一些堆栈相关的算法的实现逻辑描述不方便的情况。为此，在一般的堆栈算法设计中，通常会做如下约定：top 指向堆栈的栈顶元素的下一相邻单元。即 top 指向的是栈顶元素相邻的下一个存储单元位置，也就是下一个入栈元素的存放位置。此时，top==*N*−1 表示栈满。

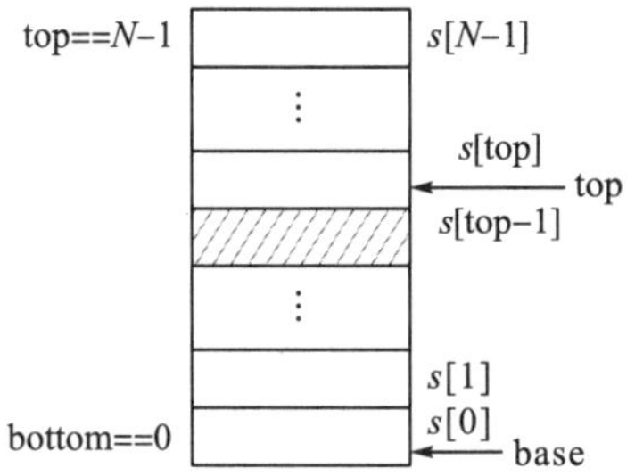

图 3-5　堆栈的顺序存储结构

注：*s*[top−1]为栈顶元素

在堆栈的顺序存储结构中，为使算法描述灵活且空间利用率高，可采用动态存储结构实现。同时，需要设置两个基本常量，即 STACK_INIT_SIZE 和 STACK_INCREMENT。由此，堆栈的动态顺序存储结构可定义如下：

```
//----------堆栈的动态顺序存储结构----------
#define STACK_INIT_SIZE 100   //堆栈空间的初始大小(最大存储的元素个数)
#define STACK_INCREMENT 10   //堆栈空间的增量步长(一次增、减元素个数)
typedef struct {
   SElemType *base;   //base 是栈底或 bottom 指针。建立和销毁后，值为 NULL
   SElemType *top;   //top 是栈顶指针。初始状态指向栈底，表示空栈
   int stackSize;   //堆栈的当前空间大小
} SqStack;
```

在 SqStack 表示结构下，按照前述约定，空栈、满栈和栈的一般状态如图 3-6 所示。

可见，base 始终指向栈底，base==NULL 表示栈的存储结构空间不存在，top==base 表示栈的内容为空，top 指向栈顶元素的下一个相邻位置。因此，顺序存储结构下，假设采用静态数组 *s*[*N*]表示堆栈，则进栈和出栈算法的核心操作步骤如下。

进栈：*s*[top]=*e*, top+=1

出栈：e=s[top−1], top−−

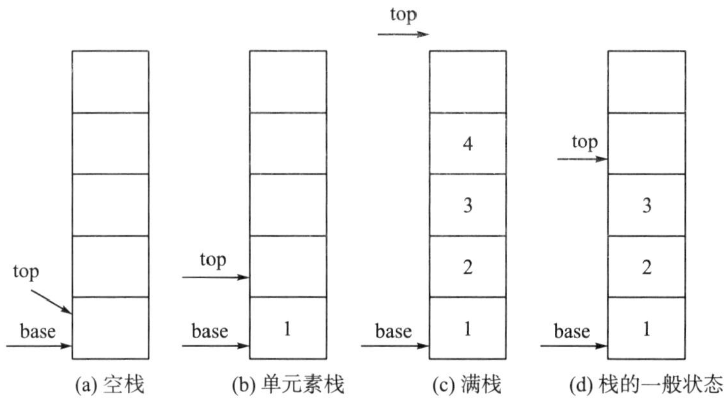

图 3-6　顺序存储结构下的堆栈状态图示

2. 顺序堆栈的算法实现描述

在堆栈的动态顺序存储结构 SqStack 下，ADT Stack 基本操作函数的原型声明如下：

```
Status InitStack(SqStack &S); //构造空栈 S
Status DestroyStack(SqStack &S); //销毁栈 S，使 S 不再存在
Status ClearStack(SqStack &S); //将栈 S 清空
Status StackEmpty(SqStack S); //判断栈空否，空时返回 TRUE，否则返回 FALSE
int StackLength(SqStack S); //返回栈 S 的长度(栈中元素个数)
Status GetTop(SqStack S,SElemType &e); //栈空返回 FALSE，否则返回 OK 且 e 回带
                                       //栈顶值
Status Push(SqStack &S,SElemType e); //将 e 插入 S 的栈顶
Status Pop(SqStack &S,SElemType &e); //栈空返回 FALSE，否则返回 OK 且 e 回带栈
                                     //顶值
Status StackTraverse(SqStack S,Status (*visit)()); //遍历并用 visit() 访问各元素
```

有关堆栈的部分基本操作的算法实现描述如下：

<u>算法 3-1</u>—StackEmpty()

```
Status StackEmpty(SqStack S) { //空栈状态判定
  if (S.top==S.base) return TRUE; //栈空返回 TRUE，否则返回 FALSE
  else return FALSE;
} //StackEmpty
```

<u>算法 3-2</u>—GetTop()

```
Status GetTop(SqStack S, SElemType &e) { //获取栈顶元素
  if (StackEmpty(S)) return ERROR;
  e=*(S.top-1); return OK; //栈不空时，栈顶元素存入 e，返回 OK
} //GetTop
```

算法 3-3—Push()

```
Stack Push(SqStack &S, SElemType e) { //元素 e 入栈或压栈
 if ((S.top−S.base)>=S.stackSize) { //栈满时增加 STACK_INCREMENT 个新单元
     S.base=(ElemType*)realloc(S.base,(S.stackSize+STACK_INCREMENT)*\
                                     sizeof(ElemType));
     if(!S.base) exit(OVERFLOW); //重新分配失败时，退出程序执行
     S.top=S.base+S.stackSize;      //重新设置栈顶及栈空间的大小信息
     S.stackSize+=STACK_INCREMENT;
 } //if
 *S.top++=e; return OK;
} //Push
```

算法 3-4—Pop()

```
Stack Pop(SqStack &S, SElemType &e) { //栈顶元素出栈或弹出
 if (StackEmpty(S)) return ERROR;
 e=*--S.top; return OK;
} //Pop
```

算法 3-5—InitStack()

```
Status InitStack(SqStack &S) { //构造空栈 S
 S.base=(SElemType*)malloc(STACK_INIT_SIZE*sizeof(SElemType));
 if (!S.base) exit(OVERFLOW); //分配失败时，退出程序执行
 S.top=S.base;                   //置为空栈，栈空间为 STACK_INIT_SIZE
 S.stackSize=STACK_INIT_SIZE; return OK;
} //InitStack
```

在顺序存储结构下，对堆栈的其他基本操作的实现，需要读者自行完成。要注意的是，与用 StackEmpty()进行栈空判定相似，可以设置一个判定栈满的基本操作 StackFull()，以用于 Push()的描述，改善算法描述的可读性和可维护性。

3. 堆栈实现结构的进一步讨论

对顺序存储结构的堆栈，可用静态数组方式表示(图 3-5)。假设用数组 $s[N]$表示堆栈，top 和 base 是 s 的栈顶和栈底下标，那么，有关堆栈的如下结论成立。

(1)栈的初态：top==base==0。

(2)栈满状态：top==N−1。

(3)栈空状态：top==0 或 top==base。

有关静态数组方式下的堆栈基本操作实现描述，请读者自行完成。

优点：它直接采用程序语言内部的数组结构——不涉及内存管理问题，实现方法简单。

缺点：栈的大小要预分配且不能改变——存储空间利用率降低，且不灵活。

对链式堆栈，假设 top 和 base 为结点类型指针下堆栈的栈顶和栈底指针。易知，在链式堆栈中，结点数是可变的。对带头结点的链式堆栈 S，假设 S 指向栈顶元素，链表的最

后一个结点为栈底元素，那么，有如下结论成立。

(1) 栈的初态：top==S→next==NULL，base==S→next==NULL。

(2) 栈满状态：整个内存可用空间均被使用。

(3) 栈空状态：top==S→next==NULL，S→next==NULL 或 base==NULL。

图 3-7 给出了带头结点的链式堆栈实例图示。可见，栈顶 top 由 S→next 指向，栈底由 base 指向，栈的初始状态是 S→next==NULL 或者 top==base==NULL，也是栈空判断条件。

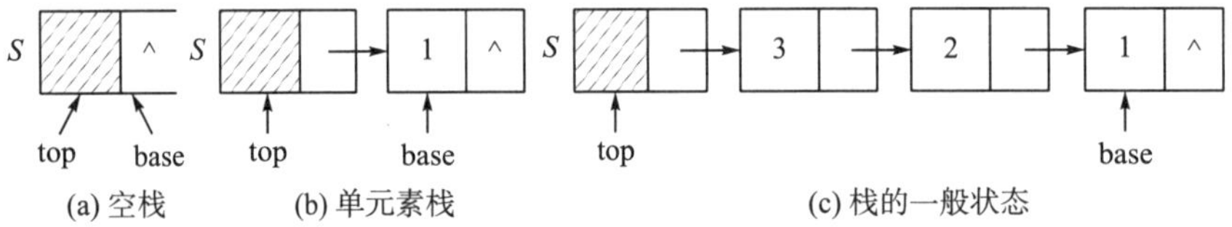

图 3-7 带头结点的链式堆栈的实例状态图示

在链式栈的操作中，要注意对栈中结点的内存空间申请与回收的及时管理。图 3-7 所示链式结构下，Push()、Pop() 和 GetTop() 等的算法实现描述如下。

<u>算法 3-6</u>—Push()

```
Stack Push(LinkStack &S, SElemType e) { //元素 e 入栈
  p= (ElemType*) malloc(sizeof(ElemType));
  if(!p) exit(OVERFLOW); //结点内存分配失败时，退出程序执行
  p→data=e; p→next=S.next; S.next=p; //通过 Push 操作链接入栈
  return OK;
} //Push
```

<u>算法 3-7</u>—Pop()

```
Stack Pop(LinkStack &S, SElemType &e) { //栈顶元素出栈或弹出
  if (StackEmpty(S)) return ERROR;
  e=S.next→data; q=S.next; S.next=S.next→next; free(q); //弹出栈顶结点并释放其空间
  return OK;
} //Pop
```

<u>算法 3-8</u>—GetTop()

```
Status GetTop(LinkStack S, SElemType &e) { //获取栈顶元素
  if (StackEmpty(S)) return ERROR;
  e=S.next→data; //栈不空时，栈顶元素存入 e
  return OK; //返回 OK
} //GetTop
```

1) 栈的链式存储结构实现的特点

优点：内存空间分配以结点为单位，不用预留。堆栈大小是可变的。

缺点：每一次 Push() 或 Pop() 操作都需要申请或释放空间，操作太频繁，会影响效率。

为了克服静态顺序存储结构的不灵活和链表结点空间申请与释放操作频繁的缺陷，一般可采用增量式动态顺序存储结构 SqStack，它既可利用顺序存储的随机访问特性，又可根据实际情况改变栈空间大小。

2) 栈的 SqStack 存储结构实现的特点

优点：堆栈大小可改变，栈内存空间的分配管理频度降低。

缺点：空间利用率低于简单链表，高于简单数组。

课外思考：①在顺序存储结构下，如何利用顺序存储结构中的有限内存空间表示和实现多个堆栈的管理？可以有哪些组织管理模式？②对图 3-7 所示的链式堆栈管理结构，假设 base==$S\rightarrow$next，且用链中的尾部结点表示 top，请重新完成这种存储结构下，堆栈的基本操作算法设计。

3.2　堆栈的应用

例 3-5　数制之间的转换问题。

分析：不同数制下的数值转换是计算机中数的表示和计算工作必须解决的基本问题。对十进制数 N 转换为 d 进制数问题，其第 i 次转换迭代的算法模型为

$$d_i=N_{i-1} \bmod d$$

$$N_i=N_{i-1}/d$$

其中，/为整除；mod 为取余。算法迭代数学模型满足 $N=(N/d)\times d+(N \bmod d)$。以十进制转二进制为例，转换规则就是：对给定的整数 N，除 2 取余，倒排序。

当 $N\geqslant 0$ 时，可输出当前数位上的 d 进制数字。由于人们习惯从左到右书写高位到低位的数字，但数制转换模型是从低位向高位方向进行的，结果顺序自右至左，其计算顺序和输出顺序有先计算后输出和后计算先输出的特点。因此，采用栈结构存储计算过程和结果是自然的。例如，对算例 $(79)_{10}=(1001111)_2$，其计算和倒排过程如图 3-8 所示。

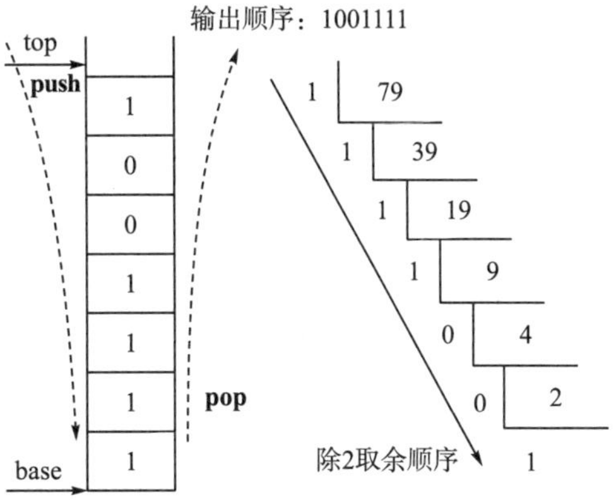

图 3-8　除 2 取余——倒排序的进栈、出栈图示

利用堆栈结构的好处：简化数制转换算法的描述和程序设计难度，使问题求解过程变成简单的顺序控制结构下的模块化流程描述(图 3-9)。

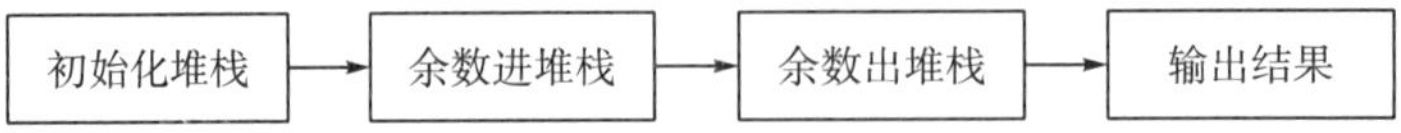

图 3-9 利用堆栈结构实现十进制—二进制转换的模块流程图示

利用 ADT Stack 的数制转换主算法 conversion_ND 可描述如下。

算法 3-9—conversion_ND()

```
void conversion_ND(int num,int d) { //将十进制 num 转换成 d 进制数显示(d<10)
 if (num<0 ||d>10 ||d<2) return; //num 和 d 非法时，不转换
 InitStack(S);
 while (num) {Push(S,num%d); num/=d;} //转换 num 当前余数数字值
 while (!StackEmpty(S)) {Pop(S,e); printf("%d",e);} //逆序显示各 d 进制数字位
 return;
} //conversion_ND
```

课外思考：①用非堆栈方法实现数制转换算法设计，比较其与算法 3-9 的差异。②以不同的堆栈存储结构完成数制转换算法的程序设计，如数组、链表、可变顺序结构等。

例 3-6 表达式中的括号匹配与检查问题。

对于含括号的表达式，括号匹配是完成表达式运算的基础，尤其是嵌套配对或匹配。如数学和物理等计算公式中的括号匹配问题。括号匹配包含圆括号'('和')'、中括号'['和']'、花括号'{'和'}'等的匹配。成功配对的一对括号称为括号对，如圆括号对"()"和中括号对"[]"。

配对特点：先内后外——按括号嵌套层次顺序依次配对。

基本思想：对带括号的表达式(字符串)从头到尾(左至右)扫描，并借助堆栈进、出操作完成匹配检查。扫描结束时，如果堆栈为空，表示整个表达式的括号是匹配的(返回 TRUE)，否则表达式括号不能匹配(返回 FALSE)。

配对规则：①扫描遇到左括号时进栈。②遇到非括号数据元素时不进栈。③遇到右括号时，将其与栈顶括号比较。如果匹配，将栈顶左括号出栈，否则匹配失败。

例如，括号字符串"[([][])]"的匹配过程如图 3-10 所示。

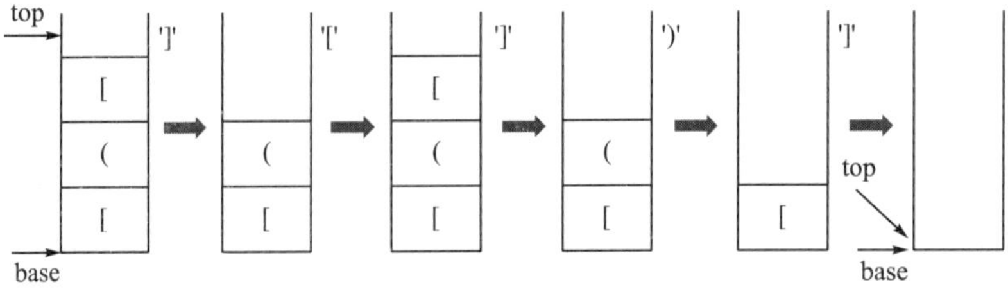

图 3-10 括号匹配检查问题的进栈、出栈过程示意图

课外思考：以堆栈为存储结构，设计并绘制表达式括号匹配的算法流程并上机实现。

例 3-7　行编辑程序的算法设计问题。

行编辑(line editor)是以编辑行为单位进行文本编辑的一种模式，是文本编辑软件必备的基础编辑功能，如在操作系统行命令交互状态下，命令行编辑和控制台重定向复制[①]等命令编辑功能，往往就是采取的行编辑模式。行编辑功能也是复杂文字处理的基础功能，如记事本、WORD、WPS 和各种源程序编辑器等，它假设行编辑程序按字符行接受输入，并存入程序数据缓冲区，然后再完成行编辑处理。

为了在行编辑功能完成编辑的过程中及时处理和纠正编辑输入错误，可对文本输入过程的操作表达做如下约定：①“#”为退格，表示编辑行中上一个输入符号无效(需退格)。②“@”为退行，表示当前编辑行的输入内容无效(需退行)。

例如：whli##ilr#e(s#*s) ⟷ while(*s)

outcha@putchar(*s=#++) ⟷ putchar(*s++)

分析易知，对编辑行内的输入、退格和退行操作，其处理关系具有堆栈操作逻辑。

对一个给定的文本，假设用 N 行字符数组 str 存放未经处理的 N 行原始字符串，str_ok 临时存放行编辑处理后的字符串，通过 N 次循环就可处理完整个文本。根据退格和退行操作假设，可以借助堆栈结构完成每一行的编辑处理，其过程实例如图 3-11 所示。

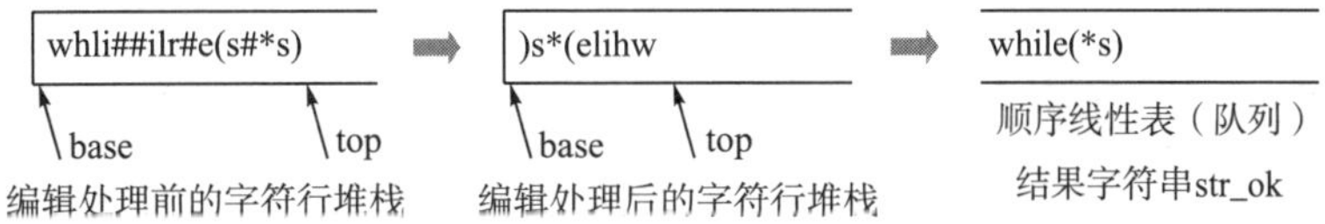

图 3-11　借助堆栈结构的行编辑程序处理一行的过程示意图

课外思考：①绘制前面第二个字符串的行编辑进栈、出栈处理过程。②借助堆栈存储结构，完成行编辑程序的多行文本文件的处理流程算法设计并上机实现。

例 3-8　迷宫求解问题[②]。

求解迷宫从入口到出口的路径是程序设计中的经典问题，可用一个方块阵列结构表示(图 3-12)，其求解过程一般采取穷举法。其中，假设阴影部分表示墙体，白色部分表示通路，O 表示入口或出口点。迷宫求解问题的算法研究可以分为如下几类问题：一是求解从入口到出口有无路径；二是从入口到出口有多少条路径；三是从入口到出口的最短路径。为简化迷宫问题的研究难度，这里先解决第一类问题。

实际上，在求解迷宫问题时，最好按照一定的搜索策略进行，如按照一定的方向顺序和迷宫搜索位置顺序，有规律地逐步探索。例如，假设从迷宫的当前位置点向前探索路径时，按照东、南、西、北的方向顺序展开，为方便表述，可分别用 1、2、3、4 表示。在探索过程中，当遇到障碍(如墙)时，表示当次探索失败，需探索当前点位的下一个未探索方向。在当前点位的所有方向的探索均不成功时，需要回退到上一个探索点，继续沿着其

① 操作系统命令行状态下的“copy con 文件名.扩展名”功能。
② 为简化讨论，假设路径仅限于无回路的简单路径。

未探索过的方向继续探索。因此，在一个点位所有方向探测完毕前，有关该点位的探索状态信息要保存。易知，在这一探索过程中，迷宫中的探索点位及其方向的探索顺序、探索失败后的回溯顺序之间，具有明显的后探先退和先探后退的特点。由此，可借助堆栈结构记录或保存已探索点位或路径的结点信息。

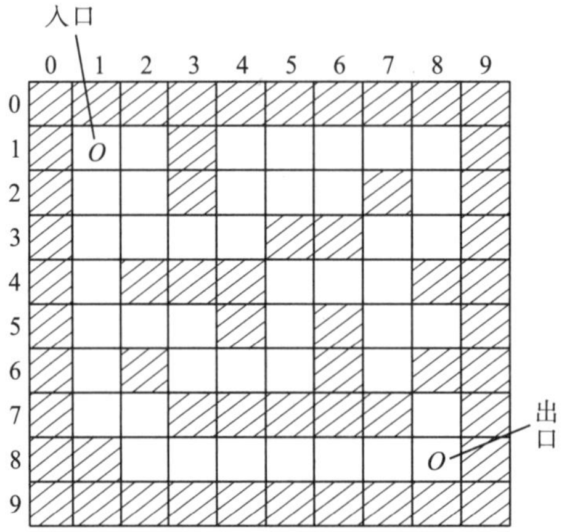

图 3-12　迷宫问题图示

分析可知，堆栈中的结点应包含如下信息：

(1) 在方块阵列中的位置。

(2) 可通不可通信息。

(3) 是否被探索过，状态如何。

(4) 已探索过的方向。

综上，在算法实现上，迷宫方块阵列的主存储结构可用二维数组表示，路径搜索辅助存储结构可用堆栈完成。在迷宫数组中，元素取值范围可设定为{0,1,−2,2}，其中，0 表示通道，1 表示墙，−2 表示走过但不通，+2 表示走过可通。用 (x,y) 表示点位置时，探索路径结点可用(探索步编号，点位置，探索方向编号)表示，它是堆栈元素的结构。

迷宫路径探索算法的基本思想：如果当前路径结点(的当前方向)可通，将其信息保留到堆栈中，否则，探索该结点下一方向。如果当前路径结点 4 个方向都不通，取出堆栈中最近的可探索状态结点(即栈顶元素)作为新的可探索路径结点。重复以上过程，直到走出迷宫或者回到出发点。实际上，当搜索过程回到出发点时，就表示不存在走出迷宫的路径。

迷宫路径探索算法的数据结构：

```
//----------迷宫问题的数据结构描述---------
#define MAZE_SIZE 10
typedef struct { //迷宫阵列数据类型
    int maze[MAZE_SIZE][MAZE_SIZE]; //取值{0,1,-2,2}
} MazeType;
typedef struct { //通道块阵列位置数据类型
```

```
    int x;
    int y;
  } PosType;
  typedef struct { //路径结点(堆栈元素)数据类型
    int ord;          //通道块在路径上的序号
    PosType seat; //通道块在迷宫阵列中的坐标位置
    int di;           //通道块的下一次探索方向(序号值)
  } SElemType;
  typedef struct { //堆栈结构类型定义
    SElemType *base;
    SElemType *top;
    int stacksize;
  } SqStack;
  //----------迷宫路径搜索算法实现描述----------
```

<u>算法 3-10</u>—MazePath()

```
Status MazePath(MazeType maze, PosType start, PosType end) {
 //maze 有从 start 到 end 的通道时放入栈中，返回 TRUE，否则返回 FALSE
 InitStack(S); curpos=start; curstep=1; //初始化堆栈、起始位置和路径结点起始序号
 do {
   if (Pass(curpos)) { //当前位置未曾走过且可通过
     FootPrint(curpos);       //在当前位置留下足迹或做标记，即 2
     e=(curstep,curpos,1); //下一方向为 1(东)
     Push(S,e);               //记住当前路径点 e
     if (curpos==end) return TRUE; //到达终点 end 时成功返回 TRUE
     curpos=NextPos(curpos,1); //否则，将当前位置的东邻作为新的当前位置继续探索
     curstep++;
   } //if Pass()
   else { //当前位置曾经走过但不能通过时
     if (!StackEmpty(S)) {
       Pop(S,e);                            //回退
       while (e.di==4 && !StackEmpty(S)) { //如果 e 已探完，留下不能通过标志并后退
         MarkPrint(e.seat);                 //标记 e.seat 不能过(迷宫数组元素=-2)
         Pop(S,e);
       } //while
       if (e.di<4) { //当前点探索方向没有到达北
          e.di++; Push(S,e); curpos=NextPos(e.seat,e.di); //探索当前点的下一方向
        } //if
     } //if
```

```
    } //else
  } while (!StackEmpty(S));
  return FALSE; //栈空时(回到入口且无路可走)失败，返回 FALSE
} //MazePath
```

对迷宫算法的上机实践，应注意两点：一是 maze 的定义；二是 Pass()、FootPrint()、NextPos() 和 MarkPrint() 等辅助操作及堆栈的 Push() 和 Pop() 等基本操作的实现。

例 3-9 表达式求值问题。

表达式求值是编译器或解释器拥有的基本计算功能。一个表达式可以看作由操作数(operand)、操作符(operator)和界限符(delimiter)一起构成的一个字符串。其中，操作数包含常量、变量等；操作符包含算术、关系、逻辑等运算符号；界限符包含表达式中的括号和表达式串的开始、结束符号等。为简化讨论问题的难度，这里只讨论算术表达式求值问题，其算符只涉及“+”、“−”、“*”和“/”四种。同时，将界限符和操作符统一成算符概念，它们有统一的运算优先级关系。由此，一个完整的算符优先级关系表如表 3-1 所示，其中的算符集合 OP={'+','−','*','/','(',')','#'}。由表易知，除三种错误情形，算符间的优先关系有三种：

(1) $\theta_1<\theta_2$ —— θ_1 的优先级低于 θ_2。

(2) $\theta_1=\theta_2$ —— θ_1 的优先级相同于 θ_2。

(3) $\theta_1>\theta_2$ —— θ_1 的优先级高于 θ_2。

表 3-1 算符优先级关系表

		θ_2						
		+	−	*	/	(	)	#
θ_1	+	>	>	<	<	<	>	>
	−	>	>	<	<	<	>	>
	*	>	>	>	>	<	>	>
	/	>	>	>	>	<	>	>
	(	<	<	<	<	<	=	×
	)	>	>	>	>	×	>	>
	#	<	<	<	<	<	×	=

另外，“+”、“−”、“*”、“/”的优先级均低于“(”，但高于“)”，界限符“#”既是表达式串的起始符，也是其结束符。要注意的是，左括号“(”遇到右括号“)”时，表示括号内的运算结束。同理，起始界限符“#”遇到结束界限符“#”时，表示表达式计算结束。反之，当右括号“)”遇到左括号“(”，或者界限符“#”遇到右括号“)”，或者左括号“(”遇到界限符“#”时，均表明表达式的书写有误，此时表达式求值运算失败。实际上，表达式求值算符的优先级定义可以有不同方案(表 3-2)。下面以表 3-1 为准或参考表 3-1 进行讨论。

表 3-2　算符优先级值的定义

#	(	**	*	/	+	−	)
0	7	3	2	2	1	1	0

算符优先关系及界限符成对出现和内外嵌套的运算规律表明，对表达式求值的计算任务，需要借助堆栈技术完成算法的设计。但是，输入的表达式是字符串，而求值计算过程和结果是数值型值。为此，需要设置两种堆栈类型，才能方便地辅助算法的实现描述。一般可以用字符型堆栈 OPTR 存储操作符，用数值型堆栈 OPND 存储操作数。

算法思想：算法执行的初态是，OPND 置空，OPTR 置为表达式串的起始界限符“#”。按照表达式串的书写顺序，依次读取表达式串中的字符，并作如下处理：①如果当前读入的字符是操作数类型，将其转换成数值后压入堆栈 OPND。②如果当前读入的字符是操作符，则将其与 OPTR 堆栈顶的操作符进行优先级比较：当前操作符比栈顶操作符优先时，将其压入 OPTR；否则，取出栈顶操作符 op，同时从 OPND 分别取出两个操作数 *b* 和 *a*，进行 *a* op *b* 的运算，结果压入 OPND。重复以上过程，直到读入界限符“#”时，表达式计算完毕。

计算实例：表 3-3 展示了表达式“3*(5+2)#”的计算过程和结果。

表 3-3　表达式“3*(5+2)#”求解过程演示实例

步骤	OPTR	OPND	当前字符	主要操作
1	#		3*(5+2)#	3→OPND
2	#	3	*(5+2)#	*→OPTR
3	#*	3	(5+2)#	(→OPTR
4	#*(	3	5+2)#	5→OPND
5	#*(	3,5	+2)#	+→OPTR
6	#*(+	3,5	2)#	2→OPND
7	#*(+	3,5,2	)#	5+2→OPND
8	#*(	3,7	)#	(==):去括号对
9	#*	3,7	#	3*7→OPND
10	#	21	#	遇到#，结束

算法描述：

算法 3-11—EvaluateExpression()

```
//----表达式求值算法的实现描述----
OperandType EvaluateExpression() {
  InitStack(OPND); //OPND 置空
  InitStack(OPTR);
  Push(OPTR,'#'); //OPTR 置'#'
  c=getchar(); //读取一个字符 c
```

```
  while (c!='#' || GetTop(OPTR)!='#')
  {  //表达式没处理完
    if (isOPND(c,OP))
       Push(OPND,c);
    else {
      switch (Precede(c,GetTop(OPTR))) { //返回'>'、'<'或'='
        case '>' :Push(OPTR,c); //当前操作符 c 优先时，c 进 OPTR
                 c=getchar(); break; //读入表达式的下一字符 c
        case '<' :Pop(OPTR,theta); //栈顶操作符优先时，取 OPTR 堆栈顶元素 theta
                 Pop(OPND,b); Pop(OPND,a); //取操作数 a 和 b
                 Push(OPND,Operate(a,theta,b)); break; //运算结果入 OPND
        case '=':Pop(OPTR,temp); //去掉栈顶左括号'('或'#'
                 c=getchar(); break; //读入表达式下一字符 c
        default: printf("Precede() ERROR!\n"); exit(-1);
      } //switch
    } //else
  } //while
  return GetTop(OPND);  //返回计算结果
} //EvaluateExpression
```

可见，表达式求值算法 EvaluateExpression()的实现依赖于双堆栈结构 OPTR 和 OPND 的数据类型定义，同时还要有 isOPND()、Precede()和 Operate()等基本算法作支撑。在算法描述中，OP 表示合法算符集。

3.3 *堆栈与递归

3.3.1 递归与递归函数

递归(recursion)是具有自己嵌套自己特征的概念、结构、过程、方法或现象的总称，是程序设计技术中不可缺少的重要技术工具。日常生活中有很多递归例子存在，如图 3-2(e)中具有嵌套性质的结构。又如，画中画结构(图 3-13)、山里和尚的故事[①]、回旋针图形结构(图 3-14)、树的定义(由根和若干子树构成)和 Hanoi(汉诺)塔游戏过程[图 3-2(c)]等都隐含了递归特征和结构。

① 从前有座山，山上有座庙，庙中有两个和尚，一个老和尚，一个小和尚，小和尚每天缠着老和尚讲故事，于是，老和尚给小和尚讲了一个永远讲不完的故事。那就是……

图 3-13　画中画结构

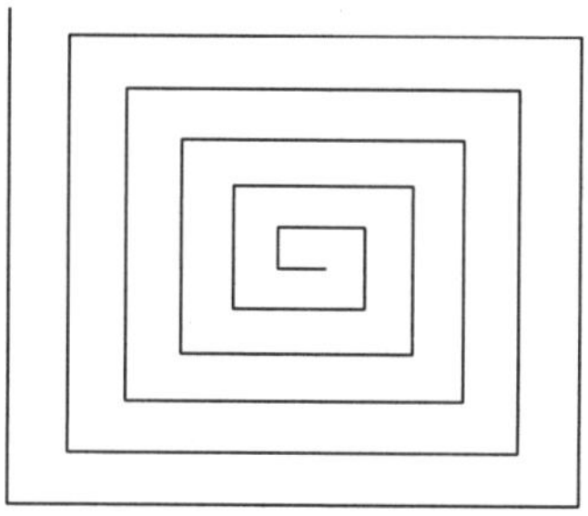

图 3-14　回旋针图形结构

在数学上，一些函数常常以递归形式描述，一般将其称为递归函数(recursion function)，对应的函数调用称为函数递归调用(recursion call)。当函数自己直接调用自己时，称为直接递归调用(directly recursion call)，简称直接递归。当通过第三方回调自己时，称为间接递归调用(indirectly recursion call)，简称间接递归。

以下是一些著名的数学函数递归实例：

求 n 的阶乘的递归计算公式：

$$\text{Fact}(n)=\begin{cases}1, & n=0\\ n\cdot\text{Fact}(n-1), & n\geqslant 1\end{cases}$$

Fibonacci(斐波那契)数列计算公式：

$$\text{Fib}(n)=\begin{cases}0, & n=0\\ 1, & n=1\\ \text{Fib}(n-1)+\text{Fib}(n-2), & n>1\end{cases}$$

Ackerman(阿克曼)函数计算公式：

$$\text{Ack}(m,n)=\begin{cases}n+1, & m=0\\ \text{Ack}(m-1,1), & n=0\\ \text{Ack}(m-1,\text{Ack}(m,n-1)), & \text{否则}\end{cases}$$

递归技术的使用分三种情形：①对递归数学函数，直接定义递归函数即可。②对具有递归特征的数据存储结构，其各类操作往往需要采用递归结构算法来描述和实现，如广义表(第 5 章)和树(第 6 章)。③问题本身看不出明显的递归结构，但问题求解过程具有递归特征。此时，采用递归求解结构描述，往往比一般迭代求解方法描述简洁、明了，如 Hanoi 塔、八皇后等问题的求解。

注意：对递归问题的求解，一般均可以转换为等价的循环控制结构求解。

3.3.2　*n* 阶 Hanoi 塔问题

运用递归技术实现问题的递归求解描述直观、简洁。下面将以 n 阶 Hanoi 塔问题为例，展示第三种递归问题的算法设计、分析与求解描述方法。

假设 Hanoi 塔的三个塔柱分别用 A、B 和 C 标记，问题的初始状态是，A 柱上叠放了 *n* 个直径大小各不相同的圆盘，根据圆盘直径大小从小到大对圆盘编号，它们的存放顺序是从上到下直径越来越大(图 3-15)。Hanoi 塔问题的原问题是，如何将 A 柱上的 *n* 个圆盘按以下规则逐一搬到 C 柱上。

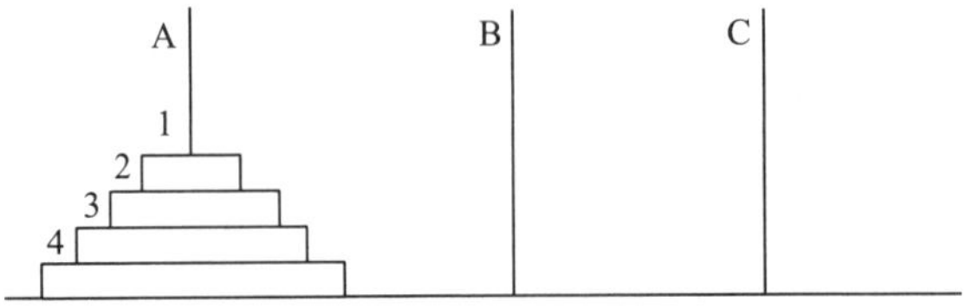

图 3-15　4 阶 Hanoi 塔问题的初始状态

(1)在任何时刻，3 个塔柱上只要有圆盘，其摆放要满足：从上至下的直径由小到大。

(2)每次只能移一个圆盘。

(3)圆盘可以从其所在塔柱搬动到另外两个塔柱上。

问题分析：n=1 时，可直接将圆盘搬往目的柱；n>1 时，原问题变成了一个可分解的复杂问题。根据自顶向下(from top to bottom，FTTB)逐步求精的模块化分解思想，*n* 个圆盘的 Hanoi 塔移动问题可以分解或归纳成以下三个规模较小的子问题：

(1)将塔柱 A 上面的 n−1 个圆盘→B 柱。

(2)将塔柱 A 最下面的第 *n* 个圆盘→C 柱。

(3)将塔柱 B 上的 n−1 个圆盘→C 柱。

实际上，当这三个子问题得解时，整个问题也就得解。经过一次问题分解，第 2 个子问题已经可解，第 1 个和第 3 个子问题的规模降为了 n−1。反复重复以上分解过程，最终就可将原问题转化成单个圆盘的搬动问题。在进行算法描述时，原问题可描述成“将 A 柱上的 *n* 个圆盘借助 B 柱搬到 C 柱”，则第 1 个子问题可描述成“将 A 柱上的 n−1 个圆盘借助 C 柱搬到 B 柱”，第 3 个子问题即“将 B 柱上的 n−1 个圆盘借助 A 柱搬到 C 柱”。

综上，Hanoi 塔问题求解算法的函数 Hanoi()应包含圆盘个数、原塔柱号、辅助塔柱号和目标塔柱号四个参数。假设圆盘个数用整数表示，塔柱号用字符表示，Hanoi 塔问题的递归算法描述如下。

<u>算法 3-12</u>—Hanoi()

```
void Hanoi(int n, char a, char b, char c) { //将 A 柱上 n 个圆盘借助 B 柱搬到 C 柱
    if (n==1) move(a,1,c); //A 柱上只有一个圆盘时
    else {
      hanoi(n-1,a,c,b); //将 A 柱上面的 n−1 个圆盘借助 C 柱搬到 B 柱
      move(a,n,c);      //将 A 柱上的圆盘 n 搬到 C 柱
      hanoi(n-1,b,a,c); //将 B 柱上面 n−1 个圆盘借助 A 柱搬到 C 柱
    } //if
    return;
```

```
} //Hanoi
```

算法 3-13—move()

```
void move(char a, int n, char c) { //将 A 柱上的圆盘 n 搬到 C 柱
  printf("%i. Move disk %i from %c to %c\n",++step,n,a,c); //step—移动步数编号
  return;
} //move
```

可见，递归求解算法表达简单、清晰、易懂，算法可读性强。在程序设计应用中，对具有递归结构的问题，常用递归函数形式描述其求解过程。

在程序执行中，当遇到函数、子程序或过程调用时，为了不破坏原有程序执行环境，系统在执行函数调用前和执行完函数调用准备返回调用点前，需要做现场保留和恢复工作，它们反映了函数、子程序或过程的调用机理。图 3-16 给出了函数调用、执行与返回过程示意图，图 3-17 给出了函数调用时系统运用堆栈保留和恢复现场的变化示意图。

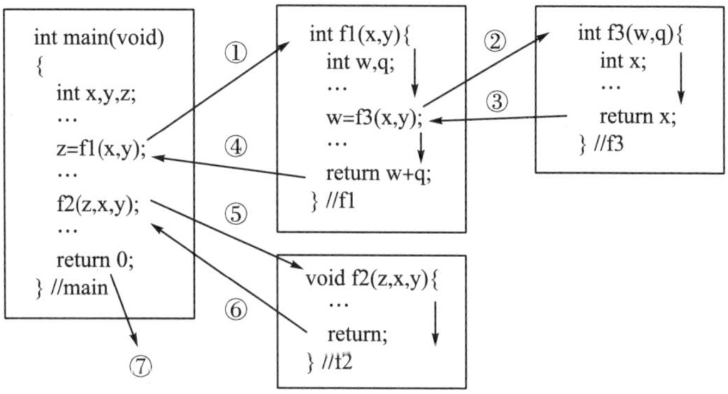

图 3-16　函数调用、执行与返回过程示意图

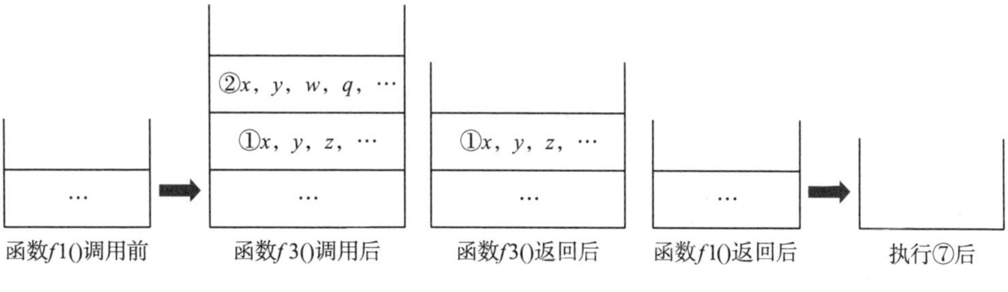

图 3-17　函数调用时系统运用堆栈保留和恢复现场的变化示意图

一般而言，被调用函数、子程序或过程在执行前，系统进行现场保护的任务是：

(1) 将当前函数中所有实参、函数调用返回地址等传递给被调用函数进行保存。

(2) 为被调用函数的局部变量分配存储空间。

(3) 将程序执行控制权转移到被调用函数(入口)处。

相应地，从被调用函数返回主调函数调用点前，系统要进行现场恢复工作，即

(1) 保存被调用函数中的计算结果。

(2) 释放被调用函数中分配的数据存储空间。

(3) 程序执行控制权转移到主调函数调用点。

可见，递归调用是一种特殊的多层函数、子程序或过程嵌套调用，工作过程与一般多层嵌套调用相似。区别在于，每次调用的是自己。一般来讲，在不同层级的递归调用中，递归条件参数(如问题规模)的取值变化应朝递归终止条件或递归基本项取值靠拢。为了准确记录递归过程和状态，假设递归调用起点为第 0 层[如 main() 函数]，从该点进入的递归调用层算作第 1 层，那么，在第 i 层时，递归调用进入的是第 $i+1$ 层。反之，在第 i 层时，返回指令将使递归调用返回到第 $i-1$ 层。

由图 3-16 可知，递归调用和返回顺序之间具有“先调用的后退，后调用的先退”特征。为了记录和跟踪之，可以借助一个全局型“调用活动工作记录”堆栈来记录这一过程。其中，每条记录保存递归调用发生时的环境参数，如递归层次、递归调用执行所需参数、调用执行结束后的(上一层)返回地址、调用发生时的寄存器状态等。为了简化记录描述，寄存器状态等环境信息可以略去不管，但返回点地址需要记录。因此，一个简化的“递归调用活动工作记录”的信息存储结构可以设计如下：

(返回点地址,递归层次,参数 1,…,参数 m)

其中，返回点地址可用算法的语句序号表示(如算法 3-12 所示)；递归层次从 0 开始计数；参数 1～参数 m 是递归调用执行所需的参数。

例如，对算法 3-12 的 4 阶 Hanoi 塔实例，初始调用语句为 Hanoi$(4,a,b,c)$，那么，第 0 层的调用活动记录可简记为$(0,0,4,a,b,c)$[①]。其中，第一个参数 0 表示首次递归调用点(返回地址)，第二个参数 0 表示递归调用层号，后面 4 个参数是递归函数工作需要的参数。

由此，递归函数、子程序或过程的工作过程可描述为：从主调函数、子程序或过程开始，逐层调用并记录调用与返回的工作记录。调用发生时，工作记录压入堆栈，调用返回时，工作记录弹出堆栈并根据记录信息返回相应执行点继续执行。

课外思考：绘制 4 阶 Hanoi 塔问题的“调用活动工作记录”堆栈的变化过程示意图。

3.4 队　　列

3.4.1 队列的逻辑结构特点

排队是人们日常生活中常见的活动。例如，自动化生产流水线作业系统中的产品流水线生产、排队打饭、银行业务办理、网上商品订购、高考招生录取、操作系统(operating system)中的作业(进程)调度、面向对象程序设计环境中的消息队列等。它们的共同特点是：①具有线性表特征。除排在首位的元素 a_1 和末位的元素 a_n，表中任何其他元素都有唯一的直接后继和唯一的直接前驱。②操作只能在两端进行，且一端进、一端出。

① 起始调用点语句标号随主调函数不同而变化，为简化表述，假定起点语句标号与层次编号一致，均为 0。对第 1 层及以后的递归调用返回地址，用递归函数、子程序或过程中的语句标号表示。

显然，队列是线性表的一个子类或受限的线性表。与堆栈一样，它是操作位置受限的特殊线性表。队列与堆栈操作的受限约束区别在于，队列的操作受限是指入队(enter queue)与出队(delete queue)操作只在线性表的两端进出，一般指“一端进，另一端出”。其隐含的操作逻辑特点是：先进先出(first in first out，FIFO)或后进后出(last in last out，LILO)。它要求新元素只能在线性表尾部或队尾(rear or tail)插入，元素删除只能在线性表的队头(front or head)进行(图 3-18)。

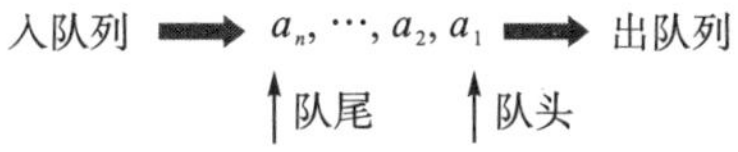

图 3-18　队列的逻辑结构示意图

3.4.2　队列的抽象数据类型定义

假设 Q 是一个队列结构，e 是队列中的元素，队列的抽象数据类型可定义如下：

ADT Queue {

数据对象：$D=\{a_i|a_i \in \text{ElemType}, i=1,2,\cdots,n, n\geqslant 0\}$

数据关系：$R=\{<a_{i-1},a_i>|a_{i-1},a_i \in D, i=2,\cdots,n\}$，其中 a_n 为队尾，a_1 为队头

基本操作：

InitQueue(&Q)　//为 Q 分配空间，且构造成空队列

DestroyQueue(&Q)　//销毁 Q

ClearQueue(&Q)　//清空队列 Q

QueueEmpty(Q)　//若 Q 为空队列，返回 TRUE，否则返回 FALSE

QueueLength(Q)　//返回 Q 的长度(元素个数)

GetHead(Q,&e)　//获得 Q 的队头元素 e

EnQueue(&Q,e)　//将元素 e 插入 Q

DeQueue(&Q,&e)　//删除 Q 的头元素

QueueTraverse(Q,visit())　//遍历并用 visit()处理 Q 中元素，visit()失败时操作失败

} ADT Queue

与前述数据结构相似，ADT Queue 中元素类型要根据具体问题的算法设计需要而定。

3.4.3　队列的表示与实现方法

对队列的存储结构表示与实现，既可以采用顺序存储结构，也可以采用链表存储结构。

1. 队列的顺序存储结构表示

从队列的 ADT 定义可知，可以用一组连续存储单元存放队列中各元素，并以 front 和 rear 分别指向队列的队头和队尾位置(图 3-18)。队头位置是下一个出队元素的位置，队尾位置是下一次入队元素插入的位置。

顺序存储结构下的入队和出队操作如下。

入队：*a*[rear]=*e*; rear=rear+1→*e* 赋给 rear 存储单元，然后 rear 指向下一空位置。

出队：*e*=*a*[front]; front=front+1→将 *a*[front]赋给 *e*，front 指向下一个可出队元素。

顺序存储结构表示的优点是：元素出队和入队操作简单，只需改变队列的头部和尾部位置指向即可。其缺点是：队头删除操作时，队头位置只能单向移向队尾，而队尾插入操作时，队尾也只能单向移向队列存储空间末端。这会带来空间利用和逻辑判断上的困难。例如，队尾处于存储空间末端时，队列既可以是满的，也可以是空的，还可以是既不满也不空的。同理，队头处于存储空间末端时，队尾一定在末端。此时，新元素不可能入队，但队列实际上为空状态。可见，在顺序存储结构下，采用简单的单向存取方式，对队满、队空的判定以及入队、出队操作的实现逻辑变得比较复杂。为了充分利用好顺序存储队列，往往需要设计能循环利用顺序存储空间的算法，但前提是，要解决队列的满和空的判定条件表示。

单向非循环顺序存储结构下，队空(queue empty)和队满(queue full)的判定操作如下。

队空：如果 front 超过 rear，队空。

队满：如果 rear 到达存储空间末端，队满。

单向循环顺序存储结构下，队列空和队列满的判定操作需要考虑队列的入队、出队状态，并由此定义出头部“超过”尾部和尾部“超过”头部的各个情形。

队空：如果 front 超过 rear，队空。

队满：如果 rear 超过 front，队满。

2. 队列的链表存储结构表示

为了克服顺序存储结构下队列的组织和判断逻辑复杂的问题，可以使用链表队列。如前所述，链表有静态和动态两种实现方式。下面是动态链表的队列存储结构：

```
typedef struct QNode {
    QElemType data;
    struct QNode *next;
} QNode, *QueuePtr;   //队列结点及其指针结构
typedef struct {
    QueuePtr front;   //队列的头部指针
    QueuePtr rear;   //队列的尾部指针
} LinkQueue;
```

队列的链表表示需要记住队列的队头结点和队尾结点。为了算法描述方便，可以为整个队列增加一个指向队列队头的头结点(图 3-19)。有关队列链表各情形下的操作逻辑示意图如图 3-20 所示。LinkQueue 存储结构下的部分队列基本操作算法如下。

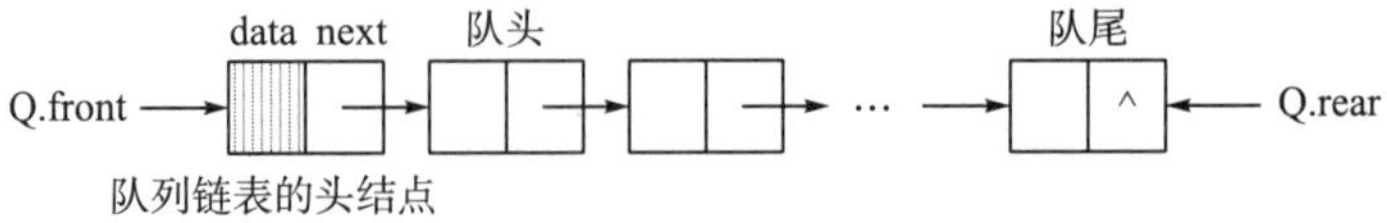

图 3-19　队列的链表表示的逻辑结构示意图

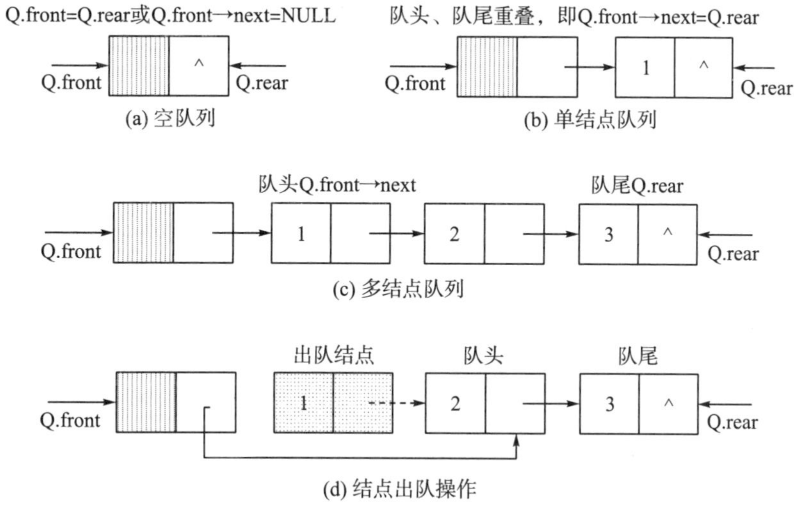

图 3-20　基于链表存储结构的各种队列操作结果状态的逻辑示意图

<u>算法 3-14</u>—InitQueue()

```
Status InitQueue(LinkQueue &Q) { //创建一个空队列
  Q.front=(QueuePtr)malloc(sizeof(QNode)); //分配队列链表的头结点
  if (!Q.front) exit(OVERFLOW);
  Q.rear=Q.front;  //队头和队尾指向链表的头结点(表示队列为空)
  Q.front→next=NULL; //队列头部结点空(也可表示队列空)
  return OK;
} //InitQueue
```

<u>算法 3-15</u>—DestroyQueue()

```
Status DestroyQueue(LinkQueue &Q) { //销毁队列 Q
  while (Q.front) { //队列头部不空
     Q.rear=Q.front→next;  //队列尾部指针作临时指针变量
     free(Q.front);
     Q.front=Q.rear;
  }
  return OK;
} //DestroyQueue
```

<u>算法 3-16</u>—EnQueue()

```
Status EnQueue(LinkQueue &Q,QElemType e) { //将元素 e 插入队列 Q
  p=(QueuePtr)malloc(sizeof(QNode));
  if (!p) exit(OVERFLOW);
  p→data=e;
```

```
  p→next=NULL;
  Q.rear→next=p;
  Q.rear=p;
  return OK;
} //EnQueue
```

算法 3-17—DeQueue()

```
Status DeQueue(LinkQueue &Q,QElemType &e) { //删除队头并将其值返回到参数 e
  if (Q.front==Q.rear) return ERROR; //队列为空
  p=Q.front→next;
  e=p→data;
  Q.front→next=p→next;
  if (Q.rear==p) Q.rear=Q.front; //对单点队列，删除 p 后队列置空
  free(p);
  return OK;
} //DeQueue
```

3.4.4 循环队列

在计算机中，操作系统的作业调度问题常常采取基于队列的循环调度策略，著名的Joseph(约瑟夫)问题也涉及队列结点的循环访问。针对不同的存储结构，循环队列(circular queue)的基本操作实现逻辑的复杂程度是有区别的。

对队满和队空的逻辑判断，既取决于对队列所进行的操作，也取决于队头、队尾的相对位置及其动态变化逻辑。例如，对图 3-21 所示顺序存储结构，若队列初始 rear 和 front 分别指向第一个单元及之前的位置，即 rear=0,front=0(初始空队列)。正常情况下，元素插入队列从 rear 处进行，删除元素从队头 front 处进行。元素的入队和出队操作算法如下：

入队：a[rear]=e; rear=rear+1;

出队：e=a[front]; front=front+1;

可见，队头索引应该指向队列的头元素位置，队尾索引应该指向队列尾元素位置。由此，队列空的判断条件分两种情形：一是初始空队列，二是 front 超越 rear。队列满的判断条件是 rear 到达 $a[N-1]$。显然，对图 3-21(d)，当 rear 指向顺序存储空间末端时，入队操作采用前述队列满的判定算法是不合理的。为了充分利用空闲空间，可以将该顺序存储结构的队列看作一个环状存储结构，当 rear 超越存储空间末端时，就可以回头利用空闲空间进行入队操作。如果将图 3-21(d)想象成图 3-22 所示的循环结构，对入队操作，队列不满的判定条件就变为：在循环队列中，插入元素 e 后，rear 不会赶上 front，即 rear ≠ front。而队列满的判定条件就是，插入元素 e 后，rear==front。与之相似，对出队操作，front ≠ rear 是队列不空的必要条件，不是充分条件[①]。队列为空的判断条件是，队头出队后 front==rear。

① 索引值为 0 和 $N-1$ 的存储单元是紧邻单元。队满、队空状态下，rear 和 front 都必须是紧邻单元。

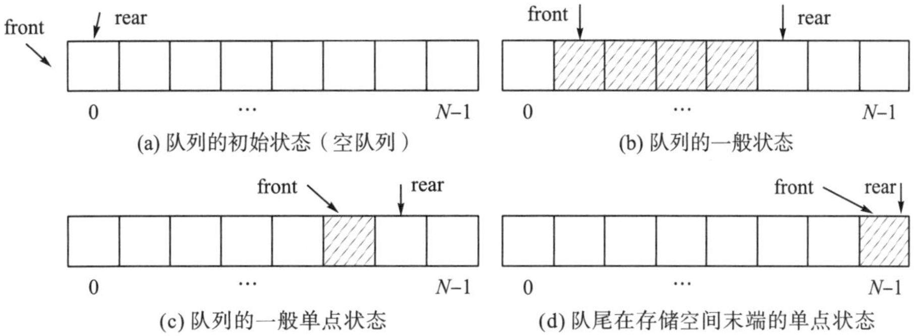

图 3-21　顺序存储结构下的单向队列 $a[N]$的几个特定状态图示

例如，图 3-22 所示的单点循环队列，出队操作将使得 rear==front，队列变成空队列。当 front=0 且 rear=N−1 时，入队操作将使 rear==0，此时的队列是满的。

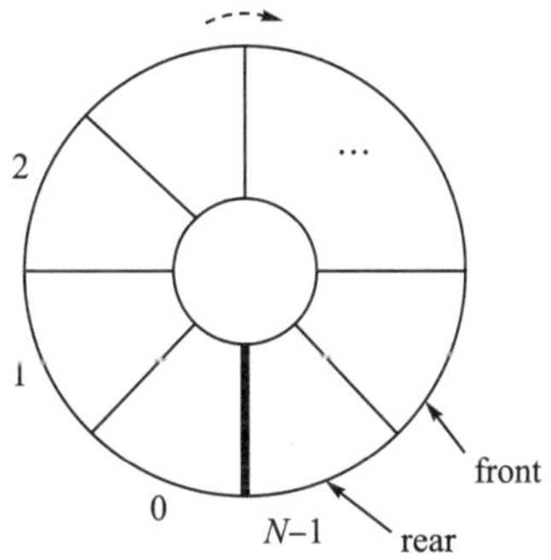

图 3-22　循环队列的逻辑示意图

实际上，也可以设一个空队列/满队列转换标志来标识。空队列转满队列是一个标志，反之，采用另一个标志。另外，也可以借用一个空闲的存储单元将循环队列的队头和队尾分隔开来，并约定：入队引起 rear 和 front 紧邻时，队满(rear → front)；出队引起 front 和 rear 紧邻时，队空(front → rear)。如图 3-23 所示，将队头和队尾分隔的(虚线)存储单元是动态随动的，而不是静止不变的。

为使队列结构简单和紧凑，循环队列的顺序存储结构可定义如下：

```
#define MAXQSIZE 100
typedef struct {
    QElemType *base;
    int front;
    int rear;
} SqQueue;
```

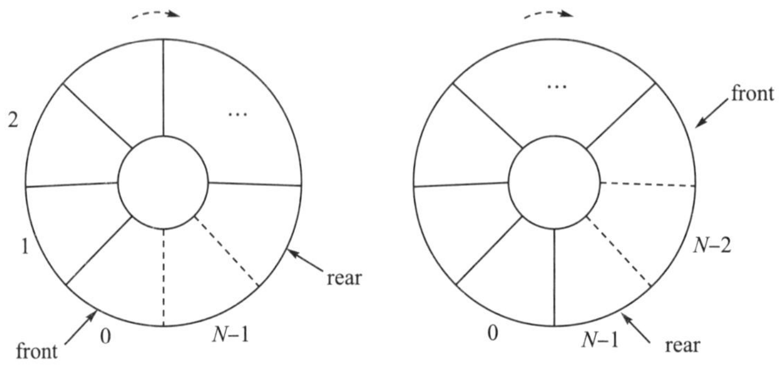

(a) 循环队列的队列满状态　　(b) 循环队列的队列空状态

图 3-23　循环队列单元间隔法下队列满和队列空的逻辑示意图

循环队列顺序存储结构下的部分基本操作的算法描述如下：

算法 3-18—InitQueue()

```
Status InitQueue(SqQueue &Q) { //顺序存储结构下的循环队列初始化
  Q.base=(QElemType*)malloc(MAXQSIZE*sizeof(QElemType));
  if (Q.base==NULL) exit(OVERFLOW);
  Q.front=0;Q.rear=0;  //初始状态
  return OK;
} //InitQueue
```

算法 3-19—EnQueue()

```
Status EnQueue(SqQueue &Q,QElemType e) { //将元素 e 入队
  if (QueueFull(Q)) return ERROR; //队列满
  Q.base[Q.rear]=e;
  Q.rear=(Q.rear+1)%MAXQSIZE); //修改队尾指针
  return OK;
} //EnQueue
```

算法 3-20—DeQueue()

```
Status DeQueue(SqQueue &Q,QElemType &e) { //取队头元素到 e
  if (QueueEmpty(Q)) return ERROR; //队列空
  e=Q.base[Q.front]; //取队头元素
  Q.front=(Q.front+1)%MAXQSIZE;
  return OK;
} //DeQueue
```

算法 3-21—QueueEmpty()

```
Status QueueEmpty(SqQueue Q) { //判断队列是否空
  if((Q.front==0 && Q.rear==0) || (Q.front+1)%MAXQSIZE)==Q.rear) return TRUE;
  else return FALSE;
```

```
} //QueueEmpty
```

算法 3-22—QueueFull()

```
Status QueueFull(SqQueue Q) { //判断队列是否满
   if ((Q.rear+1)%MAXQSIZE)==Q.front) return TRUE;
   else return FALSE;
} //QueueFull
```

算法 3-23—QueueLength()

```
int QueueLength(SqQueue Q) { //获得队列长度
    return ((Q.rear-Q.front+MAXQSIZE)%MAXQSIZE);
} //QueueLength
```

3.4.5 关于队列问题的进一步讨论

1. 广义的队列分类

单向简单队列：队列元素的入队、出队操作分别仅在队尾和队头进行。

双向同时插入与删除的队列：队列元素的入队与出队操作可同时在队尾和队头进行。例如，铁路的铁道转轨网络结构。

输出受限的双向队列：一端允许入队和出队，另一端只允许入队。

输入受限的双向队列：一端允许入队和出队，另一端只允许出队。

双堆栈结构：双向队列中，如果规定，从各个端点入队的元素，只能从该端点出队，则该结构蜕变为两个堆栈的结构(图 3-24)。

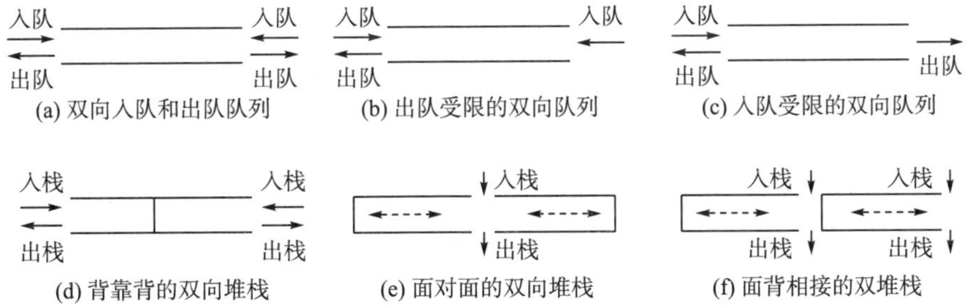

图 3-24　广义队列的分类及其拓展

实际应用中，由于逻辑控制结构复杂，双向队列的应用场景更复杂一些，一般不如堆栈和单向队列实用，在此先不作进一步讨论。读者可在求解实际问题时探究其应用方法。

2. 简单队列的表示与实现基础

从队列的数据存储表示结构上看，可分为顺序存储结构、静态链表结构和动态链表结构等队列。从队列逻辑结构循环与否角度，可分为单向和循环队列。从队列基本逻辑结构特征看，其基本操作逻辑设计与队列存储结构设计密切相关。但无论什么样的队列，都必须有队头指示器 front 和队尾指示器 rear。一般还需要设置一个队列头结点 Q。基本操作中实现的难点是队列空和队列满的判定算法，它们是正确处理、设计入队和出队操作的前提。

3. 队列实现方法的选择问题

用数组结构来实现队列存储结构时，要设置好队列最大长度。当待求解问题涉及的队列规模大小不能确定时，建议采用动态链表方法实现更好。

堆栈和队列都是基本操作受限的线性表，其数据元素之间也是线性关系，但操作逻辑受到了约束。堆栈操作逻辑是：只能通过线性表的一端插入和删除表中元素，不能从另一端进行操作，也不能从线性表的中间位置进行操作。将元素插入堆栈，即 Push()；将元素从堆栈中删除，即 Pop()。在这种操作约束下，元素进、出堆栈的操作逻辑具有 FILO 或 LIFO 顺序特点。队列的操作逻辑是：只能在线性表两端进行入队操作 EnQueue()和出队操作 DeQueue()，不能从线性表中间位置进行操作。元素进、出队列的操作逻辑具有 FIFO 或 LILO 顺序特点。在实际问题求解中，这两种数据组织结构有非常重要的应用意义，是计算机程序设计中的两个基本而重要的数据结构。

课 外 习 题

3-1 堆栈和队列具有相同的________________________。

3-2 堆栈是____________________线性结构。

3-3 与顺序存储结构相比，链式堆栈的操作优势是________________________。

3-4 表达式 $a*(b+c)-d$ 的后缀表达式是______________________。

3-5 对于数组 $A[0..N]$表示的循环队列存储结构，判断队列满的条件是____________。

3-6 对给定的数字序列 1234，若按此顺序逐一进、出堆栈，那么，可能获得的出栈序列有哪些？若给定的数字序列是 123456，请问：是否能够得到数字序列 435612 和 135426？如不能得到，请说明理由；如果能得到，请说明获得的方法。

3-7 假设堆栈的元素类型 SElemType 为 char，试给出下列程序段的输出结果。

```
void main(void) {
    Stack S;
    char x,y;
    InitStack(S);
    x='c'; y='k';
    Push(S,x); Push(S,'a'); Push(S,y);
    Pop(S,x); Push(S,'t'); Push(S,x);
    Pop(S,x); Push(S,'s');
    while (!StackEmpty(S)) {
```

```
        Pop(S,y); printf(y);
    }
    printf(x);
} /*main()*/
```

3-8**试证明：若借助堆栈，由输入序列 1,2,…,n 能得到输出序列 $p_1,p_2,\cdots,p_n$（输入序列的一个排列），则输出序列中不可能出现以下情形：有 $i<j<k$，使得 $p_j<p_k<p_i$。

3-9*试推导解 n 阶 Hanoi 塔移动问题的 move 操作次数。

3-10*试将下列递归过程改写成非递归过程：

```
void test(int &sum) {
    int x;
    scanf(x);
    if (x==0) sum=0;
    else {
        test(sum);
        sum+=x;
    }
    printf(sum);
} /*test()*/
```

3-11**试设计 Ackerman 函数的递归算法和非递归算法，并写出求 Ack(2,2)时，堆栈的变化过程。Ackerman 函数的计算公式如下：

$$\text{ack}(m,n)=\begin{cases} n+1, & m=0 \\ \text{ack}(m-1,1), & m\neq 0,n=0 \\ \text{ack}(m-1,\text{ack}(m,n-1)), & m\neq 0,n\neq 0 \end{cases}$$

3-12*假设正读和反读均相同的字符序列称为“回文”，如"abbabba"、"abcba"等。试设计一个算法，对从键盘读入的以'@'为结束符的字符序列，它能识别其是否为回文。要求分析该算法的复杂度。

3-13**利用循环队列技术，设计求 k 阶 Fibonacci 序列前 n+1 项的算法。其中，k 为循环队列的大小。要求满足：第 k 项小于等于某个约定常数，而第 k+1 项大于该常数。

3-14**试设计算法完成：X 进制转换为 Y 进制的算法。假定 X 和 Y 为[2,20]区间的整数。

3-15**试设计算法完成：对给定的一个含“+”、“−”、“*”、“/”运算符的算术表达式，求其值。

3-16**试设计算法完成：对给定迷宫及其探测起点和终点信息，判定能否从给定的起点走到终点位置，并输出行走路径的行走步骤信息。

3-17**试设计算法完成：对给定的带括号的表达式，判定表达式的括号是否匹配，如果不匹配，请输出匹配出错的位置。假定括号包含圆括号、中括号和大括号。

3-18**试设计一个算法完成：对给定的行编辑文本内容，输出其编辑完成后的正确文本。

3-19**利用题 3-18 设计的算法，完成一个文本编辑器的算法设计，并加以实现。

3-20 利用堆栈完成算术表达式 $A-B\times C/D+E\uparrow F$ 的计算过程。其中，↑表示指数运算。

3-21*假设表达式由单字母变量和双目四则运算符构成。试设计一个算法，将一个以日常形式书写的算术表达式转换为一个逆波兰表达式。例如，对算术表达式 $A-B\times C/D+E\uparrow F$ ，将其转换成的逆波兰式为 $ABC\times D/-EF\uparrow +$ 。

3-22 利用题 3-21 求得的逆波兰表达式，对原表达式求值。

3-23**试设计一个算法，用于判断给定的非空后缀表达式是否为正确的逆波兰表达式(即后缀表达式)，如果是，将其转换为波兰表达式，即前缀表达式。

3-24 试完成图 3-15 所示的 4 阶 Hanoi 塔问题递归调用过程的工作记录之堆栈变化过程描述。

3-25**试给出 Hanoi 塔问题的非递归算法设计方案，并实现之。

3-26**试归纳将一个递归算法转变成非递归算法描述的一般过程。

3-27 假设单向链表的表头指针为 L，其结点结构由 data 和 next 两个域构成，其中 data 域为字符型数据类型。试设计算法用于判断该链表中存放的全部 n 个字符是否是中心对称的。例如，“xyx”和“xyyx”都是中心对称的。

3-28 假设 Q 是一个队列，S 是一个空堆栈，试设计一个算法将队列中元素顺序逆置。

第4章 字 符 串

信息在计算机中的处理分为数值和非数值两种。数值计算是基础，在早期，它是主要计算任务。随着计算机技术的广泛深入和普及，非数值计算已成为当今计算机应用研究领域中的主流内容。例如，在源程序编译及目标程序链接、数据库系统应用中的数据记录处理、各种信息检索、文字编辑、自然语言理解、大数据分析、表达式求值与运算、图像处理和声音识别等诸多应用中，都离不开字符或字符串的表示和处理。在一个计算机系统中，对非数值型问题，要完成计算任务，其数据结构及算法的设计往往比数值型计算任务复杂。针对不同应用，需要设计与之相应的数据结构，才能有效表示问题和进行问题相关的算法设计。因此，本章将聚焦于讨论几种经典的字符串组织方法。

4.1 字符串的类型定义

4.1.1 字符串的基本概念

由 0 个或多个字符所构成的一个有限序列称为字符串(string)，简称串。如果记字符串 S="$a_1a_2\cdots a_n$"($n\geqslant 0$)，则双引号或双撇号对为串定界符，S 为串名，"$a_1a_2\cdots a_n$"为串值，n 为串长，$a_i\in${字母、数字或其他符号}。注意，串定界符不属于串值内容。当串中一个字符都没有时称其为空串(null string)，串长为 0[①]。串中任意连续字符组成的字符序列称为原串的一个子串或子字符串(substring)。含子串的原字符串称为主字符串或主串(main string)。从本质上讲，串是数据对象元素约束为字符的特殊线性表。串中字符之间的位序关系是线性的。在运用串表示问题或进行算法设计时，为描述方便，还需要对如下概念进行概念界定：

字符位置——字符在给定字符串中首次出现的位置顺序号或位序号。没有出现时为 0。

子字符串位置——子字符串在主字符串中首次出现时，其首字符在主字符串中的位序号代表子字符串的位置。如果子字符串在主字符串中没有出现，位置为 0。

字符串中的字符顺序号是由左到右顺序编号的，且从 1 开始。在应用中，即使串的匹配由右到左，一般也采用由左到右的顺序编号来表示自右端匹配的子字符串的位置。

字符串的相等——字符串长度相等，且串中各字符位置上的字符一一相同时，称两字符串相等。

① 注意空串、空格串和空格字符的区别。

例如，对于 a="ENG"，b="CH"，c="CHENGDU CHONGQING"，d="CHENG DU CHONG QING"，e=""，f="   "，g=' '。a 在 c 中的位置为 3，b 在 c 中的位置为 1。c 和 d 不相等。e 是空串，f 是空格串，g 是空格字符。c 的串长为 17，e 的串长为 0，g 是字符，无串长概念。

4.1.2 字符串的逻辑结构特点与类型定义

如前所述，字符串可以看作一种特殊的线性表，该线性表中的元素数据类型是字符。它与一般线性表的区别在于：它将数据对象元素约束为字符。在操作上，线性表一般以单个数据元素为操作对象，而在字符串数据结构下，通常会以字符串或子字符串为单位进行操作。如子串获取、字符串串接、字符串赋值、字符串替换和字符串查找等。

假设 T 是目标串(target string)，S 是源串或原始串(source string)，chars 是字符数组，CharType 是字符类型，则字符串的抽象数据类型可定义如下：

ADT String {
  数据对象：$D=\{a_i|a_i\in \text{CharType}, i=1,2,\cdots,n, n\geqslant 0\}$
  数据关系：$R=\{<a_{i-1},a_i>|a_{i-1},a_i\in D, i=2,\cdots,n\}$
  基本操作：
    StrAssign(&T,chars) //结果：chars→T
    StrCopy(&T,S) //结果：S→T
    StrEmpty(S) //结果：串空返回 TRUE，否则返回 FALSE
    StrCompare(S,T) //结果：返回 S 和 T 的比较结果(-1,0,1)
    StrLength(S) //结果：返回 S 的串长
    ClearString(&S) //结果：将串 S 清成空串
    Concat(&T,S1,S2) //结果：S1+S2→T
    SubString(&Sub,S,pos,len) //结果:从 S 的 pos 处起，取长为 len 的子字符串→Sub
    Index(S,T,pos) //结果:返回 S 的 pos 后 T 的出现位置，无时返回 0
    Replace(&S,T,V) //结果:用串 V 替换主字符串 S 中的 T 串(不重叠子字符串)
    StrInsert(&S,pos,T) //结果:在 S 的 pos 位置前插入串 T
    StrDelete(&S,pos,len) //结果:在 S 中删除从 pos 开始的长为 len 的子字符串
    DestroyString(&S) //结果:销毁串 S
} ADT String

事实上，抽象数据类型中的基本操作并不一定都是必需的。基本操作一般指，运用数据类型表达和求解复杂问题时经常会用到的操作。一个抽象数据类型中的最小操作子集是最重要和最基本的，其基本操作功能无法由其他操作实现。对 ADT String 而言，最小操作子集(minimum operation subset)由{StrAssign()，StrCompare()，StrLength()，Concat()，SubString()}构成，其他基本操作可用它们描述。例如，Index(S,T,pos)可用 StrCompare()、StrLength()和 SubString()完成描述。

Index()的基本思想：从主串 S 的 pos 处取长度和 T 相同的子串，并将其与 T 比较，

如果相等，返回子串位置 pos；否则，从 pos+1 处继续。当 *S* 中没有满足条件的子串时，返回 0。

算法 4-1—Index()

```
int Index(String S,String T,int pos) { //返回 T 在 S 的 pos 后出现的位置，无时返回 0
 if (pos>0) { //起始位置 pos 合法
  n=StrLength(S); m=StrLength(T); i=pos;
  while (i<=n-m+1) { //子串长必须>=m
    SubString(sub,S,i,m);
    if (StrCompare(sub,T)!=0) ++i;
    else return i;
  } //while
 } //if
 return 0;
}//Index()
```

4.2　字符串的表示和实现

字符串是面向字符集域的特殊线性表，其操作具有“整体性”特征。字符串数据类型在计算机中的机内表示和实现方式一般有三种：定长顺序法、动态顺序法和块链法。

4.2.1　定长顺序存储表示

字符串是字符型线性表，又有整体操作特性，可以用定长顺序存储结构(fixed sequential structure)表示。顺序存储结构的特点是，存储单元之间具有连续性和顺序性。一般可以按照预定义的最长字符串长度，为每个串变量分配一个固定长度的存储区域。

在实现方式上，串的定长顺序存储有两种：一是 PASCAL 模式，它采用字符数组的 0 分量(即数组第一个元素)存放字符串长度；二是 C 模式，它在字符串尾部加上串的结束标记，如'\0'。显然，定长顺序法均直接依赖于字符数组。如果字符串操作的结果串长不超过数组大小，有关串的操作是随意的，否则，超长部分会因为无法在数组中存放而被舍去。因此，在定长顺序模式下的字符串操作中，截断现象是不可避免的。

在 C 语言中，定长顺序法存储字符串的静态串(static string)存储结构可定义如下：

```
#define MAXSTRLEN 255 //预定义的最大串长
typedef unsigned char SString[MAXSTRLEN+1]; //用 0 号单元存放串的长度
```

以 SString 存储结构为基础，对部分字符串基本操作的实现可描述如下：

算法 4-2—StrAssign()

```
Status StrAssign(SString &T, char *chars) { //chars→T，返回赋值状态
 for (charNumber=0;chars[charNumber];charNumber++) ; //求 chars 的串长
```

```
 T[0]=charNumber;T[1..charNumber]=chars[0..charNumber-1];
 return OK;
} //StrAssign()
```

算法 4-3—Concat()

```
Status Concat(SString &T, SString S1, SString S2) { //S1+S2→T，返回截断状态
 if (S1[0]+S2[0]<=MAXSTRLEN) { //串接时不发生截断
  T[1..S1[0]] = S1[1..S1[0]];   //S1→T
  T[S1[0]+1..S1[0]+S2[0]] = S2[1..S2[0]];   //T+S2→T
  T[0] = S1[0]+S2[0];   //T 的串长
  uncut = TRUE;
 }
 else if (S1[0]<MAXSTRLEN) { //S1 没超长，但串接时发生截断
  T[1..S1[0]] = S1[1..S1[0]];   //S1→T
  T[S1[0]+1..MAXSTRLEN] = S2[1..MAXSTRLEN-S1[0]]; //T+S2 的部分→T
  T[0] = MAXSTRLEN;
  uncut = FALSE;
 }
 else { //串接时 S1 已满，发生截断
  T[0..MAXSTRLEN] = S1[0..MAXSTRLEN]; //S1→T
  uncut = FALSE;
 }
 return uncut;
} //Concat()
```

算法 4-4—SubString()

```
Status SubString(SString &Sub,SString S,int pos,int len) {//S[pos]..S[pos+len-1]→Sub
 if (pos<1||pos>S[0]||len<0||len>S[0]-pos+1) //pos 和 len 非法时返回错误信息
   return ERROR;
 Sub[1..len] = S[pos..pos+len-1]; //将 S 第 pos 到 pos+lenp-1 部分复制到 sub
 Sub[0] = len; //记录串的长度到 S[0]
 return OK;
} //SubString()
```

定长顺序法有两大缺陷：一是算法原操作是字符序列复制，算法时间复杂度与字符序列长度有关；二是截断现象不可避免，尤其是串接、替换和插入等操作容易引起截断。

4.2.2 动态顺序存储表示

要克服静态定长顺序法的截断缺陷，就不能在操作中限定串长。为此，可以引入动态存储空间分配思想来解决。对内存自由存储区的堆(heap)空间，可以采取动态顺序存储分

配策略，它既可保持存储空间的连续性和顺序性，也可带来获取存储空间的灵活性和动态性。具体来讲，可以引入如下结构体描述的存储结构，并通过 C 语言中提供的 malloc() 和 free()等内存空间管理函数，来申请和回收相应内存空间[①]。例如，在数据存储结构 HString 中，串长可用成员变量 len 表示，串值存于动态字符数组 ch 中，ch 的存储空间是按需分配的。

```
typedef struct { //动态顺序存储串结构
    char *ch;
    int len;
} HString;
```

以 HString 存储结构为基础，字符串的部分基本操作实现可描述如下：

算法 4-5—StrAssign()

```
Status StrAssign(HString &T,char *chars) { //串的初始赋值
  if (T.ch) free(T.ch); //释放 T 中字符串空间
  for (charNumber=0;chars[charNumber];charNumber++) ; //统计 chars[]中的字符数
  if (charNumber) {
     T.ch=(char*)malloc(sizeof(char)*charNumber);
     if (T.ch==NULL) exit(OVERFLOW);
     chars[0..charNumber-1]→T.ch[0..charNumber-1]
  }
  else {T.ch=NULL;T.len=0;}
  return OK;
} //StrAssign()
```

算法 4-6—StrLength()

```
int StrLength(HString S) { //获取串长
  return S.len;
} //StrLength()
```

算法 4-7—StrCopy()

```
Status StrCopy(HString &T, HString S) { //S→T，串复制
  if (T.ch) free(T.ch); //T 中字符串存在时先释放其空间
  if (S.ch) { //S 中字符串存在
     T.ch=(char*)malloc(sizeof(char)*S.len);
     if (T.ch==NULL) exit(OVERFLOW); //空间分配失败
     S.ch[0..S.len-1]→T.ch[0..S.len-1];
     T.len=S.len;
  }
  else {T.ch=NULL; T.len=0;} //返回空串
```

① 在高版本的 C 和 C++中，也可用 new 和 delete。

```
 return OK;
} //StrCopy()
```

算法 4-8—StrInsert()

```
Status StrInsert(HString &S,int pos,HString T) { //将 T 插入 S 的 pos 位置
 if (pos<0||pos>S.len-1) return ERROR; //pos 非法时返回错误信息
 if (T.len) { //T 中字符串存在
    S.ch=(char*)realloc(S.ch,(S.len+T.len)*sizeof(char));
    if (S.ch==NULL) exit(OVERFLOW); //空间分配失败
    S.ch[pos..S.len-1]→S.ch[pos+T.len..S.len+T.len-1]; //为 T 腾空间
    T.ch[0..T.len-1]→S.ch[pos..pos+T.len-1]; //将 T 插入 S
    S.len+=T.len;
 }
 return OK;
}//StrInsert()
```

算法 4-9—StrCompare()

```
int StrCompare(HString S,HString T) { //返回值表示 S 和 T 的大小：负数、零、正数
 for (i=0;i<S.len && i<T.len; i++) if (S.ch[i]!=T.ch[i]) return S.ch[i]-T.ch[i];
 return S.len-T.len;
} //StrCompare()
```

算法 4-10—Concat()

```
Status Concat(HString &T,HString S1,HString S2) { //S1+S2→T
 if (T.ch) free(T.ch); //T 中字符串存在时先释放其空间
 T.ch=(char*)malloc((S1.len+S2.len)*sizeof(char));
 if (T.ch==NULL) exit(OVERFLOW);
 T.len=S1.len+S2.len;
 S1.ch[0..S1.len-1]→T.ch[0..S1.len-1]; //复制 S1 到 T
 S2.ch[0..S2.len-1]→T.ch[S1.len..T.len-1]; //串接 S2 到 T 中
 return OK;
} //Concat();
```

算法 4-11—SubString()

```
Status SubString(HString &Sub,HString S,int pos,int len) { //S.[pos..pos+len-1]→Sub
 if (pos<0 || pos>S.len−1 || len<0 || len>=S.len-pos+1) return ERROR;
 if (Sub.ch) free(Sub.ch); //释放 Sub.ch 的当前空间
 if (len) {
    Sub.ch=(char*)malloc(len*sizeof(char));
    S.ch[pos..pos+len-1]→Sub.ch[0..len-1]; //pos 表示第 pos 个字符位置
    Sub.len=len;
 }
```

```
  else {Sub.ch=NULL;Sub.len=0;}
  return OK;
} //SubString()
```

算法 4-12—ClearString()

```
Status ClearString(HString &S) { //将 S 清空成空串
  if (S.ch) {free(S.ch); S.ch=NULL;}
  S.len=0;
  return OK;
} //ClearString()
```

4.2.3 块链存储表示

字符串也可以用链表存储。用链表存储字符串时，如果一个字符一个结点[图 4-1(a)]，则链表结点数量会很多，将很浪费空间。如果采取多字符结点存储，将节省空间[图 4-1(b)]。多字符结点存储的字符串链表也称为字符串的块链(chunk link/block chain)存储。块链结构虽然可以节约存储字符串的空间，增大存储空间利用率，但也会带来某些字符串操作实现的困难，如子串、串接等操作中，要保持块链结构很不方便。同时，由于串长不一定是多字符结点块的整数倍数，在块链中，最后一个结点常常有多余的空间未被使用，通常需要用非字符集合中的特殊字符作定界符进行串尾标记，如图 4-1(b)中的'#'字符或'\0'等。

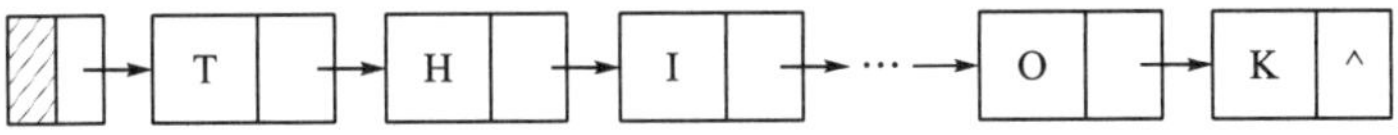

(a) "THIS IS A BOOK"的单字符结点字符串链表存储结构

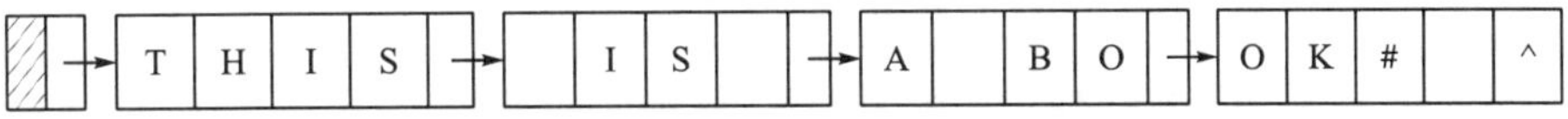

(b) "THIS IS A BOOK"的4字符结点字符串链表存储结构

图 4-1 字符串的单字符和多字符结点字符串链表存储示例

对多字符存储结点的块链存储结构，可用如下数据结构表示：

```
#define CHUNKSIZE 80
typedef struct Chunk {    //块链存储的结点结构
   char ch[CHUNKSIZE]; //CHUNKSIZE 为块链结点所含的最大字符数量
   struct Chunk *next;
} Chunk;
typedef struct {
   Chunk *head,*tail; //块链的头部结点指针和尾部结点指针
   int curlen; //字符串的当前实际串长
```

```
} LString;
```

为操作方便，对字符串的块链结构表示，需要同时记住头结点和尾结点位置，同时还需记住和维护实际串长。记住尾结点位置是为了方便进行字符串的串接等多字符串操作。对块链结点大小的设定，可根据实际问题处理的需要而定，如处理效率、字符集大小等。一般而言，可用字符串的实际存储密度衡量存储结构的空间效率。其计算方式如下：

$$\text{字符串实际存储密度}=\frac{\text{串值所占存储空间(位数)}}{\text{实际分配的串存储空间(位数)}}$$

显然，对块链而言，单结点字符串越长，字符串的存储密度越大。总体而言，块链法的存储密度没有定长顺序法高。同时，基于块链表示的操作比定长顺序法复杂。例如，即使是相对方便的块链串接算法，其实现描述也不如定长顺序表的串接操作方便。

<u>算法 4-13</u>—Concat()

```
Status Concat(LString &T, LString S1, LString S2) { //S1+S2→T
 if (T.head) DestroyString(T); //释放 T 串的旧有空间
 p1=S1.head; //空链时 T.head=T.tail=NULL,单点链时 T.head=T.tail
 while (p1) { //串接 S1
  w=(Chunk*)malloc(sizeof(Chunk)); w→next=NULL; //分配块链结点
  if (T.head==NULL) T.head=T.tail=w; //构建单点链
  else {T.tail→next=w;T.tail=w;} //w 是当前尾结点
  for (i=0;i<CHUNKSIZE && p1→ch[i]!='#';i++) T.tail→ch[i]=p1→ch[i]; //S1→T
  T.curlen+=i;
  if (i<CHUNKSIZE) {T.tail→ch[i]='#';break;} //遇到尾部结点'#'字符时
  p1=p1→next;
 } //while
 p2=S2.head; q=T.tail; //串接 S2
 while (p2) {
  k=T.curlen%CHUNKSIZE; //T 的尾部结点有效字符数
  for (i=k,j=0;i<CHUNKSIZE && p2→ch[j]!='#';i++,j++) //对 T 的尾部结点填充
   T.tail→ch[i]=p2→ch[j];
  if (p2→ch[j]=='#') {T.tail→ch[i]='#';T.curlen+=j;break;} //遇到'#'字符时串接完毕
  else { //S2 当前结点 p2 有剩余字符串部分时
   w=(Chunk*)malloc(sizeof(Chunk));w→next=NULL;//增加新结点存放 p2 余下串值
   T.tail→next=w; T.tail=w;
   for (i=0;i<CHUNKSIZE && p2→ch[j]!='#';i++,j++) T.tail→ch[i]=p2→ch[j];
   T.curlen+=j; T.tail→ch[i]='#';
   if (p2→ch[j]=='#') break; //遇到'#'字符时串接完毕
  } //if
  p2=p2→next;
 } //while
```

```
  return OK;
} //Concat()
```

算法 4-14—DestroyString()

```
Status DestroyString(LString &S) { //销毁 S 的串空间
  while (S.head) {p=S.head;S.head=S.head→next;free(p);}
  S.head=S.tail=NULL;
  rerurn OK;
} //DestroyString()
```

三种存储结构的评价如下。

(1) 定长顺序结构实现简单、自然，一般可直接利用算法所依赖的语言系统提供的数组等内建数据类型来实现；其缺点是字符串的串长必须预定义，在实际操作中容易发生截断现象。

(2) 基于堆的动态顺序法较为灵活，存储空间又是顺序结构的，串长表示方便且不受约束；其缺点是有关字符串的原操作完全基于字符序列，当字符序列非常大时，字符串操作的算法复杂度高。如果算法还存在内存和外存之间的信息交换因素，字符串操作将非常不方便，算法效率将急剧下降。

(3) 对于字符串的块链存储结构，单字符结点链的方法灵活，但存储密度低；采用多字符结点链的方法可以提高存储密度，但很多操作的算法实现描述都不太方便和灵活。

4.3　*字符串的模式匹配算法

4.3.1　问题的提出

字符串的模式匹配(pattern match)问题实际上是子字符串的定位问题。其中，要寻找和匹配的字符串称为模式串(pattern string)，用于模式匹配的字符串通常称为源字符串或主串。模式匹配算法的朴素思想如算法 4-1 所示，它直接利用 StrLength()、StrCompare()和 SubString()等基本操作加以描述。实际上，字符串的模式匹配也可以不借助其他基本操作描述。假设采用静态定长顺序存储结构表示串，算法实现也可描述如下：

算法 4-15—Index()

```
int Index(SString S, SString T, int pos) { //定长顺序结构下的模式匹配
  i=pos; j=1; //i—S 的当前匹配字符位置，j—T 的当前匹配字符位置
  while (i<=S[0] && j<=T[0]) {
    if (S[i]==T[j]) {++i; ++j;} //匹配时 S 和 T 同时进入下一个字符位置
    else {i=i-j+2; j=1} //匹配失败时 S 回溯到新起点 i-j+2，T 重置位置 1
  } //while
  if (j>T[0]) return i-T[0]; //返回成功匹配的字符位置
  else return 0;
```

}//Index()

算法利用字符位置指示器 i 和 j，分别在主字符串 S 和模式串 T 上同步向前移动或向后回溯以进行算法设计。算法思想及其实现步骤简单，也易于理解，是文本编辑等应用场景中的常用算法。关于算法的匹配和移动计算过程细节，读者可自行举例演算理解。

假设 m 为模式串 T 的串长，n 为主串 S 的串长，通常 S 和 T 同步移动匹配的时间复杂度最好为 $O(m+n)$，最坏为 $O(m\times n)$。例如，如果模式串的串值为"00000001"，主字符串 S 形如"000000000000000000000000000000000000000000000000000000001"，那么，算法 4-15 的比较次数将达到最坏情形。易知，其原因在于：T 与 S 之间要达到“最大部分匹配”才回溯，但回溯过程并没有利用“最大部分匹配”信息进行重复匹配过程优化。而实际应用中，这种情形并不少见，如面对图形、图像、声音等诸多应用场景时。该类应用场景下，改进和提高模式匹配算法的效率十分必要。

4.3.2 KMP 算法

KMP 是 Knuth-Morris-Pratt(克努特-莫里斯-普拉特)的缩写，它针对模式串“最大部分匹配”低效的问题，提出了一种十分巧妙的改进型快速字符串匹配算法。Knuth 和 Pratt 于 1974 年开始构思，同年，Morris 也独立设计了该算法。1977 年，他们联合发表了该算法[①]。KMP 算法的思想简单，但推演和理解其匹配过程不易。KMP 算法希望模式匹配失败时，和主字符串当前字符进行比较的模式串字符不必回溯到模式串的起点重新进行匹配，而是尽可能避免或降低“最大部分匹配”现象带来的重复匹配操作。为此，它引入了一种新的模式匹配位置定位机制，能够利用模式串自身携带的字符串结构信息，将模式匹配失败信息和重新匹配的起点位置进行映射，使得新匹配位置能够沿着模式串的比较和移动方向尽量向前滑动一段距离。

假设主字符串为"$s_1,s_2,\cdots,s_n$"，模式串为"$p_1,p_2,\cdots,p_m$"，$s_i\neq p_j$ 时，匹配失败，则匹配问题变成：主字符串的第 i 个字符应当与模式串的哪个字符进行比较。假设该字符在模式串中的序号为 k，显然，$k<j$。此时表明，模式串中前 $k-1$ 个字符应当已经和主字符串当前位置前面的 $k-1$ 个字符成功匹配，因此，式(4-1)必然成立：

$$"p_1,p_2,\cdots,p_{k-1}"="s_{i-k+1},s_{i-k+2},\cdots,s_{i-1}" \tag{4-1}$$

对于式(4-1)，一般要求 k 是最大匹配位置，即不存在 $k'>k$ 满足上式。

对“部分匹配串”的结构，在模式串和主字符串之间，存在如下位置映射关系：

$$"p_{j-k+1},p_{j-k+2},\cdots,p_{j-1}"="s_{i-k+1},s_{i-k+2},\cdots,s_{i-1}" \tag{4-2}$$

由式(4-1)和式(4-2)易知，一个模式串自身具有如下位置映射关系：

$$"p_1,p_2,\cdots,p_{k-1}"="p_{j-k+1},p_{j-k+2},\cdots,p_{j-1}" \tag{4-3}$$

可见，如果模式串中存在满足式(4-3)的子串，模式串中位序为 j 的字符与主字符串中位序为 i 的字符不匹配时，只需用模式串中位序为 k 的字符与主字符串中位序为 i 的字符对齐比较即可，即只需在模式串中从头向右滑动至位序 k 处。此时表明，模式串的前

① Fast pattern matching in strings. SIAM Journal on Computing, 1977, 6(2):323-350.

$k-1$ 个字符与主字符串当前位置之前的 $k-1$ 个字符已经匹配成功。因此，模式串中位序为 j 的字符与主字符串匹配失败时，在模式串中，计算其与主字符串当前字符匹配的字符位置是关键，即 next[j]=k。由式(4-3)易知，这种映射只与模式串的结构有关，具体映射方法如下：

$$\text{next}[j]=\begin{cases}0, & j=1 \\ \max\{k \mid 1<k<j, "p_1p_2,\cdots,p_{k-1}"="p_{j-k+1},\cdots,p_{j-1}"\}, & \text{子串不为空时} \\ 1, & \text{其他情形}\end{cases} \tag{4-4}$$

对于 next[j]的映射函数，其计算有如下几点需要说明。

(1) next[j]映射只与模式串自身特征有关，与主字符串无关。

(2) 在映射 k 值时，只取 k 值最大者作为最终的映射结果。

(3) 没有超过长度为 1 的公共前缀字符串时，next[j]映射将蜕变成常规串匹配比较对应的 k 值。

例如，对于模式串"abaabcac"和"00000001"，其 next[j]转换映射关系如表 4-1 所示。对于模式串"abaabcac"，j=5 时匹配对为("a","a")、("ab","aa")和("aba","baa")，最大匹配 k 值为 2。因此，主字符串的当前字符应当与模式中从起点滑动到第 $k-1$ 个字符后的字符比较，即与模式串中的字符'b'(第 2 个字符)比较。同理，对于模式串"00000001"，最大滑动窗口是 7。

表 4-1　模式串的 KMP 映射实例结果

	映射结果							
	j=1	j=2	j=3	j=4	j=5	j=6	j=7	j=8
模式串	a	b	a	a	b	c	a	c
next[j]	0	1	1	2	2	3	1	2
模式串	0	0	0	0	0	0	0	1
next[j]	0	1	2	3	4	5	6	7

可见，KMP 算法通过模式串自身的匹配结构，构造一个匹配失败后的模式串匹配字符位置映射函数，该函数基于滑动窗口思想，可以快速定位与主字符串当前字符进行比较的模式串中字符的位置，避免了“部分匹配”失败时的回溯重复比较操作。任何情形下，KMP 算法的时间复杂度均可以达到 $O(m+n)$。

因此，KMP 算法的关键是 next[j]的映射函数构建，其本质也是一个模式匹配问题。只不过主字符串是模式串，子字符串是模式串的子串。next[j]映射函数的实现描述如下：

算法 4-16—calculateNext()

```
void calculateNext(SString T,int &next[]) { //next[]映射关系构建
  i=1; next[1]=0; j=0; //j:模式串的当前字符位序值; i:主字符串的当前字符位序值
  while (i <T[0]) {  //T 的 next[]映射计算
    if (j==0 || T[i]==T[j]) { //主字符串和模式串的当前字符匹配时
      ++i;++j;    //同步前移
```

```
      next[i]=j;   //设置 next[i]的滑动窗口
    }
    else j=next[j]; //否则,用模式串中字符 T[next[j]]与主字符串当前字符 T[i]比较
  } //while
} //calculateNext()
```

分析易知，calculateNext()算法的时间复杂度为 $O(m)$。由于模式串的串长一般都较短，用 calculateNext()构建 next[*j*]映射的开销是值得的。以 calculateNext()计算的 next[] 映射关系为基础，改进后的字符串快速匹配算法 IndexKMP()的实现描述如下：

算法 4-17—IndexKMP()

```
int IndexKMP(SString S,SString T,int pos) { //字符串模式匹配的 KMP 改进算法
  i=pos; j=0; //i:主字符串 S 的当前位置; j:模式串 T 的当前位置
  while (i<=S[0] && j<=T[0]) {
    if (j==0 || S[i]==T[j]) {++i;++j;} //当前字符匹配时，同步前移
    else j=next[j]; //否则，用模式串的字符 T[next[j]]与主字符串中的 S[i]字符比较
  }
  if (j>T[0]) return i-T[0]; //j>T[0]表明匹配成功
  else return 0;
}//IndexKMP()
```

显然，next[*j*]映射关系是改进算法 4-17 的基础和灵魂。虽然算法 4-15 的理论复杂度是 $O(m \times n)$，但模式串的“部分匹配”串的长度不会很长，使得算法的实际复杂度大多近似于 $O(m+n)$，因此，它依然是经常被采用的字符串模式匹配算法。仅当主字符串存在大量“部分匹配”子字符串时，KMP 算法的优势才能更加凸显出来。

KMP 的优势在于，“部分匹配”失败时，主字符串的字符位置指针不必回溯，所以整个模式匹配过程仅需对主字符串扫描一遍。应用于外部设备文件的字符串匹配时，可以做到边读入(外部设备文件内容)边匹配(模式串)，以此进行高效的线性模式匹配。

对于算法 4-16，当主字符串中字符 $s[i]$和模式串中字符 $p[j]$不匹配时，$s[i]$直接和 p[next[j]]比较。例如，对于模式串 P="aaaab"和主字符串 S="aaabaaaab"，模式串的 next[j] 映射结果为 0～4。当 i=4 且 j=4 时，按照 next[j]的定位方法，$s[4]$将与模式串的 $p[3]$进行匹配比较。因 $s[4] \neq p[3]$，算法会继续进行 $s[4]$与 $p[2]$以及 $s[4]$与 $p[1]$的匹配比较。实际上，这三次比较是没有必要的，对模式串 P，可以直接向右滑动 4 个字符，并进行 $s[5]$和 $p[1]$的匹配比较。由此，改进的 next[j]映射函数的构造算法如下：

算法 4-18—calculateNewNext()

```
void calculateNewNext(SString T,int &next[]) { //next[]映射关系构建
  i=1; next[1]=0; j=0; //j:模式串的当前字符位序; i:主字符串的当前字符位序
  while (i <T[0]) {   //T 的 next[]映射计算
    if (j==0 || T[i]==T[j]) { //主字符串和模式串的当前字符匹配时
      ++i;++j;   //同步前移
      if (T[i]!=T[j]) next[i]=j; //设置 next[i]的滑动窗口
```

```
        else next[i]=next[j];
      }
      else j=next[j]; //否则,用模式串中的字符 T[next[j]]与主字符串当前字符 T[i]比较
  } //while
} //calculateNewNext()
```

4.4　字符串操作应用实例

4.4.1　文本编辑系统

文本编辑是计算机系统中必不可少的面向用户的服务类程序，用于各类编辑排版工作，如源程序编辑器、记事本、办公文字处理系统等。文本编辑系统功能的本质是字符串文本的输入、输出、修改、查找、删除等基本操作。例如，对图 4-2 所示源程序文本，它在计算机内的顺序存储结构如图 4-3 所示。

```
int fact(int n) {
  if(n<=1)return 1;
  else return n*fact(n-1);
} //fact()
int main(void) {
  int n;
  printf("Please input a number:");
  scanf("%d", & n);
  printf("The %d!=%d\n", n, fact(n));
  return0;
} //main()
```

图 4-2　源程序文本实例

i	n	t		F	a	c	t	(	i	n	t		n	)	{	¶			i
f		(	n	<	=	1)		r	e	t	u	r	n		1	;	¶		
e	l	s	e		r	e	t	u	r	n		n	*	f	A	c	t	(	n
-	1	)	;	¶	}		/	/	f	a	c	t	(	)	¶	i	n	t	
m	a	i	n	(	v	o	i	d	)	{	¶			i	N	t		n	;
¶			p	R	i	n	t	f	(	"	P	l	e	a	S	e		i	n
p	u	t		A		n	u	m	b	e	r	:	"	)	;	¶			s
c	a	n	f	(	"	%	d	"	,	&	n	)	;	¶			p	r	i
n	t	f	(	"	T	h	e	%	d	!	=	%	d	\	N	"	,	n	,
f	a	c	t	(	n	)	)	;	¶			r	e	t	U	r	n		0
;	¶	}		/	/	m	a	i	n	(	)	¶							

图 4-3　图 4-2 中的程序文本在计算机内的顺序存储结构

实际上，在编辑排版软件的组织结构上，也可以将图 4-2 的文本组织成一个分层结构的存储结构，如按照页和行进行组织，可以建立两个表来管理整个文本：一个是页表；一个是行表。每一页的大小以编辑行数表示，页表的每一行记录一个与文本的页面相关的信息，如页码及其首行在文本中的起始行号。对于每一个页面，可以用行表形式记录每一行的相关信息，如行号、行地址、行中字符串长度(行长)等。

例如，假设文本有 page 页，每页 row 行，文本页表的一般信息结构如表 4-2 所示。假设 row=11，图 4-2 所示源程序文本的行表信息结构如表 4-3 所示。

表 4-2　文本页表相关的信息

页号	起始行号
0	0
1	row
⋮	⋮
page−1	(page−1)×row

表 4-3　页 0 的行表信息

行号	起始地址	行内串长
0	0	17
1	17	21
⋮	⋮	⋮
row−1	202	11

可见，在文本编辑系统中，一般需要有页指针、行指针和字符指针，它们分别指向当前操作所在的页、行和字符位置。显然，在行内插入或删除字符时，需要更新行表中的字符串长信息。如果插入使得当前行字符串的长度超长，还应重新分配该行空间，并标注和修改行表信息。如果要插入或删除一行，也要维护行表信息。如果插入、删除操作中涉及跨页的内容，还需要同时调整页表信息。为了方便查找、插入、删除时对相应的页、行索引表进行维护，页号和行号一般采用顺序编码。

4.4.2　*词索引表的建立

随着计算机应用的普及，尤其是互联网的普及，信息检索已经成为人们日常生活和工作中的必要环节。为了提高检索效率，一般可以采取对数据集进行索引的组织方式进行管理。例如，第 1 章中，对图书馆书目检索系统，可以分别建立作者、书名和书目分类号等索引信息。但是，对内容相似而书名不完全相同的情形，如何组织使得内容相似的书籍能够被快速、集中检索，以便读者快速搜索到他所关心的书目类别，在实际检索过程中也是必要的。为此，可以根据书名信息，建立基于书目关键词的索引，以方便读者查询相关书籍。

假设关键词索引以书名索引为例，需要构建两个表：一个是书目登录信息表；另一个是书目关键词索引表。如表 4-4 和表 4-5 所示，书目登录信息表包含了书目登录号和书名，书目关键词索引表包含关键词及相应的书目登录号索引。为了从书名中抽取与书目内容相关的关键词描述，一般先要去掉书名描述中的虚词或修饰词。如果索引表中有关键词索引，则只需将书目对应的书目登录号存入索引表。如果索引表中无与书目相关的关键词，则需要在索引表中插入一个新的关键词，并保持索引表有序。

表 4-4　书目登录信息表

书目登录号	书名
001	数据结构(C 语言版)
002	线性代数
003	人工智能(上册)
004	人工智能(下册)
005	程序设计基础(C 语言版)
006	“蓝桥杯”真题分类解析(C/C++版)

表 4-5　书目关键词索引表

关键词	书目登录号索引
C 语言	001,005,006
C/C++	005,006
程序设计	001,005,006
蓝桥杯	006
人工智能	003,004
数据结构	001
线性代数	002

有关书目索引表的数据结构设计中，对书目登录信息表，可以直接采用线性表来表示与实现，对书目关键词索引表，可以采用关键词有序的线性表表示与实现。

课 外 习 题

4-1*对字符串抽象数据类型，选择一个存储结构，完整地构造其字符串基本操作。

4-2 已知字符串 S="(XYZ)+*"，T="(X+Z)*Y"，请利用联结、求子串、置换等基本操作，将字符串 S 转化为字符串 T。

4-3 已知字符串 S="aaab",T="abcabaa",U="abcaabbabcabaacbacba"，试分别求出它们的 next[]映射函数的映射结果。

4-4*对给定字符串，试给出求该字符串的逆的递推算法描述。

4-5 利用字符串类型的基本操作，设计求字符串 S 中所含不同字符的总数和每种字符的个数的算法。

4-6**设计一个算法，将所有包含在字符串 S 中而不包含在字符串 T 中的字符(对 S 中重复的字符，只选一个即可)构成新字符串 R，并获得 R 中的每个字符在 S 中第一次出现的位置。

4-7**利用字符串类型的基本操作，设计并实现一个简单的文本编辑器。它可以完成文本编辑器的基本功能，如输入、插入、删除、查找、输出等。

4-8 试给出求解给定字符串 S 的长度的算法描述。

4-9 对给定的字符串 S 和 T，试给出求解 S 在 T 中出现的位置的算法。

4-10 对给定的字符串 S、T 和 R，试给出将 S 中的所有 T 替换成 R 的算法。

4-11*对给定的字符串 S 和 T，试给出计算 T 在 S 中出现的次数的算法。

4-12*对给定的字符串 S 和 T，试给出将 T 中字符在 S 中出现的全部内容进行大小写转换的算法。

4-13 设计一个算法实现如下功能：对读入的一系列字符串，运用字符串类型的基本操作完成如下工作：①输出以字母"b"开头的字符串；(2)输出以"ed"结尾的字符串。

4-14*对给定的字符串，利用字符串的基本操作，设计算法提取它的所有单词，去掉所有重复的词汇后，构建一个有序的词汇索引表。

第5章　数组和广义表

前面的讨论中，元素数据类型都是不可再分或非结构化的基本数据类型或原子数据类型。在实际应用中，对复杂的对象信息结构，仅依赖于原子数据类型来完成问题描述是不方便的。比如，要描述问题涉及的若干个数据对象的多个侧面信息时，只用原子数据类型描述就很不方便。另外，对于具有嵌套、递归特性的对象信息结构，其描述将更加困难。为此，本章将从两个方面对线性表结构进行拓展：一是数组，它是线性表元素的维度扩展。当元素是线性表时，它就可演变成数组结构。二是广义表，它是数据元素类型的结构扩展。当数据元素既可以是原子，也可以是线性表时，它就可演变成广义表结构。

5.1　数组类型的一般定义

数组是对线性表中元素的维度扩展结果。当线性表元素的维度同步扩展时，即形成数组结构。例如，当表中元素都是等长线性表时，即构成二维数组结构。同理，当二维数组元素拓展成等长线性表时，或者线性表中元素拓展成大小一致的二维数组结构时，相应的结构即三维数组。以此类推，n 维数组的抽象数据类型可定义如下：

ADT Array {

数据对象：$D=\{a_{j_1,\cdots,j_n}|n>0,n$ 为维数，j_i 是 i 维的下标取值，$a_{j_1,\cdots,j_n}\in \text{ElemType}\}$，

其中，$j_i=0,\cdots,b_i-1,i=1,\cdots,n,b_i$ 是维长

数据关系：$R=\{R_1,\cdots,R_n\},R_i=\{<a_{j_1\cdots j_i\cdots j_n},a_{j_1\cdots j_i+1\cdots j_n}>|\forall k,0\leqslant j_k\leqslant b_k-1,1\leqslant k\leqslant n,$

$k\neq i,0\leqslant j_i\leqslant b_i-2,a_{j_1\cdots j_i\cdots j_n},a_{j_1\cdots j_i+1\cdots j_n}\in D,i=1,\cdots,n\}$

基本操作：

InitArray(&A,n,bound1,…,boundn) //结果：由带进的维数和维界值构造数组 A

DestroyArray(&A) //结果：销毁数组的存储空间

Value(A,&e,index1,…,indexn) //结果：将数组元素值赋给 e

Assign(&A,e,index1,…,indexn) //结果：将 e 赋给指定的数组元素

} ADT Array

n 维数组元素数为 $\prod_{i=1}^{n}b_i$，各元素受 n 个线性关系约束。对 R_i，$a_{j_1\cdots j_i\cdots j_n}$ 有唯一直接前驱 $a_{j_1\cdots j_i-1\cdots j_n}$ 和直接后继 $a_{j_1\cdots j_i+1\cdots j_n}$。与一般线性表一样，所有元素属于同一数据类型。对数组元素的任一维度 j_i，下标取值个数上界称为维长(dimension length)，下标取值范围称为维界(dimension boundary)，即 $0\leqslant j_i\leqslant b_i-1$。$n$=1 时，数组退化为一般线性表结构。因此，

也可以说，n 维数组是对一维数组的维度拓展结果。

二维数组是衔接线性表和高维数组的桥梁。实际上，二维数组可以看成是对一维线性表的线性拓展：当对线性表元素进行一维拓展时，即可形成二维存储结构。二维数组的逻辑组织结构一般采取矩阵形式，其存储组织结构实现一般采取定长顺序法。如果将二维数组看作一维线性表的拓展结果，线性表的拓展有两种模式：一是将线性表中元素看作行向量(row vector)；二是将线性表中元素看作列向量(column vector)。

假设二维数组或矩阵的规模是$m\times n$，两种组织模式下的逻辑关系如图 5-1 所示。其中，列向量组织时 $p=n-1$，行向量组织时 $p=m-1$。

数组结构的另一个特点是：一旦数组的数据类型被定义好，其维数 n 和每一维的维长 b_i 也就会固定下来。因此，数组的 ADT 定义只关注最基本的元素赋值、取值操作，没有关注元素的插入和删除等操作。

$$\boldsymbol{A}=(\alpha_0,\alpha_1,\cdots,\alpha_p)\Rightarrow\begin{cases}\boldsymbol{A}_{m\times n}=\left[\begin{bmatrix}a_{0,0}\\a_{1,0}\\\vdots\\a_{m-1,0}\end{bmatrix}\begin{bmatrix}a_{0,1}\\a_{1,1}\\\vdots\\a_{m-1,1}\end{bmatrix}\cdots\begin{bmatrix}a_{0,n-1}\\a_{1,n-1}\\\vdots\\a_{m-1,n-1}\end{bmatrix}\right] & \text{(列向量)}\\ \boldsymbol{A}_{m\times n}=\begin{bmatrix}\begin{bmatrix}a_{0,0} & a_{0,1} & \cdots & a_{0,n-1}\end{bmatrix}\\\begin{bmatrix}a_{1,0} & a_{1,1} & \cdots & a_{1,n-1}\end{bmatrix}\\\vdots\\\begin{bmatrix}a_{m-1,0} & a_{m-1,1} & \cdots & a_{m-1,n-1}\end{bmatrix}\end{bmatrix} & \text{(行向量)}\end{cases}$$

图 5-1　二维数组的列向量一维数组和行向量一维数组结构示意图

5.2　数组类型的一般表示与实现

1. 数组存储结构的选择及存取特性

从前面的讨论知道，一旦数组维数和各维的维长确定下来，其存储空间中各单元之间的逻辑顺序关系即被确定下来。由于数组无元素插入和删除操作，存储空间大小不会发生变化，故一般采用顺序存储结构。另外，存储空间在计算机中的组织方式是顺序线性结构的，可以在多维数组元素下标与元素存储空间地址之间按照元素的逻辑顺序建立起一对一的线性映射关系，使得在数组中存、取任何元素时，可直接通过该映射关系计算获得元素位置。这样，访问任何数组元素所需的时间相同，这一特性称为数组的随机存储特性。因此，一般来讲，数组是一种具有随机存储特性的数据结构。

2. 数组存储结构的优先次序及其映射关系

由于存储空间的组织方式是顺序的，多维数组的存储顺序有行、列优先问题或高维、低维优先问题。例如，FORTRAN 语言中，数组的组织存储方式是列优先的，而 BASIC、PL/1、COBOL、PASCAL、C 等语言环境下是行优先的。下面以行优先为前提，讨论数组元素所在存储单元地址和数组元素下标之间的映射与计算关系。

假设一个二维数组元素所占存储空间长度为 L，当前元素的逻辑下标为 i 和 j，数组首地址(数组基地址或第一个元素的首地址)为 LOC(0,0)，那么，当前元素在存储空间中的地址为 $L(i,j)=\mathrm{LOC}(0,0)+(b_2\times i+j)\times L$。同理，对于 n 维数组，元素地址映射关系如下：

$$
\begin{aligned}
\mathrm{LOC}(j_1,\cdots,j_n)&=\mathrm{LOC}(0,\cdots,0)+(b_2\times\cdots\times b_n\times j_1+\cdots+b_n\times j_{n-1}+j_n)\times L\\
&=\mathrm{LOC}(0,\cdots,0)+\left(\sum_{i=1}^{n-1}j_i\prod_{k=i+1}^{n}b_k+j_n\right)\times L\\
&=\mathrm{LOC}(0,\cdots,0)+\sum_{i}^{n}c_i j_i
\end{aligned}
\tag{5-1}
$$

其中，$c_n=L,c_{i-1}=b_i\times c_i$，$1\leqslant i\leqslant n$。易知，一旦维数及各维的维长确定，$c_i$ 就是常数。因此，一旦任何数组元素的下标确定，其地址的计算过程和时间开销均相同。这是数组随机存储特性根本所在。

3. 数组的顺序存储表示和实现

对多维数组，其存储空间分配需要以元素取值类型、数组维数和各维的维长为基础。因此，数组的顺序存储结构可设计如下：

```
#include <stdarg.h>  //包含存取变长参数 va_start, va_arg 和 va_end 等宏
#define MAX_ARRAY_DIM   8  //设定数组的最大维数
typedef struct {
    ElemType *base;    //数组基地址，ElemType 在实际应用时确定
    int dim;       //数组维数
    int *bounds;   //存储数组各维的维界值
    int *constants; //存储数组元素-地址映射关系计算中的常值系数 ci
} Array;
```

多维数组的创建操作 InitArray()的实现[①]描述如下：

<u>算法 5-1</u>—InitArray()

```
Status InitArray(Array &A,int dim,…) { //由给定的维数和维长信息构造数组 A
  if (dim<1 || dim>MAX_ARRAY_DIM) return ERROR; //dim 值非法
  A.dim=dim;
  A.bounds=(int*)malloc(dim*sizeof(int)); //分配存储各维的维长的空间
  if (!A.bounds) exit(OVERFLOW);
  elemtotal=1; //数组元素个数初值
  va.start=1;
  va.start(ap,dim); //ap 是存放变长参数表信息的数组
```

① 有关变长参数，读者可查阅和参考相关文献。

```
for (i=0;i<dim;++i) {
  A.bounds[i]=va.arg(ap,i); //获得第 i 维的维长
  if (A.bounds[i]<0) return UNDERFLOW; //维界值非法
  elemtotal*=A.bounds[i];
} //for
va.end(ap);
A.base=(ElemType*)malloc(elemtotal*sizeof(ElemType)); //分配数组空间
if (!A.base) exit(OVERFLOW);
A.constants=(int*)malloc(dim*sizeof(int)); //分配常值系数存储空间
if (!A.constants) exit(OVERFLOW);
A.constants[dim-1]=sizeof(ElemType); //L=sizeof(ElemType)
for(i=dim-2;i>=0;--i) A.constants[i]=A.bounds[i+1]*A.constants[i+1];
return OK;
}//InitArray()
```

注意：在编程语言中，数组数据类型的定义只需按照编程语言的语法规定描述即可。在 C 语言中，对 $m \times n$ 的二维 ElemType 数组的数据类型，可按如下形式定义：

```
typedef ElemType Array2[m][n];
```

也可以进行如下形式的定义：

```
typedef ElemType Array1[n];
typedef Array1 Array2[m];
```

5.3 矩阵的压缩存储与运算

在解决科学与工程应用问题时，矩阵是经常会用到的基本数学计算工具。研究矩阵在计算机中的存储和有效运算十分必要。实际上，大多数编程语言环境只提供数组表示工具。为了方便科学与工程计算，一些程序语言或工具环境还提供了矩阵运算功能，如 MATLAB。在计算机数值计算研究与应用领域，尤其是在高阶矩阵计算中，常常会出现相同值或零值较多的特殊高阶矩阵。此时，如何节省矩阵存储空间和减少矩阵运算时间就显得非常有意义。一般来讲，对同值多且分布有规律的高阶矩阵，可以通过“降维映射”将高维空间中的元素映射到低维空间，以达到存储空间压缩的目的。对同值多但分布没有规律的高阶矩阵，往往以“稀疏矩阵”形式进行存储和压缩，本质上它运用的还是“降维”思维。

5.3.1 有特殊规律的矩阵

取值相同且又有特定分布规律的高阶矩阵包含如下几种情形。

1. 对称矩阵

众所周知，对称矩阵的基本特征是 $a_{ij}=a_{ji}(1\leqslant i,j\leqslant n)$。因此，对对称元素而言，只需分配一个存储空间单元。如图 5-2 所示，对一个 $n\times n$ 方阵 $\boldsymbol{A}$，如果它是对称的，则只需分配 $n(n+1)/2$ 个存储单元来存储矩阵。由此，可以节约接近一半的存储空间。

$$\boldsymbol{A}=\begin{bmatrix} a_{11} & a_{12} & a_{13} & \cdots & a_{1n} \\ a_{21} & a_{22} & a_{23} & \cdots & a_{2n} \\ \vdots & \vdots & \vdots & & \vdots \\ a_{n1} & a_{n2} & a_{n3} & \cdots & a_{nn} \end{bmatrix}$$

a_{11}	a_{21}	a_{22}	a_{31}	…	a_{n1}	…	a_{nn}
0	1	2		…			$n(n+1)/2-1$

图 5-2　对称矩阵 $\boldsymbol{A}$ 的一维数据存储映像

2. 三角矩阵

对三角矩阵，可分为四种情形，即左上三角(left-up)矩阵、左下三角(left-down)矩阵、右上三角(right-up)矩阵和右下三角(right-down)矩阵。易知，对三角矩阵，其存储方案与对称矩阵相似。例如，对以行为主的左下三角矩阵，其存储映射结构与图 5-2 相似。

$$\boldsymbol{A}=\begin{bmatrix} a_{11} & & & & \\ a_{21} & a_{22} & & & \\ \vdots & \vdots & \vdots & & \\ a_{n1} & a_{n2} & a_{n3} & \cdots & a_{nn} \end{bmatrix}$$

可见，无论对称矩阵，还是三角矩阵，其压缩存储的基本思路都是降维，即将高维存储空间中的数据元素压缩存储到低维存储空间中。如何在矩阵元素的高维逻辑下标和实际存储的低维存储下标之间进行一一映射，是在压缩存储空间上进行有效的高维矩阵运算的基础。假设数组 $sa[0\cdots n(n+1)/2-1]$ 用来压缩存储一个左下三角矩阵 $\boldsymbol{A}$，那么，元素的高维下标索引和低维下标索引之间的 $a_{ij}\leftrightarrow sa[k]$ 映射关系中，三个索引下标 k、i 和 j 之间应该满足如下转换关系：

$$k=\begin{cases} i(i-1)/2+j-1, & i\geqslant j \\ j(j-1)/2+i-1, & i<j \end{cases} \tag{5-2}$$

实际上，对这种存储方式的矩阵运算操作，其实现还要解决几个问题。一是，当元素在压缩数组中的线性位置 k 已知时，如何确定其在矩阵中的 i 和 j 值。二是，对其他对称型矩阵，如何确定 k、i 和 j 的映射关系。

3. 对角矩阵

在数值计算研究领域，还有一类特殊的同值多且分布有规律的矩阵——对角阵或带状矩阵。例如，三对角、五对角矩阵等。要注意的是，对以主对角线对称的三对角矩阵，其存储优化依然可以用降维法，即按照行优先或列优先顺序，将带状矩阵中元素“降维映射”到一维存储数组中去，并形成可逆的双向映射模型或机制。与对称矩阵和三角矩阵一样，“降维映射”存储方案的基础是，找到 k、i 和 j 映射、转换模型或转换机制。

$$\begin{bmatrix} a_{1,1} & a_{1,2} & & & & & & \\ a_{2,1} & a_{2,2} & a_{2,3} & & & & & \\ & a_{3,2} & a_{3,3} & a_{3,4} & & & & \\ & & \cdots & \cdots & \cdots & & & \\ & & & \cdots & \cdots & \cdots & & \\ & & & & a_{n-2,n-3} & a_{n-2,n-2} & a_{n-2,n-1} & \\ & & & & & a_{n-1,n-2} & a_{n-1,n-1} & a_{n-1,n} \\ & & & & & & a_{n,n-1} & a_{n,n} \end{bmatrix}$$

总之，对同值多且分布有规律的矩阵，可以通过“降维映射”，将矩阵元素存放到低维存储空间中去。同时需要建立元素高维和低维之间的存储空间地址转换关系①。

5.3.2　取值稀疏的矩阵

除了零值多且分布有规律的矩阵，对分布没有规律的矩阵，根据其非零元素占比，可以分为稀疏矩阵(sparse matrix)和非稀疏矩阵(non-sparse matrix)两类。稀疏程度可用稀疏因子(sparse factor)度量。假设矩阵 $m \times n$ 中非零元个数为 x，就可用矩阵的稀疏因子 $\delta = x/(m \times n)$ 表征矩阵的稀疏性。对稀疏程度的确定，往往具有主观性，一般可根据应用需要确定。通常，稀疏因子阈值都很小，如 $\delta \leqslant 0.05$ 或 0.10。

稀疏矩阵的显著特点是，非零元素很少且它们在矩阵中的位置分布没有规律。对稀疏矩阵的组织结构，一般不能简单地用普通矩阵表示，否则，会导致各种矩阵的存储与运算低效。如果能够压缩，只存储其非零元素，就可以大大提高存储效率。但如何在压缩存储结构下进行矩阵运算，是稀疏矩阵研究中不可回避的问题。假设以常见的几个矩阵运算为基本操作，有关稀疏矩阵的 ADT 类型可描述如下：

ADT SparseMatrix {

　数据对象：$D = \{a_{ij} | i = 1,2,\cdots,m; j = 1,2,\cdots,n; a_{ij} \in \text{ElemType}\}$，$m,n$ 是矩阵的行数和列数

　数据关系：$R = \{\text{Row},\text{Col}\}$，$\text{Row} = \{<a_{i,j}, a_{i,j+1}> | 1 \leqslant i \leqslant m, 1 \leqslant j \leqslant n-1\}, \text{Col} = \{<a_{i,j}, a_{i+1,j}> | 1 \leqslant i \leqslant m-1, 1 \leqslant j \leqslant n\}$

　基本操作：

　　CreateSMatrix(&M) //结果：创建稀疏矩阵 M

　　DestroySMatrix(&M) //结果：销毁稀疏矩阵 M

　　PrintSMatrix(M) //结果：输出显示稀疏矩阵 M(三元组形式)

　　CopySMatrix(M,&T) //结果：矩阵赋值，即 M→T

① 更多的压缩原理、方法和案例，读者可以在课外查阅和补充。

```
    AddSMatrix(M,N,&Q) //结果：矩阵相加，M+N→Q
    SubSMatrix(M,N,&Q) //结果：矩阵相减，M-N→Q
    MultSMatrix(M,N,&Q) //结果：矩阵相乘，M×N→Q
    TransposeSMatrix(M,&T) //结果：矩阵转置，M→T
} ADT SparseMatrix
```

稀疏矩阵的存储有三元组顺序表、行逻辑链表和十字交叉链表三种，它们各有优势。

1. 三元组顺序表

对稀疏矩阵，其三元组顺序表以三元结构(i, j, a_{ij})表示非零元素的相关信息，i和j分别表示非零元素在矩阵中的行号和列号。因此，三元组顺序存储方法也称为双下标表示法。在三元组顺序表中，一个元素对应稀疏矩阵中的一个非零元素。例如，对下面的稀疏矩阵$\boldsymbol{M}$，其三元组表示结果如其右侧所示。

$$\boldsymbol{M}=\begin{bmatrix}0&0&1&8&0&0&0\\0&0&0&0&0&0&0\\0&2&0&0&0&0&0\end{bmatrix}\rightarrow \boldsymbol{M}_{\text{row}}=\begin{cases}(1,3,1)\\(1,4,8)\ \text{（先行后列）}\\(3,2,2)\end{cases}\rightarrow \boldsymbol{M}_{\text{col}}=\begin{cases}(3,2,2)\\(1,3,1)\ \text{（先列后行）}\\(1,4,8)\end{cases}$$

可见，矩阵形式转换成三元组形式时，扫描矩阵的次序既可先行后列，也可先列后行。另外，用三元组顺序表表示时，可以用首行存放矩阵的行数、列数和非零元素个数等信息。要注意的是，在三元组顺序表中，要查找矩阵中的非零元素或进行矩阵运算，如矩阵的加法、减法、乘法、转置等操作，常常需要扫描整个三元组结构才能完成。

对三元组顺序表，其存储结构的实现可定义如下：

```
#define MAXSIZE 12500 //非零元素个数的上限值
typedef struct {
    int i,j;          //三元组中元素的行、列下标值
    ElemType e; //三元组中非零元素的值
} Triple;
typedef struct {
    Triple data[MAXSIZE+1]; //data[0]空闲时，可以使元素的位序号和下标号对应
    int mu,nu,tu;               //mu,nu 和 tu 分别表示矩阵行数、列数和非零元个数
} TSMatrix;
```

要特别说明的是，在 TSMatrix 存储结构中，因 Triple 中 e 的类型不一定是整型，矩阵行数、列数和非零元素个数信息一般不采取存于首行 data[0]中的实现方案。

对矩阵运算，如矩阵输出、普通矩阵转三元组、三元组转普通矩阵和其他运算(输入、加、减、乘、转置等)，如何针对三元组存储结构设计高效算法，是三元组稀疏矩阵(triplet sparse matrix，TSmatrix)要研究的基本内容。下面将以矩阵转置运算 $\boldsymbol{M}(m\times n)\Rightarrow \boldsymbol{T}(n\times m)$为例，进行算法设计及改进讨论，为讨论方便，假设矩阵为方阵$\boldsymbol{M}(n\times n)$，且以先行后列顺序存储。

在矩阵的普通表示方法下，矩阵的转置运算一般用朴素的循环逐一复制过程完成，算法的时间复杂度为$O(n^2)$。当对矩阵采用三元组表示时，其转置运算不仅要完成元素的行

列互换，还要能保持转置后元素的逻辑顺序与存储位置顺序一致。为此，需要对行列互换后的三元组排序，或者，采取有序插入将转置前的元素直接存储到转置后的元素位置。三元组表示下的互换排序法首先是将 **M** 中元素 a_{ij} 存为 **T** 的 j 行 i 列元素，然后再对 **T** 按转置后的行列关系进行排序，其时间复杂度为 $O(tu^2) \Leftrightarrow O(n^4)$。同理，直接有序插入法的时间复杂度也是 $O(n^4)$。易知，当稀疏矩阵退化成非稀疏情形时，算法的时间开销将急剧增长。显然，它们不是好方法。

互换排序法的算法步骤如下：

(1) 矩阵 **M** 的行数、列数和非零元素数分别存入 **T** 的 nu、mu 和 tu 成员变量中。

(2) 扫描 **M** 将每个三元组记录的行列值 i, j 互换，并存入 **T** 的 data 数组中。

(3) 对 **T** 以行优先方式重新排序(先行后列顺序)。

实际上，对三元组表示的稀疏矩阵，转置也可按如下改进思路进行：直接扫描原三元组，并按行优先或列优先顺序直接构建目标三元组结构。算法的伪代码描述如下：

<u>算法 5-2</u>—TransposeSMatrix()

```
Status TransposeSMatrix(TSMatrix M, TSMatrix &T) { //M→T
 T.mu=M.nu; T.nu=M.mu; T.tu=M.tu; //矩阵行数、列数和非零元数交换
 if (T.tu) {
  temp=1; col=1; //目标三元组位置序号和起始扫描列号
  while (col<=M.nu) { //列扫描
    k=1;
    while (k<=M.tu) { //处理 col 列元素
     if (M.data[k].j==col) {
       T.data[temp].i=M.data[k].j;
       T.data[temp].j=M.data[k].i;
       T.data[temp].e=M.data[k].e;
       temp++;
     } //if
     k++;
    } //while
    col++;
  } //while
 } //if
 return OK;
} //TransposeSMatrix()
```

算法 5-2 的时间复杂度为 $O(n \times tu) \Leftrightarrow O(n^3)$，但仍然比传统矩阵存储结构下的转置效率低。当非零元素足够少时，时间复杂度会优于传统算法。实际上，仔细分析可知，算法 5-2 能够降低时间复杂度的代价是，算法增加了存储空间消耗 T。

要进一步降低转置算法的时间复杂度，可以引入预处理思想。比如，可以建立原三元组和目标三元组间的元素存储映射关系，再借助它完成转置运算。实际上，矩阵一定，元

素在目标三元组中的位置关系就可以确定。如果能预先获得元素在转置三元组中的位置信息，就可以提升转置效率。由算法的时空效率互补性，人们提出了一种新的快速转置方法。首先，用工作数组 cNum[]存放矩阵 ***M*** 列上的非零元素个数。同时，用工作数组 cPot[]存放 ***M*** 中各列元素在目标三元组中当前的存储位置(类似于指针数组)。由此，三元组转置运算就只需扫描原三元组一次。其中，cPot[]初值是目标三元组各列第一个非零元素的位置。

以辅助数组 cNum[]和 cPot[]为基础，三元组矩阵转置快速算法的步骤如下：

(1) 由原始三元组 ***M*** 统计各列中的非零元素个数，并存入 cNum[]。

(2) 假设列优先的目标三元组 ***T*** 第一个非零元素位置序号为 1，结合 cNum[]，递推 ***M*** 中各列第一个非零元素在目标三元组 ***T*** 中的初始存储位置，并存入 cPot[]。

(3) 结合 cNum[]和 cPot[]，扫描原始三元组 ***M***，依次将非零元素置入目标三元组 ***T***。

假设 cNum[col]表示 ***M*** 中第 col 列的非零元素个数，cPot[col]的初值表示 ***M*** 中第 col 列的第一个非零元素在目标三元组 ***T*** 中的位置，cPot[]的递推方式如下：

```
cPot[1]=1;
cPot[col]=cPot[col−1] + cNum[col−1]; //2<=col<=M.nu
```

快速转置算法的伪代码描述如下：

算法 5-3—FastTransposeSMatrix()

```
Status FastTransposeSMatrix(TSMatrix M,TSMatrix &T) { //M→T(将 M 转置到 T)
  T.mu=M.nu,T.nu=M.mu,T.tu=M.tu; //矩阵行数、列数和非零元素个数交换
  if(T.tu) {
    for (col=1; col<=M.nu; col++) cNum[col]=0;
    for(temp=1;temp<=M.tu;temp++)cNum[M.data[temp].j]+=1; //统计各列非零元素个数
    for (cPot[1]=1,col=2;col<=M.nu;col++) //计算目标三元组各列第一个非零元素位置
      cPot[col]=cPot[col-1] + cNum[col-1];
    for (temp=1; temp<=M.tu; temp++) {
      col=M.data[temp].j; //原三元组元素的列号
      curCol=cPot[col];   //目标三元组的当前位置
      T.data[curCol].i=M.data[temp].j; //复制
      T.data[curCol].j=M.data[temp].i;
      T.data[curCol].e=M.data[temp].e;
      cPot[col]+=1; //目标三元组第 col 列的当前位置后移
    } //for
  } //if
} //FastTransposeSMatrix()
```

由于增设了 cNum[]和 cPot[]数组，预计算时间复杂度为 $O(tu+n)$，而转置时间复杂度也为 $O(tu)$，因此，算法整体复杂度为 $O(tu) \Leftrightarrow O(n \times n)$，与传统矩阵转置相当。即使 $tu \approx n \times n$，算法时间复杂度也不会变。算法 5-3 体现了时空效率互补原理的运用。

对前述的稀疏矩阵实例 ***M***，cNum[]和 cPot[]数组的计算结果如表 5-1 所示，对应的三元组 ***M*** 存储结果见表 5-2，目标三元组初态为表 5-3。读者可根据算法 5-3、表 5-1 和表 5-2，

自行填充表 5-3，以体验转置算法的具体处理过程[①]。

表 5-1 **M** 的 cNum[]和 cPot[]预计算后的初值

col	1	2	3	4	5	6	7
cNum[col]	0	1	1	1	0	0	0
cPot[col]	1	1	2	3	4	4	4

表 5-2 **M**.data 值

i	*j*	*e*
1	3	1
1	4	8
3	2	2

表 5-3 **T**.data 初态

i	*j*	*e*

2. 行逻辑链表

算法 5-3 中，cPot[]动态记录原始矩阵 **M** 中的非零元素在目标矩阵 **T** 中的位置信息，其初值是 **T** 中各行第一个非零元素在 **T** 中的位序值，相当于各行的行指针信息，它是算法 5-3 的时间复杂度达到 $O(n\times n)$的关键。同理，在矩阵的其他运算中，如果要多次按行扫描矩阵，最好能记住矩阵的每一行第一个非零元素的位置，如矩阵乘法。

假设有矩阵 $\boldsymbol{A}_{m\times n}(a_{ik})$ 和 $\boldsymbol{B}_{n\times q}(b_{kj})$，结果矩阵为 $\boldsymbol{C}_{m\times q}(c_{ij})$，则矩阵乘法公式如下：

$$\boldsymbol{C}_{m\times q}=\boldsymbol{A}_{m\times n}\times\boldsymbol{B}_{n\times q}=\sum_{i=1}^{m}\sum_{j=1}^{q}\sum_{k=1}^{n}a_{ik}\times b_{kj}$$

易知，普通矩阵表示形式下，矩阵乘法算法可描述如下：

```
for (i=1;i<=m;i++)
  for (j=1;j<=q;j++)
    for (k=1,c[i][j]=0;k<=n;k++) c[i][j]+=a[i][k]*b[k][j];
```

经典矩阵乘法的时间复杂度为 $O(m\times n\times q)$。对一个 $n\times n$ 的方阵，其乘法时间复杂度为 $O(n\times n\times n)$。矩阵乘法中，计算元素 $c[i][j]$时必须扫描矩阵 **A** 的第 i 行，并与矩阵 **B** 中第 j 列对应位置的元素依次计算乘积和。然而，对稀疏矩阵乘法，不是每一行都有非零元素，即使有，也不一定在行首。因此，在三元组表示下，矩阵乘法计算需要能随机访问各行的元素。根据算法 5-3 引入 cPot[]的启发，在三元组矩阵乘法中，可以把矩阵各行第一个非零元素的地址或位序存储在一个行位置数组 rPos[]中。由此，针对矩阵乘法，三元组表示下的矩阵行随机访问就能解决。具体数据存储结构如下：

```
typedef struct {
    Triple data[MAXSIZE+1]; //稀疏矩阵的三元组顺序表
    int rPos[MAXRC+1]; //矩阵各行第一个非零元素的位置表(Row Position)
    int mu,nu,tu; //矩阵行数、列数和非零元素个数
} RLSMatrix;
```

① cPot[]为目标三元组填充位置指示器。

行逻辑链接稀疏矩阵(row link sparse matrix，RLSMatrix)是一种基于行逻辑链接思想的稀疏矩阵三元组顺序表示，它能存储稀疏矩阵各行的第一个非零元素位置，为稀疏矩阵乘法运算带来方便。假设 M.data[1..M.tu]中的元素为$(i,k,\boldsymbol{M}(i,k))$,$1\leqslant i\leqslant m$,$1\leqslant k\leqslant n$，从$\boldsymbol{N}$.data[1..$N$.tu]中找出所有对应的$(k,j,\boldsymbol{N}(k,j))$相乘$(1\leqslant j\leqslant q)$，乘积和就是元素$(i,j,\boldsymbol{T}(i,j))$的值$(1\leqslant i\leqslant m,1\leqslant j\leqslant q)$。

基于行逻辑链接顺序表，稀疏矩阵的乘法算法可描述如下：

算法 5-4—MultSMatrix()

```
Status MultSMatrix(RLSMatrix M,RLSMatrix N,RLSMatrix &Q) { //M×N→T
 if (M.nu != N.mu) return ERROR; //M 的列数与 N 的行数不同时，不能运算
 Q.mu=M.mu; Q.nu=N.nu; Q.tu=0; //结果矩阵初始化
 if (M.tu*N.tu!=0) { //M 和 N 均不是零矩阵
  for (mRow=1; mRow<=M.mu; mRow++) { //行扫描 M，以便计算目标三元组 Q
   cTemp[]=0; //Q 的当前行的各列元素值初始化为零
   Q.rPos[mRow]=Q.tu+1; //设定 Q 的当前行的第一个非零元位置
   if (mRow < M.mu) topM = M.rPos[mRow+1];
   else topM=M.tu+1;
   for (p=M.rPos[mRow]; p<topM; p++) { //计算 Q 的 mRow 行所有元素
     nRow=M.data[p].j; //M 中当前元素的列号作为 N 中的行号
     if (nRow<N.mu) topN=N.rPos[nRow+1];
     else topN=N.tu+1;
     for (q=N.rPos[nRow]; q<topN; q++) //计算 Q 中当前行各元素的值
       cTemp[N.data[q].j]+=M.data[p].e*N.data[q].e;
   } //for
   for (qCol=1; qCol<=Q.nu; qCol++) { //将 Q 的 mRow 行计算结果压缩存储过程
     if (cTemp[qCol]) {
      if (++Q.tu > MAXSIZE) return ERROR;
      Q.data[Q.tu].mu=mRow;   //存放计算结果
      Q.data[Q.tu].nu=qCol;
      Q.data[Q.tu].e=cTemp[qCol];
     } //if cTemp
   } //for qCol
  } //for mRow
 } //if (M.tu*N.tu!=0)
} //MultSMatrix()
```

算法 5-4 的时间复杂度分析：cTemp[]的初始化时间复杂度为$O(M.\text{mu}\times N.\text{nu})$，乘法的时间复杂度为$O(M.\text{mu}\times M.\text{nu}\times N.\text{nu})$，对 cTemp[]进行压缩存储的时间复杂度为$O(M.\text{mu}\times N.\text{nu})$。因此，算法的整体时间复杂度为$O(M.\text{mu}\times M.\text{nu}\times N.\text{nu})$。如果$\boldsymbol{M}$和$\boldsymbol{N}$是$n$阶方阵，则时间复杂度为$O(n^3)$。

要注意的是：①基于 RLSMatrix 存储结构的矩阵乘法算法的伪代码描述并不唯一。②稀疏矩阵相乘的结果不一定稀疏。同理，非稀疏矩阵相乘的结果也可能稀疏。③在实际应用中，如果可以预估矩阵相乘结果非稀疏，数据结构可以直接采用普通二维矩阵表示。

3. 十字交叉链表

在稀疏矩阵操作中，如果非零元素个数变化较大，用顺序存储结构表示将很不方便。此时，可以采取更为灵活的数据存储结构。常用的一种存储结构是十字交叉链表(orthogonal link list/cross link list)。它既具有链表的插入、删除灵活性，又兼具矩阵的行列组织模式带来的操作表达方便性。

对十字交叉链表，其存储结构组织思路是：将矩阵每一行非零元素用一个行链表表示。同时，也将其每一列非零元素用一个列链表表示。其行列信息连接方式是，在一个公共结点上同时存入非零元素在行和列上的链接关系，结点结构如图 5-3(a)所示。其中，行指针用 right 表示，列指针用 down 表示，它们分别指向当前结点的行链表和列链表的下一个非零元素结点。在实际组织和实现中，每个链表都有一个头指针，所有行链表的头指针用一个行表头一维指针数组存储[图 5-3(b)]，列链表的头指针用一个列表头一维指针数组存储[图 5-3(c)]。行表头数组大小对应矩阵行数，列表头数组大小对应矩阵列数。

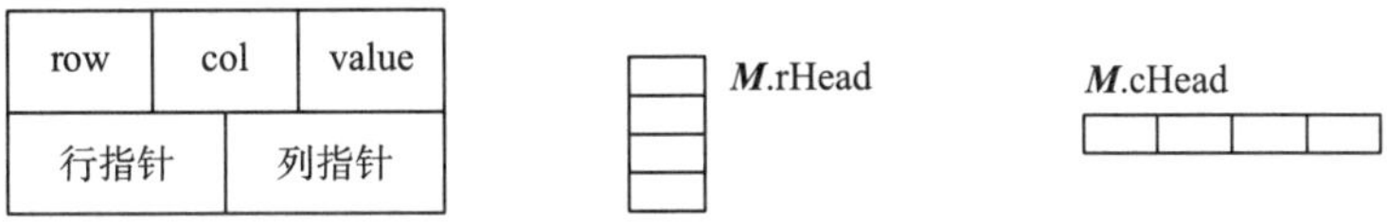

(a) 十字链表结点结构　(b) 行表头指针数组　(c) 列表头指针数组

图 5-3　十字交叉链表的存储结构逻辑示意图

基于以上分析，关于十字交叉链表的存储结构实现可定义如下：

```
typedef struct OLNode { //十字链表结点结构
    int i,j;        //i—row, j—col, e—value, right—行指针, down—列指针
    ElemType e;
    struct OLNode *right,*down;
} OLNode,*OLink;
typedef struct { //十字链表结构
    OLink *rHead; //rHead—行表头指针数组, cHead—列表头指针数组
    OLink *cHead;
    int mu,nu,tu;
} CrossList;
```

假设 $\boldsymbol{M}=\begin{bmatrix} 0 & 12 & 9 & 0 & 0 \\ -3 & 0 & 0 & 0 & 14 \\ 0 & 0 & 24 & 0 & 0 \\ 0 & 18 & 0 & 0 & 0 \\ 15 & 0 & 0 & -7 & 0 \end{bmatrix}$，其十字交叉链表存储结构的表示如图 5-4 所示。

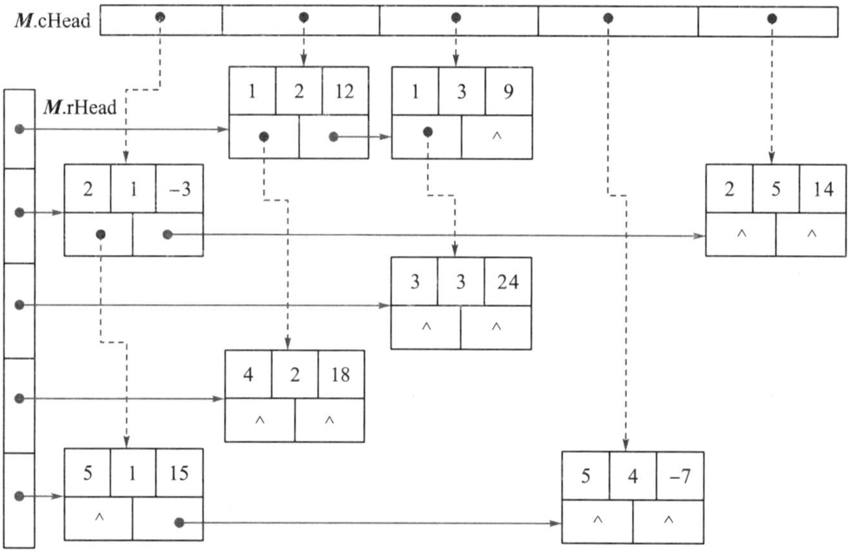

图 5-4 稀疏矩阵的十字交叉链表存储逻辑结构示意图

读者阅读图 5-4 时要注意，为方便绘图示意，本书将图中非零元素结点的行、列链接指针位置进行了(左↔右)调整，它们并不影响稀疏矩阵的整体逻辑关系的表述。

在 CrossList 存储结构下，十字交叉链表构建算法的主要步骤可描述如下：

算法 5-5—CreateSMatrix_Cross(CrossList &M)

1) scanf(mu,nu,tu)

2) M.rHead=(OLink) malloc(mu*sizeof(OLink)) //分配行表头和列表头指针数组空间

3) M.cHead=(OLink) malloc(nu*sizeof(OLink)), k=1

4) M.rHead[]=NULL,M.cHead[]=NULL //行表头和列表头指针数组置空

5) scanf(i,j,e)

6) p=(OLNode*) malloc(sizeof(OLNode)),p→i=i, p→j=j, p→e=e //分配结点并赋值

7) 在行链表 M.rHead[p→i]查找插入位置 q //p 插在 q 后

8) p→right=q→right, q→right=p

9) 在列链表 M.cHead[p→j]查找插入位置 q //p 插在 q 后

10) p→down=q→down, q→down=p

11) k++

12) k<tu 时，转步骤 5)

13) 算法结束. //创建结束

假设矩阵的非零元素个数为 t，行数和列数分别为 m 和 n，任一非零元素插入行、列链表时，都要在相应行链表和列链表查找插入点，故算法的时间复杂度为 $O(t\times(m+n))$。

借助十字交叉链表，进行元素的查找、插入和删除等操作非常方便。以加法为例，假设矩阵 $\boldsymbol{A}$ 和 $\boldsymbol{B}$ 已知，要完成计算任务 $\boldsymbol{A}+\boldsymbol{B}\Rightarrow\boldsymbol{A}$，其元素相加的结果会有如下情形：

$$\begin{cases} a_{ij}+b_{ij}, & \begin{cases} =0 & (\text{删除}a_{ij}) \\ \neq 0 & (\text{替换}a_{ij}) \end{cases} \\ a_{ij}, & (b_{ij}=0\text{时}a_{ij}\text{值不变}) \\ b_{ij}, & (a_{ij}=0\text{时插入}b_{ij}) \end{cases} \tag{5-3}$$

假设aNode和bNode是***A***和***B***在行链表同一行中的当前结点，子算法insertNodeRow()以行逻辑链优先方式将结点插入到十字链表，deleteNodeRow()删除十字链表中的结点。

算法 5-6—AddSMatrix_Cross(CrossList &A,CrossList B)

```
Status AddSMatrix_Cross(CrossList &A,CrossList B) { //A+B→A
  if (A.mu!=B.mu || A.nu!=B.nu) return ERROR;
  if (B.tu==0) return OK;
  for (i=1;j<=A.mu;i++) {
   aPre=A.rHead[i−1]; aNode=A.rHead[i−1]→right; //第 i 行首结点 aNode 和 bNode
   bPre=B.rHead[i−1]; bNode=B.rHead[i−1]→right;
   if (aNode && bNode) { //存在非零元素 aNode 和 bNode
     if (aNode→j==bNode→j) //非零元素同行同列
      if ((aNode→e+=bNode→e)) ; //和为非零时运算结束
      else aNode=deleteNodeRow(A,aPre); //和为零时通过 aPre 指针删除 aNode
     else
      if (aNode→j<bNode→j) {aPre=aNode; aNode=aNode→right;} //aNode 后移
      else { //将 bNode 插入 A 的 aNode 之后,修正 aPre,aNode,bPre,bNode 等
       insertNodeRow(A,aNode,bNode);
       aPre=aNode; aNode=aNode→right;
       bPre=bNode; bNode=bNode→right;
      } //if
   }
   else { //aNode==NULL 或 bNode==NULL
     if (bNode==NULL) ; //当前行已相加完毕
     else { //aNode==NULL 时，将 bNode 插入 A 的 aPre 之后
         insertNodeRow(A,aPre,bNode); //aNode==NULL
         aPre=aPre→right; aNode=aPre→right;
         bPre=bNode; bNode=bNode→right;
       }
     } //if
  } //for
  return OK;
} //AddSMatrix_Cross()
```

算法 5-7—insertNodeRow()

```
Status insertNodeRow(CrossList &A,OLink curNode,OLink newNode) { //A 中插入新结点
  r=(OLink)malloc(sizeof(OLNode));
  if (r==NULL) exit(OVERFLOW);
  r→i=newNode→i; r→j=newNode→j; r=newNode→e;
  r→right=curNode→right; curNode→right=r; //curNode 处行插入(行指针修改)
  d=A.cHead[r→j−1]; //将 r 插入列链表中
  while (d→down) { //在 A.cHead[p→j−1]列链表中定位插入点
   if (r→i  ==  d→down→i) return FALSE; //列插入冲突错误!
   else if (r→i > d→down→i) d=d→down;
   else break;
  } //while
  r→down=d→down; d→down=r; //在 d 处列插入(列指针修改)
  return OK;
} //insertNodeRow()
```

算法 5-8—deleteNodeRow()

```
Status deleteNodeRow(CrossList &A,OLink preNode) { //删除 A 中 preNode 后的结点
  if (preNode→right) {
   temp=preNode→right; preNode→right=preNodwe→right→right; //行逻辑链接删除
   d=A.cHead[temp→j-1];
   while (d→down) {
    if(temp→i==d→down→i) {d→down=d→down→down;break;}//列逻辑链接删除
    else if (temp→i > d→down→i) d=d→down;
    else return FALSE; //列删除冲突错误!
   } //while
   free(temp); //回收空间
  } else ; //preNode→right==NULL 表示无结点需要删除
  return OK;
} //deleteNodeRow()
```

5.4 广 义 表

5.4.1 广义表概述

前面从元素维度对线性表进行了拓展。实际上，还可从元素结构角度对线性表进行拓展。从元素构造特性看，表中元素类型非递归时称为普通数据类型。一般线性表的元素类型都是普通数据类型。当元素类型不可再分时称为原子类型(atom type)，对应的元素数据

称为原子数据(atom data)或原子，如 int、float、char 等均属于原子数据类型。

广义表(generalized list)是元素为原子或广义表的列表(list)，可用 $LS=(\alpha_1,\alpha_2,\cdots,\alpha_n)$ 表示。其中，n 是广义表长度。表中元素 $\alpha_i(1\leqslant i\leqslant n)$ 可以是原子，也可以是广义表。一般地，LS 中的第一个元素 α_1 称为 LS 的表头(head)，剩余部分 $(\alpha_2,\cdots,\alpha_n)$ 称为表 LS 的表尾(tail)，它是 LS 的子表。显然，广义表 LS 具有如下特性。

(1)定义的递归性，即元素既可以是原子，也可以是子表。

(2)列表(概念)可以共享，即列表的元素可以是列表。

(3)非空列表的表头可以是原子，也可以是列表，但表尾一定是列表。

(4)空表没有表头，但有表尾，即空表。

(5)多层嵌套结构特征。

在通用问题表示与求解，尤其是人工智能领域，广义表存储结构具有重要应用。例如，著名的人工智能编程语言 PROLOG 和 LISP 中，列表或广义表就是其重要的基本数据组织结构。实际上，算法的程序实现本身就可以看作对一系列广义表的操作。一般约定，对广义表数据结构的表示，用小写字母表示原子，用大写字母表示广义表。

例如，下列广义表中，A,B,C,D,E 是广义表，a,b,c,d,e 是原子。

$$A=(),B=(e),C=(a,(b,c,d)),D=(A,B,C),E=(a,E)\Leftrightarrow E=(a,(a,(a,(\cdots))))$$

假设用圆圈表示列表，用方框表示原子，则广义表 D 的逻辑层次结构如图 5-5 所示。

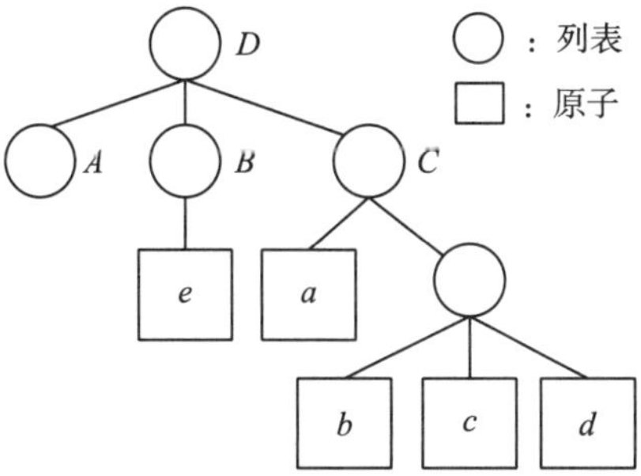

图 5-5　广义表 D 的逻辑层次结构示意图

要注意的是，对广义表 E，用前面学习过的数据存储结构来表示是困难的。鉴于此，需要围绕广义表概念设计新的数据存储结构来实现它。

5.4.2　广义表的 ADT 定义

由广义表概念可知，要在计算机中存储和运用广义表进行问题求解，必须解决两个子问题：一是广义表中数据元素的递归结构如何表示；二是基于广义表的数据结构、相应的算法设计与实现如何描述。问题一是广义表的存储表示问题。由于广义表数据元素有截然不同的两种数据类型(原子和广义表)，数据结构要能同时表达它们。问题二是算法设计与操作实现问题。广义表的数据结构的特点：表头是元素或者原子，表尾是表，但计算机内能直接运算和处理的往往是原子。广义表基本操作要自由、灵活地游走于原子和表之间，关键在于抽取其最简单的公共操作。仔细探究广义表概念的特性可知，不断逐层获取其表头，最终都可以到达原子层。因此，获取表头可以作为广义表的基本操作。与此相似，要将两个子表合并成一个表时，两个子表本质上充当了合并后的广义表的表头和表尾角色。因此，获取表头与表尾以及将表头与表尾合并等操作可以作为广义表算法设计的基本操作。

假设 AtomType 是原子数据类型，广义表 GList 的抽象数据类型可定义如下：

ADT GList {

数据对象：$D=\{e_i \mid i=1,\cdots,n,n\geqslant 0,e_i\in$ AtomType 或 $e_i\in$ GList, AtomType 为某种数据类型}

数据关系：$R=\{<e_{i-1},e_i>\mid e_{i-1},e_i\in D,2\leqslant i\leqslant n\}$

基本操作：

InitGList(&L) //结果：创建空的广义表 L

CreateGList(&L,S) //结果：由广义表字符串 S 创建广义表 L

DestroyGList(&L) //结果：销毁广义表 L

CopyGList(&T,L) //结果：广义表 L→T

GListLength(L) //结果：求广义表 L 的长度

GListDepth(L) //结果：求广义表 L 的深度

GListEmpty(L) //结果：判定广义表是否为空

GetHead(L) //结果：返回广义表 L 的表头

GetTail(L) //结果：返回广义表 L 的表尾

InsertFirst_GL(&L,e) //结果：在表 L 头插入元素 e，使 e 成为新的表头

DeleteFirst_GL(&L,&e) //结果：删除 L 的表头，并将由 e 返回

Traverse_GL(L,Visit()) //结果：用 Visit()访问或处理所有 L 中的结点

} ADT GList

5.4.3 广义表的存储结构

由于广义表中元素可以具有不同类型结构，如原子数据类型和广义表类型，在选择存储结构时，首先要解决原子结点和表结点的表示问题。易知，用链表结构是比较合适的。

如图 5-6 所示，它是广义表的一种逻辑存储结构，以标记法来区分结点类型。例如，可用 tag==1 表示广义表结点，用 tag==0 表示原子结点，从而实现表结点和原子结点的共享存储结构。为节约空间，C 语言实现时，可用共用体结构 union 实现该存储结构，其具体的实现可描述如下：

```
typedef enum {ATOM,LIST} ElemTag; //结点标志域类型定义
typedef struct GLNode {
  ElemTag tag; //结点类型:0—ATOM, 1—LIST
  union {       //原子和指向表头、表尾结点的指针域联合
    AtomType atom;
```

```
        struct {
            struct GLNode *hp,*tp;
        } ptr; //表结点时的值域 ptr:hp—表头指针,tp—表尾指针
    } e;
} *GList, GLNode;
```

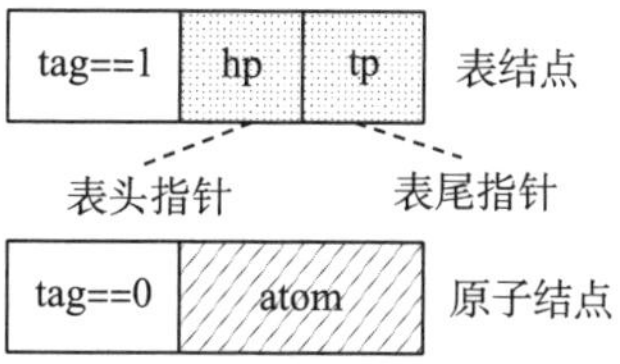

图 5-6　结点头尾指针共享的存储结构

显然，GList 可以根据 tag 状态来表达 e 是原子还是表，以存储广义表。

例如，对前面所列举的广义表实例，它们在计算机内的存储结构逻辑如图 5-7 所示。

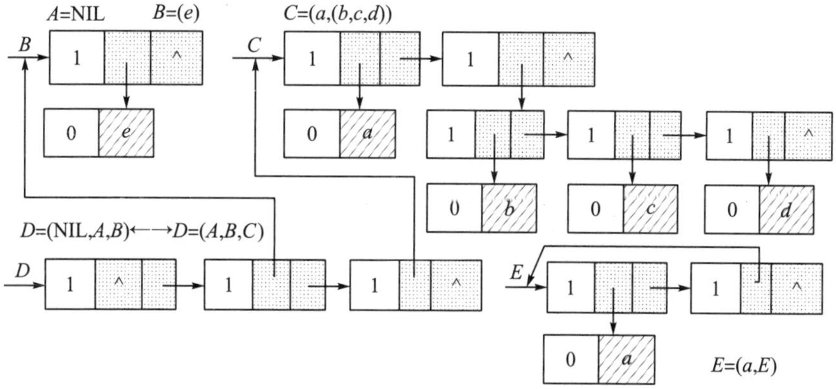

图 5-7　广义表存储结构示意图(原子与结点头尾指针共享的存储结构)

由图可见：①空表的表头指针为空(NIL 或 NULL)。②任何非空表的表头指针 hp 要么指向一个原子结点，要么指向一个表结点。对应地，非空表的表尾指针 tp 指向表尾。它要么是表尾的表头结点，要么是空指针(即表尾是空表)。③原子结点没有指针域。④广义表的层次结构由表头指针、表尾指针和各层子表的层次嵌套结构确定，直到原子层。一般来讲，将层次最高的值作为整个广义表的层次值或深度值。例如，假设表的最高一层的层次序号为 1，原子层为 0，在图 5-7 的广义表层次结构中，D 的深度为 3。⑤广义表的长度即元素个数，它由表的第一层通过尾部指针的指向计算。例如，D 的长度为 3。

实际上，由于任何表(含空表)的表尾都是表，在广义表的数据结构设计上，tp 指针域不必与原子结点共享空间。由此，可以得到另外一种广义表的数据存储结构描述：

```
typedef enum {ATOM,LIST} ElemTag;
typedef struct GLNode {
```

```
    ElemTag tag; //0—ATOM, 1—LIST
    union {         //原子和表头指针联合
        AtomType atom;
        struct GLNode *hp;
    } e;
    struct GLNode *tp; //结点表尾指针(指向表的下一个结点)
} *GList, GLNode;
```

以图5-8为结点存储结构的广义表存储结构逻辑示意图的绘制方法，读者可参考图5-7的例子自行绘制，以熟悉该存储结构下的广义表机内存储机理。

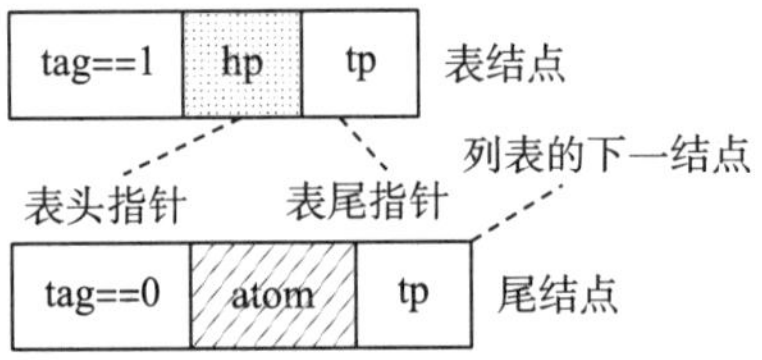

图5-8 表头指针共享的结点存储结构

5.4.4 *广义表的递归算法实现

广义表结构的递归性决定了其算法实现的递归性。本节将通过广义表基本操作算法的设计和实现，使读者掌握“分治法”(divide and conquer)在递归算法设计中的运用技巧。

递归算法优缺点：递归函数或过程的描述结构清晰，且易于阅读和理解，也容易证明其正确性，符合人类的自然思维习惯，但递归算法的时空间效率低。

一般来讲，如果问题求解时分解出来的子问题与原问题相似，只是问题条件或参数有差异，且经过有限次数的递归会达到终止状态，就可采用递归方式描述算法，如Hanoi塔问题。如果问题求解有明确递推规律和公式表达，就无须使用递归方式描述算法，如$n!$问题。对递归算法的设计，既要注意递归接口一致性，也要注意递归过程向问题终结状态迈进。为此，可以对递归问题先进行严格的形式定义，抽取基本项和归纳项。

(1)基本项(base item)——递归调用求解过程的终结状态或一个解。

(2)归纳项(induction item)——从问题当前状态向终结状态转换的递归调用子问题。

下面以广义表的创建、复制、深度求解为例，展示广义表的算法设计过程①。

1. 计算广义表深度

广义表深度即广义表层次数，它与广义表从第一层到原子层的括号嵌套层数一致②。从求解角度，广义表深度是最深元素的深度加1。对非空广义表$LS=(\alpha_1,\alpha_2,\cdots,\alpha_n)$，假设最深元素$\alpha_i(1\leqslant i\leqslant n)$深度为$m$，则LS深度为$m+1$。对长度为$n$的广义表，求其深度的

① 假设广义表是非递归的，且无共享子表结构。
② 广义表深度从原子级或空表开始计数。一般约定空表深度为1，原子深度为0。

算法可归结或分解为 n 个子表的深度求解，且以最深者的深度加 1 作为广义表深度。递归求解深度时，原子和空表是深度递归求解的终结状态，其深度分别为 0 和 1。因此，深度计算算法 GListDepth(LS)的基本项和归纳项可定义如下。

基本项：LS= NIL/nil(空表)时，GListDepth(LS)=1；LS=原子时，GListDepth(LS)=0

归纳项：$\text{GListDepth(LS)} = 1 + \max\limits_{1\leqslant i\leqslant n}\{\text{GListDepth}(\alpha_i)\}, n \geqslant 1$

算法 GListDepth(LS)的递归实现可描述如下。

算法 5-9—GListDepth()

```
int GListDepth(GList L) { //假设采用头尾链表存储结构时求 L 的深度
 if (L==NULL) return 1; //返回空表深度
 if (L→tag==ATOM) return 0; //返回原子深度
 for (maxDepth=0,temp=L; temp; temp=temp→e.ptr.tp) { //取表尾
  depth=GListDepth(temp→e.ptr.hp); //求 temp→e.ptr.hp 深度
  if (depth>maxDepth) maxDepth=depth;
 } //for
 return maxDepth+1;   //深度加 1
} //GListDepth()
```

对广义表 $D=((\,),(e),(a,(b,c,d)))$，其深度求解过程如图 5-9 所示。由图可见，广义表深度计算实际上是基于对广义表的遍历过程。在此过程中，遇到原子和空表时将终止递归，其深度分别为 0 和 1。在某一层上，表的深度是其子表或元素深度的最深者加 1。

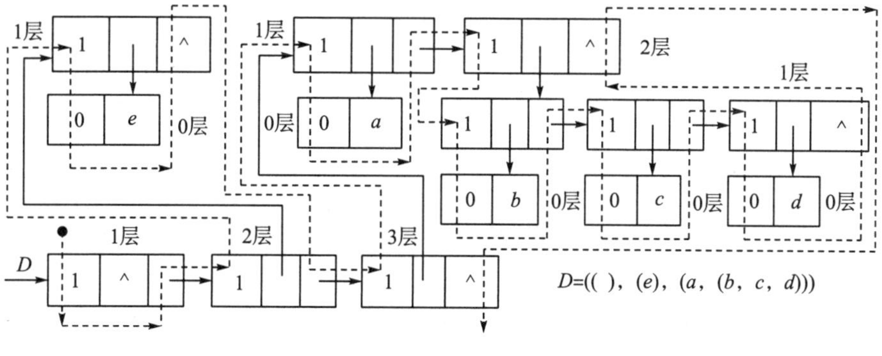

图 5-9　广义表深度求解过程示意图(原子与头尾指针共享的存储结构)

2. 计算广义表长度

广义表长度即广义表中元素的个数，对广义表 $\text{LS}=(\alpha_1,\alpha_2,\cdots,\alpha_n)$，其长度问题的求解也可分解为 n 个子问题。算法的终结状态是，子问题对应的广义表为空，此时，广义表的长度为 0。因此，求广义表长度的基本项和归纳项如下。

基本项：LS 为空表时，GListLength(LS)=0

归纳项：LS 为非空表时，GListLength(LS)=1+GListLength(GetTail(LS))

算法 GListLength(LS)的递归实现可描述如下。

算法 5-10—GListLength()

```
int GListLength(GList L) { //求 L 的表长
  if (L==NULL) return 0; //L 为空时表长为 0
  return 1+GListLength(GetTail(L)); //表尾长+1
} //GListLength()
```

算法 5-11—GetTail()

```
GList GetTail(GList L) { //取 L 的表尾
  if (L==NULL) return NULL; //空表的表尾
  return L→e.ptr.tp; //当遇到原子元素时返回 NULL
} //GetTail()
```

读者可以 $D=((\ ),(e),(a,(b,c,d)))$ 为例，推演并绘制广义表长度的求解过程。

3. 复制广义表

类似于求广义表的深度和长度，广义表复制操作也是递归的。由于广义表头部可能是原子，也可能是子表，而广义表尾部一定是子表，所以其复制操作不能用简单的实体对象复制方式。通常采取的方式是，将表头和表尾分开复制。假设 L 是原表，T 是新表，广义表复制的基本项是空表和原子，归纳项是复制表头和复制表尾。

基本项：L==NULL 时，T=NULL； $L\to \text{tag} == \text{ATOM}$ 时， $T\to \text{atom}=L\to \text{atom}$

归纳项：CopyGList(GetHead(T),GetHead(L))； CopyGList(GetTail(T),GetTail(L))

算法 5-12—CopyGList()

```
Status CopyGList(GList &T,GList L) { //L→T(假设用头尾共享存储结构)
  if (L==NULL) T=NULL; //空表复制
  else {
    T=(GList)malloc(sizeof(GLNode));
    if(T==NULL) exit(OVERFLOW); //表结点空间分配失败返回
    T→tag=L→tag;
    if (L→tag==ATOM) T→atom=L→atom;   //原子复制
    else {
      CopyGList(GetHead(T),GetHead(L)); //L→e.ptr.hp 复制到 T→e.ptr.hp
      CopyGList(GetTail(T),GetTail(L)); //L→e.ptr.tp 复制到 T→e.ptr.tp
    } //if (L→tag==ATOM)
  } //if (T==NULL)
  return OK;
} //CopyGList()
```

算法 5-13—GetHead()

```
GList GetHead(GList L) { //取 L 的表头
  return L→e.ptr.hp;
```

```
} //GetHead()
```

读者可以 $D=((),(e),(a,(b,c,d)))$ 为例，推演并绘制广义表的复制求解过程。

4. 广义表的输入与存储

以上广义表算法都假设，广义表已经在计算机中存好了。因此，要先解决如何将广义表存入计算机的问题。由于广义表结构的特殊性，其建立可以有两种方式：一是完全按照广义表结构输入和构建；二是借助广义表字符串进行机内存储形式的自动转换。

如前述算法所示，广义表算法可通过两种方式递归实现：一是通过表头、表尾的分解与合并；二是通过将广义表分解成并列的子表处理①。对于广义表的结构化字符串表示，可借助 GetHead() 和 GetTail() 完成其在计算机内的存储转换。转换算法与 CopyGList() 相似，其基本项是空表和原子，归纳项是递归到基本项的过程，其本质是一层层去除广义表字符串括号对的过程。对广义表输入与存储算法，下面的讨论以图 5-8 的表头指针共享存储结构为基础。

例如，对 $D=((),(e),(a,(b,c,d)))$，其结构化字符串为"((),(e),(a,(b, c, d)))"，将其转化为广义表的机内存储时，从结构化字符串中分解出广义表的首、尾或第一个元素是关键性的基本操作。假设广义表字符串的首尾字符在任何时候都分别为'('和')'，那么，广义表表头、表尾子字符串的分割算法实现可描述如下。

算法 5-14—departHTString()

```
Status departHTString(SString &str,SString &headStr) { //str→表头 headStr 和表尾 str
  strLen=StrLength(str);
  i=0; //i：结构化字符串的当前字符位序
  k=0; //k：当前需要匹配的'('个数(初值为 0)
  do { //扫描去了首尾字符的结构化字符串，如 D 的初始值"(),(e),(a,(b,c,d))"
    i++;
    SubString(ch,str,i,1); //ch=str[i-1]
    if (ch=='(') k++; //括号层次加深 1 层
    else if (ch==')') k--; //括号层次减少 1 层
    else {printf("list L ERROR!\n"); return ERROR;}
  } while (i<strLen && (ch!=',' || k!=0)); //遇到逗点时或括号完全匹配时，获得表头
  if (i<strLen) { //当前层有元素时
    SubString(headStr,str,1,i-1);     //str[1..i-1]→headStr[0..i-2]
    SubString(str,str,i+1,strLen-1); //str[i+1..strLen-1→str[0..strLen-1-(i+1)]
  }
  else { //当前层为空表时的处理
    str→headStr
    ClearString(str);
```

① 原子可以被看作层次为 0、长度为 1 的子表。

```
  }
  return OK;
} //departHTString()
```

基于算法 departHTString()，广义表的机内存储构建算法的实现可描述如下。

算法 5-15—CreateGList()

```
Status CreateGList(GList &L,SString S) { //由广义表字符串 S 创建广义表 L
 if (StrCompare(S,"()") L=NULL; //空表
 else {
  if ( (L=(GList)malloc(sizeof(GLNode)))==NULL ) exit(OVERFLOW);
  if (StrLength(S)==1) { //S 是原子时，创建单原子广义表
   L→tag=ATOM; L→atom=S;
  }
  else { //S 不是原子时，创建一般广义表
   L→tag=LIST; p=L;
   SubString(Sub,S,2,StrLength(S)-2); //去掉 S 的外层括号→子表串 Sub
   do { //由 Sub 构造广义表当前层的各子表
    departHTString(Sub,headStr); //将 Sub 分割成表头 headStr 和表尾 Sub
    CreateGList(p→e.ptr.hp,headStr);
    q=p;
    if (!StrEmpty(Sub)) {
      if ( (p=(GLNode*)malloc(sizeof(GLNode)))==NULL ) exit(OVERFLOW);
      p→tag=LIST; q→e.ptr.tp=p; //将 p 接成 q 的表尾
    }
   } while (!StrEmpty(Sub));
   q→e.ptr.tp=NULL; //当前层最后一个元素之后为空表
  } //else S 不是原子时
 } //else S 非空时
 return OK;
} //CreateGList()
```

注：以上算法对原子的判定依据是串长为 1，应用时要根据具体问题确定对原子的判定方法。实际上，对原子概念更准确的解读应该是：没有括号或逗点分隔的字符串。

5.5 *广义表的应用——*m* 元多项式的表示

由第 2 章的讨论可知，一元多项式每一项均由系数和指数两个固定数据项描述，用一般线性表结构表示是容易的。但是，一般情形下，不是多元多项式(multi-variate polynomial)的所有变元都一定会出现在项中。此时，用一般线性表结构表示是困难和低效的。

多元多项式中变元个数为 m 时，称该多项式为 m 元多项式。对 m 元多项式问题，如果用一般线性表结构表示，项或元素的表示要用 $m+1$ 个数据项描述，其缺陷在于：

问题 1：无论多项式的项有多少个变元，都要对其分配 $m+1$ 个空间来存放项的系数和各变元指数，会造成存储空间严重浪费且管理困难。反之，若按项的实际变元数分配空间，则在运算中项信息的描述结构既不完整，还会造成频繁分配与回收存储空间的开销增加。

问题 2：如果参与运算的两个多元多项式变元个数和类型有所不同，其运算中项的变化将更加复杂，相应地，多项式的存储结构和空间管理将更加不方便。

如果采用广义表表示，在多项式中，对同一变元项，其系数项可以用不同长度的表结构表示，对项中不同变元，其组织关系可用表的不同层次结构表示。由此，就可以克服一般线性表结构表示的缺陷，既节省空间，又能灵活、有效地表示各种多元多项式项。

例如，对三元多项式 $P(x,y,z)=x^{10}y^3z^2+2x^3y^3z^2+3x^5y^2z^2+x^4y^4z+6x^3y^4z+2yz+15$，其各个项的变元个数不尽相同，各个变元的指数也不相同。但是，如果将它按变元进行同类项合并，如改写成 $P(x,y,z)=((x^{10}+2x^6)y^3+3x^5y^2)z^2+((x^4+6x^3)y^4+2y)z+15$，$P(x,y,z)$ 就可看成以符号多项式为系数，z 为变元的一元多项式，即 $P(x,y,z)=Az^2+Bz+Cz^0$。显然，A、B、C 是以 (x,y) 为变元的二元多项式。同理，可继续对 A、B、C 进行变元分解，直到单变元。

由此，针对多元多项式，其表示有如下方法性结论。

(1) 多元多项式本质上可以看作单变量结构，它由若干个系数指数偶对组成。

(2) 多元多项式的存储表示可按主、次变元次序逐一分解，直到单变元时为止。

例如，对多元多项式 $P(x,y,z)$，可按变量 $z\to y\to x$ 的优先次序进行同类项合并，用广义表表示时，首次同类项合并结果 $P=z((A,2),(B,1),(15,0))$，其系数对应的广义表结果如下：

$$A=y((C,3),(D,2)),\quad B=y((E,4),(F,1))$$

$$C=x((1,10),(2,6)),\quad D=x((3,5)),\quad E=x((1,4),(6,3)),\quad F=x((2,0))$$

可见，用广义表表示时，表的长度是同类项合并后的项数，深度是项的变元个数。

在原子表头共享表示方法下(图 5-8)，多项式项的逻辑存储结构如图 5-10 所示。其中，exp 是指数域，coef 是系数域，hp 指向系数子表，tp 指向同层下一结点或多项式项。多元多项式的存储结构实现可描述如下。

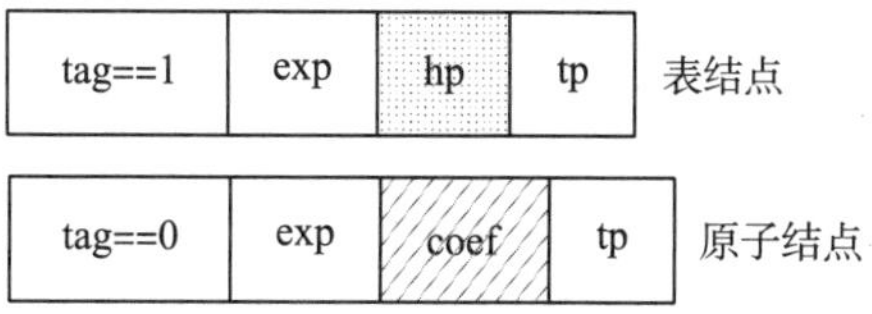

图 5-10　多元多项式存储结构

```
typedef struct MPNode {
   ElemTag tag; //结点类型标记
```

```
    int exp; //指数域
    union {
        float coef; //系数域
        struct MPNode *hp; //表头指针
    } c; //c 要么指向变元系数子表，要么是浮点型系数值
    struct MPNode *tp; //指向下一项(相当于线性表的 next 域)
} *MPList;
```

在 MPList 存储结构下，多项式 $P(x, y, z)$ 的存储结构逻辑示意图如图 5-11 所示，MPHead 是 $P(x, y, z)$ 的头结点。MPHead 的 exp 域表示 $P(x, y, z)$ 中的变元个数。例如，值 3 表示 MPHead 是三元多项式。MPHead 的 hp 指向首次进行同类项合并的变元所构成的线性链表的表头结点。例如，第一层链表示 z 为变元的一元多项式。在各层进行同类项合并的变元线性链表的表头结点 hp 会指向变元(名)存储单元，tp 则指向以该变元合并后的变元多项式首项，如图 5-11 中的 y 链和 x 链。在多元多项式广义表各层线性链表的头结点中，可以利用头结点中的 exp 域，指示该层变元符号在变元符号一维(字符)数组中的下标序号。如图 5-11 所示，各变元名则存入一个一维符号数组中。

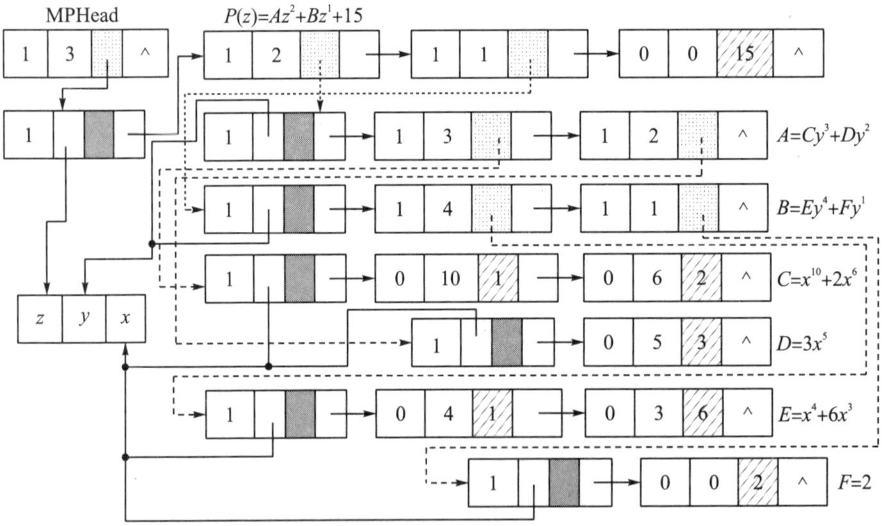

图 5-11　多元多项式 $P(x, y, z)$ 在 MPList 数据结构下的逻辑存储结构

课外思考：当系数不为数值，而是符号时，如何表示？又如何运算？

课 外 习 题

5-1 假设对整数数组 $A_{9\times3\times5\times8}$ 按低维下标优先存储，数组第一个元素的字节地址是 100，一个整数所占存储空间大小为 4 个字节，那么，下列元素所在的存储空间地址是多少？

(1) a_{0000}　(2) a_{1111}　(3) a_{3125}　(4) a_{8247}

5-2 如果按高维下标优先存储数组，题 5-1 中所列元素的存储空间地址又是什么？

5-3 设有上三角矩阵 $(a_{ij})_{m\times n}$，将其上三角矩阵元素逐行存入数组 $B[q]$ 中（q 充分大），使得 $B[k]=a_{ij}$，且 $k=f_1(i)+f_2(j)+c$。试推导出函数 $f_1()$、$f_2()$ 和常数 c［要求 $f_1()$、$f_2()$ 中不含常数项］。

5-4 如果按照先列后行的次序存放，题 5-3 的函数 $f_1()$、$f_2()$ 和常数 c 又如何？

5-5 设有一个三对角矩阵 $\boldsymbol{A}=(a_{ij})_{n\times n}$，如果将其三条对角线上的元素存入矩阵 $\boldsymbol{B}[3][n]$ 中，对 $\boldsymbol{A}$ 和 $\boldsymbol{B}$ 中的元素，假设满足关系 $b_{uv}=a_{ij}$，试推导从 $\boldsymbol{A}$ 中元素的下标 (i,j) 到 $\boldsymbol{B}$ 中元素的下标 (u,v) 之间的变换公式，即 $u=f(i,j)$ 和 $v=g(i,j)$ 的映射关系。

5-6 对题 5-5，假设三对角矩阵 $\boldsymbol{A}=(a_{ij})_{n\times n}$ 已经存入压缩矩阵 $\boldsymbol{B}[3][n]$ 中，对 $\boldsymbol{A}$ 和 $\boldsymbol{B}$ 中的两个元素，如果满足关系 $a_{ij}=b_{uv}$，试推导从 $\boldsymbol{B}$ 中元素的下标 (u,v) 到 $\boldsymbol{A}$ 中元素的下标 (i,j) 之间的变换公式，即 $i=f(u,v)$ 和 $j=g(u,v)$ 的映射关系。

5-7 如果将题 5-5 的三对角矩阵逐行存于一维数组 $B[3n-2]$ 中，使得 B 中元素 b_k 和 $\boldsymbol{A}$ 中元素 a_{ij} 之间满足 $b_k=a_{ij}$，试求用 $\boldsymbol{A}$ 中元素下标 i,j 表示 B 中元素下标 k 时的下标变换公式。

5-8 对题 5-7，试求 B 中元素下标 k 表示 $\boldsymbol{A}$ 中元素下标 i,j 时的下标变换公式。

5-9 已知 $\boldsymbol{A}$ 为稀疏矩阵，将它分别以二维数组和三元组两种形式存储，试从时间复杂度和空间复杂度两个方面比较，完成运算 $\sum_{i=1}^{n} a_{ii}$ 算法设计的优缺点。

5-10 利用 GetHead() 和 GetTail() 操作，写出将以下广义表中原子 banana 分离出来的函数表达式，给出其基于表头、表尾存储方式的存储结构图，给出每个表的深度。

L_1=(apple,pear,banana,orange)

L_2=((apple,pear),(banana,orange))

L_3=((apple),(pear),(banana),(orange))

L_4=(apple,(pear),((banana)),(((orange))))

L_5=((((apple))),((pear)),(banana),orange)

L_6=((((apple),pear),banana),orange)

L_7=(apple,(pear,(banana),orange))

5-11 试给出求给定集合 X 的幂集的递归定义。

5-12 已知整数型顺序表 L 长度为 n，试分别以函数形式写出下列运算的递归算法：

(1) 求 L 中的最大整数。

(2) 求 L 中的最小整数。

(3) 对 L 中所有元素求和。

5-13 试设计一个算法，将数组 A_n 中元素 $A[0]\sim A[n-1]$ 循环右移 k 位，要求只用一个元素大小的辅助存储空间，且元素移动或交换的次数为 $O(n)$。

5-14 试写一个以三元组形式输出，用十字链表表示的稀疏矩阵中非零元素及其下标的算法。

5-15 试设计一个将三元组形式表示的稀疏矩阵转换成常规矩阵形式输出的算法。

5-16 试给出实现 FastTransposeSMatrix()算法(算法 5-3)的程序代码。

5-17 对题 5-10 中的 L_5，按照头尾指针共享存储结构(图 5-6)，试绘制其存储结构图。

5-18 绘制利用算法 5-10 和算法 5-11 求解题 5-10 中 L_5 长度的执行过程图。

第 6 章　树和二叉树

在第 2～5 章有关线性关系数据结构的讨论中，元素排列的逻辑先后顺序呈现如下关系：$a_1 \to a_2 \to \cdots \to a_{i-1} \to a_i \to a_{i+1} \cdots \to a_n$。其特征是：除首尾两个元素外，表中任何元素有且只有唯一的直接前驱和直接后继元素，第一个没有前驱元素，最后一个没有后继元素。

对实际应用问题而言，元素的直接前驱元素和直接后继元素往往并不一定唯一，此时，数据对象关系就变成非线性的。例如，在家谱关系中，对于父子关系，父母(双亲)可以有多个直接后代。又如，排课问题中，一门课的先修或后继课程可以有多门。可见，非线性关系是将线性关系中元素的直接前驱元素或直接后继元素的唯一性约束打开。打开后继元素唯一性约束后的关系称为树，该过程也称为线性表的树扩展。打开前驱元素唯一性约束或同时打开前驱元素和后继元素唯一性约束后的关系称为图，也称为树或线性表的图扩展。本章专题研究树结构的表示与实现。

6.1　树的概念及基本术语

6.1.1　树的概念

对 n 个结点构成的有限集合 $T(n \geqslant 0)$，其树(tree)结构关系定义如下：

(1) $n=0$ 时，T 为空树(null tree)。

(2) $n=1$ 时，T 为单根树(single root tree)。

(3) $n>1$ 时，T 由根(root)结点及其子树(subtree)构成。

树的概念定义方法并不唯一，通常利用其结构特征进行定义。树结构及其抽象图示表示如图 6-1 所示[①]。事实上，日常生活中有很多树结构的应用实例。例如，家谱谱系关系、各种组织机构的组织结构关系(如政府行政机构的领导关系)、源程序代码的语法结构关系、下棋游戏中的棋盘状态树、磁盘文件系统的逻辑组织结构、书目结构、个人网页的信息组织结构等。树结构关系通常采用倒树结构[图 6-1(c)]表示。一般而言，树有如下基本性质：

(1)概念定义的递归特性。

(2)对空树，结点数为 0。对单根树，只有一个根结点。

(3)任何结点的子树之间互不相交或交集为空。

---

① 这里讨论的树结构指的是根部以上的逻辑结构，即图 6-1(a)的横线以上部分。

(4)树都具有层次结构特性。

由于树概念的递归性，对树的逻辑结构、存储结构和相关算法的设计，通常会涉及递归思想和方法，对树相关的递归算法，其递归基本项通常是空树、单根树。

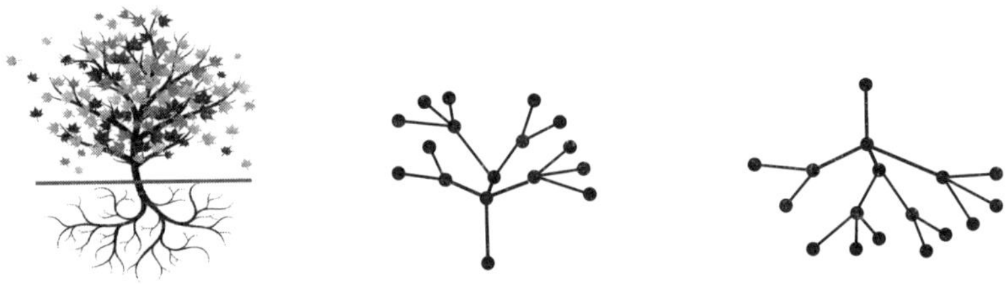

(a) 一棵树的全貌　(b) 树结构的抽象描述　(c) 树结构的倒树表示

图 6-1　树结构及其抽象表示图示

6.1.2　树的表示方法

树的逻辑结构有多种表示方法。常见的有层次结构表示法、集合嵌套结构表示法、广义表结构表示法、凹入结构表示法等。它们都能表达出树中结点的逻辑结构特征①。下面分别讨论它们的表示方法。

1. 树的层次结构表示

树的层次结构表示如图 6-2 所示，一般采取倒树形式。倒树法的基本绘制特点是：先画根后画子树；根在上，子树在下；根和子树用线段相连。

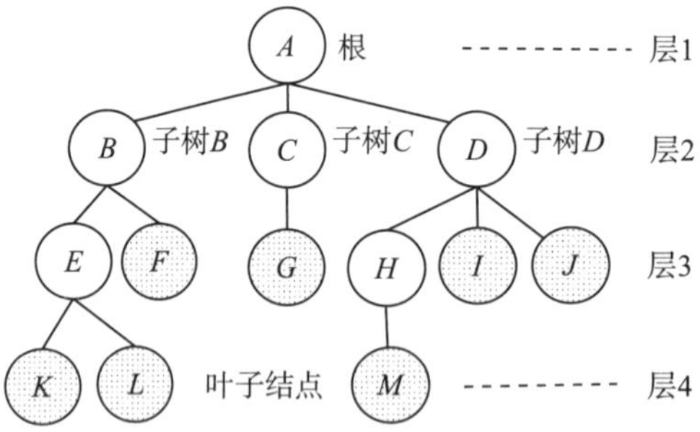

图 6-2　树的层次结构表示

树中的结点(tree node)即元素。结点的子树个数称为结点的分支数(branch number)或结点的度(node degree)。没有子树或分支的结点称为叶子结点(leaf node)或终端结点(terminal node)。对有子树或分支的结点，一般称为非终端结点(non-terminal node)或内部结点(inner node)。显然，叶子结点是度为零的结点，内部结点是度不为零的结点。

例如，图 6-2 中，树 A(根 A)由 3 棵子树构成，整棵树共有 4 层，叶子结点 7 个，非

① 具有层次或等级结构关系的表示方法都可用来表达树的逻辑结构。

终端结点或内部结点 6 个，度为 3 的结点 2 个。

2. 树的集合嵌套结构表示

树的层次结构关系可以和集合的子集嵌套层次结构关系一一对应。其基本绘制步骤是：根据树中结点之间的逻辑关系，从最外层(根)向最内层(叶子)步进，一层嵌套一层，直到不再嵌套。

从图 6-3 可知，根是集合嵌套结构最外层；叶子是嵌套结构最内层；一棵子树的集合嵌套层次结构由子树根下的子树集合嵌套结构表示，直到叶子结点层。

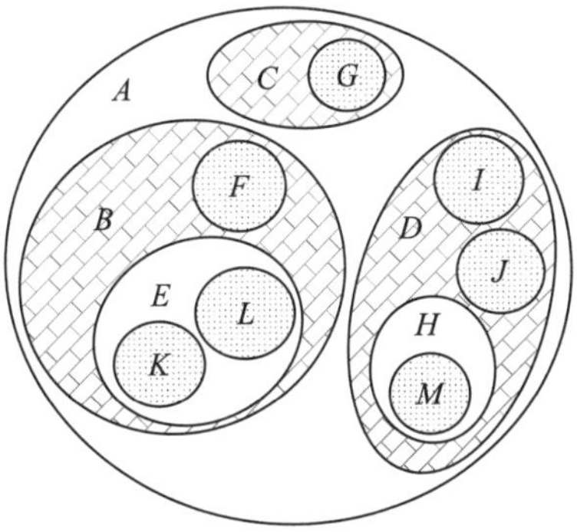

图 6-3　树的集合嵌套结构表示

事实上，集合嵌套结构利用了树中子树间的如下关系：要么不相交(交集为空)，要么一棵子树包含另外一棵子树。

3. 树的广义表结构表示

类似地，可以借用广义表的递归性和层次结构特性表示树结构。具体表示方法是，将广义表的各层与树的各层一一对应起来。同时，对各层广义表赋予结点符号命名。

例如，对图 6-2 的树结构，其广义表结构表示结果如下：

$$A(B\ (E\ (K,L),F),C\ (G),D\ (H\ (M),I,J))$$

显然，它将树根结点作为广义表(或子表)的符号命名，并置于表的最左侧(左括号左侧)。广义表中，对元素及其子表的表示可以类推。

4. 树的凹入法结构表示

还有一类直观而简单的树的逻辑表示方法——凹入法。它利用线段或矩形棒的长短表示树的根和子树的关系。具体表示思想是：结点层次越高，对应线段越长，反之越短。一般而言，长线段表示父辈及其以上的长辈结点，短线段表示子辈及其以下小辈结点。

例如，对图 6-2 其凹入法结构表示如图 6-4 所示。其中，阴影差异主要是为了更好地图示和区分结点的层次结构关系，如子树 *B*、*C*、*D* 和叶子结点 *K*、*L*、*F*、*G*、*M*、*I*、*J*。实际应用时，可以只用线段长短区分，不必用带阴影的矩形棒区分。

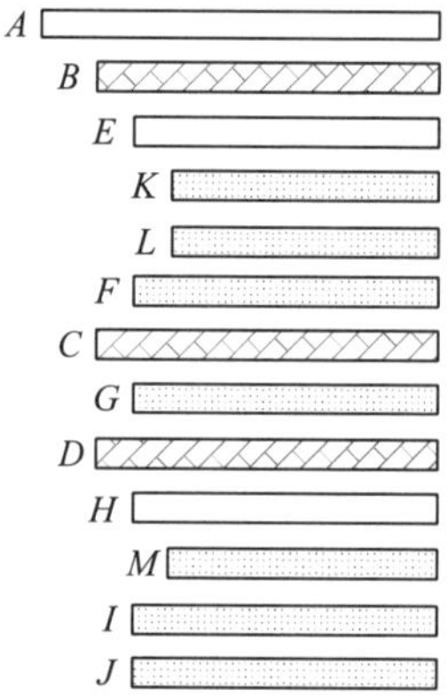

图 6-4　树的凹入法结构表示

6.1.3　树结构问题描述的基本术语

在讨论树的数据结构及其应用的算法设计时，可以根据讨论实际问题的需要，引入一些必要的基本概念和术语。比如，既可以从树结构的角度引入术语并进行问题描述，也可以从家谱谱系的角度引入术语并进行问题描述。

从树结构的角度看，结点的子树或分支个数称为该结点的度，在树的所有结点中，度最大的结点的度是整棵树的度(tree degree)。从根结点到所有叶子结点，层次数最大的值称为树的高度(tree height)，也称为树的深度(tree depth)，是树中结点的最大深度。一般约定，根结点所在的层次为 1，从根结点走到叶子结点的路径中，每下一层，对应的结点的层次加 1。在树中，每一层上的结点总数称作该层的宽度(level width)，在树的所有层中，最宽层的宽度称为整棵树的宽度(tree width)。

对给定的一棵树，其结点子树之间的关系可以看成一种序关系，如右→左或左→右。如果树中各子树根之间有序，整棵树就是有序树(ordered tree)，否则就是无序树(unordered tree)。对有序树，其子树根排在最前面或最左边时，该子树根称为根结点的第一个孩子(first child)，排在最后面或最右边的子树根称为根结点的最后一个孩子(last child)。

对给定的树中结点 p 和 q，如果 q 是 p 的子树的根，那么，q 是 p 的孩子(child)。相应地，p 是 q 的父亲(father)或双亲(parent)结点。对同属一个双亲结点的孩子结点，它们互称兄弟(sibling)。一般而言，从当前结点到根结点路径上的所有结点，都被称为当前结点的祖先(ancestor)结点，当前结点的子结点及其以下的所有结点，都被称为当前结点的子孙(descendant)结点。对双亲在同一层上的结点，它们互称堂兄弟(cousin)。显然，对堂兄弟关系的判定，只要求其父结点辈分一致即可。

例如，对图 6-2 而言，子树 B 的深度为 3，整棵树的高度为 4，树的宽度为 6，E、F、G、H、I 和 J 是堂兄弟，结点 E 的祖先是 B 和 A，结点 D 的子孙是 H、I、J 和 M。

与树结构密切相关的数据结构是森林(forest)，它由若干棵树构成。假设森林 F 中有 m 棵树，森林的概念可定义如下：m 棵交集为空或互不相交的树的集合($m\geq 0$)，记为 $F=(T_1,T_2,\cdots,T_m)$。

实际上，树和森林的概念是可以相互递归定义的。假设 T 是树，那么，它是由根 root 和 m 棵子树 $T_1,T_2,\cdots,T_m$ 所形成的森林构成。因此，树 T 的形式定义也可描述如下：

$T=(\text{root},F)$，root 是根，F 是 m 棵子树构成的森林，子树间互不相交。其中，$F=(T_1,T_2,\cdots,T_m)$，$T_i=(r_i,F_i)$ $(1\leqslant i\leqslant m)$。$m\neq0$ 时，根和子树根之间要满足关系 $\text{RF}=\{<\text{root},r_i>|\ i=1,2,\cdots,m\}$。$m=0$ 时，T 为空树，此时，RF 是空关系。

6.1.4　树的 ADT 定义

应用不同，树的基本操作集合可能不完全相同。但总体上，树的 ADT 可定义如下：

ADT Tree {

数据对象：$D=\{e_i\mid e_i\in \text{TreeElemType},1\leqslant i\leqslant n,n\geqslant 0\}$

数据关系：R 分为如下情形：

$D=\varnothing$ 时 $R=\varnothing$，树 Tree 为空树。

$D=\{e_1\}$ 时 $R=\varnothing$，树 Tree 为单根树。

$|D|>1$ 时 $R=\{H\}$，结点之间的二元关系集 H 满足如下约束：

① $\exists\text{root}\in D$，root 是 D 中二元关系集 H 下唯一没有前驱的结点或元素。

② 设集合 $E=D-\{\text{root}\}\neq\varnothing$，$E$ 有划分[①] $D_1,D_2,\cdots,D_m(m>0)$，$\forall i(1\leqslant i\leqslant m)$，$D_i$ 有且仅有一个元素[②] $x_i\in D_i$，满足关系 $<\text{root},x_i>\in H$，x_i 是 root 的子结点。

③ 关系集 $H'=H-\{<\text{root},x_1>,<\text{root},x_2>,\cdots,<\text{root},x_m>\}$ 有唯一划分 $H_1,H_2,\cdots,H_m(m>0)$。H_i 是 D_i 上的二元关系集，$(D_i,\{H_i\})$ 是 root 的一棵子树。

基本操作：

InitTree(&T); //初始化 T(空树)

DestroyTree(&T); //销毁 T

CreateTree(&T, definition); //按照预定的 definition 表示约定创建 T

ClearTree(&T); //清空树 T

TreeEmpty(T); //空时返回 TRUE，否则返回 FALSE

TreeDepth(T); //求 T 的深度(根的深度为 1)

Root(T); //返回 T 的根结点

Value(T,cur_e); //返回 T 中结点 cur_e 的值

Assign(T,cur_e,value); //将 value 值赋给结点 cur_e

Parent(T,cur_e); //返回 cur_e 的父结点(根的父结点为空)

LeftChild(T,cur_e); //返回 cur_e 的(最)左孩子(叶子结点的子结点为空)

RightSibling(T,cur_e); //返回 cur_e 的右边兄弟(最右结点的右兄弟为空)

---

① 集合 E 的划分充要条件：$E=D_1\cup D_2\cup\cdots\cup D_m$，且对 $\forall j\neq k,(1\leqslant j,k\leqslant m)$，$D_j\cap D_k=\varnothing$。

② 因其唯一性，划分子集 D_i 中与根 root 相联系的元素也表示为 x_i。

InsertChild(&T,&p,i,c); //将非空树 c 插入 T 中，作为 p 的第 i 棵子树，p 的度加 1
DeleteChild(&T,&p,i); //删除 T 中结点 p 的第 i 棵子树，p 的度减 1
TraverseTree(T,visit()); //用 visit() 操作遍历树中结点

} ADT Tree

要注意的是，ADT Tree 的数据对象及其关系的划分要一一对应。划分数据集 E 和划分关系集 H'应满足：对 $\forall D_i,\exists H_i$ 与之对应；同时，$D_i \cap D_j = \varnothing$ 时 $H_i \cap H_j = \varnothing (i \neq j)$。

6.2 二 叉 树

6.2.1 二叉树概述

二叉树(binary tree)——树中任何结点的分支数不超过两棵子树的有序树。显然，二叉树中结点的度不超过 2，故其分支数只有 0、1 和 2 三种情形。二叉树的有序性可通过子树的左、右顺序位置表示，且一旦确定，各分支的左右次序不能随便改变。

如图 6-5 所示，二叉树有五种基本形态。除此以外，二叉树还有两种特殊形态：满二叉树和完全二叉树。在二叉树中，如果每一层的结点数都是最大值(满的)，称该二叉树为满二叉树(full binary tree)，简称满二叉[1]。对给定二叉树，由根结点开始，自上而下、从左至右地对树中结点进行连续的自然数编号，当且仅当每个结点的编号和深度相同的满二叉树中各结点编号一致时，称该二叉树为完全二叉树(complete binary tree)[2]，简称完全二叉。除此以外的二叉树形态，均为非完全二叉树(incomplete binary tree)。图 6-6 给出了满二叉树、完全二叉树和非完全二叉树的实例。

图 6-5 二叉树的五种基本形态

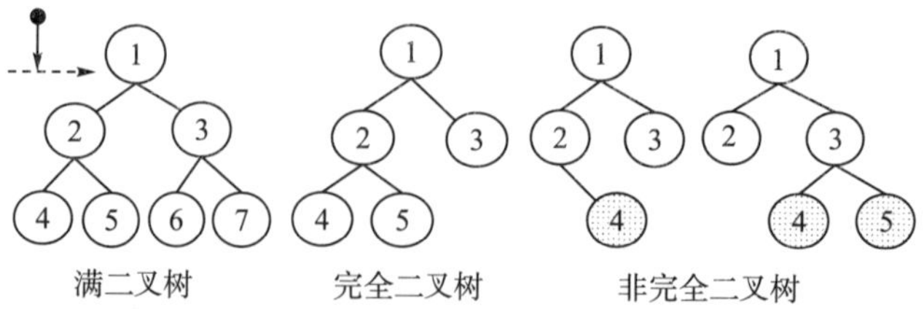

图 6-6 满二叉树、完全二叉树和非完全二叉树实例

① 满二叉树的另一种定义：一棵深度为 k，且有 2^k-1 个结点的二叉树是满二叉树。

② 完全二叉树的另一种定义：一棵深度为 k，有 n 个结点的二叉树，当且仅当每一个结点都与深度为 k 的满二叉树中编码从 1 到 n 的结点一一对应时，称其为一棵完全二叉树。

因二叉树是有序树，且各结点的分支数不超过 2，ADT 定义的结点关系比 ADT Tree 简单，但基本操作更为丰富。二叉树的 ADT 定义如下。

ADT BinaryTree {

数据对象：$D=\{e_i \mid e_i \in \text{TreeElemType}, 1 \leqslant i \leqslant n, n \geqslant 0\}$

数据关系：R 分为如下情形：

$D=\varnothing$ 时 $R=\varnothing$，称为空二叉树。

$D \neq \varnothing$ 时，假设 $R=\{H\}$，结点之间的二元关系集 H 满足如下约束：

① D 中存在唯一没有前驱的根元素或结点 root。

② 若 $E=D-\{\text{root}\} \neq \varnothing$，则有划分 $E=\{D_l, D_r\}$ 存在，且 $D_l \cap D_r=\varnothing$。

③ 若 $D_l \neq \varnothing$，D_l 中有唯一的元素 x_l，使得 $<\text{root}, x_l> \in H$，且 D_l 上的关系子集 $H_l \subset H$。同理，若 $D_r \neq \varnothing$，则 D_r 中有唯一的元素 x_r，使得 $<\text{root}, x_r> \in H$，且 D_r 上的关系子集 $H_r \subset H$。其中，$H=\{<\text{root}, x_l>, <\text{root}, x_r>, H_l, H_r\}$。

④ 二叉树 $(D_l, \{H_l\})$ 和 $(D_r, \{H_r\})$ 分别是根 root 的左子树和右子树。

基本操作：

InitBiTree(&T); //初始化二叉树 T(空二叉树)

DestroyBiTree(&T); //销毁 T

CreateBiTree(&T, definition); //根据 definition 进行二叉树 T 的创建

ClearBiTree(&T); //T 清空

BiTreeEmpty(T); //T 是空二叉树时返回 TRUE，否则返 FALSE

BiTreeDepth(T); //求 T 的深度

Root(T); //返回 T 的根

Value(T,e); //返回 T 中结点 e 的值

Assign(T,&e,value); //将 value 赋予 T 中结点 e

Parent(T,e); //返回 T 中结点 e 的双亲(根结点的双亲返回 NULL)

LeftChild(T,e); //返回 T 中结点 e 的左孩子，无时返回 NULL

RightChild(T,e); //返回 T 中结点 e 的右孩子，无时返回 NULL

LeftSibling(T,e); //返回 T 中结点 e 的左兄弟，无时返回 NULL

RightSibling(T,e); //返回 T 中结点 e 的右兄弟，无时返回 NULL

InsertChild(T,p,LR,c); //将 c 插入到 T 的 p 结点成为其左或右子树。LR==0 时，

//左插入，LR==1 时，右插入。p 结点原来的左、右子树作为 c 的右子树

DeleteChild(T,p,LR); //根据 LR 状态删除 T 中 p 结点的左、右子树

PreOrderTraverse(T,visit()); //前序遍历，并用 visit() 处理结点

InOrderTTraverse(T,visit()); //中序遍历，并用 visit() 处理结点

PostOrderTraverse(T,visit()); //后序遍历，并用 visit() 处理结点

LevelOrderTraverse(T,visit()); //层序遍历，并用 visit() 处理结点

} ADT BinaryTree

对“增枝”操作 InsertChild()和“剪枝”操作 DeleteChild()，要留意它们的初始条件和插入规则。比如，InsertChild()要求非空二叉树 c 与 T 交集为空，且 c 无右孩子。这样，p 结点原来的左、右子树才能作为 c 的右孩子。DeleteChild()是删除整棵子树，不是单结点。对 InsertChild()，图 6-7 给出了“增枝”操作的插入示例。

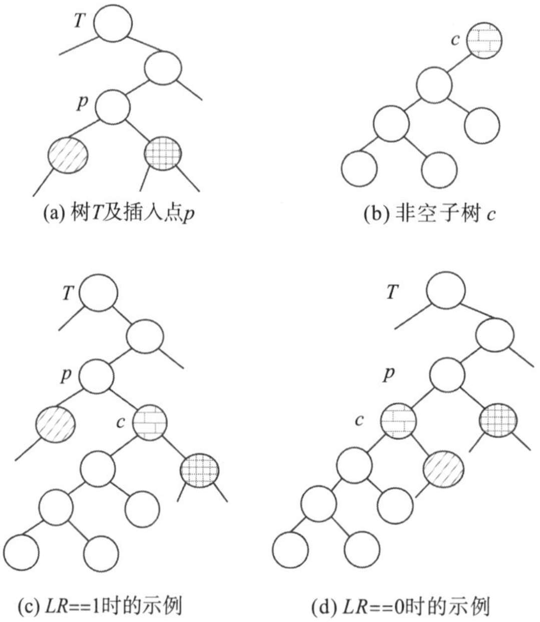

图 6-7 InsertChild(T,p,LR,c)插入实例

除以上涉及的操作概念外，在讨论二叉树相关问题(如二叉树的形态计数问题)时，还可能涉及二叉树形态的相似和相等概念。

二叉树的相似——如果二叉树 T 和 T'均为空二叉，它们相似。如果 T 和 T'不空，它们的左右子树一定相似，称二叉树 T 和 T'互为相似二叉树。

二叉树的等价——如果二叉树 T 和 T'相似，且它们对应的结点上存放的数据元素也完全相同，称 T 和 T'互为等价二叉树。

二叉树的计数问题——对具有 n 个结点的二叉树，假设其互不相似的二叉树数目为 b_n，那么，$b_0=1$，且 $b_1=1$。如果把 $n(n>1)$个结点的二叉树看成由根、i 个结点的左子树和 $n-i-1$ 个结点的右子树构成，则 n 个结点具有的不同形态二叉树种类数递推公式如下[①]：

$$\begin{cases} b_0 = 1 \\ b_n = \sum_{i=0}^{n-1} b_i b_{n-i-1} = \dfrac{1}{n+1} C_{2n}^{n}, n \geqslant 1 \end{cases} \tag{6-1}$$

① 递推公式的推演过程详见参考文献[《数据结构(C语言版)》，严蔚敏，吴伟民，2021]。

6.2.2　二叉树的性质

对任意给定的二叉树，其基本性质如下。

性质 1：第 i 层的结点数最多有 2^{i-1} 个 $(i \geqslant 1)$。

性质 2：二叉树的深度为 k 时，其结点数最多为 2^k-1 个 $(k \geqslant 1)$。

性质 3：如果二叉树终端结点数为 n_0，度为 2 的结点数为 n_2，有 $n_0=n_2+1$ 成立。

性质 4：对完全二叉树，结点数为 n 时，其深度为 $\lfloor \log_2 n \rfloor +1$。

性质 5：假设完全二叉树结点数为 n，按层次从上到下、同层内自左至右顺序对二叉树中的结点进行自然数连续顺序编号 $(1 \leqslant i \leqslant n)$，那么，各结点编号有如下逻辑关系：

① 编号 $i=1$ 时为根。结点编号 $i>1$ 时，结点的双亲结点编号为 $\text{parent}(i)=\lfloor i/2 \rfloor$。

② 编号 $2i>n$ 时，结点 i 无孩子。此时，i 为叶子结点。否则，$\text{LCHILD}(i)=2i$。

③ 编号 $2i+1>n$ 时，结点 i 无右孩子。否则，$\text{RCHILD}(i)=2i+1$。

对二叉树的基本性质，可以结合图 6-6 理解和验证。实际上，对一些特定的求解问题，可以利用性质 5 实现问题的存储结构和算法设计，如哈夫曼树和哈夫曼编码等。

6.2.3　二叉树的存储结构

由前面的讨论和学习易知，针对不同的数据类型存储结构，问题求解的算法设计与实现方式一般会有所不同。二叉树的存储结构可分为顺序存储结构和链式存储结构两类。

1. 顺序存储结构

二叉树结点间的逻辑关系是非线性的，用顺序存储结构表示时，要借用元素下标序号表示结点间的逻辑关系是困难的。但借助二叉树的性质 5，可以方便地表示二叉树结点之间的逻辑结构，前提是预分配完全二叉树的全部结点空间。其数据类型定义如下：

```
#define MAX_TREE_SIZE 64 //二叉树的最大结点数
typedef TElemType SqBiTree[MAX_TREE_SIZE+1]; //下标为 0 的元素不用
SqBiTree sqBT; //声明二叉树变量
```

假设用数组元素下标对应结点的满二叉编号，结点值为元素值。对非二叉树结点，其值设置为 0，那么，图 6-6 所示二叉树的顺序存储结构如图 6-8 所示。

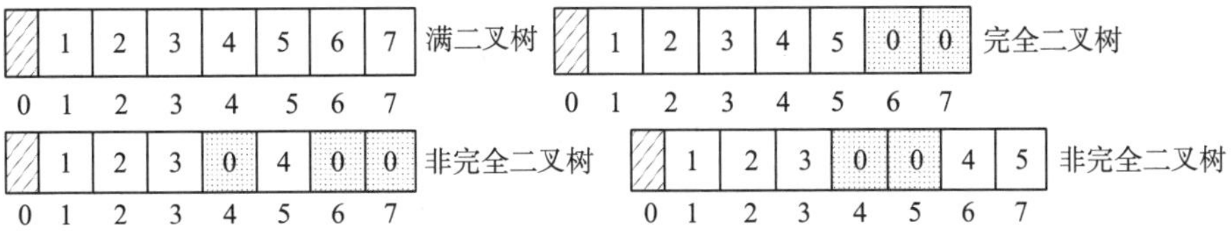

图 6-8　二叉树的顺序存储结构下的存储实例

显然，采用顺序存储结构表示二叉树时，仅当二叉树是满二叉树或完全二叉树时最有效。当二叉树退化成单分支结构时，其空间利用率最低。退化情形的表示请读者自己完成。

2. 链式存储结构

实际上，二叉树的链式存储结构表示往往更为方便，其结点信息结构一般有两种：二叉链和三叉链。如图 6-9 所示，二叉链表结点包含指向左、右孩子的指针域，三叉链表结点还包含指向父辈祖先的指针域。三叉链主要用于有频繁寻祖操作的情形。二叉链和三叉链的二叉树表示实例如图 6-10 所示。

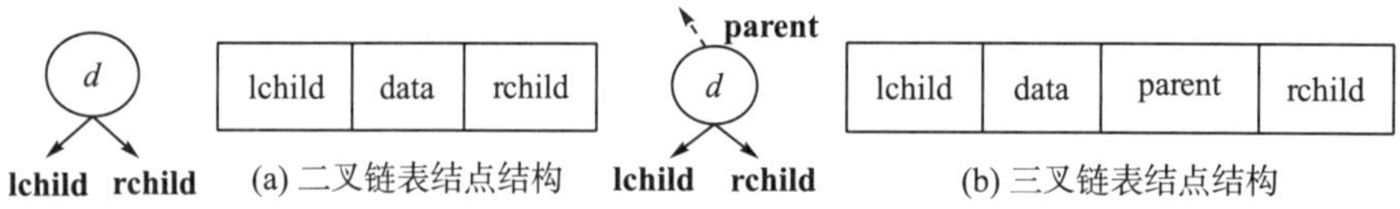

图 6-9 二叉链表和三叉链表的结点结构

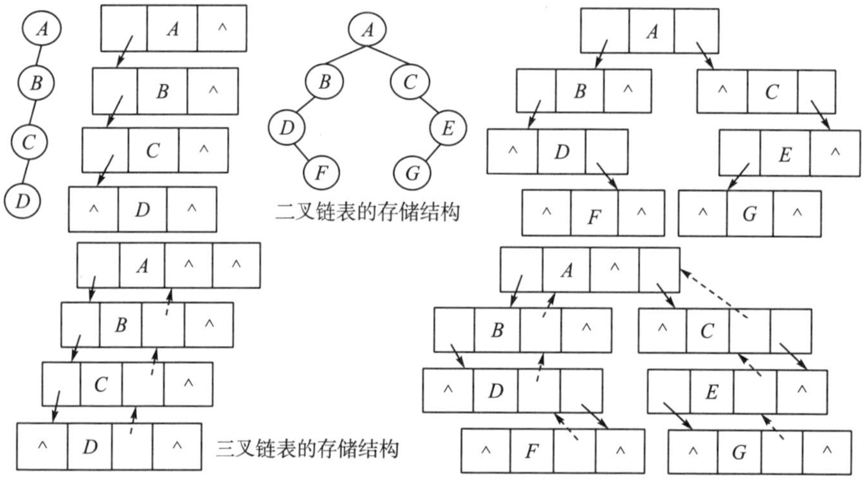

图 6-10 二叉树的二叉链表和三叉链表存储结构示意图

性质 6：对 n 个结点的二叉树，在二叉链存储结构下，一定有 $n+1$ 个空域。

证明：假设 n_0,n_1,n_2 分别为二叉树中度为 0、1 和 2 的结点数，则有：

$\because n=n_0+n_1+n_2$ (1)(结点数关系)

从空域关系看，n_1,n_2 分别连接一个和两个新结点，n_0 不连接新结点，故有：

$n=n_1+2n_2+1$ (2)(分支数+根)

结点指针域个数减去分支个数，即(1)×2−(2)可得

$n=2n_0+n_1-1$ (3)

整理(3)式有：$2n_0+n_1=n+1$。即叶子结点和单分支结点空域之和为 $n+1$。

在二叉树的遍历算法实现中，可以利用二叉链表示的结点空域来表示结点访问的前

驱、后继逻辑顺序关系，从而优化搜索算法。例如，可以通过结点空域，构建线索二叉树存储结构，使得非线性结构下的搜索过程不必采用递归，从而得到优化的遍历算法。

6.2.4　线性链表的存储结构实现和基本操作的函数声明

对二叉树的二叉链表存储结构，其实现可描述如下：

```
typedef struct BiTNode {
   TElemType data;
   struct BiTNode *lchild,*rchild;
} BiTNode, *BiTree;
```

同理，二叉树的三叉链表存储结构的实现可描述如下：

```
typedef struct BiTNode {
   TElemType data;
   struct BiTNode *lchild, *parent, *rchild;
} BiTNodeThree,*BiTreeThree;
```

对不同存储结构，二叉树基本操作的算法过程可能差异较大。例如，查找祖先结点时，对利用完全二叉树性质的顺序表，只需计算下标关系；对二叉链结构，则要从指定点开始，逐一向下探测或回溯探测；对三叉链结构，可根据 parent 域的指向关系直接判定。

对后面的算法讨论，将以二叉链结构为主。以下是几个基本操作的函数声明：

```
Status CreateBiTree(BiTree &T); //按先序输入结点值，以构造二叉树 T
Status PreOrderTraverse(BiTree T,Status (*visit)(TElemType)); //以 visit() 先序遍历
Status InOrderTraverse(BiTree T,Status (*visit)(TElemType)); //以 visit() 中序遍历
Status PostOrderTraverse(BiTree T,Status(*visit)(TElemType)); //以 visit() 后序遍历
Status LevelOrderTraverse(BiTree T,Status (*visit)(TElemType)); //以 visit() 层序遍历
```

有关 ADT BinaryTree 的其他基本操作的函数声明，请读者自行完成。

6.3　二叉树的遍历和线索二叉树

遍历是操作二叉树的基础。本节主要讨论二叉树的遍历及其应用算法的设计与实现。如求解和处理给定结点的双亲、孩子、层次等，也可在遍历过程中新增或删除结点等。

6.3.1　二叉树的遍历

遍历线性表时，一般采用简单的循环结构逐一访问。对二叉树遍历，如果采用顺序存储，也可以通过简单地逐一访问完成。但是，由于二叉树定义的递归特性，通常，二叉树遍历(traverse of binary tree)算法会采用递归方式描述。那么，什么是遍历呢？

遍历(traverse)：对给定数据集的每个结点访问一次，且仅能访问一次的过程。

对一棵二叉树，假设 *L* 是其左子树，*R* 是其右子树，*D* 是根。假定对二叉树结点进行自顶(根)向下(叶子)、(层内)自左向右顺序访问，则访问方法可分为先根 DLR、中根 LDR 和后根 LRD 三种，分别简称先序、中序和后序访问。理论上讲，假设同层结点访问顺序是自右向左，则还有另外三种访问方法，即右先序 DRL、右中序 RDL 和右后序 RLD。但是，不加特别说明时，默认访问顺序采取的是先上后下、先左后右策略。

对给定二叉树 *T*，其先序遍历算法基本步骤如下：

(1) 若 T==NULL，返回 OK;

(2) visit(T→data)。

(3) 递归访问 T→lchild。

(4) 递归访问 T→rchild。

先序访问算法的类 C 描述如下。

算法 6-1—PreOrderTraverse()

```
Status PreOrderTraverse(BiTree T, Status (*visit) (TElemType e)) { //先序遍历 T
 if (T) { //T 不空
  if (visit(T→data)) //T→data 访问成功
   if (PreOrderTraverse(T→lchild,visit)) //T→lchild 访问成功
    if (PreOrderTraverse(T→rchild,visit)) //T→rchild 访问成功
     return OK;
  return ERROR;
 } //if (T)
 return OK;
} //PreOrderTraverse()
```

有时，也可将其简化描述为：

```
visit(T→data);
PreOrderTraverse(T→lchild,visit);
PreOrderTraverse(T→rchild,visit);
```

要注意的是，算法中的 visit()函数所完成的访问任务，要根据实际问题求解需要而定。比如，如果 visit()只是简单输出结点的数据域值，则可以定义为一个如下的输出函数：

```
Status PrintElem(TElemType e) {
 printf(e); //实现时根据 e 的 data 数据类型加上合适的输出格式符
 return OK;
} //PrintElem()
```

采取 PreOrderTraverse(T,PrintElem)调用，即可完成先序遍历的结点数据域输出。

仿照递归调用中递归函数调用的工作栈变化过程，可借助堆栈进行二叉树遍历的非递归实现。比如，算法 6-2 和算法 6-3 就是借助堆栈的中序非递归遍历算法的实现实例。

算法 6-2—InOrderTraverse()

```
Status InOrderTraverse(BiTree T, Status (*visit) (TElemType e)) { //T 的非递归中序遍历
 InitStack(S); //初始化栈 S
```

```
  Push(S,T); //T(根)入栈 S
  while (!StackEmpty(S)) { //栈 S 不空时
    while (GetTop(S,p) && p) Push(S,p→lchild); //栈顶 p 不空时 p→lchild 入栈
    Pop(S,p); //取栈顶 p(空指针 NULL)
    if (!StackEmpty(S)) {
     Pop(S,p); //取左子树为空的结点 p
     if (!visit(p→data)) return ERROR; //用 visit(p→data)，失败返回 ERROR
     Push(S,p→rchild); //访问 p→rchild
    } //if
  } //while
} // InOrderTraverse()
```

<u>算法 6-3</u>—InOrderTraverse()

```
Status InOrderTraverse(BiTree T, Status (*visit) (TElemType e)) { //T 的非递归中序遍历
  InitStack(S); //初始化栈 S
  p=T;
  while (p||!StackEmpty(S)) { //p 不空或 S 不空
    if (p) {Push(S, p); p=p→lchild; } //p 不空时入栈，并继续测试其左子树
    else {Pop(S,p);if (!visit(p→data)) return ERROR; p=p→rchild;}
  } //while
} //InOrderTraverse()
```

因遍历算法对每个结点最多只能访问一次，故算法的时间复杂度为 $O(n)$。在空间复杂度上，最坏情形是访问过程中所有结点要进栈保存，故算法的空间复杂度也是 $O(n)$。

针对二叉树的先序和后序遍历，其非递归实现、层次遍历以及三叉树结构遍历等算法的实现，请读者自行进行课外思考和设计实践。

6.3.2　二叉树遍历算法的应用

1. 二叉树的创建算法

创建二叉树是运用二叉树技术求解问题的第一步，在递归遍历中完成二叉树创建是二叉树创建算法设计的基础。算法 6-4 是以先序遍历为基础的二叉树创建过程。

<u>算法 6-4</u>—CreateBiTree()

```
Status CreateBiTree(BiTree &T) { //先序遍历创建二叉树 T
  scanf(&ch); //输入当前结点的数据域值(假设类型为字符型！)
  if (ch==' ') T=NULL; //遇到空格字符←→结点空域，故指针值为 NULL
  else {
    T=(BiTNode *)malloc(sizeof(BiTNode)); //分配结点
    if (!T) exit(OVERFLOW);
```

```
    T→data=ch;
    CreateBiTree(T→lchild); //继续构造左子树
    CreateBiTree(T→rchild); //继续构造右子树
  } //if
  return OK;
} //CreateBiTree()
```

如果以字符'#'表示空格字符，创建图 6-10 中的两棵二叉树，假设创建时输入的字符序列表示为"ABCD#####"和"ABD#F###C#EG###"。又如，有一棵二叉树，假设创建时的输入字符序列为"ABC##DE#G##F###"，读者可尝试绘制其对应二叉树结构，加深对创建算法的理解。

实际上，二叉树的创建方法并不唯一。读者可围绕树的逻辑结构和遍历特点，做进一步的课外思考与探索。可以借助友好的交互式问答方式创建二叉树。也可以根据已知的二叉树的遍历序列组合创建二叉树，比如，可由中序、后序遍历结果创建二叉树结构。

2. 表达式的二叉树表示

对一个给定的表达式，可以用一个二叉树表示。具体的表示方法如下。

(1)表达式为简单操作数(或简单变量)时，即只有 OPND，对应的二叉树为单根树 OPND。

(2)表达式为双目运算式时，即 OPND1 OPTR OPND2，对应的是 OPTR 为根，OPND1 和 OPND2 分别为左、右子树的二叉树。

(3)表达式为单目运算式时，即 OPTR OPND1，对应的是 OPTR 为根，左子树为空，右子树为 OPND1 的二叉树。

(4)OPND1 和 OPND2 是非简单操作数时，即子表达式，分别表达成对应的子表达式树。

表示表达式的二叉树(binary tree of expression)简称表达式树。它本质上代表了一个不带括号的表达式，其创建算法请读者自行思考和设计。后面的讨论均假设，表达式树已经创建好。例如，对表达式 $a+b*(c-d)-e/f$ 和 $(a*(b-c)+d)*2-3$，其表达式树如图 6-11 所示。

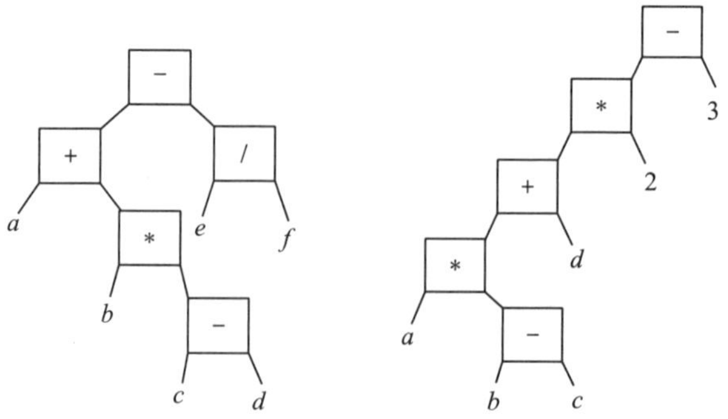

(a) $a+b*(c-d)-e/f$　　(b) $(a*(b-c)+d)*2-3$

图 6-11　带括号表达式的表达式树表示示意图

对表达式树的先序遍历结果称为前缀表达式(prefix expression)或波兰式(Polish notation，PN)[1]，中序遍历结果为中缀表达式(infix expression)，后序遍历结果为后缀表达式(suffix expression)或逆波兰式(reverse Polish notation，RPN)[2]。

例如，对图 6-11(a)，其先序、中序和后序遍历的结果分别是 $-+a*b-cd/ef$ 、$a+b*c-d-e/f$ 和 $abcd-*+ef/-$ ，对图 6-11(b)，其遍历的结果分别是 $-*+*a-bcd23$ 、$a*b-c+d*2-3$ 和 $abc-*d+2*3-$ 。

对给定的一个波兰式，其计算过程是：自左至右扫描表达式，遇到操作符后，取相应的操作数进行运算，并用计算结果替换该操作符及其操作数。重复以上这过程，直到所有操作符都运算完毕。例如，对波兰式 $-+a*b-cd/ef$ ，其计算过程和步骤如下：

$$-+a*b\boxed{-cd}/ef \rightarrow -+a*b\underline{(c-d)}\boxed{/ef} \rightarrow -+a\boxed{*b\underline{(c-d)}}(e/f) \rightarrow -\boxed{+a\underline{(b*(c-d))}}(e/f) \rightarrow \boxed{-\underline{(a+(b*(c-d)))}(e/f)} \rightarrow ((a+(b*(c-d)))-(e/f))$$

这一计算过程要反复多次扫描表达式，且要用一个子算法来判断操作符后是否紧跟了两个操作数。与波兰式相比，对一个逆波兰式来讲，它将操作符置于操作数之后。实际应用中，基于逆波兰式的计算过程更简单，其应用也更为广泛。

对逆波兰式，其计算过程是：自左至右扫描表达式，遇到操作符时，用其前面两个操作数进行运算，再用计算结果替换原来的两个操作数及操作符。继续向后扫描，直到表达式被扫描、计算完。例如，对逆波兰式 $abcd-*+ef/-$，其计算过程和步骤如下：

$$ab\boxed{cd-}*+ef/- \rightarrow a\boxed{b}\underline{(c-d)}\boxed{*}+ef/- \rightarrow \boxed{a}\underline{(b*(c-d))}\boxed{+}ef/- \rightarrow \underline{(a+(b*(c-d)))}\boxed{ef/}-\rightarrow \underline{(a+(b*(c-d)))}(e/f)- \rightarrow ((a+(b*(c-d)))-(e/f))$$

可见，基于逆波兰式的运算过程比波兰式简单。它只需扫描表达式一次，就可以完成计算。实际上，借助单栈，可以很方便地完成基于逆波兰式的表达式计算工作。

在第 3 章讨论表达式计算时，设计的算法基于双栈，它本质上是以中缀式为基础进行运算。在表达式树下，借助其中序遍历过程能否直接完成表达式计算，以及能否直接利用中缀式进行表达式计算等问题，请读者自己分析并得出结论。

6.3.3　线索二叉树

从遍历结果来看，二叉树遍历的实质是，对树中结点，按照一定的访问策略，将树中结点排列成一个线性序列，该序列中除第一个结点和最后一个结点外，其余每一个结点都只有唯一的直接前驱和直接后继结点。因此，二叉树遍历可以被看作将结点间的非线性存储结构关系转换成线性存储结构关系。简言之，遍历就是将非线性结构的二叉树线性化的过程，它会使得对二叉树的遍历访问更方便。

对二叉树遍历而言，如何方便地访问结点的直接前驱和直接后继结点是关键，也是对其进行线性化的基本目标。易知，对遍历得到的 n 个结点，在其线性关系中，结点的直接前驱和直接后继结点共有 $2(n-1)$ 种关系。同时，结点中只存储了其自身信息和左右孩子

---

① 于 1920 年由波兰数学家 Jan Lukasiewicz 提出。它表示的表达式不需要括号，且表达式是可计算的。
② 也可以通过扫描原始表达式直接转换成逆波兰式。过程类似于第 3 章的括号对匹配或去括号对。

链接信息。要利用它们访问结点的直接前驱和直接后继结点，只能在动态搜索过程中完成，不能直接获得。

一般来讲，当讨论二叉树结点的直接前驱或直接后继结点时，遍历方式应该已经确定。此时，访问二叉树当前结点的直接前驱和直接后继结点是有规律可循的。例如，在先序遍历中，结点的直接后继结点可按如下过程访问：左子树不空时，访问左子树的根；右子树不空时，访问右子树的根；左、右子树都为空时，回溯寻找并访问最近邻的没有被访问过的结点。类似地，也可以得出直接前驱结点的访问规律。

以上过程的前两种情形简单、易控。对第三种情形，一般要回溯到最近邻的、右分支没有被访问过的(公共)祖先位置，控制过程相对较困难。若将各结点加上直接前驱和直接后继指针[图 6-12(a)]，访问方便，但存储密度会下降，空间利用率显著降低。实际上，可以利用二叉树性质 6 中的 n+1 个空域，来存储遍历中要回溯才能访问的那些直接前驱和直接后继的地址，以降低遍历过程的回溯难度，其存储结构如图 6-12(b)所示。

forward	lchild	data	rchild	backward

(a) 增加前驱、后继指针域的二叉树结点结构

lchild	LTag	data	RTag	rchild

(b) 线索二叉树的结点结构

图 6-12　存储直接前驱、直接后继地址的两种二叉树结点存储结构

利用 n+1 个空域存储结点直接前驱和直接后继地址的基本思想如下。

若结点有左子树，其 lchild 域存放左孩子，否则，存放其直接前驱地址。对右孩子域的处理类似。为区分孩子结点指针和前驱、后继结点指针，可分别设置两个标志域 LTag 和 RTag 进行标记。标记域的取值及使用方式可定义如下：

$$\text{LTag}=\begin{cases}0, & \text{lchild指向当前结点的左孩子}\\1, & \text{lchild指向当前结点的直接前驱结点}\end{cases}$$

$$\text{RTag}=\begin{cases}0, & \text{rchild指向当前结点的右孩子}\\1, & \text{rchild指向当前结点的直接后继结点}\end{cases}$$

由此，线索二叉树(threaded binary tree)的存储结构实现可描述如下：

```
typedef enum PointerTag {Link, Thread}; //Link—指针,Thread—线索
typedef struct BiThrNode {
   TElemType data;
   struct BiThrNode *lchild, *rchild;
   PointerTag LTag, RTag;
} BiThrNode, *BiThrTree;
```

为了更好地进行基于线索二叉树的算法描述，下面引入几个与此相关的概念。

线索——在二叉树存储结构中，利用结点空域指向结点直接前驱和直接后继结点的指针。

线索二叉树——按事先确定好的遍历规则，对结点空域进行了线索化指向的二叉树。

线索链表——带有线索化存储方式表示的二叉树链表。

线索化——以某种确定的遍历顺序，将一般二叉树进行遍历和线索化标记的过程。

为了让读者对线索化过程和结果及其存储结构更加熟悉，下面以图 6-11(a)的表达式

树为例，讨论其线索化算法、线索链表和线索化存储结构等问题。

线索化的一般过程：

(1)　按确定的遍历方式寻找并访问第一个结点。

(2)　记录刚访问的结点。

(3)　依次访问当前结点的后继结点，并进行线索化。直到后继结点空时停止线索化。

例如，假设树 *T* 已存在，各结点线索标志域已设为正常的孩子结点标志，即 LTag=0、RTag=0，*pre* 是刚刚访问过的结点指针(初值为 *pre*=NULL)，*p* 是当前结点指针且 *p*!=NULL (初值为 *p*=root)，那么，中序线索化算法 InThreading()的核心步骤如下。

```
InThreading(p→lchild);
if (p→lchild==NULL) {
 p→LTag=Thread;
 p→lchild=pre; //前驱 pre
} //if
if (pre→rchild==NULL) {
 pre→RTag=Thread;
 pre→rchild=p; //后继 p
} //if
pre=p; //p 成为新的 pre
InThreading(p→rchild);
```

以 InThreading()为基础，中序遍历线索化算法可描述如下。

算法 6-5—InOrderThreading()

```
Status InOrderThreading(BiThrTree &TT, BiThrTree BT) { //BT→TT
  TT=(BiThrTree)malloc(sizeof(BiThrNode)); //线索树头结点 TT
  if (TT==NULL) exit(OVERFLOW);
  TT→LTag=Link; TT→RTag=Thread; TT→rchild=TT; //初始时 TT 右孩子指针域回指
  if (BT==NULL) TT→lchild=TT; //左孩子指针域回指
  else {
      TT→lchild=BT; pre=TT; //线索树的第一个结点
      InThreading(BT); //线索化过程
      pre→rchild=TT; pre→RTag=Thread; //最后一个结点(根)的线索化
      TT→rchild=pre; //BT 不空时，TT 右孩子的指针指向最后一个被访问的结点
  } //if
  return OK;
} //InOrderThreading()
```

图 6-13 展示了图 6-11(a)的两幅图：一是中序线索二叉树(去掉虚线部分)；二是中序线索链表(去掉两个 nil 指针)。对于图 6-13 的中序线索链表的存储结构图示，读者可根据前述数据结构自行绘制。要注意的是，图中虚线结点 *T* 的引入是为了优化线索化算法，进行更有效的遍历。例如，带 *T* 结点时，二叉树的非递归中序遍历算法可描述如下：

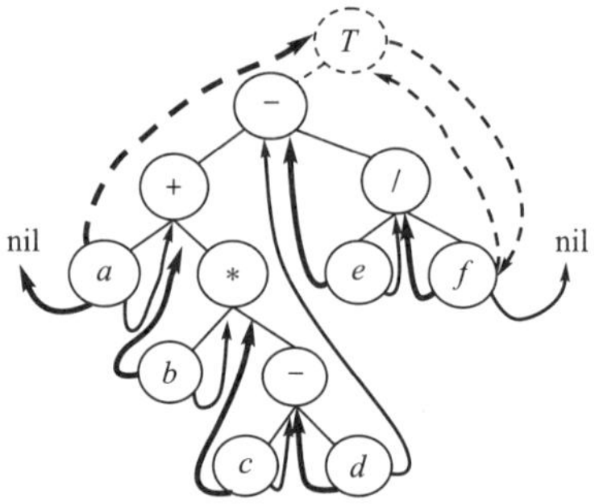

图 6-13　图 6-11(a)的中序线索二叉树和线索链表

注：一般算法从 nil 退出。新增 T 结点是为了改进线索化算法和搜索算法

算法 6-6—InOrderTraverseThreaded()

```
Status InOrderTraverseThreaded(BiThrTree T, Status(*visit)(TElemType e)) { //中序遍历
  p=T→lchild; //T 为头结点(二叉树作为 T 的左子树)
  while (p!=T) { //遍历结束条件是 p==T
     while (p→LTag==Link)
        p=p→lchild;
     if (!visit(p→data)) return ERROR; //第一访问结点
     while (p→RTag==thread && p→rchild!=T)
     {//p→rchild!=T 时指向后继结点
        p=p→rchild;
        if (!visit(p→data)) return ERROR;
     } //while
     p=p→rchild; //访问 p 的右子树
  } //while (p!=T)
  return OK;
} //InOrderTraverseThreaded()
```

同理，可以获得如图 6-14 和图 6-15 所示的图 6-11(a)的先序和后序遍历线索二叉树。

二叉树线索化后，其遍历时间复杂度仍然是 $O(n)$。但是，因为可以直接从线索指针获取空域对应的直接后继或直接前驱，算法不需要再通过堆栈的进、出进行信息保存和回溯，算法的实际执行时间开销减少，整体效率高于利用堆栈的方法。

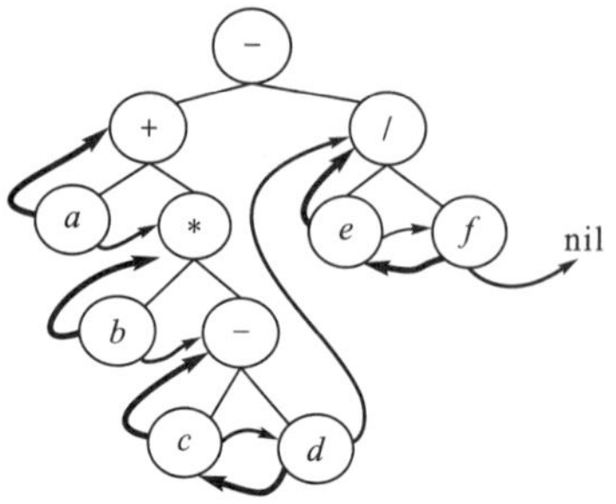

图 6-14　图 6-11(a)的先序遍历线索二叉树

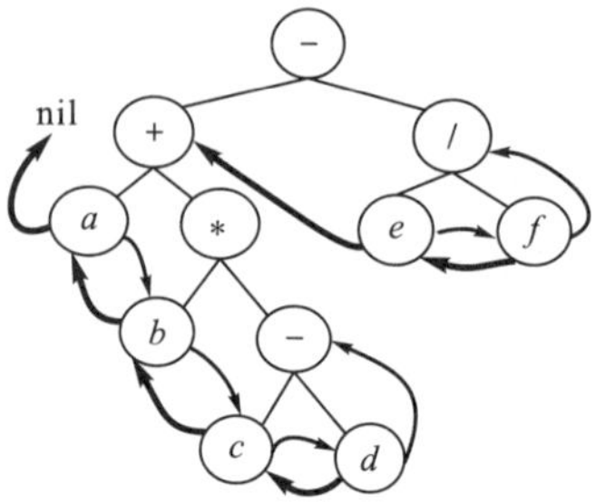

图 6-15　图 6-11(a)的后序遍历线索二叉树

6.4 树和森林

至此，对二叉树逻辑结构、存储结构及相关算法已经进行了系统讨论。实际应用中往往呈现的是树或森林等更复杂的情形。本节讨论它们的表示、存储和相关算法。

6.4.1 树的存储结构

树结点对子树个数无约束，其存储结构不能简单地用左右孩子表示，但是，树中任何结点都有唯一的双亲结点。因此，对于一棵树，可以有如下一些存储结构实现方法。

1. 双亲表示法

可以利用树结点的双亲唯一性，描述树中结点的关联关系。其基本思想是：以一组连续的存储空间存储树中各结点。同时，在结点结构中，可用一个指示器指向其双亲结点位置。对顺序存储结构，该指示器可以是元素所在的数组下标，否则，要用动态分配和指针链接技术完成链接。双亲表示法的顺序存储结构的结点结构可定义如下：

```
#define TREE_SIZE 100
typedef struct PTNode { //双亲表示法的结点存储结构
   TElemType data;
   int parent; //双亲位置(序号)
} PTNode;
typedef struct { //双亲表示法的树结构
    PTNode nodes[TREE_SIZE]; //结点数组
    int r,n; //根的位置(序号)r 和结点数 n
} PTree;
```

PTree 是静态顺序存储结构。对图 6-16，其双亲顺序存储结构的表示结果如表 6-1 所示。其中，根结点的双亲位置序号约定为−1。基于动态分配和指针链接技术的双亲法，其存储结构的设计与实现请读者自行完成。

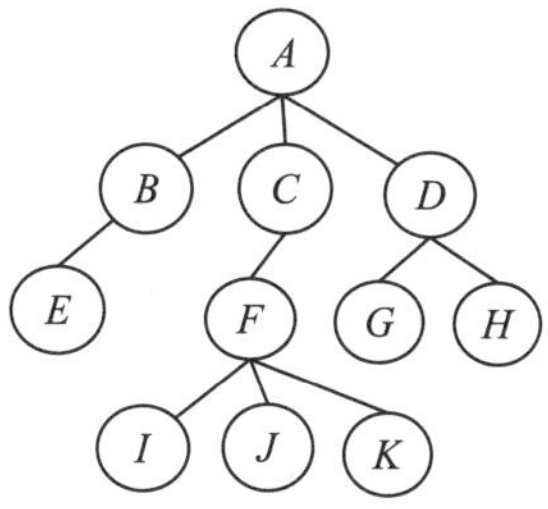

图 6-16　树结构实例

表 6-1　图 6-16 的双亲顺序存储结构

结点下标	结点值	双亲结点下标
0	*A*	−1
1	*B*	0
2	*C*	0
3	*D*	0
4	*E*	1
5	*F*	2
6	*G*	3
7	*H*	3
8	*I*	5
9	*J*	5
10	*K*	5

显然双亲表示法的优点是，找双亲及祖先方便。但查找孩子必须遍历整棵树，其效率不高。但在某些应用中，它也有明显优势，如针对集合的等价类划分与合并等操作时。

2. 孩子表示法

孩子表示法 1：与双亲表示法相对应，树的存储结构也可以采用孩子表示法。此时，每个结点只需记住自己的孩子结点。由于树中每个结点的孩子个数是不确定的，设计存储结构时就有讲究。理想的方法是，结点直接拥有指向每一个孩子结点的指针，其存储结构如图 6-17(a)所示。这种存储结构灵活，但实际实现中会出现管理困难，一般应用不多。一种折中的方案是，预分配若干个孩子指针域，同时，在结点域中记录结点拥有的孩子的个数[图 6-17(b)]。由此，它既具有一定灵活性，又可在算法设计操作中方便地管理结点及其孩子结点的指向关系。

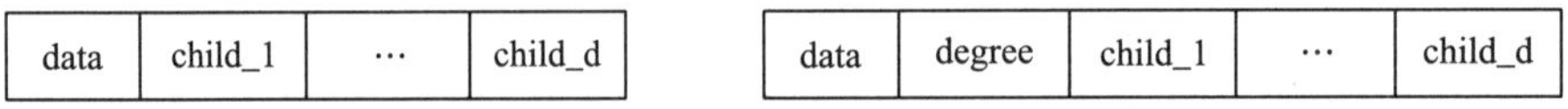

(a) 孩子指针数预分配结构　　(b) 孩子指针数由结点度数确定的结构

图 6-17　多指针域表示孩子结点的两种方式

孩子表示法 2：直接用结点中的孩子指针指向每一个孩子，父结点和每一个孩子结点直接关联，对父子关系的一些管理操作并不一定方便，尤其是增、减操作。实际上，可以将结点的每个孩子结点排列起来，形成一个线性单链表，并将它作为双亲结点的子表，表示实例如图 6-18 所示。如果一棵树有 n 个结点，就有 n 个这样的孩子链表。由此，可以将 n 个头指针组织成一个(孩子表头)线性表。

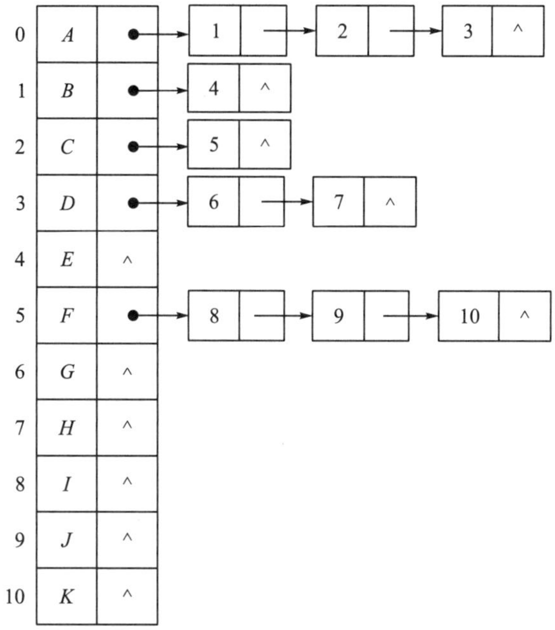

图 6-18　树的孩子链表表示实例

树的孩子链表表示法的数据结构定义如下：

```
typedef struct CTNode {
    int child; //结点下标顺序号
    struct CTNode *next;
} *ChildPtr;
typedef struct {
    TElemType data; //结点值
    ChildPtr firstchild; //头结点
} CTBox;
typedef struct {
    CTBox nodes[TREE_SIZE];
    int n,r; //结点数和根位置 r
} CTree;
```

对孩子表示法的评价：①对于孩子表示法 1，第一种思路因预分配的孩子结点空间要以最多孩子数为基础，往往空间浪费大，但访问操作较为方便；第二种思路根据结点的孩子数分配结点空间，但访问操作会不方便，算法过程往往需要频繁判定或跟踪孩子数。②对于孩子表示法 2，它充分利用了线性链表存放树结点的灵活性，不需预分配孩子结点空间，同时，其寻找孩子结点的方法简单，但寻找双亲结点时，需要扫描整棵树，算法效率不高。因此，对其改进的一种思路是，增加双亲信息到孩子结点链表的头结点上，表示实例可以参照图 6-18 进行改进。

3. 孩子兄弟表示法

为了更方便地表示树的存储结构，并利用已有二叉树算法完成树的表示与操作，可以采取孩子兄弟表示法。其基本思想是：利用二叉树的存储结构表示一般树。

树的孩子兄弟表示法又称为树的二叉树表示或树的二叉链表表示法。其中，结点的两个指针域分别指向其第一个孩子结点及其下一个兄弟结点。具体数据结构可定义如下：

```
typedef struct CSNode {
    TElemType data; //结点元素值
    struct CSNode *firstchild; //firstchild—第一个孩子结点
    struct CSNode *nextsibling; //nextsibling—下一个兄弟结点
} CSNode, *CSTree;
```

图 6-16 中的树所对应的二叉树逻辑结构如图 6-19 所示。从图中可以看出，将一棵树的逻辑结构转换成二叉树的逻辑结构的过程可以按如下三个步骤完成：

(1) 连接兄弟关系。即结点的所有孩子从最左边的长兄到最右边的幺兄弟进行逐一线性连接。

(2) 断掉父子关系。即对树中任何结点，除结点的第一个孩子结点外，所有其他孩子结点与其断掉逻辑指向关系。

(3) 顺时针旋转 45°。即将树中所有兄弟链中的结点围绕最左侧长兄顺时针(刚性)旋转 45°。

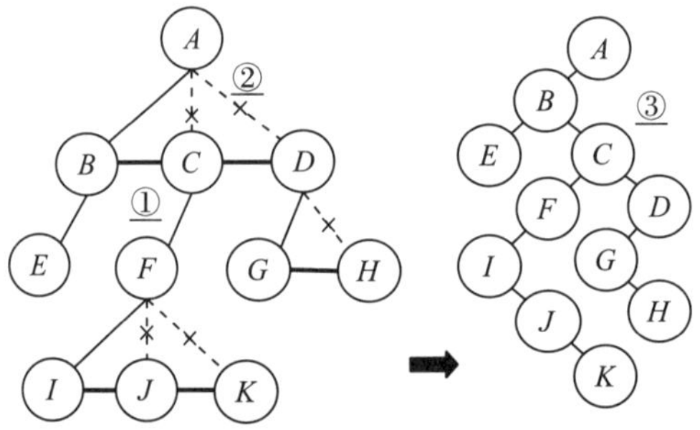

图 6-19　树到二叉树的逻辑结构转换示意图

通过以上三步转换处理，一棵树的逻辑关系就可以借用一棵二叉树来表达。要注意的是，树的二叉树表示中，对结点及其指针域有新的解读：结点的左孩子是真孩子，也是最左孩子或最大孩子；结点的右孩子不是真孩子，而是紧邻它的右亲兄弟。关于树的二叉树表示的存储结构示意图问题，以及由树的二叉树表示还原成树的逻辑结构和存储结构等逆问题，请读者课外自行理解后完成。

易知，如果以孩子兄弟表示法存储一棵树，就可以借助已有二叉树算法来进行有关树的算法描述和实现。在孩子兄弟表示法下，访问祖先结点是不方便的。如果在结点域中增加指向父结点的指针值，就可方便地通过类似于 parent(T,x)的操作访问树中指定结点的祖先结点。具体设置和运用这些数据结构的方法，要根据实际问题而定。

实际上，树与二叉树的逻辑结构映射关系是可逆的。在存储逻辑结构上，树和二叉树完全一致(图 6-20)，但在不同的逻辑结构意义下，对存储结构上的结点及其关系的解读是不同的。对树逻辑结构，结点存储结构的左指针指向结点的第一个孩子结点，即大孩子，右指针指向结点的右兄弟。对二叉树逻辑结构，结点的左右指针分别指向其左右孩子。另外，树的二叉树表示中，根结点的右子树一定是空树。

6.4.2　森林与二叉树的转换

森林由多棵树构成，可以用一个树集合来表示，集合中的元素是树。这一表示方法简单、质朴，读者可以自行思考，给出其数据存储结构。森林中的树也可以用二叉树结构表示，因此，森林也可以借助二叉树结构关联起来，形成单一的森林结构。

由树的二叉树表示可知：①根结点的右分支一定为空；②任一结点的右分支所指向的结点是该结点的右边紧邻的兄弟结点。因此，对森林的二叉树逻辑表示映射，可做如下设定：

(1)用根结点及其左分支表示森林中的第一棵树。

(2)根结点的右分支指向的结点依次表示第二棵树、第三棵树等。

(3)除以上设定，所有其他情形下，子树表示与一般树的二叉树表示方法完全相同。

森林的二叉树表示实例如图 6-20 所示。

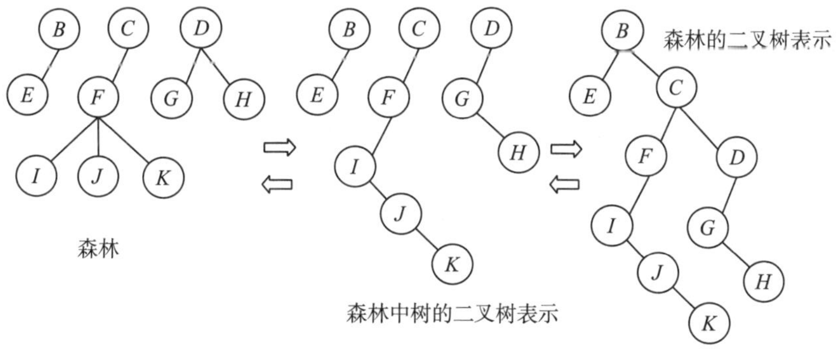

图 6-20　森林的二叉树表示过程图示

对森林的二叉树表示可形式化地描述如下。

1. 森林→二叉树

假设 m 棵树构成的森林 $F=\{T_1,T_2,\cdots,T_m\}$，其转换成的二叉树为 $B=(\text{root,LB,RB})$，那么，两者的结构关系满足如下约束：

(1)若 F 为空(即 $m=0$)，B 为空。

(2)若 F 非空(即 $m\neq0$)，B 的根结点为 F 第一棵树的根结点 ROOT(T_1)，其左子树 LB 由 T_1 根结点的子树森林 $F_1=\{T_{1,1},T_{1,2},\cdots,T_{1,m_1}\}$进行转换，右子树 RB 由森林 $F'=\{T_2,T_3,\cdots,T_m\}$ 进行转换。

2. 二叉树→森林

假设 B=(root,LB,RB)是森林 $F=\{T_1,T_2,\cdots,T_m\}$的二叉树表示，那么，两者的结构关系要满足如下约束：

(1)若 B 为空，F 为空。

(2)若 B 非空，root 为森林 F 的子树 T_1 的根结点，而 T_1 的子树森林 $F_1=\{T_{1,1},T_{1,2},\cdots,T_{1,m_1}\}$ 对应 B 的左子树 LB。对 root 的右子树 RB，可做类似解读，从而获得森林 F 的余下部分 $F'=\{T_2,T_3,\cdots,T_m\}$。

显然，森林和二叉树表示方式的相互转换过程是递归的，具体实现由读者自行完成。

6.4.3 树和森林的遍历

根据树与森林的概念和定义，它们的遍历方式如下。

1. 树的遍历

树由根和子树构成，子树之间不具有二叉树那样的有序性。因此，对树的遍历，可以有两种方式：一是先根访问；二是后根访问。

树的先根访问：先访问树的根结点，再依次访问树根下的各棵子树。

树的后根访问：先访问树根的各棵子树，再访问树的根结点。

对图 6-19 中的树，其先根访问和后根访问结果分别为 *ABECFIJKDGH* 和 *EBIJKFCGHDA*。

2. 森林的遍历

森林可以看成是特殊的树，但在森林中，树与树之间本质上是无序关系。对森林的遍历，一般是对一棵一棵树遍历，分析森林的二叉树表示结构可知，对森林的二叉树表示，其遍历可以分为先序和中序方式遍历各棵树。例如，对图 6-20 中的森林，在二叉树表示结构下，先序遍历结果为 *BE*、*CFIJK* 和 *DGH*，中序遍历结果为 *EB*、*IJKFC* 和 *GHD*。

可见，借助二叉树表示可以完成树和森林的遍历，算法设计和实现读者自行完成。

6.5 哈夫曼树及其应用

6.5.1 哈夫曼树

哈夫曼树(Huffman tree)是一种带权路径长度最短的树，也称最优二叉树、严格二叉树或正则二叉树。

1. 基本概念

结点路径(node path)：结点到结点之间所经过的分支序列。

结点路径长度(node path length)：结点路径所经过的分支个数。

树的路径长度(tree path length，TPL)：根到各个结点的路径长度之和。

带权结点(weight node)：带有权重信息的结点。

结点的带权路径长度(node weight path length)：结点到根的路径长度与结点权重的乘积值。

树的带权路径长度(tree weight path length，WPL)：假设树中有 n 个叶子结点，树中所有叶子结点的带权路径长度之和。计算方法为

$$\mathrm{WPL}=\sum_{i=1}^{n} w_i l_i \tag{6-2}$$

哈夫曼树：对 n 个带权叶子结点 $\{w_1,w_2,\cdots,w_n\}$，其带权路径长度最短的二叉树，或称最优二叉树。

最短路径二叉树(shortest path binary tree)：根到每一结点的路径长度之和最小时的二叉树。最短路径二叉树一定是完全二叉树。

假设有 4 个带权重的叶子结点{8,2,7,3}，不同的带权二叉树形状下，WPL 和 TPL 的计算结果对比如图 6-21 所示。

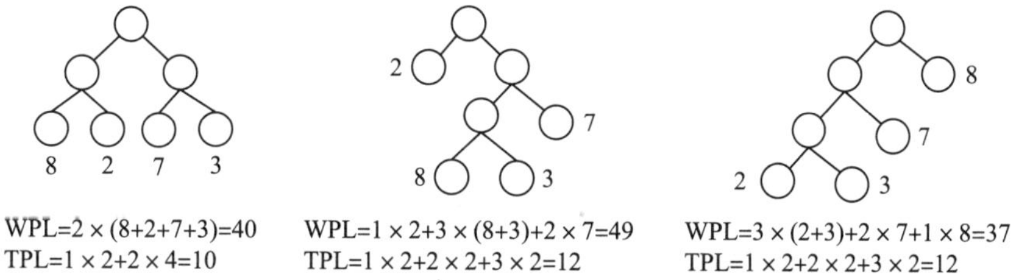

图 6-21　不同结构的带权二叉树的 WPL 和 TPL 计算结果对比

2. 应用实例

利用哈夫曼树的最优判定特性，可以获得某些判定问题求解的最佳判定算法设计，使得判定问题具有最少判定次数。以 100 分制→5 级计分制的成绩转换问题为例，假设 5 级计分制用 A、B、C、D、E 表示，常见的一种程序逻辑如下：

```
if (s100<60) s5='E';
else if (s100<70) s5='D';
else if (s100<80) s5='C';
else if (s100<90) s5='B';
else s5='A';
```

从判定逻辑看，以上程序的转换判定逻辑对应一棵如图 6-22(a)所示的判定树。当成绩转换记录数量很大时，判定次数成为影响算法执行时间效率的重要因素。如何设计一个优化的判定树就显得较为重要。常见的 5 级计分制转换判定逻辑还有图 6-22(b)和图 6-22(c)的方式。从完成任务需要的判定次数看，这几种方式到底谁最优?

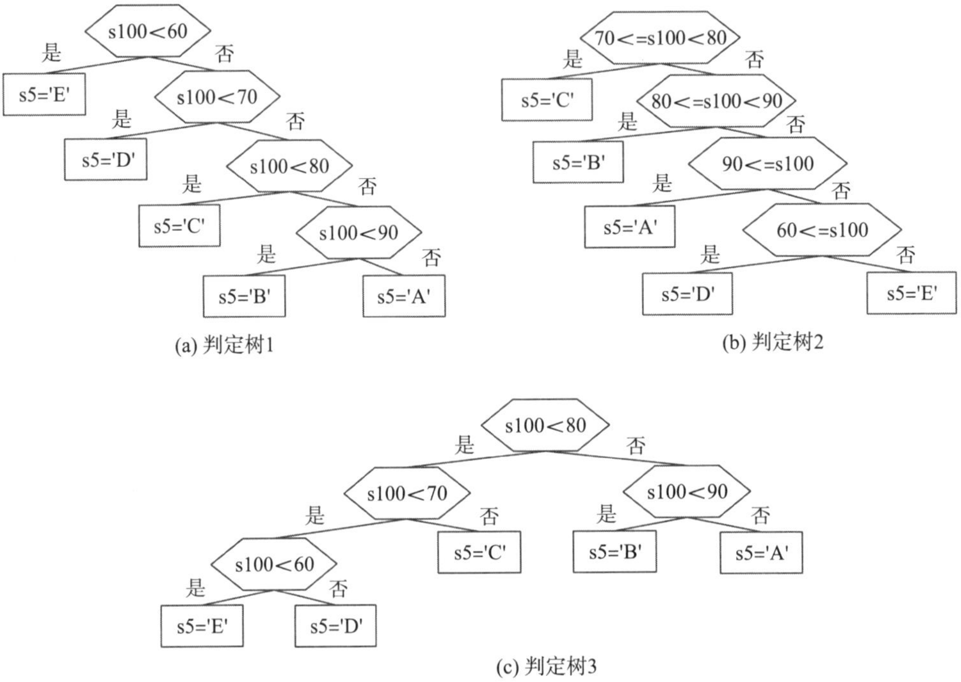

图 6-22　100 分制→5 级计分制问题的几种判定过程

由图 6-22(a)可知，任意给定一个分数记录值，最好的情形是一次判定完成转换，最坏的情形是至少要进行四次判定。事实上，成绩分布一般都不均匀。此时，判定树形状不同，转换所需判定次数的差异会很大。

例如，假设有 10000 条成绩记录，其等级分数段分布规律如表 6-2 所示。对图 6-22 的三种判定树，假定每个判定框算一次判定，那么，三棵树的带权路径长度分别为

$$\text{WPL}(a)=(3000+1000)\times 4+4000\times 3+1500\times 2+500\times 1=31500$$

$$\text{WPL}(b)=(500+1500)\times 4+1000\times 3+3000\times 2+4000\times 1=21000$$

$$\text{WPL}(c)=(500+1500)\times 3+(4000+3000+1000)\times 2=22000$$

表 6-2　成绩分布规律

分数	<60	60～69	70～79	80～89	90～100
百分比/%	5	15	40	30	10

可见，从计算结果看，方案(b)是三种方案中最优的，但它是否是表 6-2 所示分布下的成绩转换问题的最优判定方法？如果将每一个比较都看作一次比较，那么，对判定树 2 的判定量计算就不同，读者可自行重新计算它的 WPL 值。一般来讲，只要把判定规则定下来，通过哈夫曼树的构造即可得解最优判定方案。

3. 哈夫曼树构造算法描述

输入：n 个叶子结点的权重向量$\{w_1,w_2,\cdots,w_n\}$。

输出：哈夫曼树。

(1) 构造一个二叉树集合或森林 $F=\{T_1,T_2,\cdots,T_n\}$，每棵树 T_i 都是只含 w_i 的单根树。

(2) 选 F 中(根结点)权值最小的两棵树 T_i 和 T_j，构造一棵新二叉树 T_x，并将 T_i 和 T_j 作为 T_x 的左、右子树，设置新树根结点 T_x 之权值为 T_i 和 T_j 权值之和。

(3) 从森林 F 中删除树 T_i 和 T_j。

(4) 将新得到的 T_x 插入 F 中。

(5) 重复步骤(2)～步骤(4)，直到森林中只有一棵树时结束，即 $F=\{T_k\}$时结束。

易知，算法结束时，T_k 就是以上算法所构造的哈夫曼树。要注意的是，在算法构造过程中，如果森林中权值最小的两棵树不唯一，就任选其中最小的两棵。另外，选出的 T_i 和 T_j 作为 T_x 的左、右子树或者右、左子树均可。因此，哈夫曼树结构并不一定唯一。

若以表 6-2 中的成绩记录数占比为叶子结点权重，其哈夫曼树构造过程和结果如图 6-23 所示。可见，针对表 6-2 的成绩分布，T_9 才是最优判定树，图 6-22 方案均不是最优。

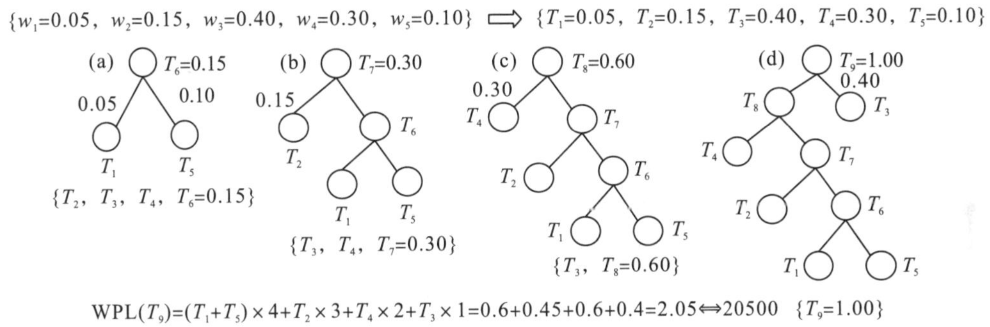

图 6-23　表 6-2 成绩分布下的 5 级计分制转换最优判定树构造图示

6.5.2　哈夫曼编码

在通信领域，通信的两端通常要对信息进行编码与解码处理。对通信文本编码进行优化，是提高通信效率的基础工作。为方便讨论，下面的讨论仅以字符串"ABACCDA"为例。

1. 基本编码方法

针对通信内容进行编码的问题，容易想到的方法是，利用文本字符的 ASCII 码对文本字符串进行编码。比如，字符'A'、'B'、'C'和'D'的二进制 ASCII 码分别是 01000001、01000010、01000011 和 01000100，那么，字符串或文本"ABACCDA"的编码长度为 56 比特。对这种编码字符串，在通信的接收端是易于识别或解码的，编码是等长的，但编码长度不是最优的。

实际上，对一个给定的待传输文本，往往只会涉及部分 ASCII 码字符。在进行文本编码时，如果只针对在文本中出现过的字符进行编码，文本的字符编码长度是可以缩短的。比如，对"ABACCDA"，它只出现了 4 个字符，因此，只用 2 比特就可以完成文本字符的编码(表 6-3)。此时，对文本字符串编码的长度为 14 比特，即"00010010101100"。在接收端，只需按 2 比特一道译码即可获得相应的文本字符。

表 6-3 等长编码

00	01	10	11
A	B	C	D

2. 不等长编码方法

如果考虑字符出现频度对编码长度的影响，使出现次数多的字符编码尽可能短，对上述文本字符串，可以获得表 6-4 所示的不等长编码方案。此时，文本字符串长度为 9 比特，即"000011010"，比前述两种方法的编码均短。但是，在接收端，要对它进行译码是困难的。

表 6-4 不等长编码

0	00	1	01
A	B	C	D

3. 改进的不等长编码方法

有没有一种编码长度次优，但易于识别的编码方案?仔细分析可知，在上述不等长编码方案中，其识别困难的原因在于：字符的编码之间存在前缀包含现象。例如，'A'的编码是'B'和'D'的编码前缀。因此，若不等长编码要易于译码，则编码方案中需要避开编码前缀包含现象。

前缀编码(prefix code)——对给定文本，任一字符的编码不是编码方案中另一个字符的编码前缀时，称其为一个前缀编码，对应的编码系统为前缀编码系统。由于通信编码最终以二进制形式表示，故也称其为二进制前缀码(binary prefix code)。

对二进制前缀码，其编码方法如下：设字符为叶子结点的二叉树如图 6-24 所示，约定左分支编码 0，右分支编码 1，从根到叶子结点的路径编码即字符的二进制前缀编码[①]。

4. 电文总长度最短的二进制前缀编码

基本思想：以电文中 n 种字符出现的频率为权重构造一棵哈夫曼树，以它为基础获得电文字符的二进制前缀码编码，即哈夫曼编码。

假设：①n 表示电文中的字符种类数；②w_i 表示第 i 种字符在电文中出现的次数，将其作为哈夫曼树的叶子结点权重；③l_i 表示第 i 种字符的编码长度，即从根到叶子结点的

① 由此得到的字符编码一定是二进制前缀编码。另外，分支编码也可以约定左分支编码 1 右分支编码 0。

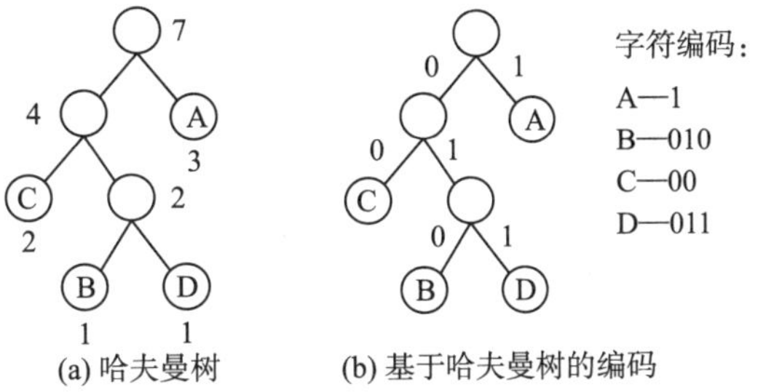

图 6-24 电文"ABACCDA"的哈夫曼树和哈夫曼编码

路径长度。那么电文总长度为$\sum_{i=1}^{n} w_i l_i$，即二叉树的带权路径长度。

例如，以电文"ABACCDA"为例，其字符出现的频率统计结果如表 6-5 所示。由此，可构造如图 6-24 所示的哈夫曼树，并进行电文字符编码。最终得到的电文总体编码为"1010100000111"，其长度为 13 比特，短于等长编码的 14 比特，长于最短的不等长编码的 9 比特。相比最短不等长编码，这种前缀码是可识别的。

表 6-5 频率统计结果

A	B	C	D
3	1	2	1

5. 基于哈夫曼树的哈夫曼编码的算法实现

由哈夫曼树的构造过程易知，它没有度为 1 的结点，对含 n 个叶子结点的哈夫曼树，它一定刚好有 $2n-1$ 个结点。因此，其存储结构可以借助一个一维数组实现。当然，也可以采用线性链表形式实现。

从结点的存储结构上看，构造出哈夫曼树后，要通过走完从叶子结点到根结点的路径进行字符编码，而字符译码又需要走完从根结点到叶子结点的路径。在编码和译码过程中，需要反复对结点进行双亲访问和孩子访问操作。为此，哈夫曼树结点的设计中，需要同时存放双亲和孩子信息。综上分析，哈夫曼树的结点结构可设计如下：

```
typedef struct {  //哈夫曼树和哈夫曼编码的存储结构
    unsigned int weight;
    unsigned int parent,lchild,rchild;
} HTNode, *HuffmanTree;  //哈夫曼树
typedef char **HuffmanCode;  //哈夫曼编码表
```

对 HuffmanCodingLeafToRoot()算法，其具体的设计分析与描述如下。

1)算法设计的参数假设

假设哈夫曼树有 n 个叶子结点，则 HT 有 $m=2n-1$ 个结点。其中，n 为对应电文中出现的字符种类数，数组*w 用于保存 n 个叶子结点或字符的权重值，即字符在电文中出现

的频度值。HT 为由*w 向量构造的哈夫曼树。HC 为由 HT 得到的 *n* 种字符的哈夫曼编码。要注意的是，一般用 HT 前 *n* 个分量表示叶子结点，最后一个分量表示 HT 的根。

2)HT 的构造过程

```
if (n<=1) return; //只有一种字符时构造过程结束
m=2*n-1; //由叶子结点数获取哈夫曼树的结点数
HT=(HuffmanTree)malloc((m+1)*sizeof(HTNode)); //0 号单元不用
for (p=HT,i=1;i<=n;++i,++p,++w) //构造 n 棵单根树森林，即 HT 的叶子结点树
    *p={w,0,0,0};
for (;i<=m;++i,++p)   //HT 的非终端结点
    *p={0,0,0,0};
for (i=n+1;i<=m;++i) {//依次构造 HT 的非终端结点的权值、lchild、rchild 和 parent
 SelectTree(HT,i−1,s1,s2); //从结点 1~i−1 中选两棵权值最小的树 s1 和 s2
 HT[s1].parent=i; HT[s2].parent=i; //s1 和 s2 的父结点置为结点 i
 HT[i].lchild=s1; HT[i].rchild=s2; //结点 i 的左、右子树根分别为 s1 和 s2
 HT[i].weight=HT[s1].weight+HT[s2].weight; //结点 i 的权值为 s1 和 s2 的权值之和
}
```

电文"ABACCDA"的 HT 树如图 6-25 所示，其结点结构为(*w*,parent,lchild,rchild)。

HT		(3,0,0,0)	(1,0,0,0)	(2,0,0,0)	(1,0,0,0)	(0,0,0,0)	(0,0,0,0)	(0,0,0,0)
	0	1—A	2—B	3—C	4—D	5	6	7

(a) 电文"ABACCDA"的HT树构造初态——4棵树构成的森林

HT		(3,7,0,0)	(1,5,0,0)	(2,6,0,0)	(1,5,0,0)	(2,6,2,4)	(4,7,3,5)	(7,0,6,1)
	0	1—A	2—B	3—C	4—D	5	6	7

(b) 电文"ABACCDA"的HT树构造终态

图 6-25 电文通信编码的 HT 树的存储结构及其构造图示

3)从 HT 求 HC 的过程(从叶子到根逆向获取字符编码)

```
HC=(HuffmanCode)malloc((n+1)*sizeof(char*));
//字符编码串的 n 个头指针,第 0 个未用
cd=(char*)malloc(n*sizeof(char));
//cd—存储单字符的编码串,临时存放叶子→根的编码
cd[n−1]='\0'; //按 cd[n−1]→cd[0]方向存放
for (i=1;i<=n;i++) { //求 n 个字符的哈夫曼编码
 start=n−1;
 for (c=i, f=HT[i].parent; f!=0;c=f, f=HT[f].parent) { //从叶子到根对字符逆向编码
    if (HT[f].lchild==c) cd[--start]='0'; //c 为父结点的左孩子时编码 0，否则编码 1
```

```
      else cd[--start]='1';
    }
    HC[i]=char(*)malloc((n-start)*sizeof(char));
    strcpy(HC[i],&cd[start]); //将 cd 中的字符编码复制到 HC[i]中
  }
  free(cd); //释放临时工作空间
```

结合以上过程描述，读者可自行写出 HuffmanCodingLeafToRoot()算法的完整描述。

实际上，编码也可以直接从 HT 的根开始，通过遍历获得各字符的哈夫曼编码。其非递归算法描述如算法 6-7 所示。

算法 6-7—HuffmanCodingRootToLeaf()

```
void HuffmanCodingRootToLeaf(HuffmanTree &HT,Huffmancode &HC, int *w,int n) {
  HC=(HuffmanCode)malloc((n+1)*sizeof(char*)); //字符编码串的头指针,第 0 个未用
  cd=(char*)malloc(n*sizeof(char)); //临时存放字符编码的工作空间
  p=m; cdlen=0; //p—根,cdlen—编码长度
  for (i=1;i<=m;i++) HT[i].weight=0; //借用 weight 域存放结点遍历状态
  while (p) {
    if (HT[p].weight==0) { //0—当前点处于未遍历状态时，左遍历
      HT[p].weight=1; //1—记为向左遍历状态
      if (HT[p].lchild!=0) {p=HT[p].lchild; cd[cdlen++]='0';} //往左分支走
      else if (HT[p].rchild==0) { //遍历到叶子结点时，存储叶子结点字符编码
          HC[p]=(char*)malloc((cdlen+1)*sizeof(char));
          cd[cdlen]='\0';
          strcpy(HC[p],cd);
      }
    }
    else if (HT[p].weight==1) { //1—处于左遍历状态时，右遍历
        HT[p].weight=2; //2—向右遍历状态
        if (HT[p].rchild!=0) {p=HT[p].rchild; cd[cdlen++]='1';}
    }
    else { //2—处于右遍历状态时回退且码长减 1
        HT[p].weight=0; p=HT[p].parent; --cdlen;
    }
  } //while
  free(cd);
} //HuffmanCodingRootToLeaf()
```

图 6-25 的 HT 存储结构对应的字符编码存储结构如图 6-26 所示。

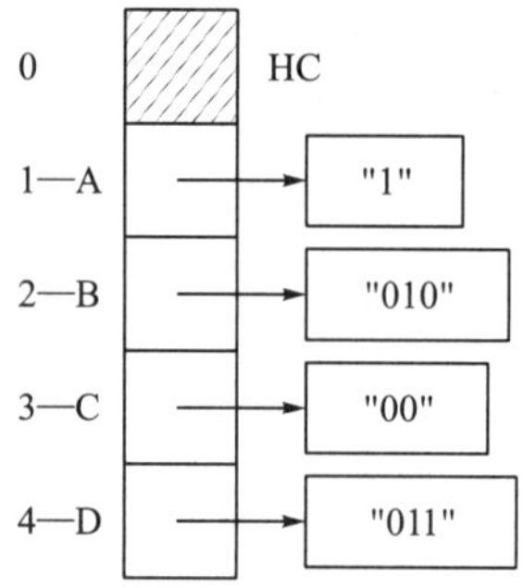

图 6-26 电文"ABACCDA"的字符编码存储结构

课 外 习 题

6-1 一棵度为 2 的树和二叉树有何区别?

6-2 已知树中度为 1 的结点数 n_1，度为 2 的结点数 n_2，……，度为 k 的结点数 n_k，树的深度为 k。试问树中叶子结点有多少个?

6-3 已知树中结点数为 n，只有度为 k 的分支结点和度为 0 的叶子结点，问树中有多少叶子结点?

6-4 证明：在一棵满 k 叉树中，叶子结点数 n_0 和非叶子结点数 n_1 之间满足以下关系：$n_0=(k-1)n_1+1$。

6-5 找出满足以下条件的二叉树：

(1) 先序遍历和后序遍历的结点访问顺序相同。

(2) 后序遍历和中序遍历的结点访问顺序相同。

(3) 先序遍历和中序遍历的结点访问顺序相同。

6-6 试给出 5 个结点以上的二叉树，并给出其先序、后序、中序、层次序线索化结果。

6-7 对任意给定的一棵树，试对其进行二叉树转换，或反之。

6-8 已知树的以下访问序列，试画出该树的结构：

先序序列为：GFKDAIEBCHJ

后序序列为：DIAEKFCJHBG

如果已知树的先序和中序结果，或中序和后序结果，能否得到树的结构?为什么?

6-9 已知森林的先序和中序访问结果，试画出该森林的结构：

先序序列为：ABCDEFGHIJKL

中序序列为：CBEFDGAJIKLH

6-10 证明：由一棵二叉树的先序和中序序列，可以唯一地确定一棵二叉树。

6-11 试编写递归算法实现，对给定二叉树，求位于先序序列中第 k 个位置的结点的值。

6-12 试编写递归算法实现，计算二叉树中叶子结点的数目。

6-13 试编写递归算法实现，将二叉树中所有结点的左、右子树相互交换。

6-14*试编写一个算法，对给定二叉树，判定其是否为完全二叉树。

6-15 **试编写一个算法，输出以二叉树表示的算术表达式，若该表达式输出时含有括号，那么，输出时应加上。

6-16**对给定的二叉树，假设*root 为根结点，*p 和*q 为二叉树中两个结点，试编写求距离它们最近的共同祖先的算法。

6-17 以图 6-13 为基础，结合线索树的结点存储结构，绘制图中线索二叉树的链接表的链接存储结构图。

6-18 在中序线索二叉树存储结构下，设计逆中序遍历算法，并以图 6-13 为例演算之。

6-19 参照图 6-14，设计先序遍历的线索化算法。

6-20 参照图 6-15，设计后序遍历的线索化算法。

6-21 试设计并实现二叉树的层次遍历算法。

6-22 试设计并实现二叉树的层次遍历线索化算法。

6-23 由树结构的二叉树表示还原树的步骤是什么?

6-24 针对图 6-19 中树的二叉树表示实例，试绘制该二叉树的存储逻辑结构示意图。

6-25 试绘制图 6-19 中树的带双亲指向信息的线性链表存储结构示意图。

6-26 试绘制图 6-19 中树的二叉树表示实例的带双亲指向的三叉树存储结构示意图。

6-27 对给定叶子结点权重向量$\{a=7,b=5,c=2,d=4,e=3,f=9\}$，构造其对应的哈夫曼树，并计算其 WPL 和 TPL 值。

6-28**对集合 $A=\{1,2,\cdots,n\}$，试设计数据结构和算法，求 A 的幂集 $\rho(A)$。(提示：回溯法)

6-29**八皇后问题：在 8×8 格的国际象棋棋盘上摆放 8 个皇后，使其不能互相攻击，即 8 个皇后中的任意两个皇后不能同时出现在棋盘的同一行、同一列或同一对角斜线上。问有多少种摆放方法。试设计数据结构和算法求解。(提示：回溯法)

6-30**假设集合 $S=\{1,2,\cdots,n\}$，S 上的等价关系 R 中有 m 个等价关系对偶(x,y)，其中 $x,y\in S$，试设计数据结构和算法求解 S 关于等价关系 R 的划分或等价类集合 P。(提示：集合的树型双亲表示法)

6-31* 设树中结点数为 n，其不同形态的树有多少种？(提示：树的二叉树表示特点)

6-32* 假定电文字符的哈夫曼编码方案已定，试设计对给定电文进行译文的算法。

6-33 对 n 个结点的二叉树，其三叉链表示有多少个空域？

第 7 章　图

第 6 章对线性结构 $a_1 \to a_2 \to \cdots \to a_{i-1} \to a_i \to a_{i+1} \cdots \to a_n$ 打开了直接后继的唯一性，形成了树型结构。本章研究其图(graph)扩展，即打开直接前驱的唯一性约束。显然，在图中，任意两个元素之间都有可能有关系，其关系更为复杂，应用也更为广泛。例如，在语言学(识别、合成等)、逻辑学(人工智能等)、物理学、化学、电子通信工程、计算机科学、数学、影视传媒等领域，图都有广泛应用。在日常生活中，图的经典应用包括排课问题、关键路径问题、最短路径问题等。

7.1　图的定义及基本术语

7.1.1　基本术语

与树中元素称作结点不同，在图中，元素一般称为顶点(vcrtcx)。顶点间的关系用边(edge)或弧(arc)表示。设 $V=\{v_1,v_2,\cdots,v_n\}$ 是 n 个顶点的非空有限集，则可用 $VR=\{<v_i,v_j>|v_i,v_j \in V\}$ 或 $VR=\{(v_i,v_j)|v_i,v_j \in V\}$ 表示顶点间的关系集，相应地，称 $G=(V,VR)$ 为有向图(directed graph，digraph)或无向图(undirected graph，un-digraph)。其中，$<v_i,v_j>(v_i,v_j \in V)$ 称为弧或有向边，v_i 是有向边绘制起点(initial-node)，也称为有向边的弧尾(tail)，v_j 是有向边终端点(terminal-node)，也称为有向边的弧头(head)或绘制终点(end)，一般用 arc 表示，而关系 $(v_i,v_j)(v_i,v_j \in V)$ 称为无向边，一般用 edge 表示。

例如，对图 $G_1=\{V_1,VR_1\},V_1=\{v_1,v_2,v_3,v_4\},VR_1=\{<v_1,v_3>,<v_2,v_1>,<v_2,v_3>,<v_3,v_4>,<v_4,v_1>\}$，对图 $G_2=\{V_2,VR_2\}$，$V_2=\{v_1,v_2,v_3,v_4,v_5\}$，$VR_2=\{(v_1,v_2),(v_1,v_3),(v_1,v_4),(v_2,v_4),(v_2,v_5),(v_3,v_4)\}$(图 7-1)。要注意的是，由于无向图中顶点之间的关系是对称的，图 7-1(b)也可以看成由 14 条有向边构成。

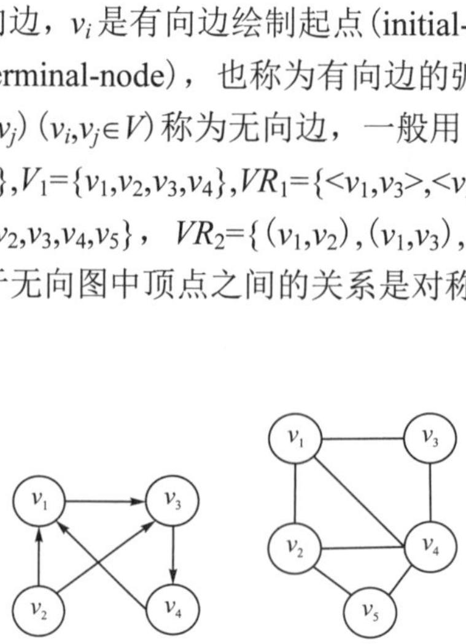

(a) 有向图G_1　　(b) 无向图G_2

图 7-1　有向图和无向图实例

约定：第一，当称有向边的头或尾时，头指有向边的绘制起点，尾指有向边的绘制终点。第二，有向边集一般用 A 表示，无向边集用 E 表示，不确定是有向边集还是无向边集时，直接用 VR。第三，在图的应用研究中，一般不考虑顶点的自反关系。

当 n 个顶点的无向图有 $n(n-1)/2$ 条边时，称为完全图(completed graph)。有向图有 $n(n-1)$ 条边时，称为完全图。图中边很少时称为稀疏图(sparse graph)，反之，称为稠密图(dense graph)。

弧或边上的值称为该弧或边上的权重(weight)、权值或权。此时，一般把图称为网络(network)。边上的权重表示顶点之间的距离、耗费、时间等。当顶点或边上带有权重时，对应的图称为网络。

对给定的两个图 $G_1=(V_1,VR_1)$ 和 $G_2=(V_2,VR_2)$，如果 $V_1\subseteq V_2$，且 $VR_1\subseteq VR_2$，称 G_1 为 G_2 的子图(sub graph)。例如，图 7-2 展示了图 7-1 的部分子图实例。

(a) G_1子图实例　(b) G_2子图实例

图 7-2　子图实例

顶点之间有边相连时，称其互为邻接点(adjacent node)。例如，对图 $G=\{V,VR\}$，$\forall v_i,v_j\in V$，$\exists(v_i,v_j)\in VR$ 或$\exists<v_i,v_j>\in VR$ 时 v_i,v_j 互为邻接点。对给定顶点，与之关联的边的条数称为顶点的度(vertex degree)。对有向图，顶点 v_i 有入度(in degree)和出度(out degree)之分，一般分别记为 $\mathrm{ID}(v_i)$ 和 $\mathrm{OD}(v_i)$，故其度 $\mathrm{TD}(v_i)=\mathrm{ID}(v_i)+\mathrm{OD}(v_i)$。对无向图，顶点的度和图的边数 e 之间有如下关系：

$$e=\frac{1}{2}\sum_{i=1}^{n}\mathrm{TD}\left(v_i\right) \tag{7-1}$$

在图的应用中，常常需要判定或求解顶点之间的相通和可达问题，它涉及图中顶点路径和路径长度等概念。对无向图 $G=(V,E)$，$\forall v_i,v_i'\in V$，如果顶点 v_i 到顶点 v_i'之间有顶点序列 $(v_i,v_{i,0},v_{i,1},\cdots,v_{i,m},v_i')$ 存在且 $(v_{i,j-1},v_{i,j})\in E,1\leqslant j\leqslant m$，称 v_i 到 v_i'之间存在一条可达路径(path)。同理，对有向图 $G=(V,A)$，该序列中的边也要满足$<v_{i,j-1},v_{i,j}>\in A,1\leqslant j\leqslant m$。$v_i$ 和 v_i'之间路径上边或弧的数目称为 v_i 和 v_i'之间的路径长度(path length)。如果顶点序列中有顶点出现了两次，称该路径为回路或环(cycle)。路径中无回路时，称其为简单路径(simple path)。只有首尾顶点相同的回路称为简单回路(simple cycle)。

例如，在图 7-1(a)中，v_1 到 v_2 是不可达的，而 v_2 到 v_1 是可达的，但路径并不唯一。可达路径有多条时，路径长度最少的路径称为最短路径(shortest path)。例如，v_2 到 v_1 的最短路径是 $v_2\rightarrow v_1$，其路径长度为 1。另外，顶点序列 (v_1,v_3,v_4,v_1) 形成了简单回路。

顶点间可达时，称顶点之间是连通的(vertex connected)。对无向图，顶点间的连通是双向的。对有向图，顶点间的连通是有向的，即 v_i 到 v_j 连通并不代表 v_j 到 v_i 连通。对图 $G=(V,E)$，任意两个顶点间都连通时，称其为连通图(connected graph)。对有向图，图的连通有强、弱之分。每对顶点 v_i 和 v_j ($i \neq j$) 之间都相互连通时称为强连通图(strongly-connected graph)。对无向图，连通都是强连通。对有向图，如果每对顶点之间有可达路径，但不是每对顶点都存在双向路径(或双向连通)，则称其为弱连通图(weakly-connected graph)。

对非连通有向图，其极大连通子图称为图的连通分量(connected component)。如果连通分量是强连通的，称其为强连通分量(strongly-connected component)，否则，称其为弱连通分量(weakly-connected component)。

图 7-3 展示了无向图及其连通分量和连通子图实例，图 7-4 展示了图 7-1(a)中图 G_1 的强连通分量和弱连通分量实例。对连通图，其极小连通子图称为该图的生成树(spanning tree)。图 7-3(b)中，连通分量①的生成树如图 7-5 所示。

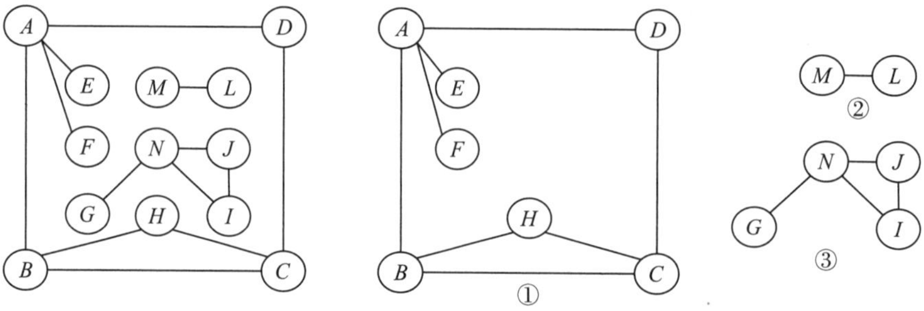

(a) 无向图G_3　　(b) G_3的连通分量和连通子图示例

图 7-3　无向图及其连通分量和连通子图实例

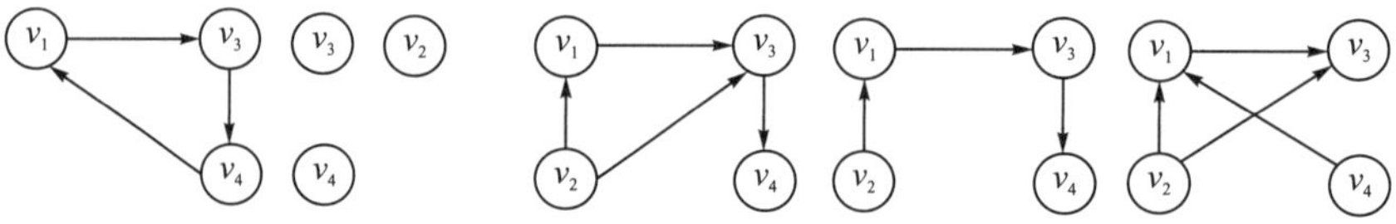

(a) 图G_1的强连通分量　　(b) 图G_1的弱连通分量

图 7-4　图 7-1(a)中图 G_1 的强连通分量和弱连通分量实例

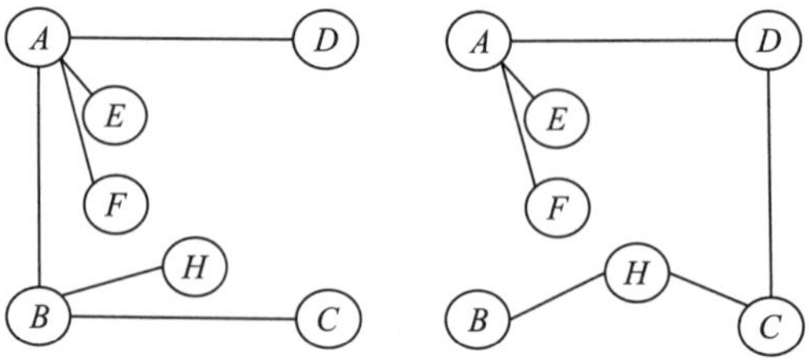

(a) 生成树1　　(b) 生成树2

图 7-5　图 7-3(b)中连通分量①的生成树实例

显然，连通图的生成树有如下性质。

性质 1：包含 n 个顶点、$n-1$ 条边。

性质 2：多一条边时必然成环。

性质 3：少一条边时必然非连通。

性质 4：生成树结构不是唯一的。

对有向图，有且只有一个顶点入度为 0，而其余顶点入度为 1，则可称为有向树(directed tree)。有向图能够划分成若干棵互不相交的有向树，且该有向树集合包含了图的所有顶点，称该有向树集合为原图的生成森林(spanning forest)。例如，对图 7-1(a)的有向图，其生成森林实例如图 7-6 所示。显然，有向图的生成森林并不唯一。

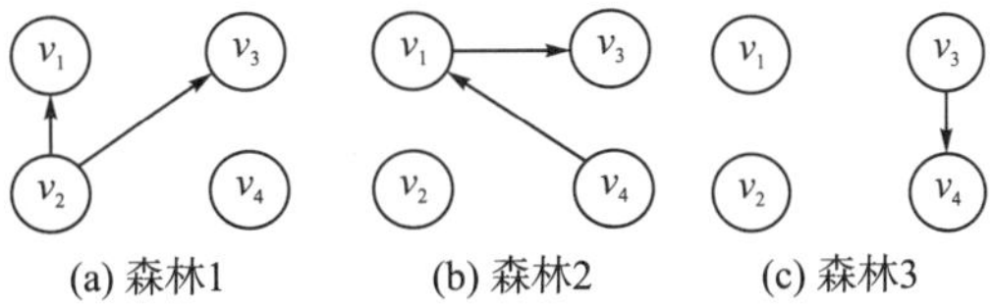

图 7-6　图 7-1(a)中图 G_1 的生成森林实例

由于图中顶点间不存在全序逻辑关系[①]，任何顶点都可看作图的第一个顶点。“顶点位置”是相对的。同理，顶点的“邻接顶点位置”也是相对的。因此，“顶点在图中的位置”是指顶点在当前的图顶点序列中的相对位置序号。一般来讲，位置序号以存储结构中的相对位置序表示。例如，用数组存储图的顶点时，可按数组下标号标识顶点的相对位置。

7.1.2　图的 ADT 描述

ADT Graph {

数据对象：$V=\{v_1,\cdots,v_n\}$是图的顶点集合。

数据关系：$R=\{VR\},VR=\{\langle v,w\rangle|v,w\in V,P(v,w)$ 定义了$\langle v,w\rangle$的意义$\}$

基本操作：

CreateGraph(&G,V,VR); //创建图 G。V—顶点集，VR—弧集
DestroyGraph(&G); //销毁图 G。条件是图 G 存在
LocateVex(G,u); //返回顶点 u 在 G 中的位置序号，若无，返回失败信息
GetVex(G,v); //返回顶点 v 在 G 中的值，若无，返回失败信息
PutVex(&G,v,value); //将 value 值赋予 G 中顶点 v，若无，返回失败信息
FirstAdjVex(G,v); //返回顶点 v 在 G 中的第一个邻接顶点，若无，返回空
NextAdjVex(G,v,w); //返回 v 相对于 w 的下一邻接点。w 是最后一个时返回空
InsertVex(&G,v); //在图 G 中插入顶点 v
DeleteVex(&G,v); //删除图 G 中顶点 v 及其关联的弧或边
InsertArc(&G,v,w); //将<v,w>插入图 G 中，无向图时要同时插入对称的<w,v>
DeleteArc(&G,v,w); //删除图 G 中的<v,w>，无向图时应删除对称的<w,v>
DFSTraverse(G,Visit()); //用 Visit()函数深度优先遍历 G

① 即图中顶点无法排列成一个线性序列。

BFSTraverse(G,Visit()); //用 Visit()函数宽度优先遍历 G

} ADT Graph

要注意的是，算法描述时，顶点标识符号及其对应顶点位置序号需要遵守前述约定。

7.2 图的存储结构

7.2.1 引入

从前面的讨论中知道，对象存储结构有顺序和链式两种，除广义表和树外，大多利用了元素间的线性逻辑关系及其映射规律进行存储映射。

由于图中顶点与其他顶点都可能有关联，直接利用顺序映射表示是困难的，但可借助二维数组结构表达。同理，用类似于树的孩子法的结点多重链接也不方便①。由于图的操作可能引起新的顶点关联，按最大度数设计存储结构会浪费很多空间，按实际度数设计时算法操作实现又很困难。需要根据实际问题设计合适的存储结构。图的常见存储结构如下：

(1)数组。利用数组元素之间的逻辑关系表达图的顶点之间的关联关系。

(2)邻接表。将数组和链表相结合来表示图中顶点之间的关联关系。

(3)十字链表。将邻接表及其逆邻接表相结合来表示顶点之间的关联关系。

(4)邻接多重表。用类似于十字链表的链式存储思想表示无向图(以边为主)。

7.2.2 数组表示法

图的表示由两部分构成：一是顶点集，二是边集或关联关系集。用数组存储结构存放图时，可以用两个数组表示：顶点集和边集。实际上，数组存储法也称为邻接矩阵法。

1. 邻接矩阵的一般数据结构

图的邻接矩阵(matrix of graph，MGragh)存储结构的定义如下：

```
#define INFINITY   INT_MAX //系统最大整数 INT_MAX(∞)
#define MAX_VERTEX_NUM   32 //图的最大顶点数
typedef enum {DG,DN,UDG,UDN} GraphKind; //{有向图,有向网,无向图,无向网}
typedef struct ArcCell { //adj—顶点间关系类型
    VRType adj;          //带权图时表示边上的权重，无权图时表示是否关联(0/1)
    InfoType *info;      //边上其他信息
} ArcCell, AdjMatrix[MAX_VERTEX_NUM][MAX_VERTEX_NUM]; //边和邻接矩阵
typedef struct {
    VertexType vexs[MAX_VERTEX_NUM]; //顶点数组(向量)
```

① 一个顶点的结点结构：一个数据域+若干个关联关系指针域。

```
    AdjMatrix arcs;                        //邻接矩阵
    int vexnum,arcnum;                     //图中顶点数和边数
    GraphKind kind;                        //图的类别：DG、DN、UDG 和 UDN
} MGraph;  //图的邻接矩阵(数组)存储结构
```

2. 邻接矩阵的简单数组结构

含 n 个顶点的图中，最多有 n^2 条边。实际应用中，邻接矩阵常常以简单数组形式实现。例如，图 7-1 中的图 G_1 和图 G_2 所对应的邻接矩阵(数组)如图 7-7 所示。只考虑图的顶点邻接关系时，图的表示只需采用简单数组就可以。其中，数组元素的行、列号对应图中顶点的位置编号或序号。算法设计时，要注意顶点的编号范围[①]。

$$G_1.\text{arcs}=\begin{bmatrix}0&0&1&0\\1&0&1&0\\0&0&0&1\\1&0&0&0\end{bmatrix}\quad G_2.\text{arcs}=\begin{bmatrix}0&1&1&1&0\\1&0&0&1&1\\1&0&0&1&0\\1&1&1&0&1\\0&1&0&1&0\end{bmatrix}$$

图 7-7 图 7-1 中图 G_1 和图 G_2 的邻接矩阵

对于无向图，由于关联关系的对称性，邻接矩阵可以表示成三角阵，进而利用第 5 章的多维数组和线性表之间的访问与换算规律完成图的运算和操作，可节约大约一半的存储空间。例如，图 7-1 的无向图的三角阵的表示如图 7-8 所示。

$$G_2.\text{arcs}=\begin{bmatrix}0&1&1&1&0\\&0&0&1&1\\&&0&1&0\\&&&0&1\\&&&&0\end{bmatrix}\quad G_2.\text{arcs}=\begin{bmatrix}0&&&&\\1&0&&&\\1&0&0&&\\1&1&1&0&\\0&1&0&1&0\end{bmatrix}$$

图 7-8 图 7-1 中图 G_2 的三角阵存储结构

以邻接矩阵存储图时，图的连通性判定、顶点的可达判定、顶点的度(入、出度)计算等操作均可通过简单的遍历过程实现。例如，对无向图，顶点 v_i 的度的计算公式如下：

$$\text{TD}(v_i)=\sum_{j=0}^{n-1}G_1.\text{arcs}[i-1][j]\text{或者}\text{TD}(v_j)=\sum_{i=0}^{n-1}G.\text{arcs}[i][j-1]$$

其中，n=MAX_VERTEX_NUM。相似地，对有向图，顶点 v_i 的度的计算公式如下：

$$\text{TD}(v_i)=\text{OD}(v_i)+\text{ID}(v_i)=\sum_{j=0}^{n-1}G.\text{arcs}[i-1][j]+\sum_{j=0}^{n-1}G.\text{arcs}[j][i-1]$$

对边上带权重的网，邻接矩阵中的元素值是边上的权重值。定义如下：

① C/C++环境中，顶点的下标一般默认为 $0,1,\cdots,n-1$，对应的顶点为 $v_1,v_2,\cdots,v_n$。

$$G.\mathrm{arcs}[i-1][j-1]=\begin{cases} w_{ij}, & <v_i,v_j> \text{或} \left(v_i,v_j\right)\in VR \\ \infty, & \text{否则} \end{cases}$$

网及其邻接矩阵表示实例如图 7-9 所示。在最小生成树、最短路径、关键路径等应用领域，网的邻接矩阵表示是一种重要的实用数据结构。

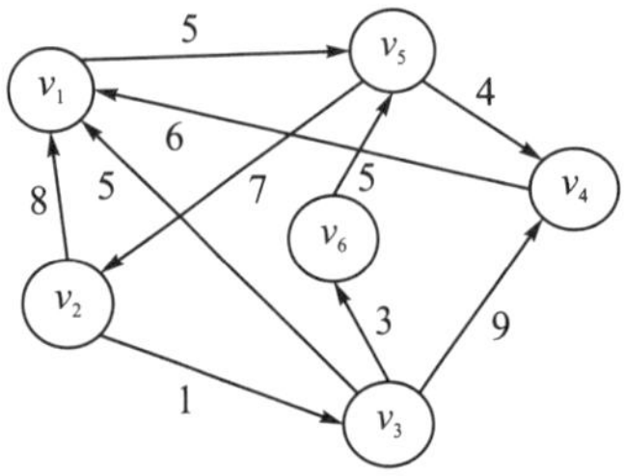

(a) 有向网G_4

$$\begin{bmatrix} \infty & \infty & \infty & \infty & 5 & \infty \\ 8 & \infty & 1 & \infty & \infty & \infty \\ 5 & \infty & \infty & 9 & \infty & 3 \\ 6 & \infty & \infty & \infty & \infty & \infty \\ \infty & 7 & \infty & 4 & \infty & \infty \\ \infty & \infty & \infty & \infty & 5 & \infty \end{bmatrix}$$

(b) 网G_4的邻接矩阵表示

图 7-9 网及其邻接矩阵表示实例

在以邻接矩阵为基础的数据存储结构 MGraph 下，图的创建算法可以用一个通用算法框架实现。它可以将有向图、有向网(directed network)、无向图和无向网(un-digraph network)的创建框架统一起来，并在实际应用中，根据图的类型分别调用相应的特定构造算法完成图的构造。

有关图的通用构造算法框架的实现可描述如下：

<u>算法 7-1</u>—CreateGraph()

```
Status CreateGraph(MGraph &G) { //图 G 的构造算法框架
    scanf(&G.kind); //获取图的类型信息
    switch (G.kind) {
        case DG:return CreateDG(G); //有向图的构造
        case DN:return CreateDN(G); //有向网的构造
        case UDG:return CreateUDG(G); //无向图的构造
        case UDN:return CreateUDN(G); //无向网的构造
        default:return ERROR;
    }
} //CreateGraph
```

例如，创建无向网的算法的实现可描述如下：

<u>算法 7-2</u>—CreateUDN()

```
Status CreateUDN(MGraph &G) { //无向网 G 的邻接矩阵构造
    scanf(&G.vexnum,&G.arcnum,&IncInfo); //设 IncInfo 为 0 时边上不含其他信息
    for (i=0;i<G.vexnum;i++) scanf(&G.vexs[i]); //输入网中顶点信息
    for (i=0;i<G.vexnum;i++)   //初始化
        for (j=0;j<G.vexnum;j++) G.arcs[i][j]={INFINITY,NULL};
```

```
    for (i=0;i<G.arcnum;i++) { //输入网中边的信息
        scanf(&v1,&v2,&w);  //处理边(v1,v2)
        j=LocateVex(G,v1);      //定位 v1 和 v2 在图中的位序号
        k=LocateVex(G,v2);
        G.arcs[j][k].adj=w;
        if (IncInfo) Input(*G.arcs[j][k].info); //若边上有其他信息，输入之
        G.arcs[k][j]=G.arcs[j][k];              //存储对称边
    } //for
} //CreateUDN
```

显然，在以上邻接矩阵结构下，图的基本操作易于实现，如 LocateVex()、FirstAdjVex()、NextAdjVex()、InsertVex()、InsertArc()、DeleteVex()和 DeleteArc()等操作。

假设图有 n 个顶点和 e 条边，LocateVex()的时间复杂度为 $O(n)$，矩阵的初始化时间复杂度为 $O(n^2)$，算法 7-2 的渐近时间复杂度为 $O(n^2+2e \cdot n)$。实际上，利用矩阵的数组存储顺序特性，可将 LocateVex()的时间复杂度降为 $O(1)$。此时，算法的渐近时间复杂度变为 $O(n^2+e)$。有关算法 7-1 中的无向图、有向图、有向网等算法，其实现读者可自行完成。

7.2.3　邻接表表示法

用数组实现邻接矩阵简单且操作实现容易，但无论稀疏图还是稠密图，都要预先分配 n^2 个边空间，它会造成空间分配浪费与管理困难。为此，人们提出了图的链式存储结构。它将一维数组和单链表结合，形成了组合型的邻接表(adjacency list)存储结构。其中，一维数组用于存放顶点信息，链表用于存放顶点间的关联关系或边信息。

对邻接表，顶点和边的存储结构如图 7-10 所示。其中，表头结点用于存储顶点信息，也称为顶点结点或头结点，其 data 域存放顶点信息，firstarc 域指向与表头结点关联的第一条边。实际上，表头结点是该顶点出发的边链表的头结点(head)。表结点用于表示边信息的结点，其 adjvex 域存放与表头结点相连的边的邻接点信息，nextarc 指向与表头结点相连的边(data, adjvex)的下一条边(data,_)，info 指向与边(data, adjvex)相关的其他信息。

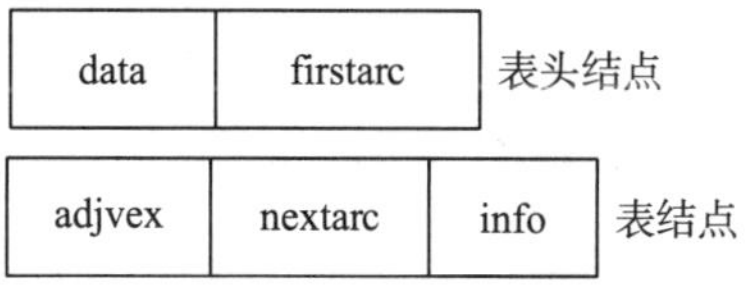

图 7-10　邻接表的基本存储结构

由此易知，基于邻接表的图的存储方法为：对每个顶点建立一个以边为基础的单链表，表头结点存放顶点信息，其他结点存储边的信息。显然，n 个顶点的图有 n 个单(边)链表，可以通过一个长度为 n 的一维数组存储(边)链表的表头结点。其好处是：可以随机访问图中顶点并获得其位序号。同时，它易于实现顶点的度的计算和顶点的相邻边的查找。

有关图的邻接表存储结构，其实现可描述如下：

```
#define MAX_VERTEX_NUM 32   //最大顶点数
typedef struct ArcNode {        //边的结点结构
    int adjvex;                 //边的另一顶点位置序号
    struct ArcNode *nextarc;    //指向下一条边的指针
    InfoType *info;             //边的其他信息
} ArcNode;
typedef struct VNode {          //表头顶点和邻接表数组结构
    VertexType data;            //顶点信息
    ArcNode *firstarc;          //指向第一条边
} VNode,AdjList[MAX_VERTEX_NUM];
typedef struct {
    AdjList vertices;           //图的邻接表的表头列表
    int vexnum,arcnum;          //图的顶点数，弧数
    GraphKind kind;             //图的类型标志：DG、DN、UDG 和 UDN
} ALGraph; //图的邻接表结构
```

对图 7-1 中的图 G_1 和图 G_2，其邻接表存储结构如图 7-11 所示。可见，图的邻接表按边一一存储，比邻接矩阵节约空间。但是，对无向图[图 7-11(c)]，边要存两次。对 n 个顶点和 e 条边的图，其邻接表存储要 n 个头结点和 $2e$ 条边结点，边的重复存储会使图的一些操作不方便，如边的遍历和维护。当表结点中有边的其他信息时，存储空间的浪费及操作、维护的不方便性会更突出。对稀疏图($e \ll n(n-1)/2$)，邻接表存储比邻接矩阵存储会节省很多空间。

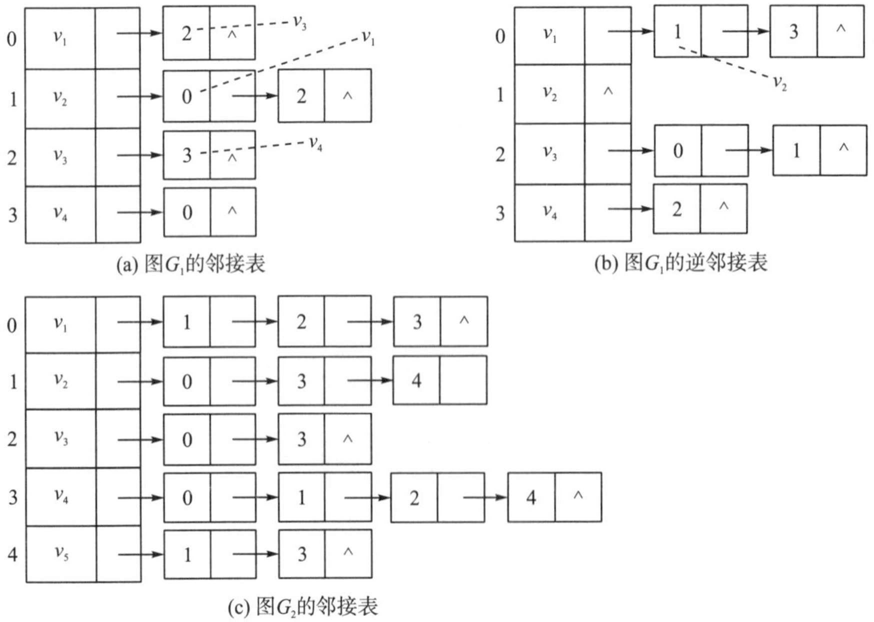

图 7-11 图 7-1 中图 G_1 的邻接表、逆邻接表及图 G_2 的邻接表存储结构的逻辑图示

注：顶点序号从 0 开始

在邻接表存储结构下，求顶点出度时，只需遍历并统计表头结点出发的(边)链表，但求顶点的入度时必须遍历整张图。为此，可引入图 7-11(b)所示的逆邻接表，以新增存储空间来换取计算时间。

算法 7-3—CreateUDG_AL()

```
Status CreateUDG_AL(ALGraph &G) { //构造无向图的邻接表
    scanf(&G.vexnum,&G.arcnum,&IncInfo); //IncInfo 为 0 时边上不含其他信息
    for (i=0;i<G.vexnum;i++) { //输入顶点信息并初始化邻接表的表头结点
        scanf(&G.vertices[i].data);
        G.vertices[i].firstarc=NULL;
    }
    for (i=0;i<G.arcnum;i++) { //将边加入邻接表
        scanf(&v1,&v2);    //输入一条边
        j=LocateVex(G,v1); //定位顶点 v1 和 v2 的位序号 j 和 k
        k=LocateVex(G,v2);
        InsertArc(&G,j,k); //从表头顶点 j 将边(j,k)插入边单链表 G.vertices[j]
        InsertArc(&G,k,j); //从表头顶点 k 将边(k,j)插入边单链表 G.vertices[k]
        if (IncInfo) InputArcInfo(G,j,k); //若边上有其他信息，输入之
    }
} //CreateUDG_AL
```

算法 7-3 给出了无向图的邻接表构造方法。关于无向图和有向图的邻接表与逆邻接表等构造算法，请读者自行完成。

在以上邻接表构建算法中，当表头结点存放顶点编号时，其渐近时间复杂度为 $O(n+e)$；LocateVex()的渐近时间复杂度为 $O(n)$ 时，构建算法的渐近时间复杂度为 $O(n\cdot e)$。

在邻接表中，计算顶点的 TD、FirstAdjVex()和 NextAdjVex()等操作比较方便。但是，判定顶点间有无关联时，要遍历其中一个顶点所对应的所有边链表才能确定，它没有邻接矩阵方便。同样，删除顶点和删除边等操作也要仔细。

7.2.4 十字链表表示法

鉴于用邻接表或逆邻接表存储图时各有优点，人们又提出了将它们进行结合的一种存储结构——十字链表(orthogonal list)，也称为十字交叉链表(cross link list)，其基本存储结构的设计假设如下。

顶点结点+表结点。顶点结点即邻接表的表头结点，它由顶点相关的信息域 data、与顶点相连的弧头指针域 firstin 和弧尾指针域 firstout 构成。其中，firstin 和 firstout 分别指向表头顶点为弧头和弧尾的弧链表中的第一条弧。表结点是边或弧结点，它由 5 个域构成：弧尾顶点 tailvex，弧头顶点 headvex，指向同一弧头顶点的 hlink 指针域，指向同一弧尾顶点的指针域 tlink，与弧有关的其他信息 info。表头结点和表结点的逻辑结构如图 7-12 所示。实际上，hlink 链是逆邻接表链接，tlink 链是邻接表链接。

表头结点

data	firstin	firstout

表结点

tailvex	headvex	info	hlink	tlink

图 7-12　十字交叉链表的表头结点和表结点的逻辑结构

图的十字交叉链表存储结构的优点在于：它兼具邻接表、逆邻接表的优点。表头结点是顺序存储结构，图中结点间的关系及其位置描述是自然形成的。另外，对稀疏图，用十字交叉链表表示会非常节约空间。实际上，它与稀疏矩阵的十字交叉链表存储结构是相似的。例如，图 7-1(a) 中图 G_1 的十字交叉链表存储结构如图 7-13 所示。

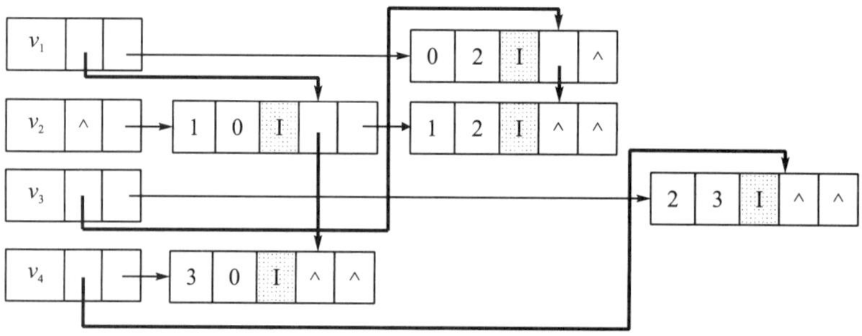

图 7-13　图 7-1(a) 中有向图 G_1 的十字交叉链表存储结构示意图

图的十字交叉链表存储结构的实现可描述如下：

```
#define MAX_VERTEX_NUM 32    //顶点个数
typedef struct ArcBox {   //有向边或弧的结点存储结构
    int tailvex,headvex;   //弧尾、弧头
    InfoType *info;        //有关弧的其他信息
    struct ArcBox *hlink,*tlink;   //指向同一弧头的指针和指向同一弧尾的指针
} ArcBox;
typedef struct VexNode {   //表头结点的存储结构
    VertexType data;         //顶点信息(顶点名等)
    ArcBox *firstin,*firstout;   //分别指向入弧和出弧链表的第一条弧的指针
} VexNode;
typedef struct {
    VexNode vexList[MAX_VERTEX_NUM];     //表头数组
    int vexnum,arcnum;          //有向图中的顶点个数和弧的条数
} OLGraph; //图的十字交叉链表存储结构
```

假设图有 n 个顶点 e 条边，有向图的十字交叉链表构造算法可描述如下。

算法 7-4—CreateDG_OLG()

```
Status CreateDG_OLG(OLGraph &G) { //构造有向图的十字交叉链表
    scanf(&G.vexnum,&G.arcnum,&IncInfo); //IncInfo==0 时不输入边的其他信息
```

```
    for (i=0;i<G.vexnum;i++) { //初始化
      scanf(&G.vexList[i].data);
      G.vexList[i].firstin=NULL;
      G.vexList[i].firstout=NULL;
    } //for
    for (k=0;k<G.arcnum;k++) { //输入有向边或弧
      scanf(&v1,&v2); i=LocateVex(G,v1); j=LocateVex(G,v2);
      p=(ArcBox*)malloc(sizeof(ArcBox));
      *p={i,j,G.vexList[j].firstin,G.vexList[i].firstout,NULL}; //边结点赋值
      G.vexList[j].firstin=G.vexList[i].firstout=p; //p 作为入度链和出度链头结点
      if (IncInfo) Input(*p→info);
    } //for
} //CreateDG_OLG
```

算法 7-4 与建立一般邻接表的时间复杂度相同。在图的十字交叉链表表示下，寻找以 v_i 为头，以及以 v_i 为尾的弧时，算法描述更为容易。由此，计算图中顶点的入度和出度将更方便。有关图的其他基本运算，请读者根据以上存储结构自行设计和实现。

7.2.5　邻接多重表表示法

对无向图的邻接表或逆邻接表存储结构，任何一条边的两个顶点都会同时出现在两个链表中，这给图的某些操作的实现带来不便。当以边为操作对象时，标记和处理已搜索过的边将很不方便。为此，人们引入了针对无向图的邻接多重表(adjacency multi-list)，其结点由 6 个域构成(图 7-14)。其中，mark 用于标记边是否被搜索过；ivex 和 jvex 为边的两顶点序号；ilink 指向从 i 出发的下一条边，jlink 指向从 j 出发的下一条边；info 记录了边的其他信息。另外，顶点数据的存储结构如图 7-15 所示。

mark	ivex	ilink	jvex	jlink	info

图 7-14　邻接多重表的边的存储结构

data	firstedge

图 7-15　邻接多重表的顶点数据的存储结构

AML 的基本思想：通过顶点结构，将依附于同一顶点的边串联在一个链表中。

AML 和 AL 的存储结构差异：对无向图，在邻接表结构中，一条边要存储两次，而在邻接多重表中，一条边只需用一个结点来表示。其存储结构的实现可描述如下：

```
#define MAX_VERTEX_NUM 32
```

```
typedef enum {unvisited, visited} VisitFlag;
typedef struct {
    VisitFlag mark; //边是否被访问过的标志
    int ivex,jvex;    //边所依附的顶点位置序号
    struct EBox *ilink,*jlink;  //依附于顶点 ivex 和 jvex 的下一条边的指针域
    InfoType *info; //边的其他信息
} EBox;
typedef struct VexBox {
    VertexType data;
    EBox *firstedge;  //指向依附当前顶点的第一条边
} VexBox;
typedef struct {
    VexBox adjmulist[MAX_VERTEX_NUM];
    int vexnum,edgenum;  //无向图的当前顶点数和边的条数
} AMLGraph; //图的邻接多重表存储结构
```

例如，对图 7-1 中的图 G_2，其 AML 存储结构如图 7-16 所示。

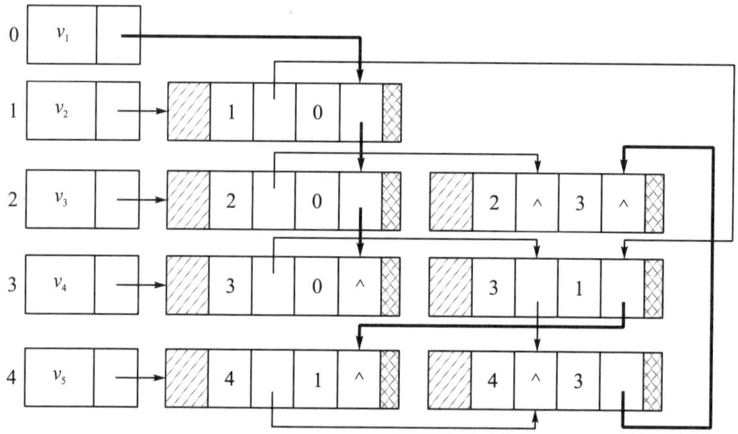

图 7-16 图 7-1 中图 G_2 的邻接多重表的存储结构示意图

在 AMLGraph 结构下，图的基本算法实现读者可自行完成。因算法的实际描述差异，邻接多重表存储结构与图 7-16 不一定相同。例如，按顶点序号先小后大的顺序扫描和存储边时，图 7-1 中图 G_2 的存储结构与图 7-16 是不同的。对此，读者可课外思考。

7.3 图的遍历

从图的某一点出发，对图中的顶点进行访问，且只能访问一次的过程，称为图的遍历(graph traversing)。图的遍历是图运用基础，如连通性判定、Top 排序、关键路径求解等。

图访问特点：①图中任何一个顶点都可能与其他顶点有关系；②存在回路；③为避免顶点被多次访问，必须对已访问过的顶点进行标记。为此，可用辅助数组标记。例如，采用 visited[0,1,⋯,n−1]，visited[i]=TRUE 表示已被访问，visited[i]=FALSE 表示未被访问。

7.3.1　深度优先搜索算法

深度优先搜索(depth first search，DFS)思想：从图的某个顶点 v 开始，访问它。再依次从与当前顶点相邻但未被访问的邻接点出发深度优先遍历，直到所有顶点被访问。

DFS()算法的实现可描述如下。

算法 7-5—DFSTraverse()

```
Boolean visited[MAX_VERTEX_NUM]; //顶点是否已经被访问过的标志数组
Status (*VisitFunc) (int v); //指向函数的指针变量,用于访问顶点 v
void DFSTraverse(Graph G, Status (*Visit)()) {  //图的深度优先遍历
    VisitFunc=Visit; //用全局变量 VisitFunc 指向 Visit，方便 DFS()访问顶点
    for (i=0; i<G.vexnum;++i) visited[i]=FALSE; //所有顶点均未被访问
    for (i=0; i<G.vexnum;++i) if (!visited[i]) DFS(G,i); //i 未被访问时调用 DFS()
} //DFSTraverse
```

算法 7-6—DFS()

```
void DFS(Graph G,int v) { //从 v 出发深度优先遍历 G
    visited[v]=TRUE; //对 v 作已访问标记
    visitedFunc(v);    //访问顶点 v
    for (w=FirstAdjVex(G,v);w>=0;w=nextAdjVex(G,v,w)) //依次访问 v 的邻接点
      if (!visited[w]) DFS(G,w); //v 的邻接点 w 未被访问时，从 w 处深度优先遍历
} //DFS
```

对图 7-17 中的无向图 G_5，其 DFS()遍历过程如图 7-18 所示[①]。

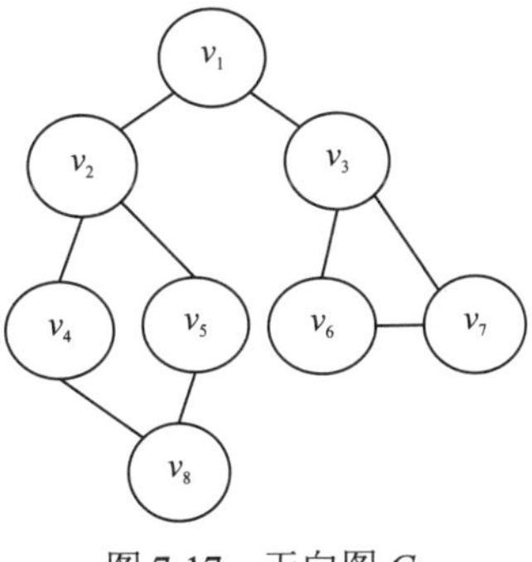

图 7-17　无向图 G_5

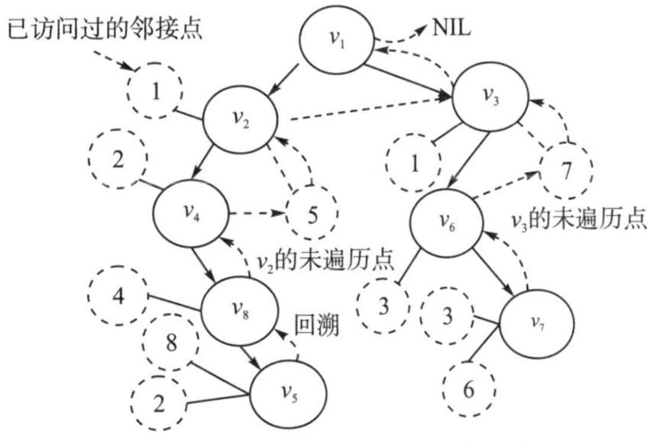

图 7-18　无向图 G_5 的 DFS()遍历过程

① 实线箭头是访问路径。实线连接的虚线圈是正向搜索时，当前点的已搜索邻接点。虚线连接的虚线圈是回溯时，父结点的未检测点，例如，v_4 的回溯点是 v_2，但 v_2 的下一个未检测点为 v_5(这里已搜索过)。

算法复杂度分析：遍历的实质是对每个顶点查找其未被遍历过的邻接点。由于已标记顶点不会被再次搜索，而每个顶点至多调用一次 DFS()，其耗时取决于存储结构。用二维数组时，查找所有顶点的邻接点时间为 $O(n^2)$，以邻接表为存储结构时为 $O(n+e)$，e 为图的边数。以 DFS()调用次数或 visitedFunc()调用次数为基本操作，则算法时间复杂度为 $O(n)$。

7.3.2 广度优先搜索算法

广度优先搜索(breadth first search，BFS)思想：借助队列辅助，类似于树的层次遍历过程，即自上而下、自左而右的顶点遍历。例如，图 7-17 中无向图 G_5 的 BFS()遍历过程如图 7-19 所示。借助队列辅助，BFS()遍历算法的描述如下。

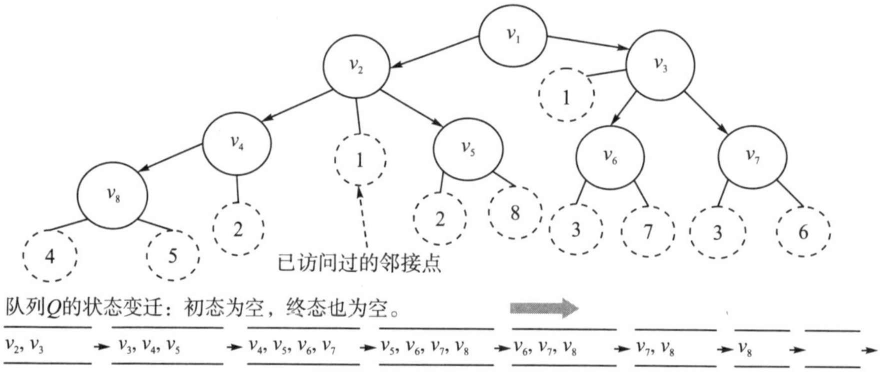

图 7-19　无向图 G_5 的 BFS()遍历过程

<u>算法 7-7</u>—BFSTraverse()

```
//借助队列 Q 和访问标志数组 visited[]的非递归 BFS()遍历算法。
void BFSTraverse(Graph G,Status (*Visit)()) {
    for (i=0;i<G.vexnum;++i) visited[i]=FALSE;   //初始化标志数组
    InitQueue(Q);  //初始化辅助队列 Q
    for (i=0;i<G.vexnum;++i) {
      if (!visited[i]) { //对没有被访问过的顶点 i 进行访问
        visited[i]=TRUE; Visit(i); EnQueue(Q,i); //标记、访问和入队
        while (!QueueEmpty(Q)) { //队列不空时继续遍历
          DeQueue(Q,u); //取出队列 Q 的头元素 u
          for(w=FirstAdjVex(G,u);w>=0;w=NextAdjVex(G,u,w)) { //扫描 u 的邻接点
            if (!Visited[w]) {Visited[w]=TRUE; Visit(w); EnQueue(Q,w);}
          } //for (w)
        } //while
      } //if
```

```
    } //for (i)
} //BFSTraverse
```

算法复杂度分析：从算法描述可知，每个顶点最多进一次队列，而遍历是通过边找邻接点。假设查找 v 的邻接点时间复杂度为 $O(e)$，与 v 相连的边数为 e，因顶点出队次数为 n，算法时间复杂度为 $O(n \cdot e)$。假设以入队和出队次数为基本操作，则时间复杂度为 $O(n)$。

7.4　图的连通性问题

图的许多应用都涉及图的连通性判定问题。本节讨论图的连通性问题。

7.4.1　无向图的连通分量和生成树

无向图的连通性判定实质上是图的遍历。如果从图的一个顶点出发，按深度或宽度优先搜索，可得到一个包含该图全部顶点的连通分量，则称该图为连通图。如果要从多个顶点出发才能访问到图的全部顶点，则称该图为非连通图(un-connected graph)。显然，非连通图由多个连通分量构成。

对连通图 G，其连通分量的边集 $T(G)$ 和顶点集 $V(G)$ 一起构成了图的一个极小连通子图——生成树。由 DFS()得到的生成树称为深度优先生成树(DFS spanning tree)，由 BFS()得到的生成树称为广度或宽度优先生成树(BFS spanning tree)。

对非连通图 $G=\{G_1,G_2,\cdots,G_m\}$，假设对它遍历生成的各连通子图的边集分别为 $T(G_1),T(G_2),\cdots,T(G_m)$，各连通子图顶点集分别是 $V(G_1),V(G_2),\cdots,V(G_m)$，则这 m 棵生成树为 $\{V(G_1),T(G_1)\},\{V(G_2),T(G_2)\},\cdots,\{V(G_m),T(G_m)\}$，它们构成了非连通图 G 的生成森林。假设以孩子兄弟法存储此图，非连通图的深度优先生成森林算法 DFSForest()的实现可描述如下：

算法 7-8—DFSForest()

```
void DFSForest(Graph G,CSTree &T) {//孩子兄弟法(左孩子、右兄弟链)的森林生成
  T=NULL;
  for (v=0;v<G.vexnum;v++) visited[v]=FALSE; //初始化
  for (v=0;v<G.vexnum;v++) {
    if (!visited[v]) { //如果 v 没有被访问过，即为新连通分量(树)的根结点
       p=(CSTree)malloc(sizeof(CSNode)); //分配根结点并初始化
       *p={GetVex(G,v),NULL,NULL};
       if (!T) T=p;   //T 指向第一棵生成树(也是二叉树森林的根)
       else q→nextsibling=p; //非第一棵生成树时，p 作为前一棵树根的右兄弟
       q=p; //用 q 记住当前生成树 p，以便链接下一棵(新的)生成树
       DFSTree(G,v,p); //在 G 中生成从顶点 v 出发的生成树 p
    } //if
```

```
    } //for
} //DFSForest
```

算法 7-9—DFSTree()

```
void DFSTree(Graph G, int v, CSTree &T) { //从 v 出发深度优先搜索 G，获得生成树 T
  visited[v]=TRUE; first=TRUE;
  for (w=FirstAdjVex(G,v); w>=0; w=NextAdjVex(G,v,w))
     if (!visited[w]) { //搜索、处理 v 的未访问过的邻接点 w
        p=(CSTree)malloc(sizeof(CSNode)); //为 w 分配空间并初始化
        *p={GetVex(G,w),NULL,NULL};
        if (first) {T→lchild=p; first=FALSE;} //p 作为 T 的左孩子
        else {q→nextsibling=p;} //p 作为前一个邻接点 q 的右兄弟
        q=p;
        DFSTree(G,w,q); //继续从 w 开始，以 q 为根进行搜索
     } //if
} //DFSTree
```

DFSTree()的任务是，实现从图 G 的顶点 v 出发的深度优先搜索子树的生成。

7.4.2 *有向图的强连通分量

有向图的连通性检查可以借助 DFS 完成。对弱连通分量的获取算法，请读者课外思考。下面仅讨论对强连通分量的获取问题。

由于有向图 G 的强连通分量是双向连通的，假设图中顶点数为 n，数组 finished[n]用于存储搜索完成的顶点信息，count 是进入 DFS 遍历的顺序号(初值为 0)，那么，获取有向图的强连通分量的算法步骤如下：

(1)从给定的顶点 v 出发，以 DFS 方式遍历图 G，在退出 v 的 DFS 遍历时，将搜索过的顶点按搜索顺序记录在 finished[]数组中，即 finished[++count]=v。

(2)将图 G 中所有的边置为逆向边，以形成逆向图 G'。

(3)从 finished[]数组中最后访问的顶点 finished[$n-1$]出发，对 G'进行反向 DFS 遍历。当不能完全访问所有 G'顶点时，从余下结点中 finished[i]最大者处开始，继续 DFS 遍历，直到 finished[0]。

要注意的是，每一次反向遍历所访问过的顶点，形成访问顶点集，各访问顶点集即图 G 中各强连通分量的顶点集。

7.4.3 最小生成树

原问题描述：在 n 个城市之间构建一个通信网，如何构建才能使得构建总代价最小呢？

构建通信网要求在 n 个城市间建造代价最小的无向连通网，即极小连通网中边的代价和最小者。可用最小生成树(minimum-cost spanning tree，MST)算法求解该问题。实际上，

在无向连通网中，若顶点表示城市，边表示城市间的通信线路，边上权值表示通信线路建设代价，那么，对原问题的求解，本质上就是在网中寻找连通 n 个顶点的 $n-1$ 条边，且保证边的代价和最小。由此获得的连通图就是一棵 MST[①]。

MST 性质：对连通网络 $N=(V,E)$，设 $U \subseteq V$ 且 $U \neq \varnothing$，$u \in U, v \in V-U$，$(u,v) \in E$ 是 N 中一条权值最小的边，那么必有一棵包含 (u,v) 边的 MST。

对给定的连通网络，构造最小生成树的方法有多种。利用最小生成树的性质，Robert Clay Prim[②]（罗伯特 • C • 普里姆）（图 7-20）和 Kruskal[③]（克鲁斯卡尔）（图 7-21）分别提出了构造 MST 的著名算法。

图 7-20　罗伯特 • C • 普里姆

图 7-21　克鲁斯卡尔

Prim 算法基本思想：对连通网 $N=(V,E)$，若最小生成树用 $M=(U,TE)$ 标记，初态是任选一个顶点 u_1 到 U 中[④]，如 $U=\{u_1\}(u_1 \in V)$ 且 $TE=\{\}$，则构造 M 的过程如下：从 E 中选一条最小代价边（u_i,v_j），其中 $u_i \in U, v_j \in V-U, 1 \leqslant i,j \leqslant |V|$。将 (u_i,v_j) 并入 TE，即 $TE=TE \cup \{(u_i,v_j)\}$，同时 $U=U \cup \{v_j\}$ 且 $V=V-\{v_j\}$。当 $V=\varnothing$ 时算法结束。此时 $M=(U,TE)$ 中 TE 刚好有 $n-1$ 条边。

基于 Prim 算法思想的 MST 计算实例图解如图 7-22 所示。

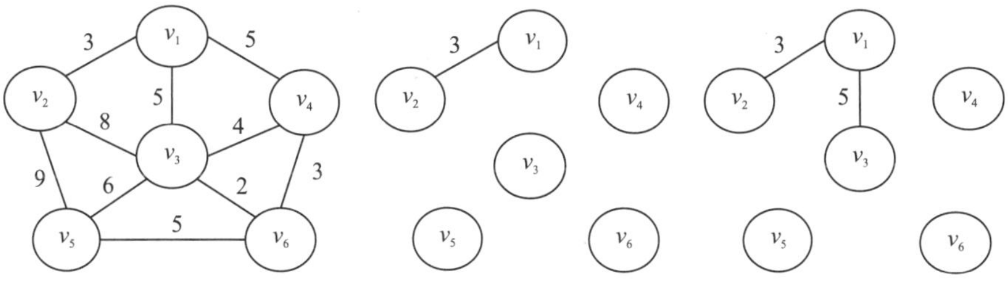

(a) 原始的连通网 G_6　　(b) $U=\{v_1, v_2\}$ TE=$\{(v_1, v_2)\}$　　(c) $U=\{v_1, v_2, v_3\}$ TE=$\{(v_1, v_2), (v_1, v_3)\}$

① 最小生成树不一定唯一。

② Robert Clay Prim（1921—2021），美国数学家和计算机科学家。连通网中生成 MST 问题最早由捷克数学家 Vojtěch Jarník 提出，1957 年 Prim 独立发现了 Prim 算法，1959 年 Edsger Dijkstra 再次发现 MST 问题。因此，Prim 算法又称为 DJP 算法、Jarník 算法或 Prim-Jarník 算法。图片来源：https://www.computerhope.com/people/robert-prim.htm

③ Joseph Bernard Kruskal（1928—2010），美国数学家、统计学家、计算机科学家和心理测量专家，因 Kruskal 算法、Kruskal 树定理和 Kruskal-Katona 定理等而闻名。图片来源：https://us.sagepub.com/en-us/nam/author/josephb-kruskal

④ 为方便表述，行文中假定顶点在 U 中的编号与其在 V 中的编号一致，即 $u_i \leftrightarrow v_i$。

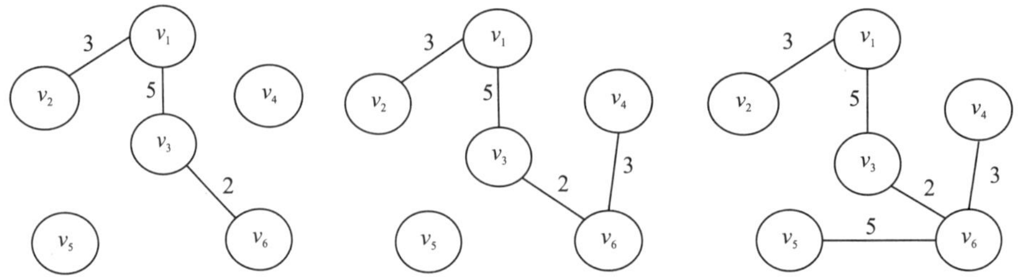

(d) $U=\{v_1, v_2, v_3, v_6\}$
TE=$\{(v_1, v_2), (v_1, v_3), (v_3, v_6)\}$
(e) $U=\{v_1, v_2, v_3, v_4, v_6\}$
TE=$\{(v_1, v_2), (v_1, v_3), (v_3, v_6), (v_4, v_6)\}$
(f) 原图的最小生成树

图 7-22　利用 Prim 算法构造 MST 的实例过程图解

在实现算法时，对 $M=(U,TE)$，可设置辅助数组 closedge 记录 $V-U$ 到 U 间的所有最小代价边的信息。对 $\forall v_j \in V-U$，假设其最小代价边是(u_i,u_j)，可用 closedge[$j-1$] 记录(u_i,u_j)的权重及其所依附的 U 中顶点 u_i 的序号 $i-1$。例如，对(u_i,u_j)的存储结果如下：

closedge[j−1]·lowcost = min{cost(u_i,v_j) | ∀u_i∈U}//v_j 与 U 中顶点间的最小代价边(u_i,u_j)

closedge[j−1]·adjvex = i−1 //最小代价边依附在 U 中的顶点 u_i 的位序号(数组下标)

cost(u_i,v_j)是边(u_i,u_j)上的代价或费用。因此，closedge[]的数据类型可定义如下：

```
typedef struct {
    VertexType adjvex; //最小代价边在 U 中的顶点序号
    VRType lowcost; //最小代价边上的权重
} closedgeType[MAX_VERTEX_NUM];
```

假定 closedge[$j-1$].lowcost=0 表示将顶点 v_j 并入 U，则 Prim 算法实现可描述如下：

算法 7-10—MiniSpanTreePrim()

```
void MiniSpanTree_Prim(MGraph G,VertexType u) { //从 V 中顶点 u 出发构造 MST
  k=LocateVex(G,u); //获取 u 的位序号 k
  for (j=0;j<G.vexnum;j++) //用{u}到 V−{u}的 n−1 条边初始化 closedge[]
     if (j!=k) closedge[j]={G.vexs[k],G.arcs[k][j].adj};
  closedge[k].lowcost=0; //u 并入 U==>U={u}
  for (i=1;i<G.vexnum;i++) { //将 V−{u}中的顶点逐步并入 U
     k=minimum(G,closedge); //获 V−U 到 U 的最小代价边(p,k),p 属于 U,k 属于 V−U
     printf(closedge[k].adjvex,G.vexs[k]); //closedge[k].adjvex==p
     closedge[k].lowcost=0; // U = U∪{k}
     for (j=0;j<G.vexnum;j++) //V−U 中顶点 j 与 U 间顶点连接边的最小值更新
       if (G.arcs[k][j].adj<closedge[j].lowcost) //(k,j) 比现有(_,vj+1)更小时更新
          closedge[j]={G.vexs[k],G.arcs[k][j].adj};
  } //for
} // MiniSpanTreePrim
```

算法 7-11—minimum()

```
int minimum(MGraph G,closedgeType closedge[]) { //从 closedge 选最小代价边
```

```
    for (i=0;i<G.vexnum;i++) if (closedge[i].lowcost) break; //定位第一条边
    for (k=j=i;j<G.vexnum;j++) //定位最小边
        if (closedge[j].lowcost && closedge[j].lowcost<closedge[k].lowcost) k=j;
    return k;
} //minimum
```

算法 7-10 的第二个循环中，内循环的功能是：顶点 k 并入 U 后，$V-U$ 到 U 间边的权值最小化更新。算法 7-11 从 $V-U$ 到 U 的当前连接边中选取最小代价边，并返回该边在 $V-U$ 中的顶点 k。要注意的是，该边在 U 中的顶点为 closedge[k].adjvex。

算法复杂度分析：对 n 个顶点的连通网，closedge 初始化和 minimum() 的时间复杂度均为 $O(n)$，$V-U$ 中顶点与 U 中新顶点 k 之间的最小代价边更新时间复杂度为 $O(n)$，故算法 7-10 总的时间复杂度为 $O(n^2)$。因与边数无关，Prim 算法适合于求稠密网的 MST。

算法计算实例：对图 7-22(a) 所示原始连通网，假设 MST 初态为 $U=\{v_1\}$ 且 TE={}，其计算涉及的关键变量状态变化过程如表 7-1 所示。其中，k 是 MST 第 i 条最小的边在 $V-U$ 中的顶点位序号，U 中顶点间的边上权重统一置 0，以区分 $V-U$ 和 U 之间的边。

表 7-1　Prim 算法对图 7-22(a) 所示连通网的 MST 生成过程描述

i/closedge	j					U	$V-U$
	1 (v_2)	2 (v_3)	3 (v_4)	4 (v_5)	5 (v_6)		
初始状态(i==0)	$\{v_1,3\}$	$\{v_1,5\}$	$\{v_1,5\}$	$\{v_1,\infty\}$	$\{v_1,\infty\}$	$\{v_1\}$	$\{v_2,v_3,v_4,v_5,v_6\}$
i==1,k==1	$\{v_1,3\}$	$\{v_1,5\}$	$\{v_1,5\}$	$\{v_1,\infty\}$	$\{v_1,\infty\}$	$\{v_1,v_2\}$	$\{v_3,v_4,v_5,v_6\}$
更新 closedge	$\{v_1,0\}$			$\{\boldsymbol{v_2,9}\}$	$\{\boldsymbol{v_1,\infty}\}$		
i==2,k==2		$\{v_1,5\}$				$\{v_1,v_2,v_3\}$	$\{v_4,v_5,v_6\}$
更新 closedge		$\{v_1,0\}$	$\{\boldsymbol{v_3,4}\}$	$\{\boldsymbol{v_3,6}\}$	$\{\boldsymbol{v_3,2}\}$		
i==3,k==5					$\{v_3,2\}$	$\{v_1,v_2,v_3,v_6\}$	$\{v_4,v_5\}$
更新 closedge			$\{\boldsymbol{v_6,3}\}$	$\{\boldsymbol{v_6,5}\}$	$\{v_3,0\}$		
i==4,k==3			$\{v_6,3\}$			$\{v_1,v_2,v_3,v_6,v_4\}$	$\{v_5\}$
更新 closedge			$\{v_6,0\}$	$\{v_6,5\}$			
i==5,k==4				$\{v_6,5\}$		$\{v_1,v_2,v_3,v_4,v_6,v_5\}$	{}
更新 closedge				$\{v_6,0\}$			
输出结果	TE={ (v_1,v_2), (v_1,v_3), (v_3,v_6), (v_6,v_4), (v_6,v_5) }					$\{v_1,v_2,v_3,v_4,v_5,v_6\}$	{}

Kruskal 算法基本思想：设连通图 $N=(V,E)$，最小生成树初态由 n 个顶点各自形成的非连通子图构成，即 $N=(N_1,N_2,\cdots,N_n)$①，E 中最小代价边 $e_{i,j}=\min\{\forall(v_i,v_j)\in E \mid i\neq j,1\leqslant i,j\leqslant n,v_i\in N_p,v_j\in N_q,p\neq q,1\leqslant p,q\leqslant |N|\}$ 一定属于最小生成树 M，因此，可以将 $e_{i,j}$ 的顶点所属的连通分量合并，使 N 中的连通分量数减少一个。重复此操作，直到所有顶点都属于同一个连通分量时，算法结束。

① 顶点子图连通分量 $N_i=(\{v_i\},\{\})\mid i=1,2,\cdots,n,\quad v_i\in V$。

算法复杂度分析：对 Kruskal 算法的初始化，要构造顶点级连通子图，其时间复杂度为 $O(n)$。在 E 中选最小边 $e_{i,j}$ 时要扫描 E，可借助第 8 章要学习的堆排序算法，故其时间复杂度为 $O(\log e)$。另外，检测 $e_{i,j}$ 的 v_i,v_j 所分属的连通分量问题等价于寻找等价类，时间复杂度为 $O(n)$。因此，Kruskal 算法的总体时间复杂度为 $O((n-1)\log e)$。易知，Kruskal 算法更适合于稀疏图的 MST 生成。参照图 7-22，读者可自行课外完成 G_6 的 MST 实例计算，并完成其算法描述。

7.4.4 *关节点和重连通分量

对连通图 $G=(V,E)$ 和 $\forall v \in V$，删除 v 及其关联边，且 G 被分割成两个以上的连通分量时，称顶点 v 为 G 的关节点(articulation point)或割点(cut point)。当连通图不存在关节点时，称为重连通图(biconnected graph)。破坏连通图的连通性需要删除的最少顶点个数称为图的连通度(connectivity of graph)。显然，对非连通图，其连通度为 0。破坏连通性需要删除的顶点个数为 k 时，图的连通度为 k。

例如，对图 7-23，B,F,I 是关节点，连通度为 1。

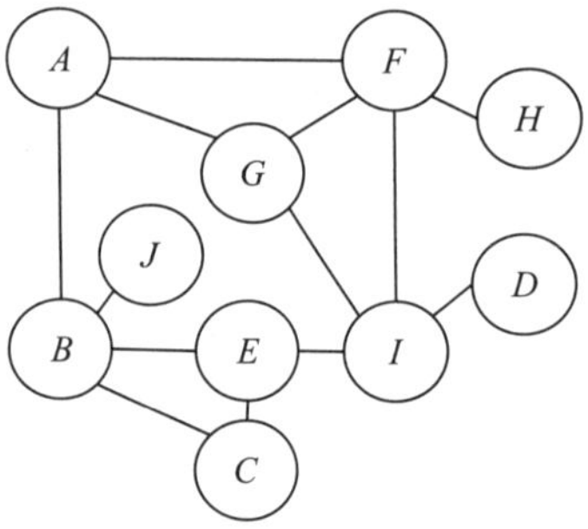

图 7-23 连通图 G_7

重连通图性质：对重连通图 $G=(V,E)$，$\forall u,v \in V$，u 和 v 间至少有两条以上通路。因此，删除 G 中任一个顶点都不会破坏 G 的连通性。连通度为 k 时，至少要删除 k 个顶点才能破坏 G 的连通性。

关节点和重连通概念有很多重要用途。例如：①对通信网络系统，连通度越高，系统可靠性越高，如何构建高连通度的通信网显得非常重要。在高连通度通信网中，少量结点的故障不会影响系统的正常工作。②对一个航空飞行控制网络而言，如果它是重连通的，其可靠性就高。在高可靠性飞行控制系统中，飞行任务的完成不会因为某条航线障碍而失败。③对大规模集成电路的关键线路设计，如果线路是重连通的，芯片的可靠性就高。它使得芯片的正常工作不会受某些元件失效影响。④在战争中，要中断敌方通信或运输线路网络，只需找出其关节点或重连通度最低的关键结点，即可以较小代价摧毁敌方网络。

要判断连通图是否有关节点，可以采用 DFS 算法遍历完成。例如，对图 7-23 的图 G_7，假设从 A 出发，邻接顶点的选择按照字母序优先，其 DFS 的过程如图 7-24 所示，遍历结果为：*ABCEIDFGHJ*。虚线箭头表示遍历的回溯顺序。为了更直观地观察生成树，图 7-25 给出了带上回边①的生成树表示结构。

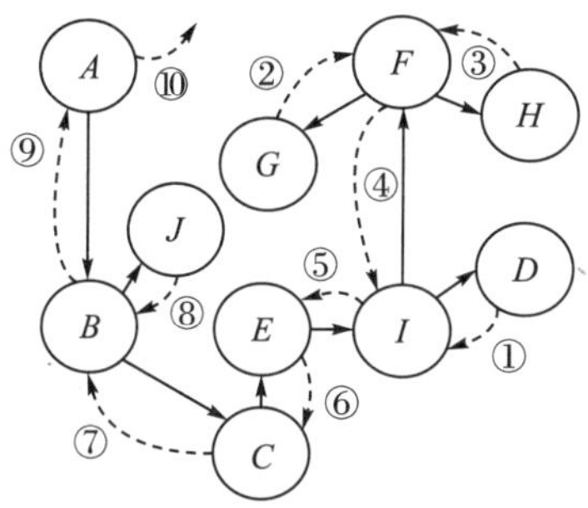

图 7-24　G_7 的 DFS 生成树

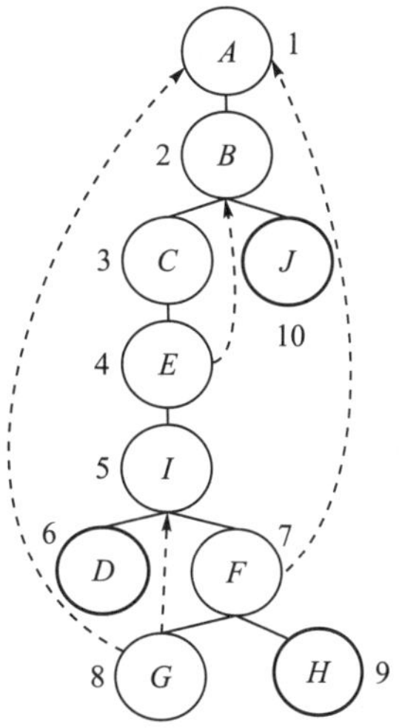

图 7-25　从 *A* 点出发的 DFS 带回边生成树

分析易知：①一个顶点的孩子结点是在它之后搜索到的邻接点；②一个顶点的双亲结点和它的虚线边所指向的(祖先)结点是在其之前所遇到的邻接点。

通过带上回边的 DFS 优先搜索树，可以获得原始连通图的关节点。方法如下：

(1) 如果生成树的根有两棵以上的子树，根结点肯定是关节点。

由于删除根结点后整棵树变成了两棵以上的树所构成的生成森林，而不同森林中的结点间是不连通的。例如，从 *B* 出发遍历得到的是双分支树(图 7-26)，因此 *B* 是关节点，而从 *A* 出发遍历得到的是单分支树(图 7-25)，因此 *A* 不是关节点。

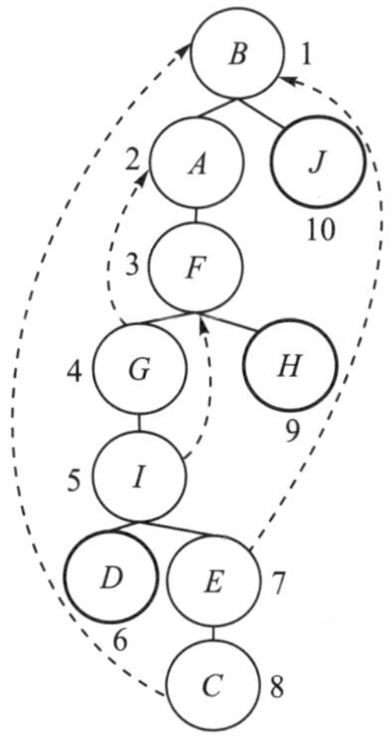

图 7-26　从 *B* 点出发的 DFS 带回边生成树

① 在 DFS 搜索中，假设 *w* 是 *v* 的祖先，当探索 (*v*,*w*) 时，顶点 *w* 为已访问标记，则 *v* 到 *w* 形成回边。

(2) 对于生成树中的非叶子结点(内部结点)，如果其某棵子树的根及子树中的其他结点都没有指向该结点祖先的回边，该非叶子结点为关节点。

显然，如果内部结点 v 的某棵子树中的所有结点都不能回指 v 的祖先，一旦 v 被删除，子树结点与该子树以外的结点就不能连通，从而形成森林结构。例如，无论图 7-25 还是图 7-26，内部结点 B、F 和 I 都存在这样的子树，因此，它们是关节点。

对连通图 $G=(V,E)$，通过一次 DFS 遍历可标记出图中关节点。对 $\forall v\in V$，visited[v]记录 v 的访问顺序号，w 是 v 在 DFS 树上的孩子，k 是 v 在 DFS 树上回边所指向的 v 的祖先，那么，函数 low(v)是 visited[v]、visited[k]和 v 的孩子结点的最小 low(w)的最小者。即

$$\text{low}(v)=\min\{\text{visited}[v],\text{low}[w],\text{visited}[k]\mid\forall(v,w),(v,k)\in E\}$$

例如，图 7-25 和图 7-26 分别给出了图 G_7 从 A 和 B 出发的 DFS 生成树及顶点顺序号。

由 low(v)的定义知，如果 v 有孩子 w 且 visited[v]≤low[w]，表明 w 及其子孙没有回指 v 的祖先的边。删除 v 后，w 及其子孙将与 v 相关的其他结点分开，形成森林。

实际上，对生成树进行前序遍历可以计算 visited[v]，进行后序遍历可以计算 low[v]。后序遍历的顶点访问序列和 DFS 遍历时的回溯顶点序列(DFS 的顶点退出序列)刚好相反。假设以邻接表为存储结构，求解关节点的 DFS 遍历算法实现可描述如下。

算法 7-12—DFSJoint()

```
int count=0,low[MAX_VERTEX_SIZE]=0,visited[MAX_VERTEX_SIZE]=0;
void DFSJoint(ALGraph G,int v1) { //从 v1 出发 DFS 遍历 G 并寻找其关结点
  vistited[v1]=min=++count; //记录 v1 的顺序号及 v1 的最小祖先序号
  for (p=G.vertices[v1].firstarc; p; p=p→nextarc) { //逐一遍历 v1 的所有邻接点
      w=p→adjvex; //w—v1 的当前邻接点
      if (visited[w]==0) { //未被访问过的 w 是 v1 的孩子结点
         DFSJoint(G,w); //从 w 作 DFS 遍历, 同时返回 low[w]
         if (low[w]<min) min=low[w]; //如果子树结点所指祖先号更小，记之
         if (visited[v1]<= low[w]) printf(v1,G.vertices[v1].data); //输出关结点 v1
      } //if
      else if (visited[w]<min) min=visited[w]; //如果 v1 的祖先 w 序号更小，记之
  } //for
  low[v1]=min; //记住 v1 的最小祖先序号
  return;
} //DFSJoint
```

如果 v_1 出发的 DFSJoint 没有遍历完图中所有顶点，应该对其剩下的邻接点继续处理，进行 DSF 搜索。因此，寻找图中全部关结点的算法实现可描述如下。

算法 7-13—FindJoint()

```
void FindJoint(ALGraph G) { //寻找 G 中的全部关结点
  count=visited[0]=1; //假设从 v1 开始寻找关结点
  for (i=1; i<G.vexnum; i++) visited[i]=0; //设置所有其他顶点为没有被访问的状态
  p=G.vertices[0].firstarc;
```

```
    v=p→adjvex;
    DFSJoint(G,v);
    if (count<G.vexnum) { //此时表明，从 v 出发的 DFS 生成树至少有两棵子树
      printf(0,G.vertices[0].data); //输出根(关结点)
      while (p→nextarc) { //处理根的其他子树
        p=p→nextarc; v=p→adjvex;
        if (visited[v]==0) DFSJoint(G,v);
      }//while
    } //if
} //FindJoint
```

以图 7-26 为例，从图 G_7 的 *B* 出发计算得到的 visited[]和 low[]的相关信息如表 7-2 所示。例如，由于 *I* 的邻接点的 visited[]值为 3，low[I]=3。同理，low[G]=low[F]=2。

表 7-2　从 *B* 出发的 DFSJoint 遍历中 visited[]和 low[]值的计算结果

i(顶点位置)	*G*.vertices[*i*].data	visited[*i*]	low[*i*]	low 的求解顺序
0	A	2	1	8
1	**B**	**1**	1	10
2	C	8	1	2
3	D	6	**5**	**1**
4	E	7	1	3
5	F	3	2	7
6	G	4	2	5
7	H	9	3	6
8	I	5	3	4
9	J	10	1	9

要注意的是，算法实际上将回溯边为指向双亲的边也看成了回边。比如，D→I、H→F、J→B 和 F→A。因为它们不影响关节点判定，不用加以区分。分析易知，算法 7-12 的渐近时间复杂度为 $O(n+e)$。关于 *k* 连通查找问题，请读者自行课外思考和研究。

7.5　有向无环图及其应用

有向无环图(directed acycline graph，DAG)是一种非常有用的有向图。例如，在描述含有公共子式的应用中，用 DAG 可以有效节约存储空间，在描述一个工程或系统进度任务中，DAG 也是有效工具。有向树是一种特殊的 DAG。图 7-27 展示了有向树、一般 DAG 和带环有向图。有时，看似有回路的有向图并不一定有环。例如，图 7-28 有<*u*,*v*>回边，但并不能代表它一定有环。仅当从 *v* 出发经过 *q* 能到达 *u* 时，才构成环。

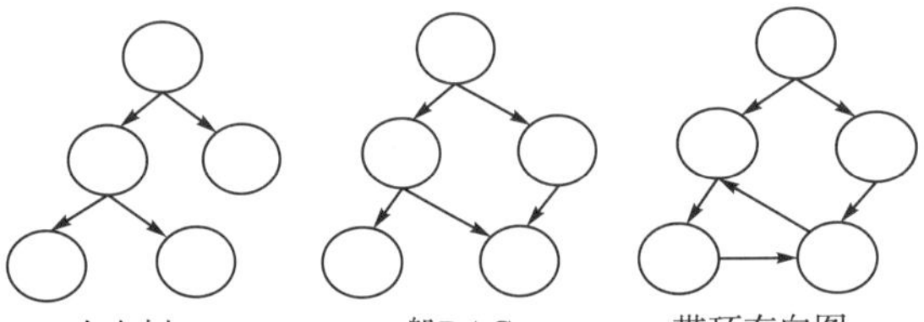

图 7-27　不同的有向图实例

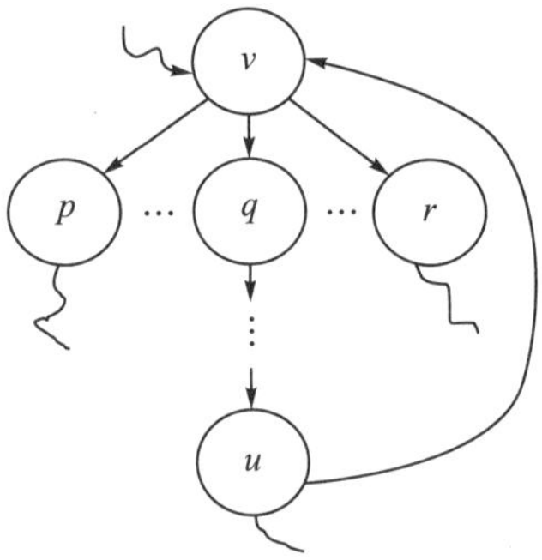

图 7-28　带有回边的有向图实例

有向无环图有如下用途。

1. 用于描述含有公共子式的表达式

由第 6 章知，一个运算表达式可用二叉树表示。但是，对含公共子式的表达式，公共子式的共享存储与应用不方便。例如，对$((a+b)*(b/(c+d))+(c+d)/e)*((c+d)/e)$，其二叉树表示如图 7-29(a)所示。其中$(c+d)$和$(c+d)/e$重复出现，它不利于节省存储空间，也不利于对公共子式进行维护、管理与应用。如果采用图 7-29(b)所示的有向无环图结构，可以克服以上问题。

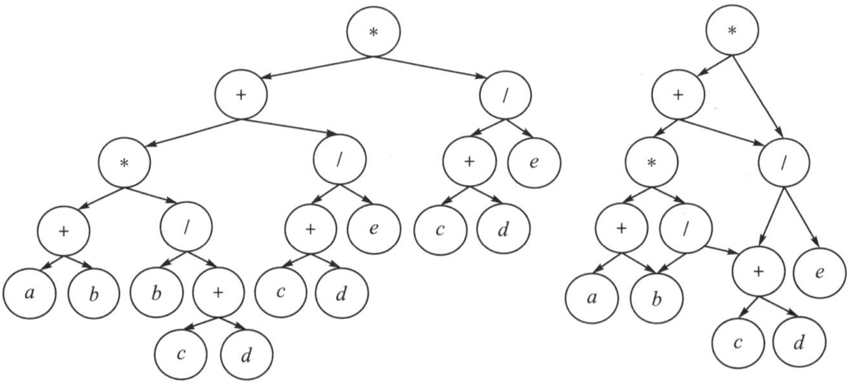

图 7-29　运算表达式的表达式树和有向无环图表示实例

2. 描述一项工程或系统活动进度的有效工具

工程或系统一般都由若干活动或子系统构成，活动或子系统间一般有时间、费用、优先顺序等工作约束条件。对工程或系统的可行性分析是展开工程项目工作的前提条件。如何估算工程代价或耗费及计算工程最短完成时间，以及找出影响工程进度的关键活动或影响系统功能的关键子系统呢？对这类问题的求解，需要借助有向无环图作为工具。

3. 有向无环判定及其应用

绝大多数的图的应用都涉及对图的回路或环的判定问题。对无向图，采取 DFS 搜索时，遇到回路就表明图中有环。对有向图，其有无环的判定比无向图复杂。在对有向图的 DFS 遍历中，遇到了回边并不一定表示图中出现了环。例如，在图 7-28 中，只有当从 v 出发经过 q 能到达顶点 u 时，才存在一条包含了顶点 u 和 v 的环。实际上，从 7.4.4 节的关节点判定讨论易知，在图 7-28 中，从顶点 v 进行 DFS 搜索，当遇到 $\langle u,v\rangle$ 回边时，$\langle u,v\rangle$ 可能是 DFS 森林中另外一棵树的边。

下面将围绕 TOP 排序和关键路径问题，讨论有向无环图的经典应用算法。

7.5.1　TOP 排序

拓扑序(topological order，TOP 序)是全序(total order)①，是特殊偏序(partial order)关系。拓扑排序(topological sort，TOP 排序)的实质是：将偏序关系下的有向无环图 $G=(V,A)$ 的顶点排列成一个线性序列，使得对 $\forall u,v\in V$，在该线性序列中一定有 $\langle u,v\rangle\in A$ 或者 $\langle v,u\rangle\in A$ 成立。因此，TOP 排序是将对象集合的偏序关系转换成一个全序关系的过程。

假设 $\langle u,v\rangle$ 表示顶点 u 优先于、大于或小于顶点 v，则 TOP 序就是一种优先、大于或小于关系序列。观察易知，对图 7-30(a)，v_2 和 v_3 之间没有优先关系，对图 7-30(b)，任意两个顶点之间都存在优先关系。因此，前者是偏序关系，而后者是全序关系。

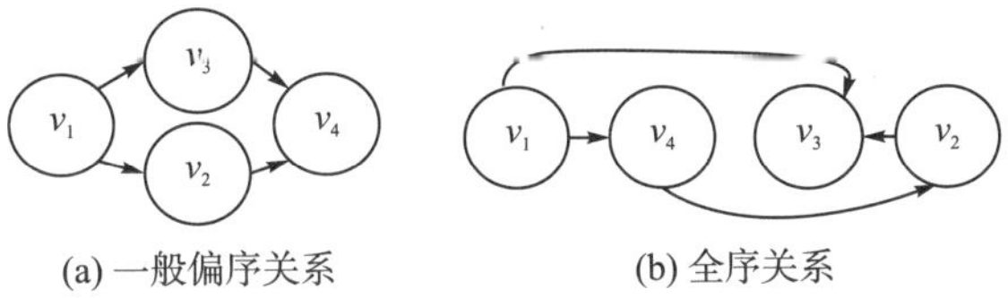

图 7-30　有向无环图的偏序和全序关系实例

偏序关系或全序关系有很多应用场景：①绘制程序或算法的流程图；②制定工程建设活动中的施工流程图；③绘制生产车间中的产品生产流程图；④绘制软件工程领域中用于表达用户功能需求的数据流图；⑤确定专业课程安排的先后关系。例如，对表 7-3 所示的某校信息与计算科学专业人才培养课程体系信息，其课程间的先行关系如图 7-31 所示。

表 7-3　某校信息与计算科学专业人才培养课程体系

课程编号	课程名称	先行课程
C_1	数学分析	无
C_2	高等代数	无
C_3	解析几何	无

① 对集合 X 及其关系 R，$\forall x,y,z\in X$，如果 R 满足：①xRx，② $xRy\nRightarrow yRx$ ③$xRy, yRz\Rightarrow xRz$，称 R 为 X 上的偏序关系。如果偏序关系 R 满足：$\forall x,y\in X$，一定有 xRy 或者 yRx，称 R 为 X 上的全序关系。

续表

课程编号	课程名称	先行课程
C_4	大学物理	C_1, C_2
C_5	常微分方程	C_1, C_2
C_6	概率论与数理统计	C_1, C_2
C_7	信息与计算科学导论	无
C_8	程序设计基础(C)	C_1, C_2, C_7
C_9	数据结构(C 语言版)	C_8
C_{10}	程序设计基础(C++)	C_8, C_9
C_{11}	离散数学	C_7, C_8
C_{12}	计算机数值计算方法	C_8, C_9
C_{13}	数据库原理	C_7, C_8, C_{11}
C_{14}	编译原理	C_7, C_8, C_{11}
C_{15}	计算机信息与密码学	C_7, C_8, C_{11}
C_{16}	数字信号处理	C_4, C_8, C_9
C_{17}	数学建模	C_8
C_{18}	计算机网络技术	C_4, C_{11}
C_{19}	计算机操作系统	C_8, C_9
C_{20}	软件工程	C_9, C_{10}, C_{11}
C_{21}	人工智能概论	C_9, C_{11}
C_{22}	信息工程概论	C_7
C_{23}	数据挖掘基础	C_9, C_{13}
C_{24}	微分方程数值解	C_5, C_8
C_{25}	计算机新技术专题	C_{20}

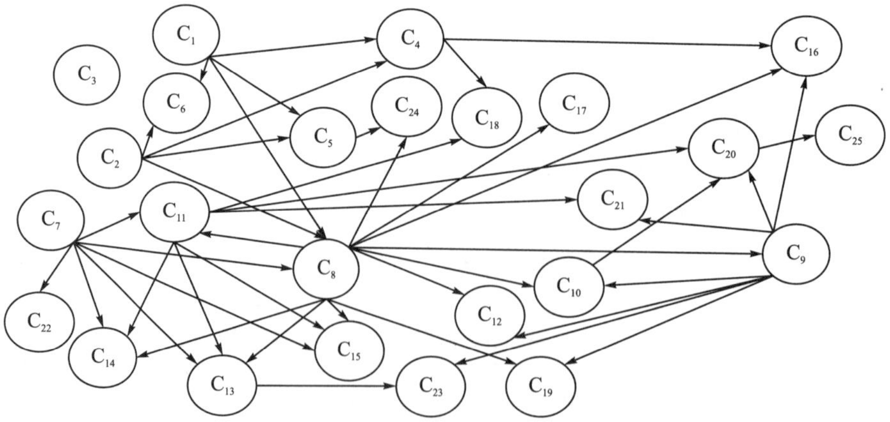

图 7-31 表 7-3 课程体系的有向无环图表示

实际上，用于 TOP 排序的有向无环图一般也称为 AOV 网(activity on vertex network)或活动在顶点上的网。顶点表示活动，有向边表示顶点或活动间的优先或领先关系。对

$u,v\in V$，$<u,v>\in A$ 时 u 是 v 的直接前驱，u 和 v 之间有路径时，u 是 v 的前驱，表示活动 u 优先或领先于活动 v。显然，在 AOV 网中，一定不能出现环。因为一项工程活动不应当成为以自己为先决条件的活动，否则，工程无法完成，它将进入死循环。

对有向图进行 TOP 排序，其前提是确保给定的图是 DAG。为此，需要判定给定有向图中是否有环。观察图 7-31 易知，通过对有向图构造其顶点的 TOP 有序序列，可以判断该图是否是 DAG。具体的判定方法是，如果图中所有顶点都在 TOP 序列中，那么该 AOV 网中不存在环，否则就存在环。

TOP 序列的获取方法：①在 DAG 中选出一个没有直接前驱的顶点输出；②删除该顶点关联的有向边或弧；③重复①和②，直到输出全部顶点或再也没有直接前驱的顶点。

例如，对图 7-31，按以上方法可获取如下 TOP 序列：$C_1,C_2,C_3,C_7,C_4,C_5,C_6,C_{22},C_8,C_9,C_{10},C_{11},C_{12},C_{13},C_{14},C_{15},C_{16},C_{17},C_{18},C_{19},C_{20},C_{21},C_{23},C_{24},C_{25}$。

注意：①有顶点没有被输出时，就一定有环。②一个 DAG 的 TOP 序列并不唯一。

TOP 排序的算法实现：假设采用邻接表，为方便检测没有直接前驱的顶点，可在表头结点存放顶点入度，形成一维数组 indegree[vexnum]。为避免对没有直接前驱的顶点 v 重复检测，一旦 v 被选中，就要删除以 v 为尾的弧，并修改弧头顶点入度。算法基本思想为：检查邻接表表头数组，选择没有直接前驱的下一个待处理顶点，输出之。删除该顶点并修改以其为尾的弧头顶点入度。重复以上操作，直到所有没有前驱的顶点被处理完毕。

对 TOP 排序算法，其实现可描述如下。

算法 7-14—TopologicalSort()

```
Status TopologicalSort(ALGraph G) { //如果 G 有 TOP 序，输出之，否则返回 ERROR
  FindInDegree(G,indegree); //求顶点入度：indegree[0..vexnum-1]
  InitStack(S);
  for (i=0;i<G.vexnum;i++) if (!indegree[i]) Push(S,i); //保存没有前驱的顶点到 S
  count=0;                    //TOP 序的顶点计数器
  while (!StackEmpty(S)) {
     Pop(S,i); printf(i,G.vertices[i].data); count++; //输出顶点 i，计数总的顶点数
     for (p=G.vertices[i].firstarc;p;p=p→nextarc) { //修改顶点 i 的所有邻接点的入度
         k=p→adjvex; if (!(--indegree[k])) Push(S,k); //修改后再无前驱时，入栈
     } //for
  } //while
  if (count<G.vexnum) return ERROR; //有回路时排序失败
  else return OK; //无回路时排序成功
} //TopologicalSort
```

TOP 排序算法的时间复杂度：indegree[]的计算复杂度为 $O(e)$，S 的初始化复杂度为 $O(n)$。如果图无环，每个顶点进、出栈各一次，各顶点为尾的边数不超过 $n-1$。while 结构的复杂度为 $O(n^2)$，但实际以 $O(e)$ 为准。因此，算法整体复杂度为 $O(n+2e)\to O(e)$。

TOP 排序是关键路径等算法设计和应用的基础。当有向图无环时，也可以借助 DFS 搜索完成 TOP 排序。除 TOP 序列外，有的应用场景还要用到逆 TOP 序列。

7.5.2 关键路径

AOV 网中，顶点表示活动，有向边表示活动优先或领先关系。与之相应，在有向无环的 AOE 网(activity on edge network)中，边上权重表示活动代价或时间费用，顶点表示引起活动展开的事件(event)。事件的发生表示，在它之前，所有工作或活动已经完成或结束。正常情况下，AOE 网中只有唯一的一个没有前驱的顶点和唯一的一个没有后继的顶点，分别称为工程的源点(source point)和汇点(convergence point/conflux)，分别对应一个工程项目的开始点和完成点。在工程活动的完成过程中，一些活动是可以并行展开的。

关键路径(critical path)——从工程的源点到汇点的路径中，活动都是关键活动的路径。

通过寻找关键路径，可以估算 AOE 网的工程完成所需的时间，也可以分析影响工程完成的关键活动，并据此优化工程的计划安排。以图 7-32 为例，它有 9 个事件，13 项活动。工程源点是 v_1，汇点为 v_9。事件的发生表示，其前面的活动均已结束，其后面的活动可以开始。例如，对事件 v_5，其发生表示，活动 a_4 和 a_7 已结束，a_8 可以开始。为了分析整个 AOE 网的关键路径，一般需要引入如下几个概念。

$ve(i)$：事件 v_i 的最早发生时间。它是从工程 v_1 到 v_i 的最长路径长度。

$vl(i)$：不影响工程工期情况下，事件 v_i 的最晚或最迟发生时间。

$e(j)$：活动 a_j 的最早开始时间。

$l(j)$：以不推迟工期为前提，活动 a_j 的最迟开始时间。

$l(j)-e(j)$：完成活动 a_j 的时间余量。

关键活动 a_j：当 $l(j)=e(j)$ 时，a_j 称为关键活动。

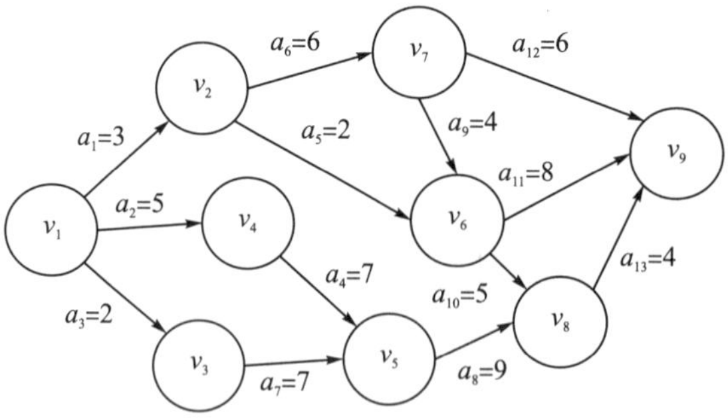

图 7-32 AOE 网实例 G_8

一般而言，关键路径上的所有活动都是关键活动，提前完成关键活动有助于整个工程的提前完成，提前完成非关键活动对整个工程的提前完成没有帮助。例如，对图 7-32，事件 v_8 的最早发生时间和最迟发生时间分别为 $ve(8)=21$ 和 $vl(8)=21$。活动 a_{10} 的最早开始时间和最迟开始时间分别是 $e(10)=13$ 和 $l(10)=16$，故 a_{10} 不是关键活动。但 $e(8)=l(8)=12$，故 a_8 是关键活动。a_8 的提前完成有助于 v_8 的提前发生，进而导致 a_{13} 的提前开工。易知，关键路径问题的主要分析任务是识别关键活动。

假设工程包含 n 件事件和 m 项活动，其关键路径的求解算法模型可建立如下。

1) 从源点 v_1 出发计算各事件的最早发生时间

对事件 v_i，求解 $ve(i)$ 时的模型如图 7-33 所示。假设 dut(<k,i>) 表示 v_k 和 v_i 之间的活动 a_j 的持续时间，$ve(1)=0$。综合情形 1 和情形 2，$ve(i)$ 的递推计算公式如式(7-2)所示，即任何事件 v_i 的最早发生时间是，所有与其相连的、以其为弧头的弧尾事件 p 的最早发生时间加上弧上活动的持续时间 dut(<p,i>) 后的最大者。

$$ve(i)=\max_{p}\{ve(p)+\text{dut}(<p,i>)\}\big|_{p\in\{i_1,i_2,\cdots,i_k\},\ 且p\neq i} \tag{7-2}$$

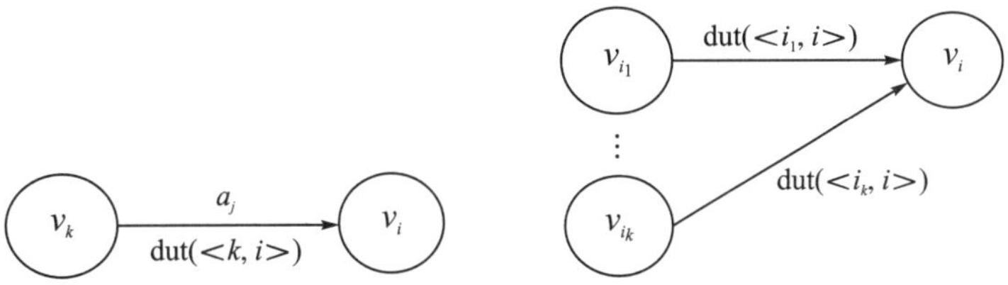

(a) 情形1：单边连接 v_i　　(b) 情形2：多边连接 v_i

图 7-33　求 ve 的模型图示

2) 从汇点 v_n 出发计算各事件的最晚发生时间

事件的最晚发生时间从 v_n 倒推到 v_1。事实上，汇点事件的最晚发生时间也是其最早发生时间，即 $vl(n)=ve(n)$。求解 $vl(i)$ 的模型如图 7-34 所示。综合情形 1 和情形 2，$vl(i)$ 的递推公式如式(7-3)所示。即任何事件 vi 的最晚发生时间为，将所有以它为尾的弧的弧头顶点的最晚发生时间减去弧上活动的持续时间 dut(<i,p>) 后的最小者。

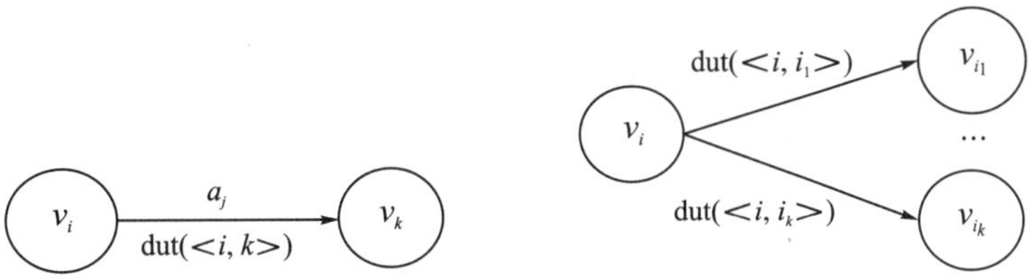

(a) 情形1：单边连接 v_i　　(b) 情形2：多边连接 v_i

图 7-34　求 vl 的模型图示

$$vl(i)=\min_{p}\{vl(p)-\text{dut}(<i,p>)\}\big|_{p\in\{i_1,\cdots,i_k\},且p\neq i} \tag{7-3}$$

3) 活动的最早开始时间

一个活动的最早开始时间是其弧尾事件的最早发生时间。例如，在图 7-33(a)中，对 a_j 来讲，其关联弧为 $<v_k,v_i>$，那么 v_k 的最早发生时间就是 a_j 的最早开始时间。即

$$e(j)=ve(k) \tag{7-4}$$

4)活动的最晚开始时间

一个活动的最晚开始时间是其弧头顶点的最晚发生时间减去弧上活动的持续时间。例如，对图 7-33(a)，a_j 的最晚开始时间是

$$l(j)=vl(i)-\mathrm{dut}(<k,i>) \tag{7-5}$$

5)关键活动的确定

可以根据式(7-4)和式(7-5)的计算结果逐一检测，$l(j)=e(j)$ 的活动 a_j 就是关键活动。

AOE 网是 DAG，它有唯一的源点和汇点。用式(7-2)计算 *ve* 时，可借用 DAG 的 TOP 序完成。*ve*(*i*)必须在 v_i 的所有直接前驱结点的 *ve* 值已计算基础上进行。同理，对事件 *vl* 的计算，可借助逆 TOP 序完成，即从汇点开始倒推。*vl*(*i*)必须在 v_i 所有直接后继点的 *vl* 值都已计算的基础上进行。为方便计算 *ve* 和 *vl*，可对 TOP 排序算法 7-14 做如下修改：

(1)在进行 TOP 排序之前，假设 $ve[i]=0\,(0\leqslant i\leqslant n-1)$。

(2)计算 $ve(i)$。$ve[p]+\mathrm{dut}(<p,i>)>ve[i]$时，$ve[i]=ve[p]+\mathrm{dut}(p,i),p\in\{i_1,i_2,\cdots,i_k\},p\neq i$。

(3)计算 $vl(i)$。增加堆栈 *T* 以记录 TOP 排序的逆 TOP 序，以便计算各个顶点的 *vl* 值。

改进的 TOP 排序算法如算法 7-15 所示。

算法 7-15—TopologicalOrder()

```
Status TopologicalOrder(ALGraph G,Stack &T) { //计算 G 的 ve[]并返回逆 TOP 序 T
    FindInDegree(G,indegree); //求顶点入度
    InitStack(S);count=0;ve[0..G.vexnum−1]=0; //初始化 S,count 和 ve[]
    for (i=0; i<G.vexnum; i++) if (! indegree[i]) Push(S,i); //初始 TOP 序列入栈
    while (!StackEmpty(S)) {
      Pop(S,i); ++count; Push(T,i); //计数 TOP 序顶点数,且顶点 i 入逆 TOP 序堆栈 T
      for (p=G.vertices[i].firstarc;p;p=p→nextarc) { //修正顶点 i 的邻接点入度、ve[i]
        k= p→adjvex; dut=*(p→info);
        if (!(--indegree[k])) Push(S,k); //入度为零则入栈
        if (ve[i]+dut > ve[k]) ve[k]=ve[i]+dut; //*(p→info)←→dut(<i,k>)
      }//for
    }//while
    if (count<G.vexnum) return ERROR; //有回路
    else return OK; //无回路
}//TopologicalOrder
```

以算法 7-15 为基础，关键路径的求解可描述如下。

算法 7-16—CriticalPath()

```
Status CriticalPath(ALGraph G) { //求解 AOE 网的关键路径并输出各关键活动
    if (!TopologicalOrder(G,T)) return ERROR; //G 没有 TOP 序时退出
    vl[0..G.vexnum-1]=ve[G.vexnum-1]; //用 ve[]初始化 vl[]
```

```
    while (!StackEmpty(T)) { //按逆 TOP 序求各个顶点的 vl 值
        for (Pop(T,i),p=G.vertices[i].firstarc; p; p=p→nextarc) {
            k=p→adjvex; dut=*(p→info);
            if (vl[k]-dut < vl[i]) vl[i]=vl[k]-dut; //*(p→info)←→dut(<i,k>)
        }//for
    }//while
    for (i=0;i<G.vexnum;++i) { //寻找 AOE 网中的关键活动
        for (p=G.vertices[i].firstarc; p; p=p→nextarc) {
            k=p→adjvex; dut=*(p→info);
            ee=ve[i]; el=vl[k]-dut; //ee—最早开始时间，el—最晚开始时间
            tag=(ee==el)?'*':' ';    //标记关键活动
            printf(i,k,dut,ee,el,tag); //输出关键活动
        }//for
     }//for
}//CriticalPath
```

综上，AOE 网的关键路径求解算法要点是：①输入 *m* 条弧，构建 AOE 网；②从源点 v_1 出发，计算网中各事件的 *ve*[]值；③从汇点 v_n 出发，逆向计算各事件的 *vl*[]值；④根据各个顶点的 *ve*[]、*vl*[]以及相关联弧上的活动持续时间，标记和输出关键活动。

由于 TOP 排序成功的前提是 AOE 网中无环，因此，可以利用 DFS 算法计算各顶点的 *ve* 值，在退出 DFS 算法时计算顶点的 *vl* 值。无论基于算法 7-14 还是基于 DFS 算法，计算 *ve* 和 *vl* 算法的时间复杂度均为 $O(n+e)$。

计算实例：对图 7-32，算法 7-16 的计算过程和结果如表 7-4 所示，具体计算步骤如下。

(1) 求各个顶点的 *ve* 值。

(2) 求各个顶点的 *vl* 值。

(3) 求各活动的 *e* 值。

(4) 求各活动的 *l* 值。

(5) 通过 *l*−*e* 的值确定关键活动。

表 7-4　图 7-32 的关键路径计算过程和结果

顶点	*ve*	*vl*	活动	*e*	*l*	*l*−*e*
v_1	0	0	a_1	0	3	3
v_2	3	6	a_2	**0**	**0**	**0**
v_3	2	5	a_3	0	3	3
v_4	5	5	a_4	**5**	**5**	**0**
v_5	12	12	a_5	3	14	11
v_6	13	16	a_6	3	6	3
v_7	9	12	a_7	2	5	3
v_8	21	21	a_8	**12**	**12**	**0**

续表

顶点	*ve*	*vl*	活动	*e*	*l*	*l*–*e*
v_9	25	25	a_9	9	12	3
			a_{10}	13	16	3
			a_{11}	13	17	4
			a_{12}	9	19	10
			a_{13}	**21**	**21**	**0**

图 7-32 的关键路径如图 7-35 所示。

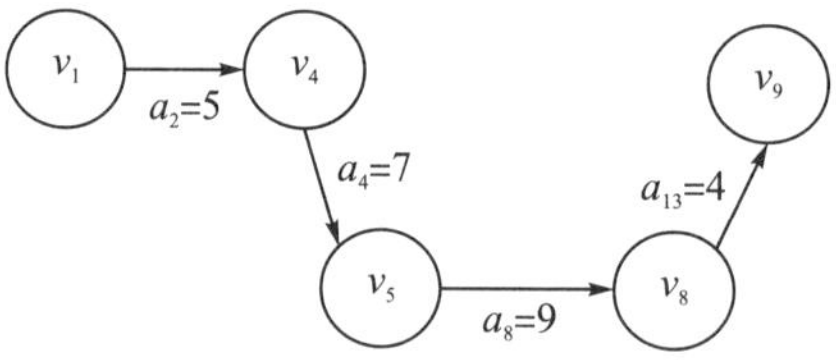

图 7-35　图 7-32 的关键路径

当一个 AOE 网中有多条关键路径时，单独改进其中一条关键路径上的活动，可能不足以让工程提前完成。一般需要同时考虑，对所有关键路径上的活动进行优化，才能使工程整体上提前完成。

7.6　最 短 路 径

最短路径是图的重要应用。比如，在交通咨询网络中，如何寻找顶点 v_i 和 v_j 之间路径的最少顶点数、最少交通费用或者最短到达时间、最少里程或最不拥堵路径等。如何在给定网络中选择符合客户要求的交通路线是典型的最短路径应用。

7.6.1　单源点最短路径求解

最短路径可以是无向的，也可以是有向的。为讨论方便，考虑到很多应用背景的有向性，如船的逆水和顺水行驶问题，下面的讨论以有向图为背景。对带权重的有向图，其路径中的第一个顶点称为源点，最后一个顶点称为终点(destination point)。

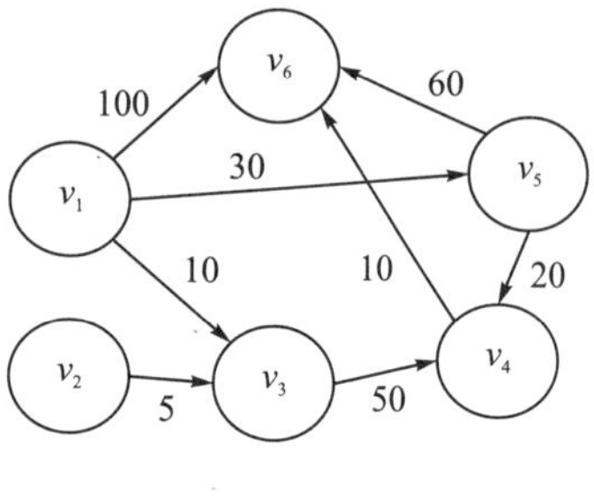

图 7-36　带权有向图 G_9

计算并获得顶点间的最短路径，是有向图的重要应用基础。基于单源点的求解是最短路径求解方法中的一种贪心算法，其原问题描述是：对带权重的有向图 $G=(V,A)$ 和源点 v，求 G 中从 v 到其他顶点之间的最短路径。例如，图 7-36 中，源点 v_1 与 $v_i|_{i=1,2,\cdots,6}$ 间的最短路径权重集是

图 7-37　E.W.迪杰斯特拉

$\{0,\infty,10,50,30,60\}$，那么，v_1 到各顶点之间的最短路径的顶点集分别为$\{(v_1,v_1),(),(v_1,v_3),(v_1,v_5,v_4),(v_1,v_5),(v_1,v_5,v_4,v_6)\}$。由此，E.W.Dijkstra[①]（E. W. 迪杰斯特拉）(图 7-37)提出了一种按照路径长度次序递增产生各最短路径的有效算法。

Dijkstra 算法思想：按路径长度次序递增产生各最短路径。它引入辅助数组变量 D，其分量 $D[i]$表示源点 v 到 v_i 的最短路径长度，初态是 v 到 v_i 的弧上的权重值。v 到 v_i 之间无弧时，v 到 v_i 之间的初始权重置为∞。因此，从 v 出发的长度最短的那条最短路径递推计算公式如下：

$$D[i]=\min_j\left\{D[j]\middle|v_j\in V\Big|_{j=1,2,\cdots,|V|,j\neq i}\right\}\tag{7-6}$$

式(7-6)表明，(v,v_i)是从 v 出发的最短路径。

Dijkstra 最短路径性质：假设 S 是从 v 出发的最短路径终点集合，其初始状态为{}。$v_i\in V-S$ 是次短的最短路径终点，那么该最短路径一定是形如(v,v_i)或者(v,v_j,v_i)的路径，其中 $v_j\in S$。由此，该次短的最短路径长度要么是弧(v,v_i)上的权重，要么是 $D[j]$与弧(v_j,v_i)上的权重相加。换言之，v 到 v_i 的最短路径要么是弧(v,v_i)，要么经过 S 中顶点 v_j 后到达 v_i。因此，$D[i]$的递推计算公式可表示如下：

$$\begin{aligned}D[j]&=\min_k\{D[k]\mid v_k\in V-S\}_{|k=1,\cdots,|V-S|,k\neq i}\\D[i]&=\min\{D[j]+<v_j,v_i>,D[i]\}\end{aligned}\tag{7-7}$$

此性质可以用反证法证明，读者可自行思考完成。

假设带权重的有向图用邻接矩阵 arcs 表示，Dijkstra 算法的步骤可归纳如下。

(1)假设 arcs$[i][j]$是弧$<v_i,v_j>$的权值，没有弧时，arcs$[i][j]=\infty$，S 是从 v 出发的已求得的最短路径的终点集合，初值 $S=\varnothing$。因此，从 v 出发，$D[j]$的初值计算公式如下：

$$D[j]=\text{arcs}[\text{LocateVex}(G,v)][j],\forall v_j\in V,v\neq v_j$$

(2)在 $V-S$ 中选一条从 v 出发的最短路径 $D[j]$，即 $D[j]=\min\{D[i]|\forall v_i\in S\},v_j\in V-S$。此时，$v_j$ 是一条次短的最短路径的终点，因此，$S=S\cup\{v_j\}$。

(3)修正 $V-S$ 中所有顶点的最短路径及其长度。$\forall v_k\in V-S$，$D[j]+\text{arcs}[j][k]<D[k]$时 $D[k]=D[j]+\text{arcs}[j][k]$，即修改 v 到 v_k 的路径长度。

(4)重复步骤(2)和步骤(3)共 $n-2$ 次，即可求得 v 到所有其他顶点的最短路径及其长度。

由于次短的最短路径终点 $v_j\in V-S$，可用 $D[j]$更新 S 中所有最短路径，且 $S=S\cup\{v_j\}$，Dijkstra 算法也可看成，按最短路径边数递增方式进行求解。此时，算法步骤可描述如下。

(1)用 $D[j]=\text{arcs}[\text{LocateVex}(G,v)][j]$ $(\forall v_j\in V,v\neq v_j)$ 求路径长度为 1 的各最短路径。

(2)求解路径长度为 2 的各最短路径。

(3)重复步骤(2)，求路径边数从 3 到 $n-1$ 的各最短路径。

① Edsger Wybe Dijkstra(1930—2002)，荷兰计算机科学家。1972 年图灵奖获得者，1986 年首届“计算机先驱奖”获得者之一。Dijkstra 算法于 1956 年提出，解决了机器人学中的运动路径规划问题，是贪心算法的范例。他是第一个 Algol60 编译器设计者，最先察觉出“goto 是有害的”并首创结构化程序设计思想。图片来源：http://www.cs.utexas.edu/~EWD/

假设 $P[j]$存储了终点为 v_j 的最短路径中的顶点，$D[j]$为该最短路径长度，当 $P[j][w]$=TRUE 时 $v_w \in S$，否则 $v_w \in V-S$。另外，假设 final[j]=TRUE 表示已经求得从 v 到 v_j 的最短路径，此时，$v_j \in S$。Dijkstra 算法的类 C 实现可描述如算法 7-17 所示。

算法 7-17—ShortestPathDijkstra()

```
void shortestPath_Dijkstra(MGraph G,int v,PathMatrix &P,ShortPathTable &D) {
 for (i=0;i<G.vexnum;i++) { //初始化(v 是源点)
  final[i]=FALSE;           //已求最短路径终点集合
  D[i]=G.arcs[v][i];        //边数为 1 的各路径长度为弧上的权重
  for (w=0;w<G.vexnum;w++) P[i][w]=FALSE; //顶点都不在各最短路径中
  if (D[i]<INFINITY) {      //如果有弧，记录边数为 1 的最短路径信息
      P[v][v]=P[v][i]=TRUE; //记录最短路径(v,i)的顶点到路径矩阵行
  }
 } //for
 D[v]=0;final[v]=TRUE; //源点 v 属于 S，v 到 v 的路径长为 0
 for (i=1;i<G.vexnum;i++) { //求 v 到其余顶点的最短路径(假设源点 v=0)
  min=INFINITY;
  for (w=0;w<G.vexnum;w++) { //在 V-S 查找离 v 最近的顶点 w
   if (!final[w] && D[w]<min) { //D[w]更短时记住 D[w]和 w
    min=D[w]; k=w;
   }
  } //for
  final[k]=TRUE;  //顶点 k 并入 S，即 S=S∪{k}
  for (w=0;w<G.vexnum;w++) //更新 S 中的最新路径信息
   if (!final[w] && (min+G.arcs[k][w]<D[w])) { //∀w∈V-S，更新其路径信息
     D[w]=min+G.arcs[k][w]; //最短路径为(v,⋯,k)+(k,w)， k,w∈S
     P[w]=P[k];             //修正 v 到 w 的最短路径顶点集
     P[w][w]=TRUE;
   }
  } //for
 } //for
} //SortestPathDijkstra
```

$$\begin{bmatrix} \infty & \infty & 10 & \infty & 30 & 100 \\ \infty & \infty & 5 & \infty & \infty & \infty \\ \infty & \infty & \infty & 50 & \infty & \infty \\ \infty & \infty & \infty & \infty & \infty & 10 \\ \infty & \infty & \infty & 20 & \infty & 60 \\ \infty & \infty & \infty & \infty & \infty & \infty \end{bmatrix}$$

图 7-38　G_9的邻接矩阵

G_9的邻接矩阵如图 7-38 所示。由观察和算法 7-17 推演易知，从 v_1 出发的最短路径结果如表 7-5 所示。在算法 7-17 执行过程中，向量 D 的变化情形如表 7-6 所示。其中，由算法 7-17 知，i=0 时 D 中最短路径的值 $D[v_1]$为零，因此 $S=\{v_1\}$。i=1 选 $D[2]$(v_3)，i=2 选 $D[4]$(v_5)，其他可以类推。各最短路径上的顶点集存于表 7-5 的路径顶点集 P 中(读者可以自己根据算法 7-17 演算)。

表 7-5　G_9 从 v_1 到其余顶点的最短路径

起点	终点	路径顶点集 P	路径长度 D(边数)
v_1	v_2	∅	∞(0)
	v_3	(v_1,v_3)	10(1)
	v_4	(v_1,v_5,v_4)	50(2)
	v_5	(v_1,v_5)	30(1)
	v_6	(v_1,v_5,v_4,v_6)	60(3)

表 7-6　G_9 从 v_1 到其余顶点的最短路径求解中 D 和 S 的状态变化

状态	终点	i=1,$D(S)$	i=2,$D(S)$	i=3,$D(S)$	i=4,$D(S)$	i=5,$D(S)$
前提	v_2	∞()	∞()	∞()	∞()	∞()
	v_3	$10(v_1,v_3)$				
	v_4	∞()	$60(v_1,v_3,v_4)$	$50(v_1,v_5,v_4)$		
	v_5	$30(v_1,v_5)$	$30(v_1,v_5)$			
	v_6	$100(v_1,v_6)$	$100(v_1,v_6)$	$90(v_1,v_5,v_6)$	$60(v_1,v_5,v_4,v_6)$	
结果	k	$2(v_3)$	$4(v_5)$	$3(v_4)$	$5(v_6)$	$1(v_2)$
	S	$\{v_1,v_3\}$	$\{v_1,v_3,v_5\}$	$\{v_1,v_3,v_5,v_4\}$	$\{v_1,v_3,v_4,v_5,v_6\}$	$\{v_1,v_3,v_4,v_5,v_6,v_2\}$
	$V-S$	$\{v_2,v_4,v_5,v_6\}$	$\{v_2,v_4,v_6\}$	$\{v_2,v_6\}$	$\{v_2\}$	$\{\}$

算法的时间复杂度为 $O(n^2)$，只求源点到某一指定顶点的最短路径的时间复杂度也是 $O(n^2)$。以单源点 Dijkstra 算法为基础，就可实现图中任意两个顶点间的最短距离计算。

7.6.2　全部顶点对的最短路径求解

办法 1：Dijkstra 算法。它通过切换源点并重复执行 n 次。算法时间复杂度为 $O(n^3)$。

办法 2：Floyd 算法①。Robert W. Floyd②(罗伯特 W.弗洛伊德)(图 7-39)，于 1962 年提出 Floyd 算法，他以顶点插入为基础，提出了如何以动态规划思想高效求解给定加权有向图中多源点间最短路径的问题，即 $\forall v_i,v_j\in V|_{i\neq j}$，求 v_i 到 v_j 间的最短路径。在存储结构上，Floyd 算法假定，用带权重邻接矩阵表示图 $G=(V,A)$。

图 7-39　罗伯特 • W.弗洛伊德

Floyd 算法的基本思想：若 $\exists\langle v_i,v_j\rangle\in A$，$v_i$ 和 v_j 间就会有

① 也称为 Roy-Warshall 算法、Roy-Floyd 算法或 Floyd-Warshall 算法。

② Robert W. Floyd(1936—2001)，美国计算机科学家。1978 年获图灵奖。1962 年与 Warshall 合作提出了 Floyd-Warshall 算法，1964 年与 J. Williams 共同提出堆排序(heapsort)算法。图片来源：https://legacy.cs.stanford.edu/memoriam/professor-robert-w-floyd

长度值为 arcs[i][j]的路径(v_i,v_j)，它不一定是最短路径。为此，要进行 n 次探索。其探索过程如下。

(1) 如果$\exists v_1 \in V$，且$<v_i,v_1>,<v_1,v_j> \in A$，那么，$v_i$ 到 v_j 之间的最短路径要么是(v_i,v_1,v_j)，要么是(v_i,v_j)。此时，就找到了“从 v_i 到 v_j 的中间顶点序号不超过 1 的最短路径”。

(2) 若(v_i,…,v_k)、(v_k,…,v_j)和(v_i,…,v_j)是中间顶点序号不超过 k−1 的最短路径，那么，(v_i,…,v_k,…,v_j)和(v_i,…,v_j)间的短者为“从 v_i 到 v_j 的中间顶点序号不大于 k 的最短路径”。

(3) 重复步骤(2)，直到探索了 k=n 后，算法结束。

Floyd 算法的模型描述：算法假定，用一个 n 阶方阵序列来描述整个算法的计算过程，即 $D^{(0)},D^{(1)},D^{(2)},\cdots,D^{(k)},\cdots,D^{(n)}$。其中，$D^{(0)}$为初始邻接矩阵，即 $D^{(0)}[i][j]=G.\text{arcs}[i][j]$。那么，$D^{(k)}[i][j]$就表示中间顶点序号不超过 k 的 v_i 到 v_j 的最短路径。计算模型如下：

$$D^{(k)}[i][j]=\min\{D^{(k-1)}[i][j],D^{(k-1)}[i][k]+D^{(k-1)}[k][j]\}|_{1\leqslant k\leqslant n} \tag{7-8}$$

显然，$D^{(n)}[i][j]$是从 v_i 到 v_j 的最短路径。假设用矩阵 P 表示 n^2 个最短路径，路径长度用矩阵 D 存储，各路径顶点以 $P[][][k]$=TRUE 标记，Floyd 算法的类 C 实现可描述如下。

算法 7-18—ShortestPathFloyd()

```
void ShortestPath_Floyd(MGraph G,PathMatrix &P[],DistanceMatrix &D) {
  for (i=0;i<G.vexnum;i++)  //初始化(注意：顶点序号从 0 开始！)
      for (j=0;j<G.vexnum;j++) {
          D[i][j]=G.arcs[i][j]; //点对之间的初始路径距离
          for (k=0;k<G.vexnum;k++) P[i][j][k]=FALSE; //所有路径都为空
          if (D[i][j]<INFINITY) { //有边时将边的顶点加入路径
              P[i][j][i]=TRUE; P[i][j][j]=TRUE;
          } //if
      } //for
  for (k=0;k<G.vexnum;k++)  //中间顶点序号(递增顺序)
      for (i=0;i<G.vexnum;i++)
          for (j=0;j<G.vexnum;j++) {
              if (D[i][k]+D[k][j]<D[i][j]) { //顶点序号不超过 k 的最短路径
                  D[i][j]=D[i][k]+D[k][j];
                  for (v=0;v<G.vexnum;v++)
                      P[i][j][v]=P[i][k][v]||P[k][j][v]; //合并路径(i,..,k)和(k,..,j)
              } //if
          } //for
} //ShotestPathFloyd
```

Floyd 算法的计算实例：以图 7-40(a)所示的有向图及其邻接矩阵[图 7-40(b)]为例。为方便用列表表示计算过程，假设可以分别用符号 A、B 和 C 对应图中顶点 v_1、v_2 和 v_3，则该有向图中任意两个顶点之间的最短路径及路径长度的计算过程和结果如表 7-7 所示。

$D^{(0)}$是初始路径长度表，$D^{(1)}$是中间顶点序号不超过 v_1 或 A 的最短路径长度。以此类推，$D^{(2)}$和 $D^{(3)}$分别是中间顶点序号不超过 v_2 和 v_3 的最短路径长度。相应地，$P^{(1)}$、$P^{(2)}$和

$P^{(3)}$是对应的各最短路径表。有关表 7-7 结果的演算过程，读者可以借助算法 7-18 的描述自行完成。

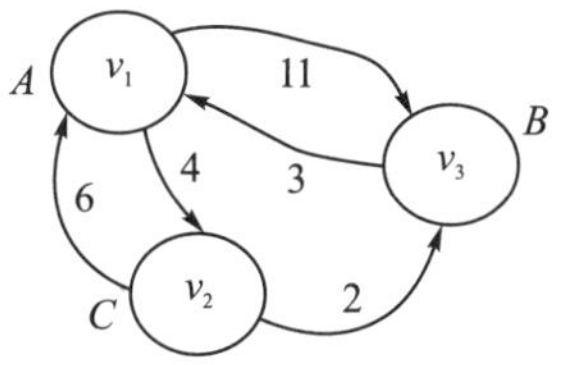

(a) G_{10}

$$\begin{bmatrix} 0 & 4 & 11 \\ 6 & 0 & 2 \\ 3 & \infty & 0 \end{bmatrix}$$

(b) G_{10}的邻接矩阵

图 7-40　带权重的有向图 G_{10} 及其邻接矩阵

表 7-7　图 G_{10} 中顶点对之间的最短路径及路径长度

D	$D^{(0)}$			$D^{(1)}$			$D^{(2)}$			$D^{(3)}$		
	0	1	2	0	1	2	0	1	2	0	1	2
0	0	4	11	0	4	11	0	4	**6**	0	4	6
1	6	0	2	6	0	2	6	0	2	**5**	0	2
2	3	∞	0	3	**7**	0	3	7	0	3	7	0
P	$P^{(0)}$			$P^{(1)}$			$P^{(2)}$			$P^{(3)}$		
	0	1	2	0	1	2	0	1	2	0	1	2
0		*AB*	*AC*		*AB*	*AC*		*AB*	***ABC***		*AB*	*ABC*
1	*BA*		*BC*	*BA*		*BC*	*BA*		*BC*	***BCA***		*BC*
2	*CA*			*CA*	***CAB***		*CA*	*CAB*		*CA*	*CAB*	

分析易知，算法 7-18 的时间复杂度为 $O(n^3)$。它与 Dijkstra 算法相同。

课 外 习 题

7-1 已知如题 7-1 图所示的有向图。请给出：①每个顶点的出度、入度；②图的邻接矩阵存储表示；③图的邻接表存储表示；④图的逆邻接表表示；⑤图中的强连通分量。

7-2 已知有向图的邻接矩阵为 $A_{n\times n}$，k 表示有向图可达路径中的顶点数，试问 $A_{n\times n}^{(k)}(k=1,2,\ldots,n)$ 的含义是什么？

7-3 对题 7-3 图，画出其邻接多重表，要求每个无向边结点的第一个顶点号要小于第二个顶点号，且每个顶点的各连接边的连接顺序为，它所连接顶点序号遵循由小到大顺序。试分别给出由顶点 1 出发的深度和广度优先搜索遍历的顶点序列和边序列。

7-4 以二维数组表示的图的邻接矩阵如题 7-4 图所示。试分别画出该图自顶点 1 出发，遍历得到的深度优先生成树和广度优先生成树。

7-5 对题 7-5 图所示的带权重的无向网：

(1)给出其邻接矩阵表示，按 Prim 算法求其最小生成树；

(2)给出其邻接表表示，按 Kruskal 算法求其最小生成树。

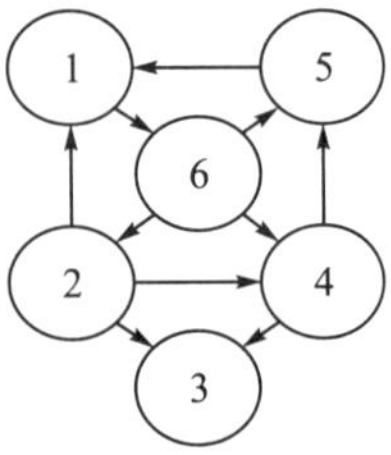

题 7-1 图

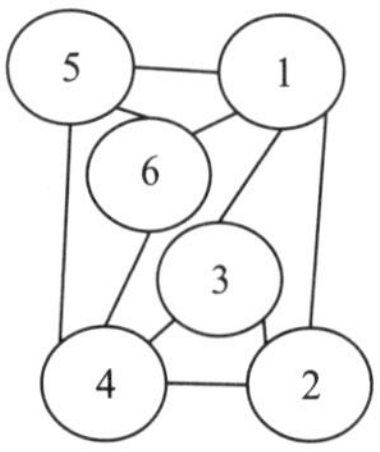

题 7-3 图

	1	2	3	4	5	6	7	8	9	10
1	0	0	0	0	0	0	1	0	1	0
2	0	0	1	0	0	0	1	0	0	0
3	0	0	0	1	0	0	0	1	0	0
4	0	0	0	0	1	0	0	0	1	0
5	0	0	0	0	0	1	0	0	0	1
6	1	1	0	0	0	0	0	0	0	0
7	0	0	1	0	0	0	0	0	0	1
8	1	0	0	1	0	0	0	0	1	0
9	0	0	0	0	1	0	1	0	0	1
10	1	0	0	0	0	1	0	0	0	0

题 7-4 图

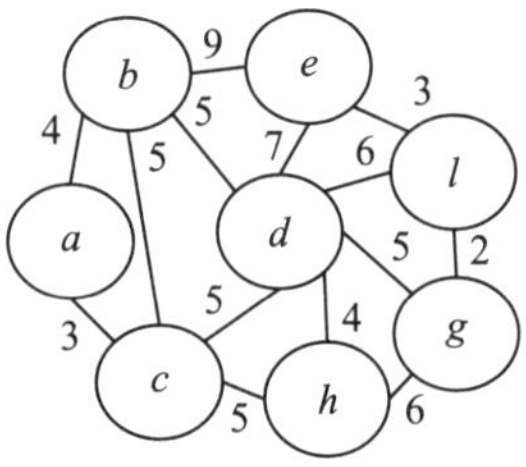

题 7-5 图

7-6* 对 7.3.1 节中图 7-17 所示无向图 G_5，分别执行关节点求解算法 7-12—DFSJoint()和算法 7-13—FindJoint()，求其每个顶点的 visited[*i*]和 low[*i*]值(假设 *i*=1,2,⋯,vexnum)。

7-7 对题 7-7 图所示的 AOE 网，计算各条弧的 $e(a_i)$ 和 $l(a_i)$ 函数值，以及各个事件(顶点)的 $ve(v_i)$ 和 $vl(v_i)$ 函数值，在此基础上，找出其中的各关键路径。

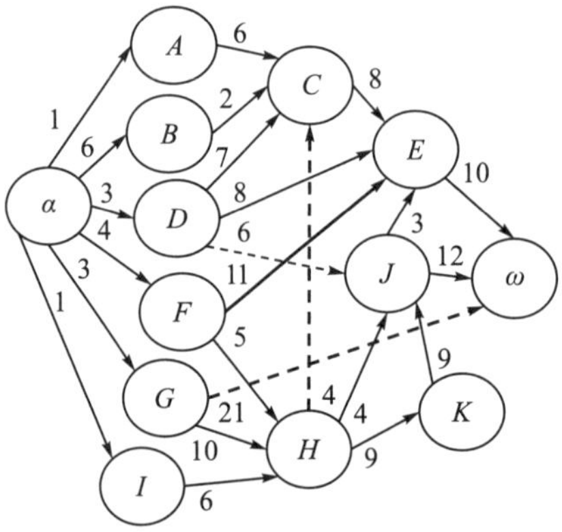

题 7-7 图

7-8 求解题 7-8 图中全部可能的 TOP 有序序列。

7-9 利用 Dijkstra 算法，求解题 7-9 图中从顶点 *a* 到其他各顶点之间的最短路径。要求写出算法执行过程中各步骤的状态迁移细节。

7-10 利用 Floyd 算法，求解题 7-10 图中各顶点对之间的最短路径。

7-11 假设依次输入有向图的顶点数目、弧的数目、各顶点相关的信息和各条弧相关的信息，给出由此建立该有向图的邻接表算法。

7-12 假设用邻接矩阵存储图，试给出图的如下几个基本操作的算法描述：InsertVex(*G*,*v*)、InsertArc(*G*,*v*,*w*)、DeleteVex(*G*,*v*)和 DeleteArc(*G*,*v*,*w*)。

7-13 假设给出无向图的顶点数目、边的条数、各顶点的相关信息和各条边的相关信息，给出由此建立该无向图的邻接多重链表存储结构的算法。

7-14** 假设采用邻接表存储无向图，试设计一个判别无向图中任意两个给定顶点之间是否存在一条长为 k 的简单路径的算法。

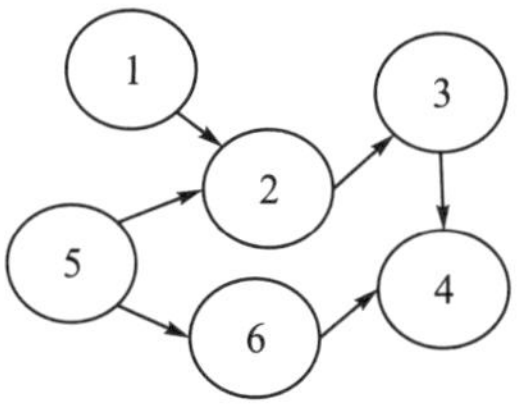

题 7-8 图

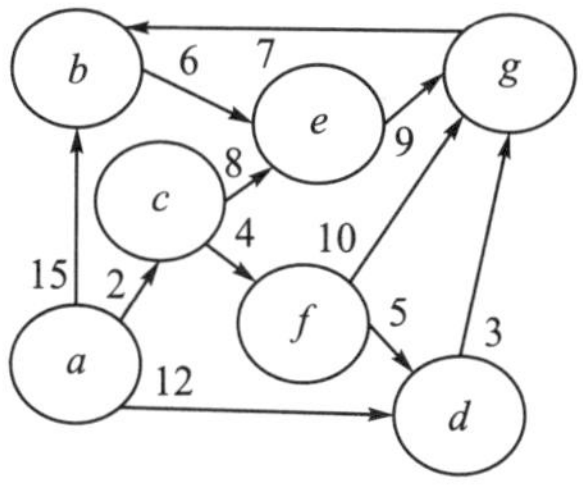

题 7-9 图

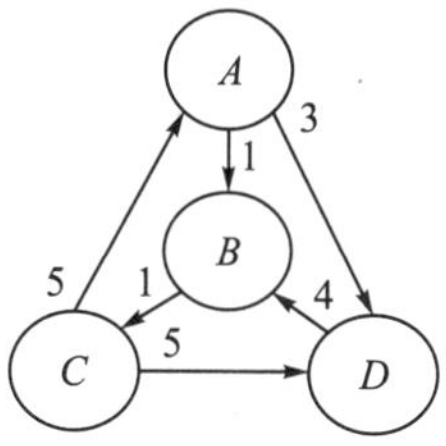

题 7-10 图

7-15** 已知有向图及其两个顶点 u 和 v，试设计算法求 u 和 v 之间所有简单路径。以题 7-15 图为例，画出其搜索过程图。

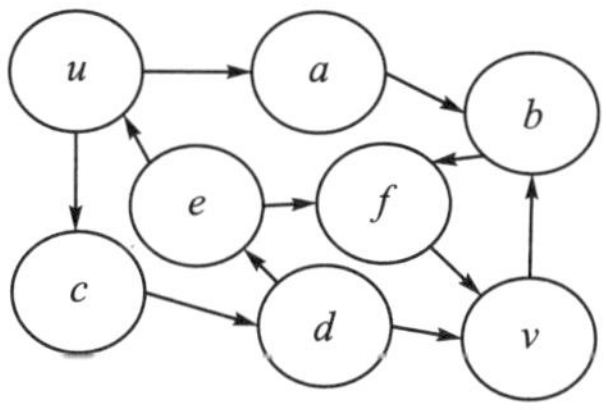

题 7-15 图

7-16 试给出求解强连通有向图的连通分量的算法，并分析其时间复杂度。

7-17 假设一个四则运算算术表达式以有向无环图的邻接表形式存放，每个操作数原子由单个字母表示。试设计一个算法输出其逆波兰表达式。

7-18* 假设有向图 G 有 n 个顶点和 m 条边，其生成的森林 F 有 p 棵树，试分析并给出森林 F 中边的条数的计算规律。

7-19 对于无向图，如何从其邻接表存储结构构造出逆邻接表？给出构造算法描述。

7-20 对给定的无向图，设计并给出直接构造其逆邻接表的算法描述。

7-21** 假设采用十字链表存储有向图 G，试设计求解图 G 的强连通分量的搜索算法。

7-22** 假设采用邻接矩阵存储有向图 G，试设计求解图 G 的强连通分量的搜索算法。

7-23 假设 $N=(V,E)$ 是连通网，U 是 N 的顶点集 V 的一个非空子集。试证明 MST 性质：如果 (u,v) 是 N 中一条权值最小边，$u\in U, v\in V-U$，N 中必然存在一棵包含 (u,v) 的 MST。

7-24 对图 7-22(a)原图，请绘制 Kruskal 算法思想下的 MST 生成过程示意图。

7-25 根据 Kruskal 算法的基本思想，自行设计并实现一个 MST 生成算法。

7-26** 利用堆排序和等价类判定思想，设计基于 Kruskal 基本思想的 MST 生成算法。

7-27 参照算法 7-12 和算法 7-13，对图 7-25 的生成树，绘制类似于表 7-2 的计算结果。

7-28** 对无向连通图，设计并给出连通图的 k 连通判定算法。

7-29 当有向图无环时，可以利用 DFS 算法对其进行 TOP 排序。请设计并实现该算法。

7-30** 对一个电子商务平台开发任务，正常和加班情况下的费用(千元)和时间粗略估算是：正常情况下，分析现有系统需 10 天，费用 15，加班 7 天可完成，费用 18。随后用 5 天撰写计划书与定义文档，并提交管理层，费用 4，如加班需要 3 天，费用 6。项目一旦批准，就展开需求分析与设计，15 天完成，费用 50，加班要 10 天，但费用 65。此后，可进入实现环节。它包含数据库、网页和表格开发三项任务，各项任务可并行。根据经验，数据库开发要 10 天，费用 10，加班 7 天内可完成，费用 15。网页代码实现要 10 天，费用 15，加班要 8 天，费用 20。平台表格制作外包，7 天完成，费用 10。数据库、网页和表格任务完成后，可进入集成、测试和修改阶段，估计要 5 天，费用 6，加班要 4 天，费用 8。管理层要求尽快启动项目。请对该项目进行评估，并给出评估报告分析。

7-31 如果一个 AOE 网中有多条关键路径，如何处理才能缩短整个工程的工期?

7-32 试列举 5 个可以使用关键路径技术进行问题分析的领域实例。

7-33 证明 Dijkstra 算法的如下性质：假设 v 是源点，下一条次短的最短路径的终点为 v_k，则次短的最短路径长度要么是弧 (v,v_k) 上的权重，要么是 $D[j]$ 与弧 (v_j,v_k) 上的权重相加。

第8章 内部排序

排序是完成各种复杂计算任务的基础，其目的是将无序记录集合排列成有序序列。按照排序过程涉及的存储器类型，一般可将其分为内部排序和外部排序两种类型。内部排序研究一般不涉及与外部存储器的数据交换。本章研究基于内存空间的插入、交换、选择、归并和基数等排序算法及其相关优化方案。

8.1 基本概念

关键字(key)是能够标识数据集中元素或记录的数据项。一般来讲，如果该数据项能唯一标识数据集中的记录，称其为数据集的主关键字(primary key)。如果数据项只能识别出若干条关键字值相同的记录，称其为次关键字(secondary key)。

排序(sorting)是将数据集记录按照其关键字值重新排列成有序序列的过程。其形式化定义是，假设由 n 条记录构成的数据集序列记为 $\{R_1,\cdots,R_n\}$，其相应关键字序列记为 $\{K_1,\cdots,K_n\}$，那么，排序就是确定 $1,\cdots,n$ 的一种排列 $p_1,\cdots,p_n$，使得记录关键字序列满足非递减(或递增)关系 $K_{p_1}\leqslant\cdots\leqslant K_{p_n}$，即使原始记录序列变成新的序列 $\{R_{p_1},\cdots,R_{p_n}\}$。

在排序中，关键字可以是主关键字，也可以是次关键字，还可以是记录中若干数据项的组合。如果排序关键字是主关键字，排序后的结果序列一定唯一。如果排序关键字是次关键字，因至少有两条以上记录的关键字值相同，排序结果序列具有非唯一性。

当 $K_i = K_j(1\leqslant i,j\leqslant n,i\neq j)$ 时，排序前 $i<j$，如果排序后 R_i 仍在 R_j 之前，称该排序过程为稳定排序(stationary sorting)，否则，称为非稳定排序(non-stationary sorting)。如果排序过程只涉及随机存储器或内存，一般称为内部排序(internal sorting)，简称内排序，否则，排序过程会涉及与外部存储器的数据交换，故称为外部排序(external sorting)。

注意：外部排序通常用于大数据记录集合的排序。

内部排序方法有很多[①]，其分类一般有以下两种。

(1)按照排序过程基本思想和技巧，可分为插入、交换、选择、归并和基数等类型。

(2)按照内部排序所需工作量，可分为：①简单排序[时间复杂度为 $O(n^2)$]；②先进排序[时间复杂度为 $O(n\log n)$]；③基数排序[时间复杂度为 $O(d\cdot n)$]。

排序算法涉及的基本操作主要有两种：①两条记录的关键字大小比较；②将记录从一个位置移动到另外一个位置。

---

① 参阅 Donald E. Knuth 名著——《计算机程序设计艺术》(第三卷·排序和查找)。

大多数排序算法都要进行关键字比较，而记录移动可通过存储方式的改变而避免。一般来讲，记录存储有三种方式。一是顺序存储。它将记录存于一组连续存储单元，对于相邻的记录，其存储位置也相邻。由此，可通过记录间的地址关系描述其逻辑关系。二是链表法。它将记录存于静态链表中，使记录关系由链表指针指示，排序时不需整体移动记录。三是地址排序法。它将记录存于一组连续存储单元，由地址向量指示记录关系。排序结束后，将通过地址向量调整记录位置。后两种方式均可以避免记录移动，但以增加空间为代价。

为便于讨论，下面以顺序存储为背景。因此，待排序记录的数据类型声明约定如下：

```
#define MAXSIZE 50
typedef int KeyType; //关键字类型为 int(也可以是 float 或者 char*)
typedef struct {
    KeyType key;
    InfoType otherinfo;
} RedType;
typedef struct {
    RedType r[MAXSIZE+1]; //分量 r[0]闲置或作为哨兵记录
    int length; //顺序表的表长度
} SqList;
```

同时，对记录的关键字进行比较描述时，可采用如下宏定义方式表示：

```
//数值型关键字比较相关的宏定义
#define LT(a,b) ((a)<(b))      //less than
#define LE(a,b) ((a)<=(b))     //less than or equal to
#define EQ(a,b) ((a)==(b))     //equal to
#define GT(a,b) ((a)>(b))      //greater than
#define GE(a,b) ((a)>=(b))     //greater than or equal to
//字符串型关键字比较相关的宏定义
#define LT(a,b) (strcmp((a),(b))<0)
#define LE(a,b) (strcmp((a),(b))<=0)
#define EQ(a,b) (!strcmp((a),(b)))
#define GT(a,b) (strcmp((a),(b))>0)
#define GE(a,b) (strcmp((a),(b))>=0)
```

8.2 插入排序

8.2.1 直接插入排序

排序类型：直接插入排序(straight insertion sort)，属于简单排序。

基本思想：将新记录插入一个有序表中，使新表依然有序。

对 n 条记录，需要进行 $n-1$ 趟有序插入。第 i 趟插入是在有序序列 $r[1]\sim r[i-1]$中插入 $r[i]$。要注意的是，$r[0]$的作用是监视哨。

主要技巧：①将 $r[0]$设置为查找插入点位置的监视哨；②$r[i-1]\rightarrow r[0]$逆序查找。

算法步骤：①在 $r[1]\sim r[i-1]$中查找插入点；②将插入点后的记录依次后移一个记录位置；③将新记录赋值到插入点。

算法 8-1—InsertSort()

```
void InsertSort(SqList &L) { //对顺序表 L 作直接插入排序
  for (i=2;i<=L.length;i++) { //n-1 趟插入
    if (LT(L.r[i].key,L.r[i−1].key)) { //L.r[i]<L.r[r−1]时寻找插入位置
      L.r[0]=L.r[i];      //设置哨兵记录
      L.r[i]=L.r[i−1];
      for (j=i−2;LT(L.r[0].key,L.r[j].key);−−j) L.r[j+1]=L.r[j]; //依次后移
      L.r[j+1]=L.r[0];  //插入新记录
    } //if
  } //for
} //InsertSort
```

为了直观理解算法 8-1，假设记录关键字初始序列为{49,38,65,97,76,13,27,49}，图 8-1 展示了算法 8-1 的演算过程。可见，直接插入排序算法思想简单，易于理解和实现。为方便比对，后续算法的演算也将以这组记录为例。

[初始序列]		49	38	65	97	76	13	27	49
趟数	$L.r[0]$	(49)	38	65	97	76	13	27	49
i=2	(38)	(38	49)	65	97	76	13	27	49
i=3	(65)	(38	49	65)	97	76	13	27	49
i=4	(97)	(38	49	65	97)	76	13	27	49
i=5	(76)	(38	49	65	76	97)	13	27	49
i=6	(13)	(13	38	49	65	76	97)	27	49
i=7	(27)	(13	27	38	49	65	76	97)	49
i=8	(49)	(13	27	38	49	49	65	76	97)

图 8-1 直接插入排序算法 8-1 的演算实例

效率分析：算法 8-1 的执行只需辅助存储空间 $L.r[0]$，故其空间复杂度为 $O(1)$。从比较次数上看，算法最多比较$(n-1)(n+2)/2$ 次(逆序)，最少比较 n 次(正序)，故记录的总比较次数为 $O(n^2)$。同理，记录的移动总次数也为 $O(n^2)$。因此，算法的整体时间复杂度为 $O(n^2)$。如果记录在序列中的各种排列概率均等，算法的整体时间复杂度近似为 $O(n^2/4)$。

8.2.2 直接插入排序的改进算法

算法 8-1 思想朴素，实现简单。在 n 不大时，它是一个简单、朴素的实用方法。当 n 很大时，算法时间开销会增大。如何减少算法比较和移动次数，是算法效率改进的方向。

1. 基于折半查找的插入

直接插入排序是在有序表中插入新记录，但算法 8-1 在查找记录插入位置时，并没有利用到序列的有序性。实际上，可以利用折半查找来减少记录插入位置定位的比较次数。

基本思想：用折半查找在插入表中定位待插入记录位置以减少比较次数。

主要技巧：设置 low 和 high 指示搜索范围，比较点位置为$(L.r[\text{low}]+L.r[\text{high}])/2$。

基于折半查找定位的直接插入算法 8-2 的实现可描述如下。

算法 8-2—BinarySearchInsertSort()

```
void BinarySearchInsertSort(SqList &L) { //对顺序表 L 作折半插入排序
    for (i=2;i<=L.length;i++) {
        L.r[0]=L.r[i]; low=1; high=i-1; //第 n-1 趟插入排序的初始化
        while (low<=high) { //折半查找定位插入点 high+1
            m=(low+high)/2;
            if (LT(L.r[0].key,L.r[m].key)) high=m-1;
            else low=m+1;
        } //while
        for (j=i-1;j>=high+1;--j) L.r[j+1]=L.r[j]; //插入点以后的记录依次后移
        L.r[high+1]=L.r[0];   //插入
    }//for
}//BinarySearchInsertSort
```

效率分析：与算法 8-1 相比，算法 8-2 对插入点定位方法进行了改进。由于增加了位置指示器 low 和 high，位置定位比较次数将由 $O(n^2)$变成 $O(n\log n)$，但移动次数仍然为 $O(n^2)$，因此，算法的整体时间复杂度为 $O(n^2)$。另外，算法 8-2 的空间复杂度仍然为 $O(1)$。

2. 基于 2-路的插入

算法 8-2 减少了插入点位置的定位比较次数，但整体时间复杂度仍然没有降低。为了减少移动次数，可以将有序序列分割成较小的子序列。2-路插入算法就基于这种思路。

基本思想：对有序序列选择一个分割点 p，使得新记录要么插入序列前半段，要么插入序列后半段。其逻辑结构如图 8-2(a)所示。

主要技巧：①对 n 条记录，可设置一个大小为 n 的辅助存储空间 d[]存放有序子表；②如图 8-2(b)所示，将 d[]看作一个循环向量，并设置两个界定前半段和后半段位置的指示器 first 和 final，分别指向有序序列的第一条记录和最后一条记录在 d[]中的位置。

$\text{\sout{d[0]}},\ \underbrace{d[1],\cdots,d[p]}_{\text{有序表前半段}},\ \underbrace{d[p+1],\cdots,d[n]}_{\text{有序表后半段}}$

(a)分割点为 p 时的 2-路插入排序结果

$\text{\sout{d[0]}},\ \underbrace{d[1],\cdots,d[\text{final}]}_{\text{有序表后半段}},\ \underbrace{d[\text{first}],\cdots,d[n]}_{\text{有序表前半段}}$

(b)分割点为 1 时的 2-路插入排序结果

图 8-2　不同分割点下的 2-路插入排序结果

算法的主要步骤可描述如下：

```
L.r[1]→d[1]; //d[1]←→p
if (LT(L.r[i].key,d[1].key))
  L.r[i]插入 d[first]~d[i−1] //前半段
else
  L.r[i]插入 d[1]~d[final] //后半段
```

假设对 n 条记录进行 2-路插入排序，以 $d[1]$为分割点，那么，算法中的辅助存储向量 $d[]$的状态变化过程如图 8-3 所示。算法的设计和实现描述，请读者在课外自行完成。

[初始序列]:	49 38 65 97 76 13 27 49			
$i=1$, first = final = 1	(49)			
$i=2$, first = n, final = 1	(49)	(38)	(∵ r[2].key<d[1]	∴插到d[1]前)
$i=3$, first = n, final = 2	(49 65)	(38)	(∵ r[3].key ⩾ d[1]	∴插到d[1]后)
$i=4$, first = n, final = 3	(49 65 97)	(38)	(∵ r[4].key ⩾ d[1]	∴插到d[1]后)
$i=5$, first = n, final = 4	(49 65 76 97)	(38)	(∵ r[4].key ⩾ d[1]	∴插到d[1]后)
$i=6$, first = $n-1$, final = 4	(49 65 76 97)	(13 38)	(∵ r[4].key<d[1]	∴插到d[1]前)
$i=7$, first = $n-2$, final = 4	(49 65 76 97)	(13 27 38)	(∵ r[4].key<d[1]	∴插到d[1]前)
$i=8$, first = $n-2$, final = 5	(49 49 65 76 97)	(13 27 38)	(∵ r[8].key ⩾ d[1]	∴插到d[1]后)

图 8-3　2-路插入排序算法中辅助向量 d 的状态变化过程实例图示

效率分析：由于 2-路排序将有序序列分成两个部分，新记录插入时，移动记录次数明显减少，其移动记录次数约为 $O(n^2/8)$。但是，当 2-路排序的分割点为最小记录或最大记录时，2-路插入排序算法将失去其优势。

3. 基于链表的插入

2-路排序可以减少记录移动次数，但复杂度仍然是 $O(n^2)$。在实际应用中，记录移动是困难的，如能尽量减少或不移动会更好。为此，人们提出了基于链表的排序思想，它可以做到排序过程完全不移动记录。如果需要重排移动，移动次数也是 $O(n)$级的。

算法目标：在排序过程中完全不移动记录。

基本思想：修改元素的存储结构为静态链表结构，具体如下：

```
#define SIZE 100    //静态链表的大小
typedef struct {    //静态结点或记录结构
   RedType rc;
   int next;
} SLNode;
typedef struct {    //静态链表类型
   SLNode r[SIZE];
   int length;
} SLinkListType;
```

假设 $r[0]$ 表示表头，其关键字取最大整数 MAXINT，结点的 next 域为 0 时表示链表最后一个结点①，表插入排序的思想是：将记录 $r[2]\sim r[n]$ 插入(循环)链表中。相应地，表插入排序的计算实例如图 8-4 所示。实际上，图 8-4 中链表也可看成是非循环单链表结构。为了简化其逻辑关系表达，排序过程中，只需关注结点的 next 域的变化。

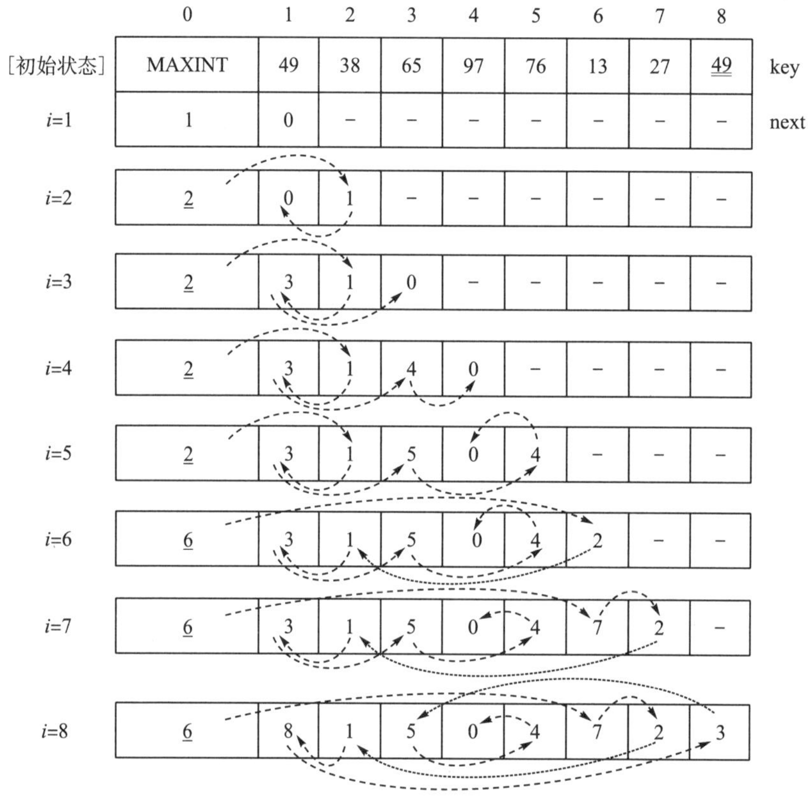

图 8-4 (静态)表插入排序过程的计算实例图示

效率分析：由图可知，基于链表的插入排序无须移动记录，只需 $2n$ 次指针域修改运算。算法比较次数不变，仍然是 $O(n^2)$，故算法整体时间复杂度为 $O(n^2)$。

(静态)表插入排序结果是链表，只能顺序查找，不能折半查找。为方便查找，可以对其进行重排，转换成一般顺序表。其基本思路是：通过扫描有序链表，将链表结点依次重新存入一个顺序表。若重排要另设一个大小为 n 的顺序表，其时间复杂度和空间复杂度均为 $O(n)$。实际上，重排算法是可以原地工作的，算法 8-3 给出了其实现方法。

算法 8-3 基本思想：扫描有序链表 L，假设第 i 个最小关键字对应数组元素下标为 p，那么，$L.r[1]\sim L.r[i-1]$已有序。①$L.r[p]$在 $L.r[i]$之后时，交换其记录值($L.r[i]\longleftrightarrow L.r[p]$)使 $L.r[p]$移动到第 i 个位置。为不影响 $L.r[p]$后的有序链接，$L.r[i]$将指向 $L.r[p]$，即

① 因 next 为 0 表示链表最后一个结点，又因 $r[0]$是表头结点，也可以把静态链表看成一个循环链表。

$L.r[i]$.next=p。②$L.r[p]$位置在 $L.r[i]$之前时，顺着链接关系移动到 $p \geqslant i$ 的结点处。过程如图 8-5 所示。

交换动作：	0	1	2	3	4	5	6	7	8	
$r[p] \longleftrightarrow r[i]$ $r[i]$.next=p	MAXINT	49	38	65	97	76	13	27	49	key
交换参数：	6	8	1	5	0	4	7	2	3	next
i=1, p=6, q=7	MAXINT	13	38	65	97	76	49	27	49	
i=1, p=q=7	6	[6]	1	5	0	4	8	2	3	
i=2, p=7, q=2	MAXINT	13	27	65	97	76	49	38	49	
i=2, p=q=2	6	[6]	[7]	5	0	4	8	1	3	
i=3, p=2 i=3, p=7, q=1	MAXINT	13	27	38	97	76	49	65	49	
i=3, p=q=1	6	[6]	[7]	[7]	0	4	8	5	3	
i=4, p=1 i=4, p=6, q=8	MAXINT	13	27	38	49	76	97	65	49	
i=4, p=q=8	6	[6]	[7]	[7]	[6]	4	0	5	3	
i=5, p=8, q=3	MAXINT	13	27	38	49	49	97	65	76	
i=5, p=q=3	6	[6]	[7]	[7]	[6]	[8]	0	5	4	
i=6, p=3 i=6, p=7, q=5	MAXINT	13	27	38	49	49	65	97	76	
i=5, p=q=5	6	[6]	[7]	[7]	[6]	[8]	[7]	0	4	
i=7, p=5 i=7, p=8, q=4	MAXINT	13	27	38	49	49	65	76	97	
i=7, p=q=4	6	[6]	[7]	[7]	[6]	[8]	[7]	[8]	0	

图 8-5　(静态)插入表结果的重排算法的计算实例图示

算法 8-3—Rearrange()

```
void Rearrange(SLinkList &L) {
    p=L.r[0].next; //有序链表第一条记录
    for (i=1;i<L.length; i++) {
      while (p<i) p=L.r[p].next; //顺着链接关系找到>=i 的结点位置
      q=L.r[p].next;   //q—下一个结点的位置
      if (p!=i) {L.r[p]←→L.r[i];L.r[i].next=p;} //L.r[i]←→L.r[p]
```

```
        p=q; //第 i+1 个大小的结点位置(即 q)
    } //for
} //Rearrange
```

分析易知，最坏情况下，在算法 8-3 的执行过程中，每条记录都进行一次记录交换，故总的移动次数是 3(*n*−1)。因此，算法 8-3 的整体时间复杂度为 $O(n)$。

8.2.3 Shell 排序

图 8-6　唐纳德·希尔

直接插入排序算法的时间复杂度为 $O(n^2)$，当数据记录为正序时，可提高到 $O(n)$。在算法优化中，可以利用此性质提高排序算法效率。比如，可以将待排序序列排成基本有序状态，再用直接插入完成排序，以提高算法效率。基于此，1959 年 Donald L. Shell①(唐纳德·希尔)(图 8-6)提出了一种分组插入排序算法——Shell 排序，因其算法的分组大小可以改变，一般又被称为增量缩小排序(diminishing increment sort)。

基本思想：根据分组增量值，将待排序记录分割成若干子序列，并分别对各子序列进行直接插入排序。待整个记录序列基本有序时，以增量 1 进行最后一次直接插入排序。

主要技巧：①子序列分割；②分割增量如何递减至 1；③直接插入排序。

按照 Shell 排序思想，假设以递增顺序排序，图 8-7 给出了一个计算实例图示。Shell 排序的整体调度算法如算法 8-4 所示，delta[]是各次分割用的间隔增量值。其中，一趟 Shell 排序算法的描述如算法 8-5 所示。

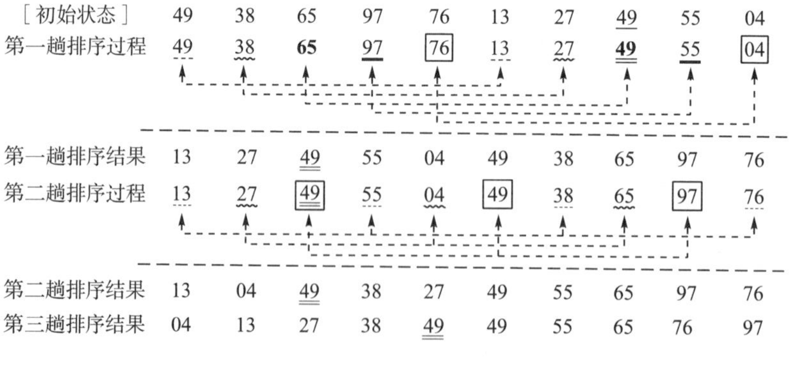

图 8-7　Shell 排序算法的计算实例图示

① Donald L. Shell(1924—2015)，美国计算机科学家，1959 年分别从 University of Cincinnati (辛辛那提大学)获得数学博士学位，同年 7 月在《ACM 通信》上发表希尔排序(Shell sort)算法。图片来源：*Dnald L. Shell: Family Man, Computer Scientist, Entre Preneur, Man of God*

算法 8-4—ShellSort()

```
void ShellSort(SqList &L,int delta[],int t) { //按增量序列 delta[]对 L 进行 Shell 排序
  for (k=0;k<t;k++) ShellInsertSort(L,delta[k]); //增量为 delta[k]的 Shell 插入排序
} //ShellSort
```

算法 8-5—ShellInsertSort()

```
void ShellInsertSort(SqList &L,int dk) { //一趟 Shell 插入排序，序列分割增量 dk
  for (i=1+dk;i<=L.length;++i) {
      if (LT(L.r[i].key,L.r[i-dk].key)) { //将 L.r[i]插入增量子表
        L.r[0]=L.r[i]; //用 L.r[0]暂存 L.r[i]
        for (j=i-dk;j>0&&LT(L.r[0].key,L.r[j].key);j-=dk) L.r[j+dk]=L.r[j]; //后移操作
        L.r[j+dk]=L.r[0]; //插入 L.r[i]
      } //if
   } //for
}//ShellInsertSort
```

与朴素的直接插入相比，对于 Shell 排序，各分组子序列的记录位置增量 dk 是可变的，而不是固定不变的。实际上，当 dk 为 1 时，序列已经基本有序。此时，通过最后一趟插入排序，即可将序列排好。算法中，临时存储单元 $L.r[0]$既是暂存变量，也是哨兵变量。

算法效率：对 Shell 排序的复杂度分析，同时涉及增量的确定及分割边界的确定。事实上，对 Shell 排序增量的确定，还没有一个好办法。但研究结果表明：①当取 $\text{delta}[k]=2^{t-k+1}-1$时，可以达到 $O(n^{3/2})$。其中，t 为排序趟数，$1\leqslant k\leqslant t\leqslant\lfloor\log_2(n+1)\rfloor$；②当 n 取某个特定范围内的值时，比较和移动的次数约为 $n^{1.3}$；③当 $n\to\infty$ 时，可减少到 $n(\log_2 n)^2$。

8.3 快 速 排 序

排序类型：交换排序(swap sort)。

基本思想：对给定的两个元素，如果它们之间的有序关系不满足，就交换其位置。

最经典的交换排序是冒泡排序(bubble sort)和快速排序(quick sort)。

1. 冒泡排序

基本思想：只考察相邻元素大小关系，逆序时交换其值。重复 n−1 次，直到第 n−1 条和第 n 条记录比较完毕，完成一趟“冒泡”。最多 n−1 趟“冒泡”，序列就变成正序。

冒泡排序可以看成：每一趟冒泡后，所有轻(小)元素上浮，所有重(大)元素下沉，故冒泡法也称下沉法。一趟冒泡后，最大元素将下沉到底(图 8-8)。一般来讲，冒泡排序算法思想和代码在程序设计基础类课程中均有涉及。对朴素冒泡排序可以进一步改进，当一趟冒泡中没有任何交换动作发生时，算法就可以结束。例如，对于图 8-8 给出的计算实例，在第六趟就没有发生过相邻数据记录的交换，故第六趟冒泡后，算法可以结束。

效率分析：对正序序列，仅进行一趟冒泡。对逆序序列，要进行 $n-1$ 趟冒泡。最坏情形下，算法比较和移动次数均为 $n(n-1)/2$，因此，时间复杂度为 $O(n^2)$。

49	38	38	38	38	13	13
38	49↓	49	49	13	27	27
65	65	65	13	27	38↓	38
97	76	13	27	49	49↓	
76	13	27	$\underline{\underline{49}}$	$\underline{\underline{49}}$↓		
13	27	$\underline{\underline{49}}$	65↓			
27	$\underline{\underline{49}}$	76↓				
$\underline{\underline{49}}$	97↓					
初始序列	第一趟	第二趟	第三趟	第四趟	第五趟	第六趟

图 8-8　冒泡排序过程计算实例

2. 快速排序

图 8-9　托尼·霍尔

当数据量大时，冒泡法的比较和移动次数会快速增长。1960 年，C. A. R. Hoare[①](托尼·霍尔)(图 8-9)在实现和改进 Shell 排序时，提出了基于交换思想的、更快的冒泡排序改进算法：快速排序。

基本思想：通过有序分割，将原始序列分成左、右两部分。左边元素比右边元素小(或者大)。通过对左、右子序列不断分割，最终使得整个表有序。分割也称为划分(partition)。

换言之，快速排序是在序列中选取一条记录，根据其关键字值，将序列分割成左小、右大两个子序列。然后，对各子序列做类似操作。当各子序列都有序时，整个序列就有序。一般而言，用于分割序列的那条记录称为支点(pivot)。

主要技巧：假设原序列表示为 $\{L.r[s],\cdots,L.r[t]\}$，支点 $L.r[i]$ $(s\leqslant i\leqslant t)$。对 $L.r[j]$ $(j\neq i)$，$L.r[j]<L.r[i]$ 时将其置于支点之前，否则置于支点之后。由此，可得到子序列 $\{L.r[s],\cdots,L.[i-1]\}$ 和 $\{L.r[i+1],\cdots,L.r[t]\}$。

围绕支点对原序列进行分割或划分，是快速排序算法的关键。在实现上，如果以支点为中心，将记录向其两边移动，基于链表结构是容易实现的。在顺序存储结构下，支点不动或单向移动都不是最佳方案。实际上，如果能在保持支点性质的同时，让支点来回移动，

① Charles Antony Richard Hoare(C. A. R. Hoare 或 Tony Hoare，1934—)，英国计算机科学家(爵士)，1959 年于俄罗斯莫斯科国立大学获博士学位，1980 年获得图灵奖，1960 年实现 Shell 排序时发明快速排序算法。图片来源：https://cacm.acm.org/opinion/an-intervieu with-c-a-r-hoare/

算法效率应该会更高。例如，假设支点为 $L.r[1]$，图 8-10(a)给出了支点来回移动模式下的一趟划分过程计算实例，其实现描述如算法 8-6 所示。图 8-10(b)是算法的总体调度计算实例。

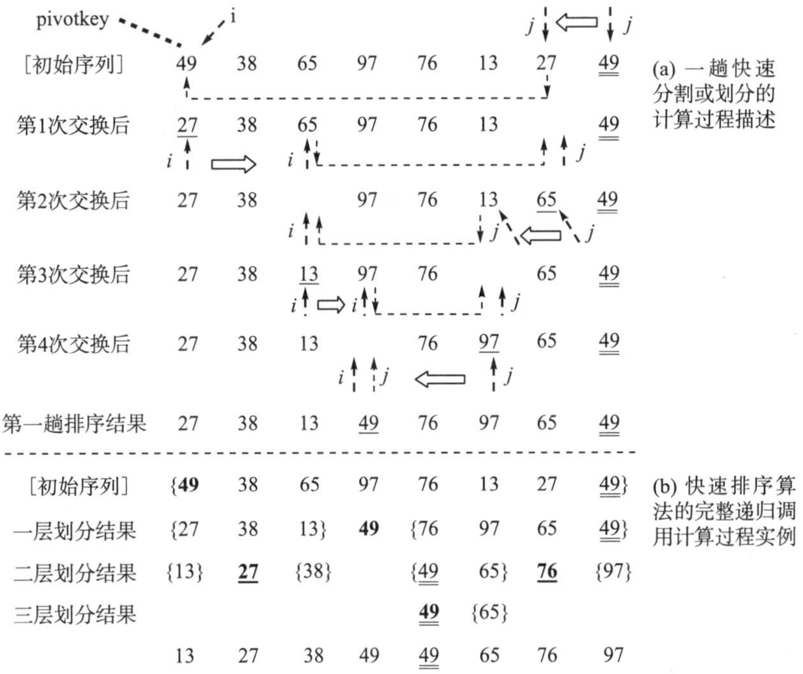

图 8-10　快速排序算法的计算过程实例

算法 8-6—Partition()

```
int Partition(SqList &L,int low,int high) { //划分{L.r[low],…,L.r[high]}
    pivotkey=L.r[low].key;    //L.r[low].key 作为支点
    while (low<high) {        //(交替)扫描{L.r[low],…,L.r[high]}
        while (low<high && L.r[high].key>=pivotkey) --high; //high→low 找比支点小的
        L.r[low]←→L.r[high];    //支点移动到 L.r[high]
        while (low<high && L.r[low].key<=pivotkey) ++low; //low→high 找比支点大的
        L.r[low]←→L.r[high];    //支点移动到 L.r[low]
    } //while
    return low; //返回支点位置(此时 low==high)
} //Partition
```

分析算法 8-6 易知，在支点到达它应该到达的位置前，在临时位置的赋值或移动实际上是不必要的。由此，可以对 Partition 算法进一步改进。算法 8-7 是改进后的算法。

算法 8-7—PartitionBetter()

```
int PartitionBetter(SqList &L,int low,int high) { //改进的划分方法
    L.r[0]=L.r[low];            //L.r[0]—存放支点
    pivotkey=L.r[low].key;
```

```
    while (low<high) {          //交替扫描
      while (low<high && L.r[high].key>=pivotkey) --high; //high→low 找比支点小的
      L.r[low]=L.r[high]; //移动比支点小的记录到低端
      while (low<high && L.r[low].key<=pivotkey) ++low; //low→high 找比支点大的
      L.r[high]=L.r[low];     //移动比支点大的记录到高端
    } //while
    L.r[low]=L.r[0];    //L.r[0]移动到支点位置
    return low; //返回支点位置(此时 low==high)
} //PartitionBetter
```

对于快速排序，其递归调度算法如算法 8-8 所示。实际上，当 low=1 和 high=*L*.length 时，算法就是对整个顺序表 *L* 排序。

算法 8-8—QuickSort()

```
void QuickSort(SqList &L,int low,int high) { //对{L.r[low],..,L.r[high]}快速排序
    if (low<high) { //子序列长度>1 时排序
        pivotloc=Partition(L,low,high); //划分 L，返回支点位置
        QSort(L,Low,pivotloc-1);   //对支点左边的子序列排序
        QSort(L,pivotloc+1,high);   //对支点右边的子序列排序
    } //if
}//QuickSort
```

效率分析：QuickSort()平均时间复杂度为 $O(kn\ln n)$，n 为待排序记录数，k 为常数。在同数量级排序算法中，其 k 值常数最小，就平均排序时间而言，它是已知内排序方法中最好的。但对于正序或逆序序列，快速排序将退化成一般(冒泡)交换排序，时间复杂度为 $O(n^2)$。有关 QuickSort()的进一步分析，读者可以参见参考文献[3,4,7]。

对于支点选择位置固定问题可能带来的退化情形，可做如下优化：对于 $\{L.r[s],\cdots,L.r[t]\}$，支点可以在 $L.r[s]$、$L.r[t]$和 $L.r[(s+t)/2]$间选择，由此可以更好地避开最坏情形。同时，也可以在记录扫描中完成一些交换操作(冒泡)，并记录之，以避免盲目排序。当 low→high 或 high→low 的扫描中没有交换动作发生时，说明序列已经排好序了。

8.4 选择排序

与插入和交换不同，选择排序从序列中选择最小或最大元素到目标序列前端或后端。

8.4.1 简单选择排序

简单选择排序(simple selection sort)方法朴素。为方便讨论，默认选最小者。

基本思想：对于给定的 n 条待排序记录，第 i 次选择时，从 $n-i+1$ 条记录中选取最小者 $L.r[j]$，并将其作为目标序列的第 i 条记录，即 $L.r[i]\leftrightarrow L.r[j]$ $(1\leqslant i,j\leqslant n,\ i\neq j)$。

对于简单选择排序，其算法的实现如算法 8-9 所示。

算法 8-9—SelectSortSimple()

```
void SelectSortSimple(SqList &L) { //对顺序表 L 的简单选择排序
   for (i=1;i<L.length;i++) { //n−1 趟选择
        j=SelectMinKey(L,i);  //寻找最小记录
        if (i!=j) L.r[i]←→L.r[j];  //交换记录位置
   } //for
} //SelectSortSimple
```

效率分析：对于算法 8-9，它选择最小记录的比较次数为 $O(n^2)$。最小记录和目标位置记录的交换最多为 $n-1$ 次，最少为 0 次，复杂度为 $O(n)$。因此，算法总体时间复杂度为 $O(n^2)$。

改进思路：算法 8-9 在记录移动次数上已经是 $O(n)$，因此，算法的首要改进任务是如何减少记录比较次数。观察易知，算法 8-9 在选择最小者时，每次都是从头开始比较，未考虑前面的选择过程可能留下了可以利用的有用信息。是否可以利用它们来减少对后续记录选择的比较次数呢？实际上是可以的。例如，借用锦标赛排位思想，人们提出了基于树形结构的锦标赛排序(tournament sort)，也称树形选择排序(tree select sort)。比如，假设有 8 个队员进行乒乓球锦标(淘汰)赛，要求选出冠军，那么，图 8-11 就给出了一个在锦标赛比赛机制下，选取冠军的树形结构图示例。

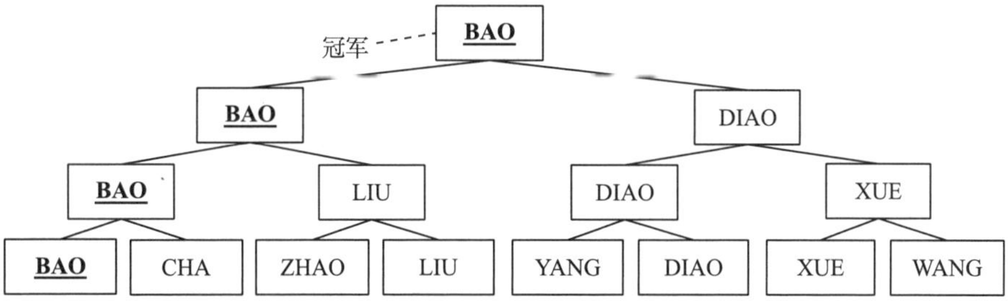

图 8-11　锦标赛中选拔冠军的树形结构

显然，按常规思路，选出冠军要 7 场比赛，选出亚军和季军分别要 6 场和 5 场比赛，故选出前三名要 18 场比赛。事实上，如果能利用图 8-11 中的比赛信息，则选拔亚军只需 2 场(图 8-12)。同理，借助图 8-12 的比赛信息，选拔季军也只需 2 场(图 8-13)。因此，选出前三名只要 11 场比赛。可见，利用比赛留下的信息是可以减少排名赛的比赛次数的。

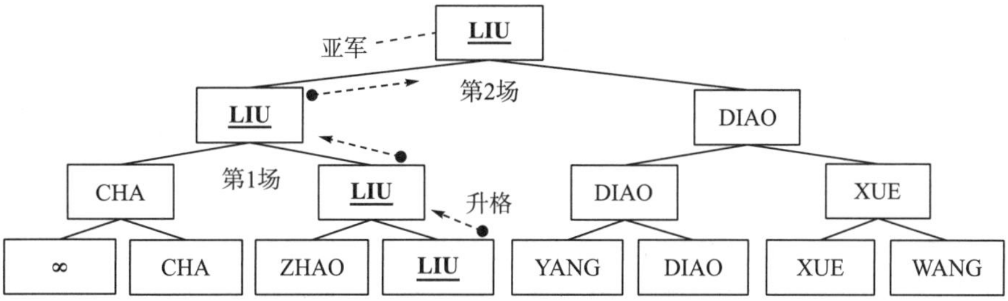

图 8-12　锦标赛中选拔亚军的树形结构

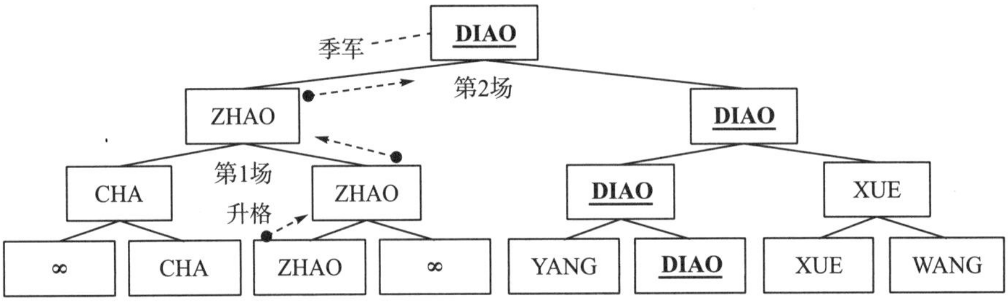

图 8-13　锦标赛中选拔季军的树形结构

8.4.2　树形选择排序

假设待排序记录数为 n，基于选择的树形排序算法基本思想可描述如下。

基本思想：①对给定的数据集记录，进行两两比较，选出$\lceil n/2 \rceil$个较小者。再对$\lceil n/2 \rceil$个被选中的较小者重复以上过程，直到选出最小者。②输出最小者(根)，并将其对应的叶子结点改为∞。再从该叶子结点开始，将其兄弟结点逐层比较升格，直到升不动或者到达根。此时，根为次小者。③重复第②步，直到树中所有叶子结点均被选中和输出。

要注意的是，比较过程一定会形成具有 n 个叶子结点的完全二叉树(图 8-14)。

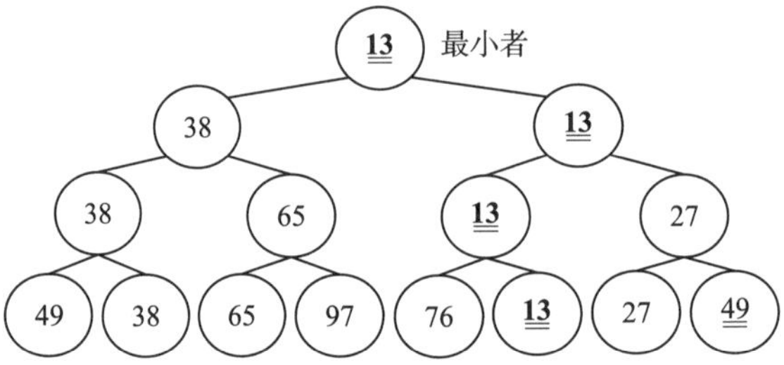

图 8-14　选择最小者的树形选择树结构

观察易知，在树形结构树中，每一个非终端结点都是其子树的所有叶子结点中的最小者。可见，树形选择排序正好可以利用这种比较结果信息，以提高排序效率。

效率分析：含 n 个叶子结点的完全二叉树深度为$\lceil \log_2 n \rceil+1$。在树形选择排序中，选出最小关键字要比较 $n-1$ 次，但要选出次小者及其以后的关键字，最多比较$\lceil \log_2 n \rceil$次。因此，算法的比较次数复杂度为$O(n\log_2 n)$。整个排序过程中，选择最小关键字时，记录的交换次数最多为 $n-1$ 次，选择次小者及其以后关键字时，交换次数最多为$\lceil \log_2 n \rceil$次。因此，树形选择排序算法的整体时间复杂度为$O(n\log_2 n)$。

改进思路：由图 8-11～图 8-14、图 8-16 易知，树形排序有两个缺陷。首先，当最小关键字输出后，它所对应的叶子结点值每次都被修改，这使得原始记录值遭到破坏。为此，要借助 $O(n)$级的辅助空间来存放排序结果。其次，当最小关键字输出且叶子结点值改为

∞后，要将叶子的兄弟升格，比较操作并不必要。为此，1964 年 Robert W. Floyd 和 J. Williams[①]（威廉姆斯）（图 8-15）提出了改进的树形排序算法——堆排序。

图 8-15　威廉姆斯

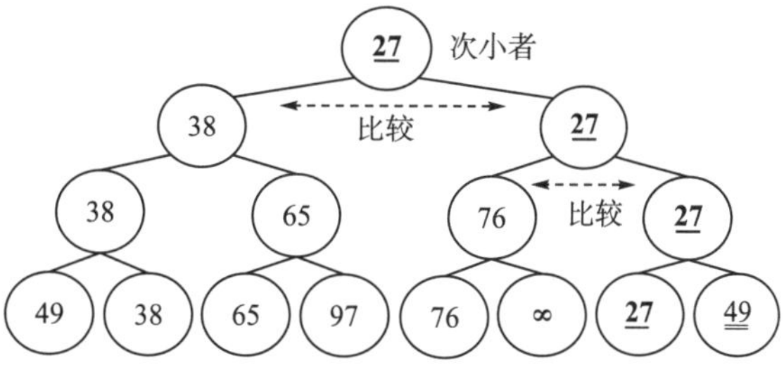

图 8-16　选择次小者的树形选择树结构

8.4.3　堆排序

堆（heap）——假设数据集中记录的关键字序列为$\{k_1,\cdots,k_n\}$，当且仅当其满足如下关系时，该记录序列称为堆。

$$\begin{cases} k_i \leqslant k_{2i} \\ k_i \leqslant k_{2i+1} \end{cases} \text{或者} \begin{cases} k_i \geqslant k_{2i} \\ k_i \geqslant k_{2i+1} \end{cases},\quad i=1,\cdots,\lfloor n/2 \rfloor$$

数据集记录序列的堆性质：

(1) 堆对应一棵完全二叉树。

(2) 第一个元素为根。

(3) 非终端结点的后继不大于或不小于父结点。

(4) 堆顶是最大值或最小值。

例如，给定如下序列：

{96,83,27,38,11,09}

{12,36,24,84,47,30,53,91}

堆的结构示意图如图 8-17 所示。可见，堆顶元素值要么最大，要么最小。因此，可借助堆的这个性质对序列进行排序。算法的关键步骤是：建立初始堆和重建堆。

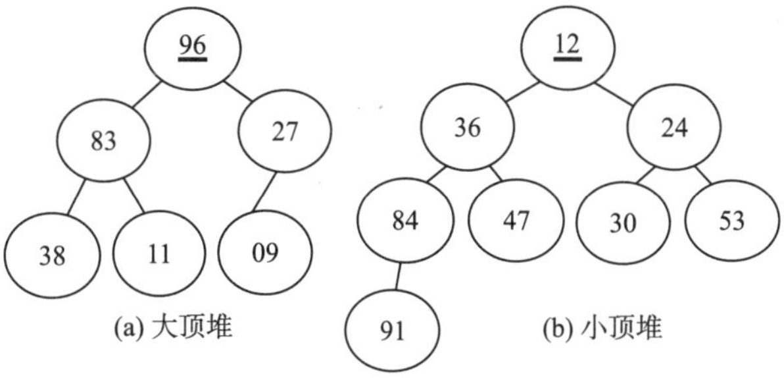

图 8-17　堆结构示例示意图

① J. Williams（1930—1912），加拿大人，自学成才的计算机科学家，提出了著名的二叉堆数据结构和堆排序。1964 年与 Robert W. Floyd 共同发明了堆排序算法。图片来源：https://ottawacitzen.remembering.ca/obituary/j-w-j-williams-1065926154

堆排序(heap sort)——利用堆的性质和堆重建操作进行排序。

基本思想：①建立初始堆；②输出堆顶；③重建堆。重复步骤②和③，直到将原序列的有序序列输出完毕。

算法目标：改进一般树形排序成原地工作模式，只需一个记录大小的辅助空间。

存储结构：为了更好地利用堆性质，一般采用一维数组存储待排序序列。

1. 建立初始堆

把无序序列看成完全二叉树时，叶子是堆底，根是堆顶。结合二叉树特点，将无序序列调整成堆的问题，可以从 $L.r[n/2] \to L.r[1]$ 方向筛。易知，序列的 $\lfloor n/2 \rfloor$ 处元素是完全二叉树最后一个非终端结点。通过筛技术建立堆时，可以从这里开始，直到首元素(根)。要注意的是，对二叉树中非终端结点筛选，要持续筛选到其左右子树的根和子树的非终端结点满足条件或者到达叶子结点。

例如，对于无序序列{49,38,65,97,76,13,27,$\underline{\underline{49}}$}，其结构如图 8-18(a)所示。对于初始堆，可从二叉树最后一个非终端结点 97 开始，初始堆的建立和筛选过程如图 8-18 所示。图 8-18(e)和图 8-18(f)表明，对非终端结点，需要逐层筛，直到满足条件或者到达叶子结点。

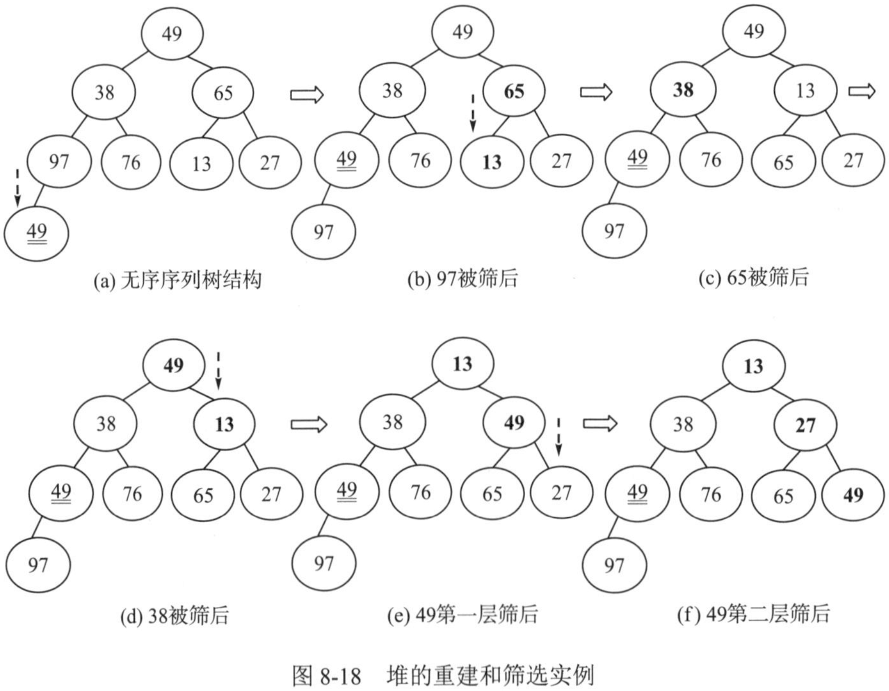

(a) 无序序列树结构 (b) 97被筛后 (c) 65被筛后

(d) 38被筛后 (e) 49第一层筛后 (f) 49第二层筛后

图 8-18 堆的重建和筛选实例

筛选起始位置 $\lfloor n/2 \rfloor$，筛选范围 1～$\lfloor n/2 \rfloor$，筛选方向 $\lfloor n/2 \rfloor \to 1$。根被筛选后，堆就建成

2. 堆的筛选或重建

在选出到达堆顶 $L.r[1]$ 的第 i 小(或大)记录后，要输出堆顶元素，并对剩下的 $n-i$ 条记录重新建立堆结构。由于堆顶 $L.r[1]$ 是最小值或者最大值，其输出存储需另寻空间。又

因输出堆顶后，序列长度也少 1，因此，可以将输出的堆顶元素存于 $L.r[n-i+1]$ 处，即 $L.r[1] \leftrightarrow L.r[n-i+1]$。交换后，堆的重建范围变成 $\{L.r[1],\cdots,L.r[n-i]\}$。此时，新根 $L.r[1]$ 与其左、右子树之间不一定满足堆定义，故需要从 $L.r[1]$ 开始至叶子方向筛，以形成新的堆结构。

筛选(filtering)：堆顶(根)到叶子结点方向的堆重建，也称为堆调整(heap adjust)。

以图 8-18(f)的小顶堆为例，在输出堆顶元素 13 后，其重建过程如图 8-19 所示。同理，对新堆顶 27 可以做类似的处理。图 8-19 的完整堆排序过程，请读者自行完成。

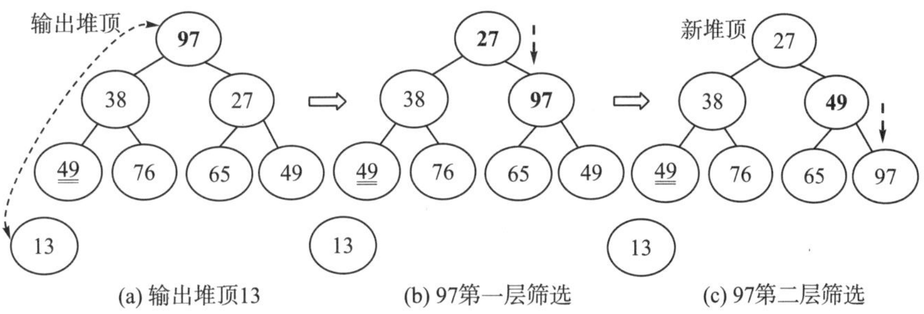

图 8-19　输出堆顶和堆的筛选重建过程实例

假设堆的存储结构数据类型定义如下：

typedef SqList HeapType; //堆的顺序存储结构

假设 H 是顺序表，调整范围为 $\{H.r[s],\cdots,H.r[m]\}$。除 $H.r[s]$ 外，其余结点均满足堆定义。HeapAdjust 对 $H.r[s]$ 筛选，可以形成新的堆顶。那么，筛选操作如算法 8-10 所示。

算法 8-10—HeapAdjust()

```
void HeapAdjust(HeapType &H,int s,int m) { //调整{H.r[s],…,H.r[m]}为新小顶堆
  rc=H.r[s]; //初始筛选点作为堆顶
  for (j=2*s;j<=m;j*=2) { //沿左分支走
      if (j<m && GT(H.r[j].key,H.r[j+1].key)) ++j; //记录较小记录下标
      if (!GT(rc.key,H.r[j].key)) break; /父子三结点满足堆关系时筛选结束
      H.r[s]=H.r[j];s=j; //堆顶 H.r[s] 取父子三结点中小者，筛选点 s 下沉
  } //for
  H.r[s]=rc; //初始筛选点存于最后依次筛选的非终端结点 H.r[s] 处
} //HeapAdjust
```

以 HeapAdjust()为基础，小顶堆的排序算法实现描述如算法 8-11 所示。

算法 8-11—HeapSort()

```
void HeapSort(HeapType &H) { //对顺序表 H 进行堆排序
  for (i=H.length/2;i>0;i--)   //将{H.r[1],…,H.r[H.length]}建成初始小顶堆
      HeapAdjust(H,i,H.length);
  for (i=H.length;i>1;i--) {
      H.r[1]←→H.r[i];  //输出堆顶 H.r[1] 到 H.r[i]
```

```
        HeapAdjust(H,1,i-1);  //调整{H.r[1],…,H.r[i-1]}成新堆
    } //for
} //HeapSort
```

时间效率：从算法 8-10 和算法 8-11 可见，堆排序的主要时间耗费是初始堆的建立和堆的调整。如果非终端结点深度为 k，对其筛选时，关键字比较次数小于或等于 $2(k-1)$。对于结点个数为 n 的完全二叉树，其深度为 $\lfloor \log_2 n \rfloor + 1$，而排序过程中堆的调整次数为 $n-1$，排序算法总的比较次数不会超过 $2\left(\lfloor \log_2(n-1) \rfloor + \lfloor \log_2(n-2) \rfloor + \cdots + \lfloor \log_2 2 \rfloor\right) < 2n\left(\lfloor \log_2 n \rfloor\right)$，故最坏情形下，算法的时间复杂度为 $O(n\log_2 n)$，优于快速排序。一般来讲，n 值较大时用堆排序的效果更好。

空间效率：相比一般树形排序，堆排序利用原序列尾部空间逐一存放堆顶记录，故它只需一个额外的辅助空间，辅助空间复杂度为 $O(1)$，属于原地工作模式。

8.5 归 并 排 序

利用正序插入排序的线性复杂性，Shell 排序引入了“分组”思想，以改进插入算法。但各分组还是要插入排序，且分组的分割增量确定困难。相似地，由于有序列表的合并时间复杂度是线性的①，人们由此提出了新排序方法——归并排序(merging sort)。

基本思想：将两个以上的有序表，合并成一个新的有序表。

存储结构：顺序结构或链表结构。

2-路归并思想：假设初始序列有 n 条记录，将每条记录看作一个长度为 1 的有序子序列，则可将它们两两归并获得长度为 2 或 1 的有序子表。合并后的有序列表元素个数为 $\lceil n/2 \rceil$。重复 $\lceil \log_2 n \rceil$ 次，即可获得初始序列对应的有序列表。

基于 2-路归并思想，归并排序算法的计算实例如图 8-20 所示。

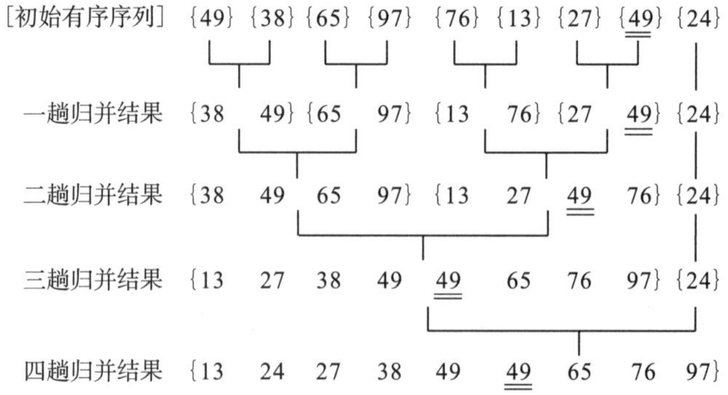

图 8-20 2-路归并排序过程计算实例

① 设线性表 L_1 和 L_2 的长度分别为 m 和 n，MergeList(L_1,L_2)算法的时间复杂度为 $O(m+n)$。

假设序列元素类型为 RedType，对有序列表的合并，可重述如下：

算法 8-12—Merge()

```
void Merge(RedType SR[],RedType &TR[],int i,int m,int n) { //将 SR[]有序合并到 TR[]
  for (j=m+1,k=i;i<=m&&j<=n;++k) { //k—元素归并到 TR[]时的位置
      if (LE(SR[i].key,SR[j].key)) TR[k]=SR[i++]; //归并 SR[i]
      else TR[k]=SR[j++]; //归并 SR[j]
  } //for
  if (i<=m) TR[k..n]=SR[i..m]; //余下序列的归并
  if (j<=n) TR[k..n]=SR[j..n];
}//Merge
```

以 Merge()为基础，2-路归并排序算法的递归算法可描述如下：

算法 8-13—MSort()

```
void MSort(RedType SR[],RedType &TR1[],int s,int t) { //将 SR[]归并到 TR1
   if (s==t) TR1[s]=SR[s]; //单元素时的归并
   else {
       m=(s+t)/2;                //将 SR[s..t]平分为 SR[s..m]和 SR[m+1..t]
       MSort(SR,TR2,s,m);        //递归归并 SR[s..m]到 TR2[s..m]
       MSort(SR,TR2,m+1,t); //递归归并 SR[m+1..t]到 TR2[m+1..t]
       Merge(TR2,TR1,s,m,t); //将 TR2[s..m]和 TR2[m+1..t]有序合并
   } //if
} //MSort
```

时空效率分析：若待排序记录数为 n，初始有序子序列长度为 h，则子序列个数为 $\lceil n/h \rceil$，一趟归并排序要调用 Merge()的次数为 $\lceil n/(2h) \rceil$。整个排序算法的归并趟数为 $\lceil \log_2 n \rceil$，总体时间复杂度为 $O(n\log_2 n)$。在空间上，需要一个和待排序记录数相同大小的辅助存储空间。

与快速排序和堆排序算法相比，归并排序的最大优点是：它是一种稳定排序。

8.6 基数排序

前文所讨论的排序算法都需要通过一个记录关键字的比较，才能完成排序过程。实际上，对于有些排序问题，还可能要通过多个关键字比较，排序才能完成。

8.6.1 多关键字排序

多关键字排序的典型实例是：将扑克牌从无序变成有序。一般来讲，对一副扑克牌，除了大王、小王外，剩下的 52 张扑克牌包含黑心♠(spade)、红心♥(heart)、方块♦(diamond)和樱花♣(club)四种花色，每种花色又分为 13 种面值点的扑克牌类型。如果需要唯一标识

一张扑克牌，必须同时用到花色和面值点的信息才行。由常识，扑克牌花色的默认优先次序是♠>♥>♦>♣，“>”表示左边花色优先级高于右边。易知，以下排序结果成立：

♠2>♠A>♥J>♥6>♦K>♦Q>♦A>♣K>♣6

众所周知，对扑克牌的有序洗牌整理有两种优先方式：先花色、后面值点，或者，先面值点、后花色。为方便讨论，以面值点优先为例，图 8-21 给出了一个排序实例。易知，它首先按面值点将扑克牌分成 13 堆，再按花色整理叠放即可。

(a) 按面值点分堆结果

(b) 先面值点、后花色整理结果

图 8-21 扑克牌排序图示

无论花色优先，还是面值点优先，对扑克牌的排序结果都相同。推而广之，对多关键字排序问题，按任意关键字顺序排序，结果都一样。为讨论方便，以下引入几个概念。

多关键字有序(multi-keyword ordered)——对于记录序列$\{R_1,\cdots,R_n\}$，假设$(K_i^0,\cdots,K_i^{d-1})$为记录 i 的多关键字，记录序列的多关键字$(K_i^0,\cdots,K_i^{d-1})$有序是：$\forall R_i,R_j \mid 1\leqslant i<j\leqslant n$，有$(K_i^0,\cdots,K_i^{d-1})<(K_j^0,\cdots,K_j^{d-1})$。其中，$K^0$ 称为最主关键字，K^{d-1} 称为最次关键字。

最主关键字优先排序(most significant keyword sorting)——从 K^0 开始，将 K^0 值相同的记录进行合并，再依次用 K^r 扫排 K^{r-1} 的排序方法。其中，$1\leqslant r\leqslant d-1$。

最次关键字优先排序(least significant keyword sorting)——从 K^{d-1} 出发，将 K^{d-1} 值相同的记录进行合并，再依次用 K^r 扫排 K^{r+1} 的排序方法。其中，$0\leqslant r\leqslant d-2$。

可见，最主关键字优先排序即最高位优先(most significant digit first)排序，可简称 MSD。最次关键字优先排序即最低位优先(least significant digit first)排序，可简称 LSD。

注意：①无论使用 MSD 方法，还是使用 LSD 方法，一般都只需规定各关键字的应用次序，不用关心具体排序的比较方法。②MSD 排序方法的本质是逐层分割。对后面的关键字排序，是对前面关键字扫排结果(子序列)的扫排。③LSD 排序方法无分割子序列概念，各关键字都是对所有序列元素进行排序[①]。④对于关键字 $K^i\big|_{0\leqslant i\leqslant d-1}$ 而言，两种排序方法都是稳定排序。⑤无论 MSD 排序，还是 LSD 排序，都要用到类似于扑克牌整理排序过程中用的分配(分派)和收集(回收)基本操作。

---

① 本质上讲，LSD 排序也是逐层分割，只是其分割是低权位域→高权位域。

8.6.2　链式基数排序

一般情况下，多关键字记录的每个单关键字都对应记录信息中的一个属性。实际上，单关键字也可分解成多关键字结构，被分解关键字称为逻辑关键字(logical keyword)，它由若干个更简单的关键字合成。显然，多关键字一起也可以构成一个逻辑关键字。

可见，逻辑关键字是特定视觉下的记录关键字，如学号、身份证号码等。当单个数值数字被看成简单关键字时，一个数值关键字就可以被看成由若干个数字关键字合成的关键字。例如，对于十进制关键字，其数字取值范围是 0～9。对于字母串关键字，串中各个位上的单字母可以被看成简单关键字。此时，串关键字就可以被看成由多个单字母关键字合成的逻辑关键字。显然，字母单关键字的取值范围为 A～Z。

基数(radix)：单关键字的取值范围大小或规模，一般用 RADIX 表示。

例如，对于十进制关键字 K，若取值为 $0 \leqslant K \leqslant 999$，将每个十进制数字位看成关键字时，$K$ 就可以看成由(K^0,K^1,K^2)组成的逻辑多关键字。其中，K^0,K^1,K^2 分别代表十进制关键字 K 在百位、十位和个位上的数字关键字值。显然，其简单关键字基数 RADIX 为 10。

又如，如果字符串关键字 K 由五个字母组成，它就是(K^0,K^1,K^2,K^3,K^4)型多关键字。其中，K^0,K^1,K^2,K^3,K^4 分别代表串中五个位置上的单字母值，其简单关键字基数 RADIX 为 26。

由扑克牌排序过程易知，在多关键字排序中，对记录序列不断扫描和排序时，基本操作是将序列元素分派到相应子序列，再将各子序列依次合并成新序列。为了更好地理解链式基数排序算法思想，下面给出分配和收集操作的功能定位。

分配(allocation)：根据多关键字中一个关键字位上的关键字值，将记录序列分配到相应队列中。队列数与单关键字的取值范围有关，即基数 RADIX。

收集(collection)：将各队列中的子序列依次重新合并，组成新序列。

基数排序(radix sorting)：对多关键字记录的每个单关键字，按单关键字的基数取值，对待排序序列进行分配和收集处理，以形成各个单关键字为基础的独立排序。基数排序一般也称为桶排序(bucket sorting)。

对于十进制型取值的多关键字记录，其单关键字的 RADIX 为 10；对于字符串型的多关键字记录，其单关键字的 RADIX 为 26。实际上，利用基数排序思想排序时，单关键字也可以不是单个数字或单个字母。例如，对身份证号码取值的多关键字记录，可以扩展为多分段排序。此时，各分段的 RADIX 可能各不相同，如以省份和城市编码值为基础。

基数排序要不断扫描、分配和收集记录。而分配和收集记录时，要不断对各子序列进行队列式插入和合并操作，故可用链式队列来存储原始记录序列及各子序列。

存储结构：用静态链表存储待排序记录，头结点指向序列第一条记录。

假设基数以十进制值为基础，基数排序算法的数据类型可定义如下：

```
#define MAX_NUM_OF_KEY 8 //最大单关键字项数
#define RADIX 10                //单关键字基数(十进制)
#define MAX_SPACE 10000
```

```
typedef struct { //静态链表结点
    KeyType keys[MAX_NUM_OF_KEY]; //逻辑关键字的单关键字数组
    InfoType otheritems;
    int next;
} SLCell;
typedef struct {
    SLCell r[MAX_SPACE]; //静态链表空间(r[0]为表头结点)
    int keynum; //逻辑关键字数
    int recnum; //记录条数
} SLList;
typedef int ArrType[RADIX]; //队列的头、尾指针数组数据类型
```

算法步骤描述：

(1) 假设 $r = d-1$，接收分派结果的队列集合为{end[0], end[1], ···, end[RADIX−1]}。

(2) 按 K^r 值，将所有记录分派到队列集合{end[0],end[1],···,end[RADIX − 1]}中。(分配)

(3) 将队列集合中的队列，依序头尾相接，形成新的链表序列。(收集)

(4) $r = 0$ 时，转步骤(5)。否则，$r = r - 1$ 后，转步骤(2)。

(5) 结束。

假设记录关键字是数值型，取值范围为[000..999]，对链式基数排序，按照以上描述，序列{278,109,63,930,589,184,505,269,8,83}的排序过程如图 8-22 所示。

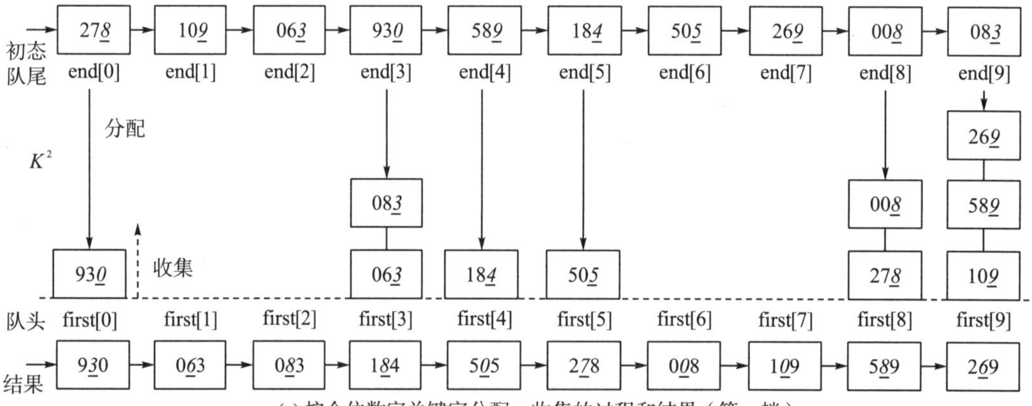

(a) 按个位数字关键字分配、收集的过程和结果（第一趟）

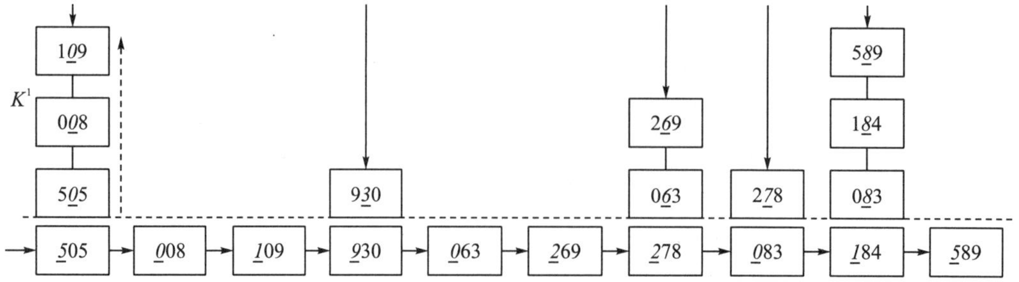

(b) 按十位数字关键字分配、收集的过程和结果（第二趟）

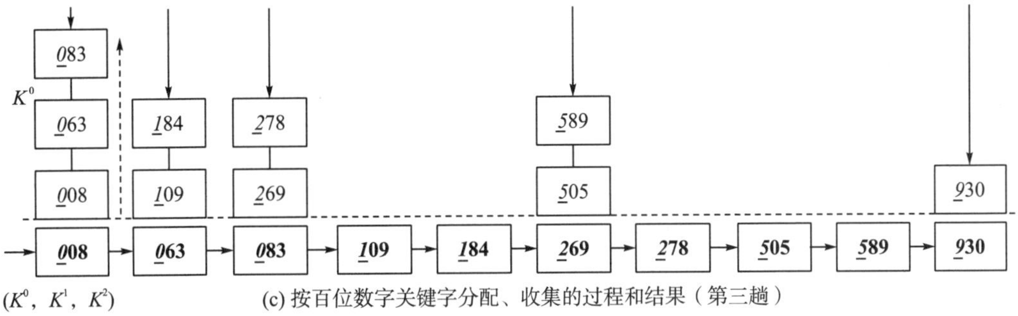

(c) 按百位数字关键字分配、收集的过程和结果（第三趟）

图 8-22　链式基数排序计算实例

RADIX 子表：在 keys[*i*]的 RADIX 取值范围内，keys[*i*]值相同的记录所构成的子表。

结合以上讨论易知，基数排序的一趟分配算法的描述如算法 8-14 所示，而一趟收集算法的描述如算法 8-15 所示。

进行基数排序时，应按照队列方式组织各 RADIX 子表。设 *i* 为单关键字取值对应的下标编号，静态链表 *L* 的 *r* 域已经按(keys[0],…,keys[*i*−1])有序，用算法 8-14 建立了各 RADIX 子表后，first[0..RADIX−1]和 end[0..RADIX−1]分别指向各队列第一条和最后一条记录。

算法 8-14—RadixDistribute()

```
void RadixDistribute(SLCell &r,int i,ArrType &first,ArrType &end) { //据 keys[i]值分派 r
  for (j=0;j<RADIX;++j) first[j]=0; //初始 RADIX 子表：空表或空队列
  for (p=r[0].next; p; p=r[p].next) { //扫描链表：记录结点 r[p]
      j=ord(r[p].keys[i]);  //将记录 r[p]按单关键字 keys[i]映射成[0..RADIX-1]值
      if (!first[j]) first[j]=p; //r[p]为子表 j 的第一条记录
      else r[end[j]].next=p; //接入队列尾部(队列 j 的队尾 next 指向 p)
      end[j]=p; //记住队列 j 的新队尾
  } //for
} //RadixDistribute
```

对于 keys[*i*]分派的各 RADIX 子表，可将其按照[0..RADIX−1]顺序，依次串接，形成新的记录序列静态链表，为用 keys[*i*+1]进一步分配和收集做好准备。算法实现可描述如下：

算法 8-15—RadixCollect()

```
void RadixCollect(SLCell &r,ArrType first,ArrType end) { //串接各子表
 for (j=0;!first[j];j=succ(j)) ; //寻找第一个非空子表，其中 succ(j)获得 j 的后继
 r[0].next=first[j]; tail=end[j]; //r[0].next 指向队列 first[j]的第一个结点
 while (j<RADIX-1) { //逐一串接
     for (j=succ(j);j<RADIX-1 && !first[j]; j=succ(j)) ; //寻找下一个非空子表
     if (first[j]) {r[tail].next=first[j];tail=end[j];} //链接两个非空子表，并记住新的表尾
 } //while
 r[tail].next=0; //最后一个非空子表的表尾结点指针空域
```

```
} //RadixCollect
```

从以上 RadixCollect()算法的实现描述易知，收集过程与单关键字 keys[i]无关。假定 L 是带头结点 $L.r$[0]的静态链表，对于升序链式基数排序，其总体调度与控制算法可描述如下：

算法 8-16—RadixSort()

```
void RadixSort(SLList &L) { //对数据记录集 L 作升序链式基数排序
  for (i=0;i<L.recnum;++i) L.r[i].next=i+1; //构造初始静态链表
  L.r[L.recnum].next=0;
  for (i=0;i<L.keynum;++i) { //按 RADIX 基数排序
      RadixDistribute(L.r,i,first,end); //第 i 趟分配
      RadixCollect(L.r,first,end); //第 i 趟回收
  } //for
} //RadixSort
```

算法效率：假设记录数为 n，单关键字个数为 d，各单关键字的基数均为 r。在时间复杂度上，基数排序算法要分配与收集 d 趟，对每趟分配与收集，都要将 n 条记录分派到各个基数链子表中，然后，再将各个 RADIX 子表依次进行串接收集，形成新的记录序列静态链表。因此，算法 8-16 的整体时间复杂度为 $O(d(n+r))$。在空间复杂度上，算法 8-16 需要标记队列的指针数和记录静态链表的指针数分别为 $2r$①和 n。实际上，用 SLCell 结构存储时，各单关键字还需要分开表示，其存储空间为 $O(nd)$，整体辅助空间复杂度为 $O(n+2r+nd)$。

注意：算法实现时 ord()和 succ()要加以实现，或者在函数库中有实现。

8.7 各种内部排序方法的比较与优化

1. 时空效率对比

从时空效率上，表 8-1 给出了本章讨论的各种内排序算法的性能对比。从表中可见：

(1) 在平均时间上。如前面讨论所述，快速排序在内排序中最好，但最坏情况下不如树形堆排序和有序归并排序。实际上，当 n 很大时，有序归并排序要比树形堆排序快，但是，它所需辅助存储空间最多，达到 $O(n)$级，而堆排序是原地工作模式。

(2) 简单排序包含直接插入、冒泡和简单选择排序。当给定序列基本有序或 n 不大时，采用直接插入思想简单且高效。Shell 排序是在分组思想下的简单插入排序改进算法，它可归入复杂算法类型，算法时间复杂度为 $O(n^{1.3})$。

(3) 因记录数 n 一般要比逻辑关键字中单关键字基数 r 大得多，故基数排序算法时间复杂度也可写成 $O(nd)$。在空间复杂度上，如果各单关键字基数不同，最大基数为 r_{max}，

① 队头指针数组 first[]和队尾指针数组 end[]，可重复使用。

则队列指针指示器的空间复杂度为 $O(2r_{max})$。如果各单关键字不用专门开辟空间存储[①]，基数排序算法的整体辅助空间复杂度只需 $O(n+2r)$。

(4) 从稳定性上看，排序算法的稳定性取决于比较方式和排序思想。采取 LT() 或 GT() 比较时，基数排序、归并排序和一般简单排序都是稳定的。采取 LE() 或 GE() 比较时，只有基数排序和归并排序是稳定的。无论采用什么比较方式，因排序过程中涉及记录交换动作，快速排序、堆排序、Shell 排序等都属于不稳定排序。一般来讲，涉及记录位置交换时，排序往往是不稳定的。

表 8-1　常用的内部排序算法的性能比对

方法技巧	方法	时间复杂度			空间复杂度	复杂性与稳定性	按工作量分类
		最好	最坏	平均			
直接插入	简单直接	$O(n)$	$O(n^2)$	$O(n^2)$	$O(1)$	简单-稳定	简单（Shell 属于简单改进型算法）
	折半查找	$O(n)$	$O(n^2)$	$O(n^2)$	$O(1)$	简单-稳定	
	2-路分割	$O(n)$	$O(n^2)$	$O(n^2)$	$O(1)$	简单-稳定	
	静态链表	$O(n)$	$O(n^2)$	$O(n^2)$	$O(n)$	简单-稳定	
	Shell 分组	$O(n)$	$O(n^2)$	$O(n^{1.3})$	$O(1)$	复杂-非稳定	
交换	冒泡	$O(n)$	$O(n^2)$	$O(n^2)$	$O(1)$	简单-非稳定	简单
	快速	$O(n\log n)$	$O(n^2)$	$O(n\log n)$	$O(1)$	复杂-非稳定	先进
选择	直接选择	$O(n^2)$	$O(n^2)$	$O(n^2)$	$O(1)$	简单-非稳定	简单
	锦标赛树	$O(n\log n)$	$O(n\log n)$	$O(n\log n)$	$O(n)$	复杂-非稳定	先进
	堆排序	$O(n\log n)$	$O(n\log n)$	$O(n\log n)$	$O(1)$	复杂-非稳定	先进
归并	2-路归并	$O(n\log n)$	$O(n\log n)$	$O(n\log n)$	$O(n)$	复杂-稳定	先进
基数	链式基数	$O(d(n+r))$	$O(d(n+r))$	$O(d(n+r))$	$O(n+2r)$	复杂-稳定	基数

在应用时，对各种排序方法，要根据实际问题需要进行选择或结合使用。没有哪一种单一方法具有绝对优势。一般来讲，大多数简单排序算法适合于记录数较小的排序，而先进算法一般更适合于记录数大的排序。如果存储空间较为紧张，往往需要选择辅助存储空间小的算法。如果需要提高算法的时间效率，可选择辅助存储空间较大的算法。在存储结构选择上，要灵活应用顺序存储、静态链表存储和动态链表存储结构。

2. 地址排序与重排思想融合

记录所占存储空间较大时，移动很不方便，且移动时间开销大。此时，可采用静态链表存储记录，通过修改记录指向关系完成排序。最后，采用算法 8-3，将有序静态链表转换成有序顺序表。比如，对表插入及链式基数排序可以如此处理。

① 此时，算法实现可用特定函数直接存取逻辑关键字中对应单关键字在[0..RADIX]范围内的值。

实际上，很多排序方法用不上表插入思想，如快速排序和堆排序。此时，可以借助算法 8-3 思想，用“地址移动”方式对原始大记录块进行地址排序，以空间换取时间效率提升。具体做法是：①增设与记录数相同规模的地址向量，并在它和原始记录间一一映射；②排序中涉及记录交换时，只需交换记录地址信息而不是记录值。

例如，对序列{49,38,65,97,76,13,27,49}，图 8-23 给出了地址排序图示。开始时，记录地址映射就是记录下标，即 $\text{address}[i]=i$。结束时，有序记录位置由对应地址向量分量指示，即 $\text{record}[\text{address}[i]]$。比如，在图 8-23(a)中，$\text{address}[1]=6$ 表明，最小记录是 $\text{record}[6]=13$。又如，$\text{address}[4]=1$ 表明记录 $\text{record}[1]=49$ 是第 4 小记录。

类似算法 8-3，以图 8-23 为基础，可通过 $O(n)$ 次移动获得有序顺序表。假设 address[] 中存的是记录有序次序，$L.r[\text{address}[i]]$ 是第 i 小记录，重排算法的实现可描述如下。

算法 8-17—RearrangeAddressSort()

```
void RearrangeAddressSort(SqList &L,int address[]) { //按 address[]指示重排 L.r[]
  for (i=1;i<L.length;i++) {
    if (address[i]!=i) { //L.r[address[i]]不是第 i 小时
      L.r[0]=L.r[i]; //L.r[i]→L.r[0]
      j=i;
      while (address[j]!=i) { //调整 L.r[address[j]]直到 j==i 时结束
        k=address[j]; L.r[j]=L.r[k]; address[j]=j; //L.r[address[j]]→L.r[j]
        j=k; //继续调整
      } //while
      L.r[j]=L.r[0]; address[j]=j; //L.r[i]到位
    } //if
  } //for
} //RearrangeAddressSort
```

(a) 初始状态	记录	[49	38	65	97	76	13	27	49]	record[1..8]	
	地址	[1	2	3	4	5	6	7	8]	address[1..8]	
(b) 结束状态	地址	[6	7	2	1	8	3	5	4]	address[1..8]	(有序地址映射)
(c) 重排结果	记录	[13	27	38	49	49	65	76	97]	record[1..8]	(根据地址重排)
	地址	[1	2	3	4	5	6	7	8]	address[1..8]	

图 8-23　地址排序计算过程演示实例

显然，$\text{address}[i]=i$ 时，表明记录 $L.r[i]$ 就是第 i 小记录。$\text{address}[i]=k\neq i$ 时，表明记录 $L.r[k]$ 是第 i 小记录，故要将其移至 $L.r[i]$。易知，算法的记录移动次数为 $O(n)$。

3. 内排序的最快效率问题

由表 8-1 可知，对内排序，算法时间复杂度最坏情形要么是 $O(n^2)$，要么是 $O(n\log_2 n)$。可以认为，$O(n^2)$ 是内排序最坏情形上界。那么，$O(n\log_2 n)$ 是不是内排序最坏情形下界呢？

一般来讲，内排序都基于关键字比较完成，故可以得到其判定树。以直接插入排序为例，图 8-24 给出了 3 个关键字比较时可能出现的 6 种情形。在树中，非终端结点个数表示关键字两两比较的次数。分析可知，关键字的比较判定树有如下特点。

(1) 判定树上的每一次比较都必不可少。否则，排序的比较逻辑是不封闭的。

(2) 从无序序列到达每种有序序列的比较次数，正好是叶子结点到根的路径长度。

(3) 由于比较判定树考查了各种比较情形及其有序序列，假设 n 条记录关键字均不同，排序结果会有 $n!$ 种可能。因此，n 条记录的排序比较判定树的叶子结点数一定为 $n!$[①]。

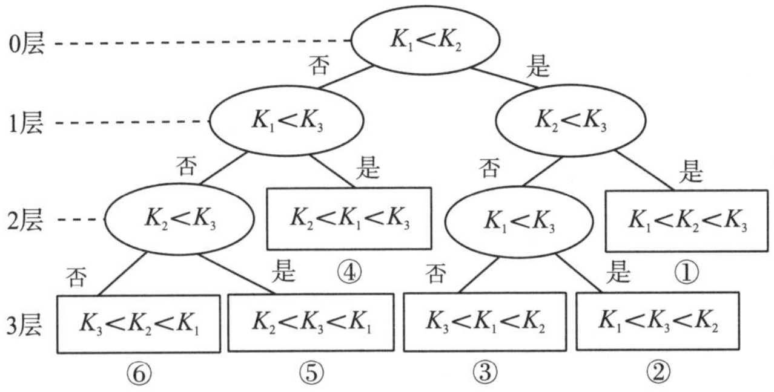

图 8-24　三关键字排序问题的比较判定树结构

由二叉树性质，对于高度为 h 的二叉树，叶子结点数不会超过 2^{h-1}。显然，对于叶子结点数为 $n!$ 的二叉树，其高度至少为 $\lceil \log_2 n! \rceil + 1$。因此，$n$ 条记录的排序，其比较判定次数至少为 $\lceil \log_2 n! \rceil$ 次。由斯特林公式(Stirling' s formula)[②]，有 $|\log_2 n!| \approx n\log_2 n - n\log_2 \mathrm{e} + \log_2 n/2 + O(1) = O(n\log_2 n)$。可见，对于基于关键字比较的内排序算法，$O(n\log_2 n)$ 是其最坏情形的下界。

实际上，当 $n>4$ 时比较次数都高于此值。例如，$n=5$ 时，$\lceil \log_2(5!) \rceil = \lceil \log_2 120 \rceil = 7$。1956 年，H. B. Demuth(德姆斯)在其博士论文中给出了只需 7 次比较即可排好序的方法。随后，Lester Ford(莱斯特・福特)和 Selmer Johnson(塞尔默・约翰逊)将其一般化成归并插入排序(merge insertion sorting)[③]。当 $n \leqslant 11$ 时，算法比较次数与 $\lceil \log_2(n!) \rceil$ 相同，$n=21$ 时比较次数也相同(66)。若 $F(n)$、$B(n)$ 和 $L(n)$ 分别表示归并插入、折半查找插入和 2-路归并排序比较次数，表 8-2 列出了部分最坏情形下的比较次数和理论下界 $\lceil \log_2 n! \rceil$ 的对比值。

表 8-2　比较排序理论下界和归并插入、折半查找插入与 2-路归并排序比较次数比较

n	1	2	3	4	5	6	7	8	9	10	11	12	13	14	15	16	17
$\lceil \log_2 n! \rceil$	**0**	**1**	**3**	**5**	**7**	**10**	**13**	**16**	**19**	**22**	**26**	29	33	37	41	45	49

① n 条记录排序的最少关键字比较次数问题等价于将 n 个不同砝码按重量大小排列的天平称秤次数问题。

② $n! \approx \sqrt{2\pi n}(n/\mathrm{e})^n$。

③ 归并插入排序结合了归并和插入排序特点而成。算法详尽讨论见 Donald E. Knuth 名著《计算机程序设计艺术》(第三卷・排序和查找)。

续表

n	1	2	3	4	5	6	7	8	9	10	11	12	13	14	15	16	17
$F(n)$	**0**	**1**	**3**	**5**	**7**	**10**	**13**	**16**	**19**	**22**	**26**	30	34	38	42	46	50
$B(n)$	**0**	**1**	**3**	**5**	8	11	14	17	21	25	29	33	37	41	45	49	54
$L(n)$	**0**	**1**	**3**	**5**	9	11	14	17	25	27	30	33	38	41	45	49	65

有关归并、选择等算法的优化，读者可尝试课外延伸阅读[③]。

课 外 习 题

8-1 以记录关键字序列(503,087,512,061,908,170,897,275,653,426)为例，分别手工执行以下算法，写出每趟执行结束时记录关键字的排列状态。

(1) 直接插入排序。

(2) Shell 排序(增量 d[]={5,3,1})。

(3) 快速排序。

(4) 堆排序。

(5) 归并排序。

(6) 基数排序。

8-2 试问题 8-1 中哪些算法是稳定的？哪些不是？为什么？

8-3 对以下各序列，判断哪些是堆，哪些不是。如果不是，按照堆排序算法，将其调整为堆。排序过程中，要求记录交换次数最少。

(1) (100,86,48,73,35,39,42,57,66,21)。

(2) (12,70,33,65,24,56,48,92,86,33)。

(3) (103,97,56,38,66,23,42,12,30,52,06,20)。

(4) (05,56,20,23,40,38,29,61,35,76,28,100)。

8-4** 假设某旅店共有 5000 个床位，根据住宿旅客情况，每天需记录或制作一份花名册。要求该名册按省(市)次序排列，每一省(市)按县(区)排列，同一县(区)按姓氏排列。试为该旅店管理人员设计一个制作这份花名册的方法。

8-5 试编写一个算法，实现双向冒泡排序，即相邻两遍(趟)要向相反方向冒泡。

8-6** 奇偶交换排序法：①第一趟对所有奇数序位上的元素进行排序，即 i 为奇数时，将 $a[i]$ 和 $a[i+1]$ 比较；②第二趟对所有偶数序位上的元素排序，即对偶数 i，将 $a[i]$ 和 $a[i+1]$ 比较。重复以上过程，直到整个序列有序。

(1) 给出该排序算法的结束条件。

(2) 分析初始序列为正序或逆序时，算法所需进行的比较次数。

(3) 给出该算法的实现描述。

8-7* 假设以单链表作为记录的存储结构，试给出简单选择排序算法的实现描述。

8-8* 编写算法，对 n 条整数关键字记录序列进行整理，使所有负值关键字排在非负值关键字之前。要求：

(1) 采用顺序存储结构，最多使用一个辅助存储记录空间。

(2) 算法的时间复杂度为 $O(n)$。

(3) 讨论算法执行过程中记录的最大移动次数。

8-9　根据 2-路插入排序算法基本思想，试给出其实现算法描述。

8-10　对于 2-路插入排序算法，如果将 $L.r[1]$ 作为有序序列分割点，为什么当 $L.r[1]$ 最大或者最小时，会失去算法记录移动次数较少的优势?

8-11　结合图 8-4 所示插入排序计算实例，给出表插入算法的类 C 实现描述。

8-12　给出冒泡排序算法的类 C 实现描述。

8-13　以图 8-18(f) 为基础，建立一个初始大顶堆。

8-14　完成以图 8-19(a) 为基础的堆排序计算过程。其中，假设以小顶堆排序为目标。

8-15**　给出归并排序算法 8-13(MSort()) 的非递归算法实现。

8-16　将图中扑克牌按先花色、后面值点模式，整理成升序序列。其中，花色优先关系为：♠>♥>♦>♣。

题 8-16 图

8-17　对于大记录数据集，排序要尽量少移动记录或不移动记录。对于 SqList 类型顺序表，设计并实现基于顺序表 L 的地址排序算法，以便用算法 8-17 将其调整为有序顺序表结构。

8-18　假设线性表按顺序存储，元素值是整型，且互不相同，试设计一个算法实现如下功能：把所有奇数值元素移到所有偶数值元素之前。要求时间最少，辅助空间最小。

8-19*　试设计一个算法，在整数数组 $L[1..n]$ 中，找出其第 k 小的元素。

8-20*　对题 8-19，如果要记录第 k 小元素在 $L[1..n]$ 中的原始位置，算法要如何优化?

8-21*　荷兰国旗问题：设有一个仅由红、白、蓝三种颜色的条块组成的条块序列，试设计一个算法，使得条块序列最终按红、白、蓝顺序排好，即排成荷兰国旗图案的样式。要求算法的时间复杂度为 $O(n)$。

8-22　对由 n 个元素构成的小顶堆，要增加一个新元素 K_{n+1}，请分析并说明，如何能在 $\log_2 n$ 的时间内，将新序列重新调整为一个新的小顶堆?

8-23 试设计一个算法，用于判断一个数据序列是否构成一个小顶堆。

8-24* 计数排序(count sorting)：假设用数组存储待排序表，元素值互不相同，算法首先扫描待排序表获得表中小于各个元素的元素计数值，并据此将元素存储到目标位置上。例如，当元素的统计值为 c 时，它在新有序表中的位置为 c。试设计算法。

第9章　查　　找

包含存储、排序等操作在内的数据管理功能都是为数据运用准备的。针对特定操作管理，建立专门数据结构会带来很多方便。本章研究针对数据元素的查找问题。

9.1　基本概念

查找(searching)——对给定记录，在记录集合或 ADT 描述的数据对象中，查找该记录是否存在。查找成功时，返回记录位置，否则，返回查找失败信息。

记录关键字是唯一能够标识或区分记录对象的属性。对查找操作，通常通过关键字值比较进行记录定位。如果要多个关键字才能标识，查找可以通过主、次关键字进行定位。

对查找系统，可构建一个专门的数据结构——查找表。实际上，除查找操作外，查找表还有插入、删除和修改等操作。为讨论方便，下面先引入几个基本概念。

查找表(search table)——由数据类型相同的元素所构成的数据集合或数据对象。

查找表集合的元素关系松散，一般只有属于/不属于关系，故查找方式较为灵活。

静态查找与静态查找表(static search table)——只关心元素在不在表中或只检索特定元素性质时，查找操作称为静态查找。对应的查找表也称为静态查找表，简称 SST。

静态查找只是在表中找一找，看元素是否在表中，它并不改变查找表内容。

动态查找与动态查找表(dynamic search table)——如果查找操作不仅要查看元素在不在表中，还要对表进行更新，就称为动态查找。对应的查找表也称为动态查找表，简称 DST。

通过动态查找，本质上可以构建查找表。

易知，一个查找表的主要基本操作如下。

(1)查找给定记录，看其是否在表中。

(2)查找具有特定属性特征的元素。

(3)插入新元素。

(4)删除已有元素。

实际上，在日常生活中，运用查找表的事例有很多。例如：

(1)电话号码查找。如在手机或纸质电话号码簿(如黄页)中查找。

(2)字典查找。如英文单词或汉字字典查找。

(3)成绩查找。如高考成绩或公务员考试成绩查找。

(4)编译系统中的符号查找。如词法分析、语义检查、目标代码生成中的符号名地址分配查找。

(5)信息处理系统中的信息表查找。

一般来讲，查找的过程和方法与数据元素的组织和存储结构有关，存储结构不同，对应的查找方法也会不同。比如，对无序顺序表，可以顺序查找；对有序顺序表，可以有序查找；对链表，只能顺序查找。为方便叙述，对查找类问题的算法讨论可做如下约定：

(1)关键字类型说明

```
typedef float KeyType;
typedef int KeyType;
typedef char *KeyType;    //字符串型关键字
```

讨论具体的查找问题时，可根据实际问题的表示需要，任选其一或另行约定。

(2)数据元素类型说明

```
typedef struct {
  KeyType key;   //关键字字段域
  …              //其他字段域
} ElemType;
```

(3)记录关键字比较宏的定义

关键字比较的实现方法可以用宏表示，基本符号约定与第 8 章保持一致。

9.2 静态查找表

9.2.1 静态查找表的 ADT 定义

静态查找表只用于查看对象是否在表中，任务单一。其 ADT 定义可描述如下：

ADT StaticSearchTable {

数据对象：$D=\{e_i \mid e_i \in \text{ElemType}, 1 \leqslant i \leqslant n\}, i=0$ 时 $D=\varnothing, \forall e_i \in D$ 有唯一标识关键字

数据关系：R={}或 R=∅，即所有元素同属一个数据集合

基本操作：

Create(&ST,n); //结果：构造长度为 n 的静态查找表 ST

Destroy(&ST); //结果：销毁 ST

Search(ST,key); //结果：在 ST 中查找 key 元素，返回元素的位序号，无时返 0

Traverse(ST,visit()); //结果：用 visit()遍历 ST，成功返 TRUE，失败返 FALSE

} ADT StaticSearchTable

Search()是 SST 的主要基本操作，存储结构不同时，查找的方法会不同。

9.2.2 顺序表的顺序查找

顺序查找表的存储结构一般为数组，查找是按照记录关键字值依次顺序进行比较。

存储结构：顺序线性表或链式线性表。本节讨论以顺序表的顺序存储为准，对链式存

储结构，其构建与查询操作可作为课外作业完成。

查找方法：顺序查找。

1. 查找表的顺序存储结构

查找表的顺序存储结构可定义如下：

```
typedef struct {
    ElemType *elem; //基址
    int length; //查找表长度
} SSTable;
```

对于顺序存储结构查找表，查找算法设计一般约定，0 号存储单元留空或将其作为哨兵单元使用。图 9-1 是顺序查找表的关键字存储结构示例。

key	12	13	3	90	…	70	22
a_0	a_1	a_2	a_3	a_4	…	a_{n-1}	a_n

图 9-1　顺序查找表关键字存储结构示例

2. 顺序查找(sequential search)

基本思想：从顺序查找表的最后一项开始，依次朝顺序查找表的表头方向(向前)比较，找到关键字值相等元素时成功。如果查找到第一条记录还没成功，则查找过程失败。

查找失败时，查找算法应返回 FALSE 状态。顺序查找算法的实现可描述如下。

算法 9-1—SearchSequential()

```
int SearchSequential(SSTable ST,KeyType key) {//在 ST 中查找 key 并返回查找信息
    ST.elem[0].key=key;    //elem[0].key=key—哨兵
    for (i=ST.length;!EQ(ST.elem[i].key,key);--i) ; //由表尾向表头逐一比较查找
    return i; //i=0 时失败，否则，返回元素位置(非 0 即真)
} //SearchSequential
```

算法 9-1 是查找表的顺序存储查找法，它用了哨兵技巧。实践证明①，当 ST.length≥1000 时，进行一次关键字查找所需平均时间可以减少大约 50%。

3. 性能分析

评价算法好坏有三种度量：一是算法时间复杂度，二是算法空间复杂度，三是算法其他性能。空间复杂度是指，数据存储空间及算法执行中所需的辅助存储空间。对查找而言，它所需要的辅助存储空间有限或很少，且主要工作是关键字比较。因此，评估查找算法一般以记录关键字比较次数为指标，可用平均查找长度(average search length，ASL)度量。

平均查找长度——在查找过程中，将确定记录所在位置需要的比较次数期望值记为 ASL，若表中有 n 条记录，P_i 为查找表中第 i 条记录的概率，$P_1+P_2+\cdots+P_n=1$，C_i 为找

① Horowitz E, Sahni S. Fundamentals of Data Structures. Pitmen Publishing Limited, 1976.

到表中第 i 条记录所需的关键字比较次数，那么，顺序查找成功的平均查找长度的计算公式如下

$$\mathrm{ASL}=\sum_{i=1}^{n}P_iC_i \tag{9-1}$$

显然，随着表中元素分布位置不同，查找过程也不同，查找ST.elem[i]的比较次数 C_i 也不同。当然，记录ST.elem[i]在位置 i 出现的概率也会影响 ASL 值。

等概率 ASL：在顺序查找中，C_i 取决于ST.elem[i]在表中出现的位置。比如，对算法 9-1，查找最后一项记录只需比较一次，但查找第一项记录要比较 n 次。查找第 i 项要比较 $n-i+1$ 次。因此，当ST.elem[i]在位置 i 等概率出现时，顺序查找的平均查找长度为

$$\mathrm{ASL}=nP_1+(n-1)P_2+\cdots+2P_{n-1}+P_n \tag{9-2}$$

假设查找表中每个元素被等概率查找，那么，有 $P_i=1/n$。因此，ASL 长度为

$$\mathrm{ASL}=\sum_{i=1}^{n}P_iC_i=\frac{1}{n}\sum_{i=1}^{n}(n-i+1)=\frac{1}{n}\times\frac{(1+n)\times n}{2}=\frac{n+1}{2} \tag{9-3}$$

不等概率 ASL：易知，对于式(9-2)，在 $P_n\geqslant P_{n-1}\geqslant\cdots\geqslant P_2\geqslant P_1$ 时，ASL 将达到极小值。如果能预先知道各记录被查找的概率，就可以重排序列，以提高查找效率[①]。比如：

(1)记录被查找概率无法预知时，可以设置查找频度计数器，利用它将查找频度或概率大的记录往序列后端移动，使记录序列按频度递增顺序排列，从而提高整体查询效率。

(2)也可采取最近查询优先原则，将最近查找过的记录作为序列尾端记录，以此提高查询频度高的记录的查找效率。

顺序查找思想简单，适应能力强，对序列没有有序要求，但效率低，ASL 较长。

一般情况下，n 很大时，查找成功可能性要大于不成功可能性，故查找不成功可能性可以忽略。但是，当查找不成功对 ASL 的影响不能忽略时，ASL 计算必须考虑查找不成功的比较次数。易知，对顺序表而言，查找不成功要比较 $n+1$ 次。综合考虑查找成功和不成功情形，如果查找成功和不成功的概率相同，有 $P_i=1/(2n)$。因此，有

$$\mathrm{ASL}'=\frac{1}{2n}\sum_{i=1}^{n}(n-i+1)+\frac{1}{2}(n+1)=\frac{3}{4}(n+1) \tag{9-4}$$

可见，考虑查找不成功比较情形时，ASL 长度要增加一半。

9.2.3 有序顺序表的查找

1. 折半查找(binary search)

基本思想：对有序序列 $\{r[\mathrm{low}],\cdots,r[\mathrm{high}]\}$ 和记录关键字 key，假设 $\mathrm{mid}=(\mathrm{low}+\mathrm{high})/2$ 是序列的中间元素位置，key 每次只与 r[mid] 比较。如此，以折半定位方式压缩搜索空间，直到搜索空间为空或找到关键字记录为止。

易知，折半查找搜索空间为空的判断条件是 $\mathrm{low}>\mathrm{high}$。折半查找的判定过程计算实例如图 9-2 所示，算法的实现描述如下。

---

① 如词频加权、PageRank 和 HITS(hyperlink-induced topic search，基于超链接的主题搜索)等排序算法。

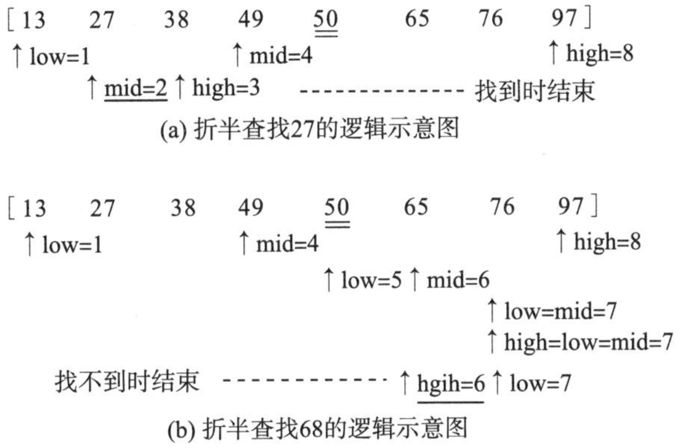

图 9-2　折半查找 27 和 68 的逻辑示意图

算法 9-2—SearchBinary()

```
int SearchBinary(SSTable ST,KeyType key) { //在 ST 中折半查找 key 记录
    low=1; high=ST.length;
    while (low<=high) { //折半查找过程
      mid=(low+high)/2;
      if (EQ(key,ST.elem[mid].key)) return mid; //返回 key 记录位置
      else if (LT(key,ST.elem[mid].key)) high=mid−1; //序列前半段
      else low=mid+1; //序列后半段
    } //while
    return 0;
} //SearchBinary
```

效率分析：对图 9-2 所示实例，其折半查找判定树如图 9-3 所示。可见，每次折半查找比较都会减少一半搜索区间，故查找成功的比较次数不会超过判定树深度$\lfloor \log_2 n \rfloor + 1$。进一步，如图 9-4 所示，假定用虚框结点表示查找失败时遇到的结点(叶子或外部结点)，那么，查找成功时，一定走了一条从根到内部结点的路径。当查找不成功时，一定走了一条从根到外部结点的路径。

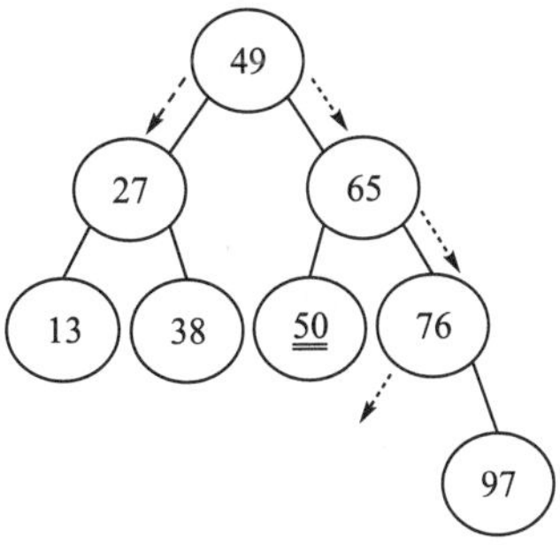

图 9-3　折半查找判定树及查找示例

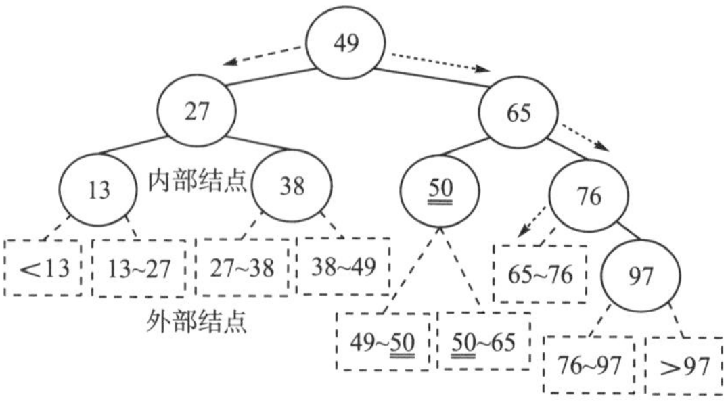

图 9-4　加上外部结点的折半查找判定树及查找示例

因折半查找判定树的完全二叉树特性，为研究方便，假定它是深度为 k 的满二叉，序列表长度 $n=2^k-1$。假设各记录被等概率查找，即 $P_i=1/n$，查找各记录关键字的比较次数为 C_i，查找到第 j 层结点要比较 j 次，而第 j 层结点数为 2^{j-1}，查找成功的比较总次数为

$$
\begin{aligned}
\mathrm{ASL}_{\mathrm{BinSearch}} &= \sum_{i=1}^{n} P_i C_i = \frac{1}{n}\sum_{j=1}^{k} j\times 2^{j-1} = \frac{1}{n}\left(\sum_{0}^{k-1}2^i + 2\sum_{0}^{k-2}2^i + 2^2\sum_{0}^{j-3}2^i + \cdots + 2^{k-2}\sum_{0}^{1}2^i + 2^{k-1}\sum_{0}^{0}2^i\right) \\
&= \frac{1}{n}\sum_{0}^{k-1}2^i\left(2^{k-i}-1\right) = \frac{1}{n}\left(k2^k - \sum_{0}^{k-1}2^i\right) = \frac{1}{n}\left((k-1)2^k+1\right) = \frac{1}{n}\left(\left(\log_2(n+1)-1\right)(n+1)+1\right) \\
&= \frac{1}{n}\left((n+1)\log_2(n+1)-n\right) = \frac{n+1}{n}\log_2(n+1)-1 \\
&\approx \log_2(n+1)-1 \quad (n\text{较大时})
\end{aligned}
$$

可见，折半查找成功时，平均查找长度为 $O(\log_2 n)$。对查找不成功时的 ASL，读者可课外思考和推演。要注意的是，虽然折半查找效率高，但它必须建立在顺序有序基础上。

2. Fibonacci 查找

图 9-5　斐波那契

对折半查找，其比较点是有序序列的中点。实际上，也可通过其他方式，快速确定有序序列查找的比较点。

Fibonacci[1] (斐波那契)(图 9-5)序列：$F_0=0, F_1=1, F_i=F_{i-1}+F_{i-2}, i\geqslant 2$。

Fibonacci 序列的前 10 项为 0,1,1,2,3,5,8,13,21,34。

基本思想：若有序序列的记录数 $n=F_u-1(u\geqslant 2)$，key 是要查找记录的关键字值，则可以根据 Fibonacci 数列分布特点，对有序记录序列围绕比较点进行分割。假设从 $i=u$ 开始，记录查找比较点的选择方法如下：

(1) $\text{key}=\text{ST.elem}\left[F_{i-1}\right].\text{key}$ 时，返回记录位置 F_{i-1}。

(2) $\text{key}<\text{ST.elem}\left[F_{i-1}\right].\text{key}$ 时，在 $\{\text{ST.elem}[1],\cdots,\text{ST.elem}[F_{i-1}-1]\}$ 中查找。

(3) $\text{key}>\text{ST.elem}\left[F_{i-1}\right].\text{key}$ 时，在 $\left\{\text{ST.elem}\left[F_{i-1}+1\right],\cdots,\text{ST.elem}\left[F_i-1\right]\right\}$ 中查找。显然，此子表长度为 $F_{i-2}-1$。

① Leonardo Pisano, Fibonacci Leonardo Bigollo (1175—1250)，中世纪意大利数学家，代表著作为《算盘全书》和《计算之书》。图片来源：https://mathshistory.st-and.rew.ac.uk/Biographies/Fibonacci/

效率评价：①基于 Fibonacci 分割的平均查找性能要优于折半查找，但最坏情况要比折半查找差。②Fibonacci 查找定位过程只需加法和减法运算，不需乘法和除法运算。

3. 插值查找

对有序列表查找，在日常生活中，还有不同于折半和 Fibonacci 定位的比较方法，如借助记录关键字值的分布特征确定比较点。比如，在字典查找时，可根据汉字的某些信息(如拼音)快速缩小搜索页码区间。插值查找就是类似这种思想的一种快速有序查找方法。

基本思想：对有序序列 $\{\mathrm{ST.elem}[s],\cdots,\mathrm{ST.elem}[t]\}$，其最大值为 $\mathrm{ST.elem}[t]$ 且最小值为 $\mathrm{ST.elem}[s]$。如果待查记录关键字为 key，那么，下一个要进行比较的元素的位置为

$$i=\frac{\mathrm{key}-\mathrm{ST.elem}\,[s]\cdot\mathrm{key}}{\mathrm{ST.elem}[t]\cdot\mathrm{key}-\mathrm{ST.elem}[s]\cdot\mathrm{key}}(t-s+1) \tag{9-5}$$

效率评价：对于插值查找法，它适合于记录关键字分布均匀的有序表。当有序列表较长时，插值查找算法的平均性能要优于折半查找。

9.2.4 *静态最优查找树的查找

在前面的讨论中，有序查找性能讨论都针对等概率情形。实际上，若各记录查找概率并不相等，折半查找判定树就不一定是最佳的。假设 h_i 是结点 i 所在层次数，w_i 是与结点 i 的查找概率相关的权重，查找成功的最佳判定树构造方法是：对有序序列，构造一棵带权(内部)路径长度之和最短的二叉树。带权(内部)路径长度和 L_{path} 可表示为

$$L_{\mathrm{path}}=\sum_{i=1}^{n}w_ih_i \tag{9-6}$$

静态最优查找树(static optimal search tree)：对带权重的有序列表，对应的带权(内部)路径之和 L_{path} 最小的二叉树。

静态最优查找树的构造代价高，有兴趣的读者可课外阅读和熟悉相关构造算法。

近似最优查找树(nearly optimal search tree)：对于记录序列 $(r_s,r_{s+1},\cdots,r_t)$，如果关键字序列满足 $r_s.\mathrm{key}<r_{s+1}.\mathrm{key}<\cdots<r_t.\mathrm{key}$，对应的权重序列为 $(w_s,w_{s+1},\cdots,w_t)$，按照 L_{path} 最小方式构造的二叉树，也称为次优查找树。

若第 i 条记录的累计权重 $\mathrm{SW}_i=\sum_{j=s}^{i}w_j$，则其前后(左右)子序列权重和之差 $\Delta\mathrm{SW}_i$ 为

$$\Delta\mathrm{SW}_i=\left|\sum_{j=i+1}^{t}w_j-\sum_{j=s}^{i-1}w_j\right|=\left|(\mathrm{SW}_t-\mathrm{SW}_i)-(\mathrm{SW}_{i-1}-\mathrm{SW}_{s-1})\right|=\left|(\mathrm{SW}_t+\mathrm{SW}_{s-1})-(\mathrm{SW}_i+\mathrm{SW}_{i-1})\right| \tag{9-7}$$

由此，构造次优查找树的过程可以按照如下步骤进行。

(1) 计算序列 $(r_s,\cdots,r_t)$ 的所有记录的累计权重值 SW。

(2) 计算并选择 $\Delta\mathrm{SW}_i=\min\limits_{s\leqslant j\leqslant t}\{\Delta\mathrm{SW}_j\}$，并将记录 i 作为 $(r_s,\cdots,r_t)$ 序列对应二叉树的根结点 T。

(3) 以最小 ΔSW_i 记录为界，将有序序列分为子序列 $(r_s,\cdots,r_{i-1})$ 和 $(r_{i+1},\cdots,r_t)$，并分别作为根结点 i 的左右子树序列中的结点。

(4) 如果 $\left|(r_s,\cdots,r_{i-1})\right|>1$，$t=i-1$，转步骤(1)。否则，$T\to \text{lchild}=\text{NULL}$。

(5) 如果 $\left|(r_{i+1},\cdots,r_t)\right|>1$，$s=i+1$，转步骤(1)。否则，$T\to \text{rchild}=\text{NULL}$。

构造次优查找树的类 C 算法实现，读者可自行完成。图 9-6 给出了一个构造次优查找树的计算过程实例，其对应的次优查找树如图 9-7 所示。

j	0	1	2	3	4	5	6	7	8	9	
$r[j]$.key		A	B	C	D	E	F	G	H	I	
W_j	0	1	1	2	5	3	4	4	3	5	
SW_j	0	1	2	4	9	12	16	20	23	28	
$\Delta SW_j(s=1, t=9)$		27	25	22	15	7	0	8	15	23	$(SW_t+SW_s-1=28$, 根F)
$SW_j(s=1, t=5)$		{1	2	4	9	12}		{20	23	28}	$SW_j(s=7, t=9)$
ΔSW_j(根D)		11	9	6	1	9		8	1	7	ΔSW_j(根H)
$SW_j(s=1, t=3), (s=t=5)$		{1	2	4}		{12}		{20}		{28}	$SW_j(s=t=7), (s=t=9)$
ΔSW_j(根B), (根E)		3	1	2		0		0		0	ΔSW_j(根G), (根I)
$SW_j(s=t=1)$		{1}		{4}		$SW_j(s=t=3)$					
ΔSW_j(根A)		0		0		SW_j(根C)					

图 9-6　次优查找树的构造过程计算实例

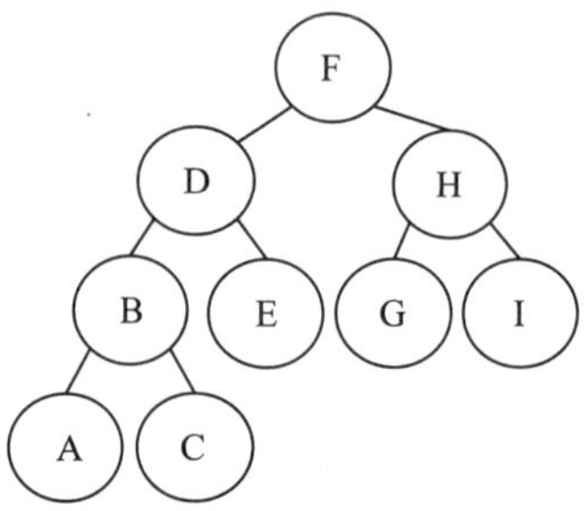

图 9-7　次优查找树示意图

效率评价：从以上构造过程易知，构造次优查找树的复杂度为 $O(n\log_2 n)$。对图 9-7 所示的次优查找树，其查找时间复杂度为 $O(\log_2 n)$，次优查找树是一种有效结构。

9.2.5　索引顺序表的查找

在前述讨论中，顺序表中的记录要么有序，要么无序。对无序序列，其 ASL 较长，但要将序列完全有序化，其排序的代价高，至少要 $O(n\log_2 n)$ 数量级的排序时间开销。鉴于此，人们提出了针对整体无序但分块有序的顺序表数据组织方法，以此为基础，提出了新的查找算法：索引顺序查找法(indexed sequential search)。它也被称为分块查找法(block search)或分块索引查找法(block index search)。

基本思想：分块查找。在数据组织上，分块查找要保证各分块记录间有序，但分块内部的记录之间可以无序。为此，需要对每个分块(或子表)建立索引项。索引项由记录关键字项+记录指针项构成。记录关键字项对应其分块(或子表)中的最大关键字值。记录指针项对应分块(或子表)的第一条记录的存储位置值。

显然，各分块索引之间要有序，但分块内部可以无序。通过有序索引可以快速定位记录所在分块。分块内的记录数一般相对较少，可以采用一般顺序查找，其 ASL 不会太大。

例如，图 9-8 给出了一个索引顺序查找表实例。

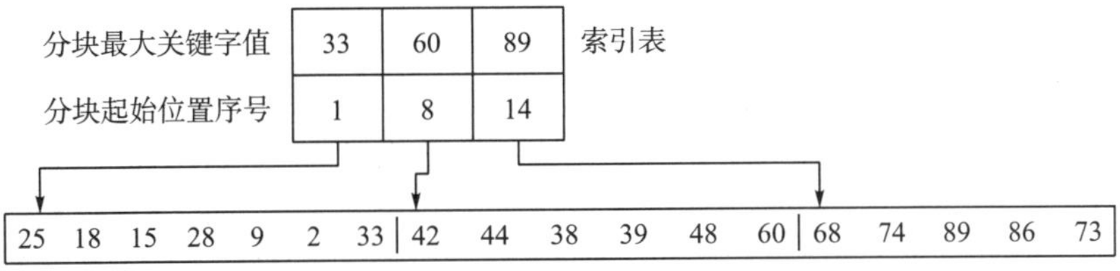

图 9-8　索引顺序查找实例图示

易知，对于索引顺序查找，其算法步骤是：①在索引表中查找记录所在块；②在索引块内顺序查找记录；③如果块内找到记录，返回记录位置，否则，查找失败。

效率分析：显然，索引顺序查找的 ASL 由两部分构成：索引定位和块内顺序查找。因此，$\mathrm{ASL}=\mathrm{ASL}_{\mathrm{index}}+\mathrm{ASL}_{\mathrm{block}}$。假设 n 条记录被均分到 b 块，则每个索引块中的记录数 $N_b=\lceil n/b\rceil$。若记录被查询概率相同，则每块被查询概率为 $1/b$。易知，块内平均查找次数 $\mathrm{ASL}_{\mathrm{block}}=(N_b+1)/2$。对于索引块，顺序查找次数 $\mathrm{ASL}_{\mathrm{index}}=(b+1)/2$，折半查找次数 $\mathrm{ASL}_{\mathrm{index}}=\log_2(b+1)$。因此，索引顺序查找的平均查找比较次数为

$$\mathrm{ASL}=(b+1)/2+(N_b+1)/2=(b+N_b)/2+1 \text{ 或者 } \mathrm{ASL}\approx\log_2(b+1)+N_b/2$$

在实际应用中，索引顺序查找方法可以进一步拓展为更有效的多级索引查找方法。

9.3　动态查找表

9.3.1　动态查找表的 ADT 定义

与静态查找不同，动态查找要对表进行插入、删除等管理。比如，对动态查找插入，查找成功时要返回记录位置，否则，查找值将作为新元素插入表中；对动态查找删除，查找成功时要删除该元素，否则，返回查找失败信息。故动态查找表的 ADT 可定义如下：

ADT DynamicSearchTable {

　数据对象：$D=\{e_i\mid e_i\in\mathrm{ElemType},1\leqslant i\leqslant n\},i=0$ 时 $D=\Phi,\forall e_i\in D$ 有唯一标识关键字

　数据关系：R={}或 R=∅，即所有元素同属一个数据集合

　基本操作：

　　InitDSTable(&DT); //结果：初始化 DT(空的动态查找表)

```
    DestroyDSTable(&DT); //结果：销毁 DT
    SearchDSTable(DT,key); //结果：DT 中有 key 时返回其值或位置，无时返回 0
    InsertDSTale(&DT,e); //结果：DT 中无 e 时插入之
    DeleteDSTable(&DT,key); //结果：DT 有 key 时删除之
    TraverseDSTable(DT,visit()); //结果：用 visit()访问 DT 中记录
} ADT DynamicSearchTable
```

9.3.2 基于二叉树的排序树和平衡二叉树

1. 二叉排序树及其基本操作

二叉排序树(binary sort tree)要么为空，要么满足：①左子树不空时，左子树结点关键字值小于根；②右子树不空时，右子树结点关键字值大于根。

二叉排序树是一种有序结构树，也称二叉查找树(binary search tree)。观察易知，图 9-3 所示的折半查找判定树和图 9-7 所示的次优查找树都是二叉排序树，但图 9-9(a)和图 9-9(b)不是。对图 9-9(a)，如果调整成图 9-9(c)，则图 9-9(c)是二叉排序树。对图 9-9(b)，其调整由读者自行完成。

易知，在二叉排序树中，要查找记录，其步骤如下：

(1)记录关键字值大于根时，从根右边的子树中查找。

(2)记录关键字值小于根时，从根左边的子树中查找。

(3)记录关键字值相等时，查找成功，此时，返回根所在的位置即可。

因此，对二叉排序树，假设采用二叉链表存储，其查找算法的实现可描述如下。

算法 9-3—SearchBST()

```
BiTree SearchBST(BiTree T,KeyType key) { //在 T 中查找 key
  if((!T)||EQ(key,T→data.key)) return T; //结束时返回 T
  else if LT(key,T→data.key) return (SearchBST(T→lchild,key));
  else return (SearchBST(T→rchild,key));
} //SearchBST
```

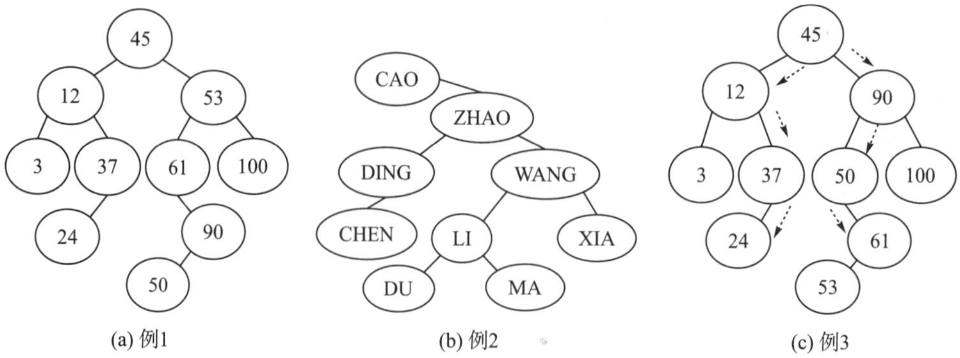

图 9-9 二叉排序树和非二叉排序树实例图示

例如，图 9-9(c)给出了查找关键字值为 24 和 61 的记录的搜索路径。

对二叉排序树进行结点插入和删除等维护性操作时，记住插入点和被删除点相关信息，会给完成操作带来极大方便。为此，可以进一步优化算法 9-3。若 *T* 为二叉排序树当前结点指针，*f* 是 *T* 的双亲结点指针，*p* 是指向查找路径上最后一个被访问的结点指针，那么在查找开始时 *f*=*p*=NULL，*T* 是二叉树的根。此时，能跟踪记录访问过程中当前结点、双亲结点和最后访问结点的改进查找算法可描述如下。

算法 9-4—SearchBSTModified()

```
Status SearchBSTModified(BiTree T,KeyType key,BiTree f,BiTree &p) {
  //成功时返回状态 TRUE
  if (!T) {p=f;return FALSE;} //T==NULL 时 p 的双亲就是最后被访问的结点
  if (EQ(key,T→data.key)) {p=T;return TRUE;} //查找成功时 T 就是最后被访问的结点
  else if LT(key,T→data.key) return (SearchBSTModified(T→lchild,key,T,p));
  else return (SearchBSTModified(T→rchild,key,T,p));
} //SearchBSTModified
```

利用 SearchBSTModified()，可以方便地实现二叉排序树的动态插入和删除操作。例如，动态插入算法的实现可描述如下。

算法 9-5—InsertBST()

```
Status InsertBST(BiTree &T,ElemType e) { //元素 e 的动态查找插入
  if (SearchBSTModified(T,e.key,NULL,p)==NULL) { //找不到时插入之(叶子)
    s=(BiTree)malloc(sizeof(BiTNode)); s→data=e; s→lchild=s→rchild=NULL;
    if (p==NULL) T=s; //s 为新根结点
    else if (LT(e.key,p→data.key)) p→lchild=s; //s 为 p 的左孩子
    else p→rchild=s; //s 为 p 的右孩子
    return TRUE;
  } //if
  else return FALSE; //查找成功
} //InsertBST
```

计算实例：对于序列{40,20,50,10,90}，其二叉排序树的动态查找插入构建过程如图 9-10 所示。易知，动态查找插入点始终是叶子结点。具体构建细节，读者可根据算法的执行过程逐一理解。

有序序列获取：对二叉排序树这种有序结构树，通过中序遍历，即可获得原序列对应的有序序列。

对二叉排序树，如下结论是成立的：

结论 1：可以通过构造二叉排序树，将一个无序序列变成一个有序结构树。

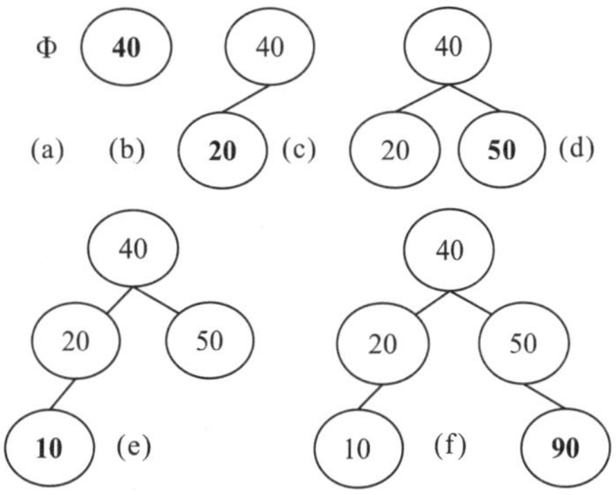

图 9-10　二叉排序树的动态查找构建过程

结论 2：插入的新结点都是叶子结点，故插入操作不会有结点移动开销，仅需改变结点指针的指向关系。因此，构建有序结构树时，移动操作效率很高。

结论 3：查找过程有折半查找优点，也可采用链式结构，故特别适于动态查找表。

结论 4：结点删除相当于删除有序序列中的记录，只需删除后保持有序结构即可。

对二叉排序树，其结点删除要比结点插入考虑的操作逻辑复杂。假设待删除结点指针为 p，p 的双亲结点指针为 f，且 p 是 f 的左孩子，那么，二叉排序树的可能结构如图 9-11 所示，有三种可能：①p 是叶子；②p 只有 P_L 或者 P_R；③p 既有 P_L，也有 P_R。

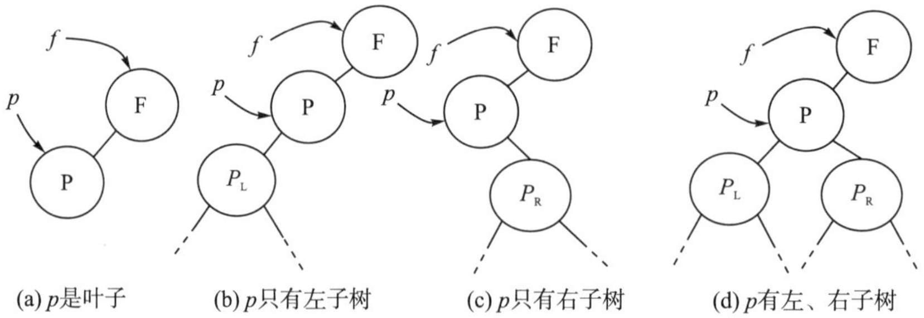

图 9-11　二叉树中被删除结点 p 的可能结构

由图 9-11 易知，p 是叶子结点和单分支结点时，结点删除操作是相对简单的。

如图 9-12 所示，p 是叶子节点时，删去叶子结点不会影响树的有序结构，删除操作为：$f \to \text{lchild} = \text{NULL}$。$p$ 只有单分支子树时，p 删除后，只需将 p 的相应分支子树接入双亲结点，其删除操作为：$f \to \text{lchild} = p \to \text{lchild}$ 或者 $f \to \text{lchild} = p \to \text{rchild}$。

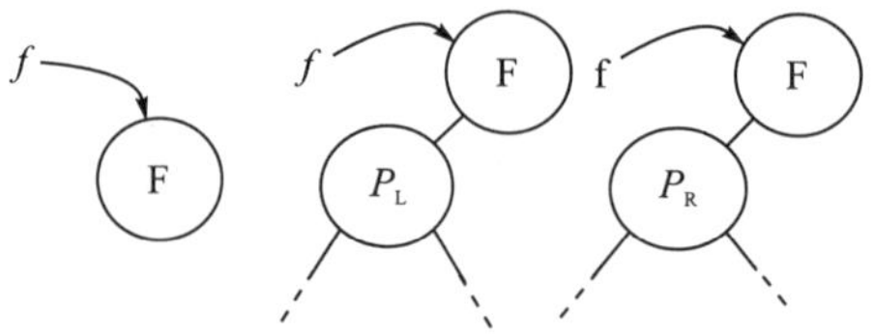

图 9-12　p 的子树是叶子或单分支的删除结果

如果 p 是双分支结构，p 删除后，有两种处理方式：一是在 p 的左边寻找一个最大结点来替换 p；二是在 p 的右边寻找一个最小结点来替换 p。

例如，对图 9-11(d) 中的 p 删除，假设在 p 的左子树 P_L 中寻找最大结点来替代。将其进一步展开知，删除 p 之前的结构如图 9-13(a) 所示。在找到 p 的左分支最大结点 s 后，又有两种删除方式：一是图 9-13(b) 中的方式，二是图 9-13(c) 中的方式。由结论 4，对图 9-13(a) 中序遍历的序列结构为 $\{\cdots, C_L, \text{C}, \cdots, Q_L, \text{Q}, S_L, \text{S}, \text{P}, P_R, \text{F}, \cdots\}$。易知，对图 9-13(b) 和图 9-13(c)，其中序遍历结果都是 $\{\cdots, C_L, \text{C}, \cdots, Q_L, \text{Q}, S_L, \text{S}, P_R, \text{F}, \cdots\}$，表明两种删除操作都可保持二叉排序树结构。

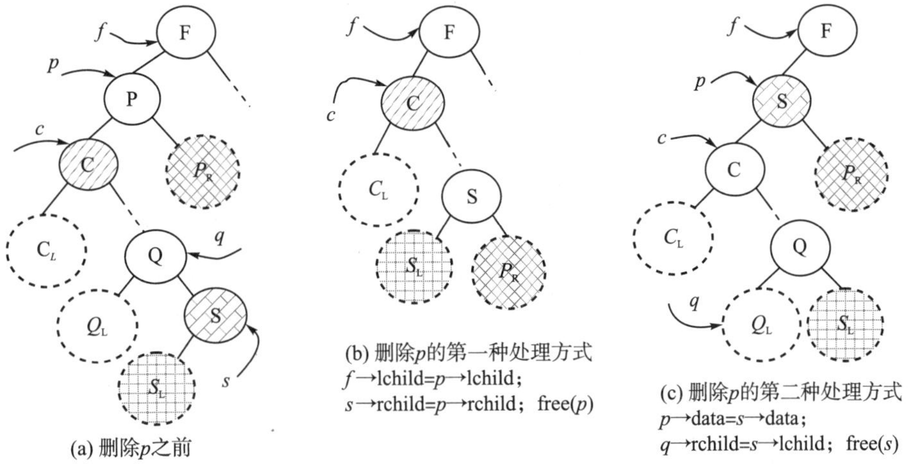

图 9-13　待删除结点 *p* 的子树是双分支的删除方法示例

二叉排序树的查找删除算法和结点删除算法分别如算法 9-6 和算法 9-7 所示。

算法 9-6—DeleteBST()

```
Status DeleteBST(BiTree &T,KeyType key) { //删除 T 中与 key 值相同的结点
 if (!T) return FALSE; //没有 key 结点，删除失败
 else {
     if (EQ(key,T→data.key)) {return DeleteNode(T);} //找到关键字结点时删除之
     else if (LT(key,T→data.key)) return DeleteBST(T→lchild,key);
     else return DeleteBST(T→rchild,key);
 } //if
} //DeleteBST
```

算法 9-7—DeleteNode()

```
Status DeleteNode(BiTree &p) { //删除结点 p
 if (!p→rchild) {q=p;p=p→lchild;free(q);} //f 接 p 的左分支[图 9-11(b)]
 else if (!p→lchild) {q=p;p=p→rchild;free(q);} //f 接 p 的右分支[图 9-11(c)]
 else { //图 9-13(c)的删除方案
     q=p;s=p→lchild;
     while (s→rchild) {q=s;s=s→rchild;} //找 p 的左子树的最右子孙结点 s
     p→data=s→data;                    //用 s→data 修改 p→data
     if (q!=p) q→rchild=s→lchild;   //q→rchild 指向 s→lchild
     else q→lchild=s→lchild;       //重接*q 的左子树(即 p 的左子树根无右分支时！)
     delete s;
 }
 return TRUE;
} //DeleteNode
```

对 p 是 f 右子树情形的讨论，请读者课外自行完成。

2. 二叉排序树查找效率分析

一般而言，二叉排序树的查找比较次数和折半查找相同：从根出发的路径长度加 1。由于 n 个结点的二叉排序树形态并不唯一，因此，ASL 与二叉排序树形态相关。对完全二叉排序树结构，其 ASL 与折半查找数量级相同，即 $O(\log_2 n)$。当二叉排序树形态退化成单分支结构时，其 ASL 与线性表相同，即 $(n+1)/2$。假设有 i 条记录的关键字小于根结点，有 $n-i-1$ 条记录的关键字大于根结点，各结点的查找概率相同，对于含 i 条记录的二叉排序树，其 ASL 为 $C(i)$，则 $C(i)+1$ 为查找左子树结点的平均比较次数。同理，$C(n-i-1)+1$ 为查找右子树结点的平均比较次数。因此，整个二叉排序树的 ASL 为

$$\mathrm{ASL}(n,i)=(1+i\times(C(i)+1)+(n-i-1)(C(n-i-1)+1))/n \tag{9-8}$$

如果 n 个关键字在表中出现的位置是随机的，当 $n \geqslant 2$ 时，有①

$$C(n)\leqslant 2(1+1/n)\ln n \tag{9-9}$$

3. 平衡二叉树

为避免待排序关键字因随机分布引起二叉排序树形态退化，要尽量保持左右子树高度平衡，保持完全或近似完全二叉树形态，阿德尔松-韦利斯基(G. M. Adelson-Velsky)②(图 9-14)和叶夫根尼・兰迪斯(E. M. Landis)③(图 9-15)于 1962 年提出了平衡二叉树(balanced binary tree/height-balanced tree)或 AVL 树(Adelson-Velsky Landis tree)概念。为判定二叉排序树平衡性，可用平衡因子(balance factor)表示左右子树高度差。

图 9-14　阿德尔松-韦利斯基

图 9-15　叶夫根尼・兰迪思

① 推导过程见严蔚敏和吴伟民(2021)的 P231-232。

② Georgy Maximovich Adelson-Velsky(1922—2014)，苏联数学家、计算机科学家，1992 年移居以色列。图片来源：https://www.computerhope.com/people/georgy-adelson-velsky.htm

③ Evgenii Mikhailovich Landis(1921—1997)，苏联数学家。图片来源：https://letopis.msu.ru/peoples/2348

平衡因子：用于标记结点的左、右子树的深度差，一般记为 BF。

平衡二叉树：当二叉树结点的 BF 值均属于{−1,0,1}时，称为平衡二叉树或 AVL 树。

非平衡二叉树：当树中有结点的 BF 取值不属于{−1,0,1}时，称为非平衡二叉树。

图 9-16 展示了二叉树的平衡与非平衡形态的实例。观察可知，看起来形态差异不大的两棵树，是否平衡只能由 BF 准确描述。

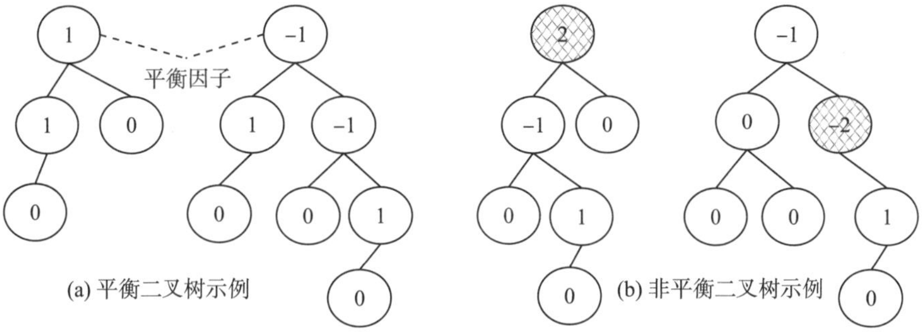

图 9-16　平衡与非平衡二叉树及平衡因子实例

易知，对长度为 n 的任意初始记录序列，其构建出来的二叉排序树不一定是 AVL 树。在 AVL 树中，任何结点的左、右子树的深度差均不会超过 1，因此，树的深度一定是 $\log_2 n$ 级的，树的平均查找比较次数一定也是 $O(\log_2 n)$ 级的。

二叉排序树的平衡方法：假设失去平衡是由在平衡二叉树中插入结点引起的。此时，若失去平衡的最小子树的根结点为 A，即 A 是离插入结点最近且 BF 绝对值小于等于 1 的祖先结点。那么，二叉排序树的平衡调整规律如图 9-17 所示。具体平衡处理步骤如下。

(1) LL 型：单向右旋。如图 9-17(a)所示，因为在结点 A 的左子树根的左子树上插入新结点而使得 A 失去平衡，即 A 的平衡因子由 1 变成 2，可以进行单向右旋平衡处理。

(2) LR 型：先左后右双向旋。如图 9-17(b)所示，因在 A 的左子树根的右子树上插入新结点而失衡，要进行两次旋转处理：①先左旋，使 C_L 成为 B 的右子树；②再右旋，使 C 成为新根，B 和 A 变成 C 的左右子树的根。同时，C_R 成为 A 的新左子树。

(3) RR 型：单向左旋。如图 9-17(c)所示，因在 A 的右子树根的右子树上插入新结点而失衡，可以进行单向左旋平衡处理。

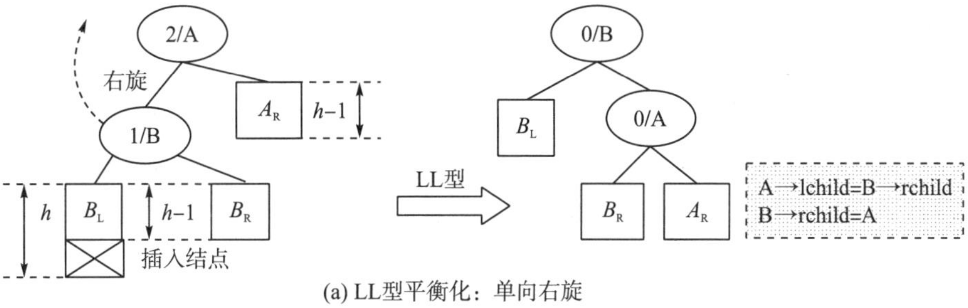

(a) LL型平衡化：单向右旋

注：插入新结点前，各结点的平衡因子值为图中的因子值减1。

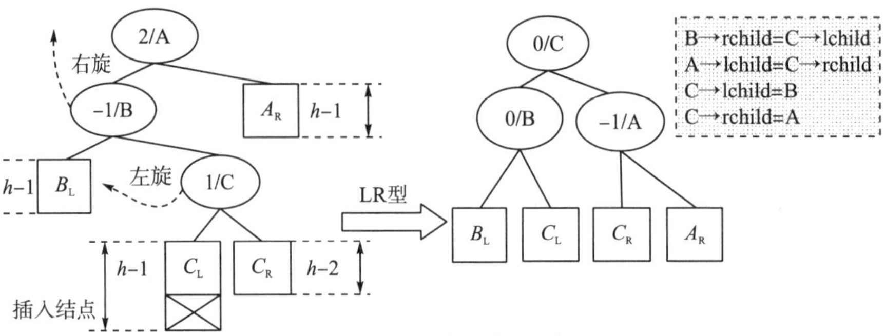

(b) LR型平衡化：先左旋后右旋

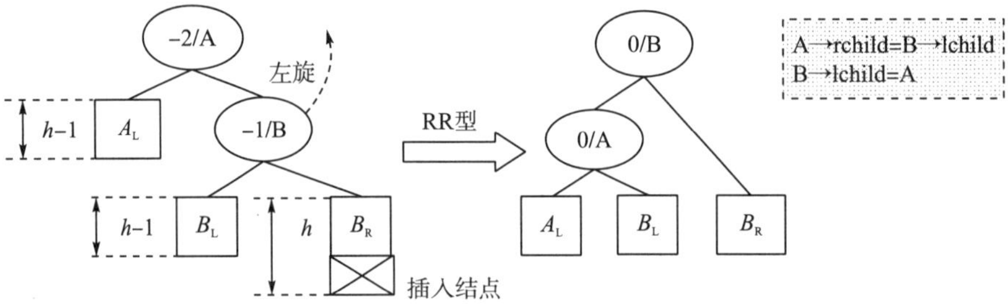

(c) RR型平衡化：单向左旋

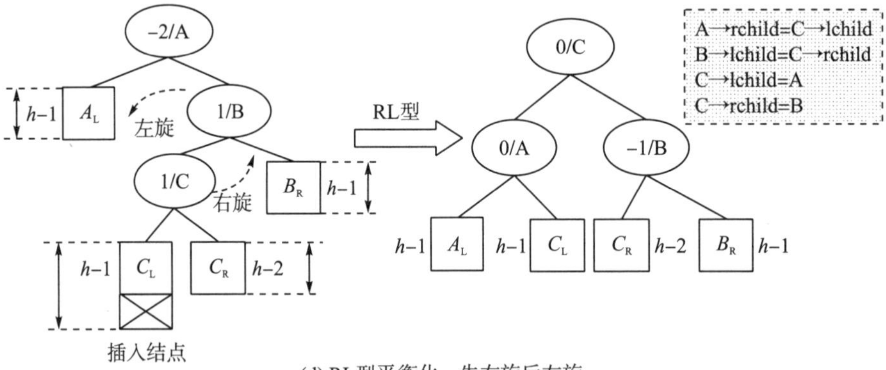

(d) RL型平衡化：先右旋后左旋

图 9-17　二叉排序树的平衡旋转方法图示

(4) RL 型：先右后左双向旋。如图 9-17(d) 所示，因在 A 的右子树根的左子树上插入新结点而失衡，也要进行两次旋转处理：①先右旋，使 C_R 成为 B 的左子树；②再左旋，使 C 成为新根，A 和 B 成为 C 的左右子树的根。同时，C_L 成为 A 的新右子树。

课外思考：经过旋转平衡调整后，二叉排序树是否还能保持其基本性质?

旋转平衡特点：①通过对以 B 或 C 为根的子树平衡，达到以 A 为根的子树的平衡；②平衡不会改变以 A 为根的子树的深度。原因在于，插入失衡时，只需对离插入点最近的失衡子树平衡，它不会影响插入路径上其他祖先结点的 BF 值。

对于平衡二叉树 T，假设 e 是要插入的新结点，其插入递归算法可描述如下。

(1) T 为空时，e 成为根结点，树的深度加 1。

(2) e 与根结点 T 相同时，不插入新结点。

(3) e 小于根结点 T 时，若 T 的左子树没有与 e 相同的结点，将 e 插入 T 的左子树，且左子树深度加 1。然后，按如下步骤进行平衡处理：

①T 的 BF 原值为−1 时，修改为 0。

②T 的 BF 原值为 0 时，修改为 1，T 的深度加 1。

③T 的 BF 原值为 1 时，若 T 的左子树根的 BF 值为 1，按图 9-17 (a) 进行 LL 型平衡处理，使新根和新右子树根的 BF 变为 0；若 T 的左子树根的 BF 值为−1，按图 9-17 (b) 进行 LR 型平衡处理，并修改平衡后的新根，以及左、右子树根的 BF 值。

(4) e 大于根结点 T 时，若 T 的右子树没有与 e 相同的结点，将 e 插入 T 的右子树，且右子树深度加 1。然后，按如下步骤进行平衡处理：

①T 的 BF 原值为 1 时，修改为 0。

②T 的 BF 原值为 0 时，修改为−1，T 的深度加 1。

③T 的 BF 原值为−1 时，若 T 的右子树根的 BF 值为−1，按图 9-17 (c) 进行 RR 型平衡处理，使新根和新左子树根的 BF 变为 0；若 T 的右子树根的 BF 值为 1，按图 9-17 (d) 进行 RL 型平衡处理，并修改平衡后的新根，以及左、右子树根的 BF 值。

带平衡因子的二叉排序树数据结构可描述如下：

```
typedef struct BSTNode {
    ElemType data;
    int bf;   //平衡因子
    struct BSTNode *lchild,*rchild; //左、右孩子指针
} BSTNode, *BSTree;
```

假设 p 指向图 9-17 中的 A 结点，平衡处理后，它会指向新根，对于图中所示的四种旋转平衡方法，其算法实现可分别描述如下：

算法 9-8—LL_Balance()

```
void LL_Balance(BSTree &p) { //单向右旋：p—A 点，lc—B 点
    lc=p→lchild;            //B=lc
    p→lchild=lc→rchild; //A→lchild=B→rchild
    lc→rchild=p;            //B→rchild=A
    p=lc;                    //p=B
}//LL_Balance
```

算法 9-9—LR_Balance()

```
void LR_Balance(BSTree &p) { //双向先左后右旋：p—A 点，lc—B 点，lc_rc—C 点
    lc=p→lchild; lc_rc=lc→rchild; //B=lc, C=lc_rc
    lc→rchild=lc_rc→lchild; //B→rchild=C→lchild
    p→lchild=lc_rc→rchild; //A→lchild=C→rchild
    lc_rc→lchild=lc;          //C→lchild=B
    lc_rc→rchild=p            //C→rchild=A
```

```
   p=lc_rc;                //p=C
}//LR_Balance
```

算法 9-10—RR_Balance()

```
void RR_Balance(BSTree &p) { //单向左旋：p—A 点，rc—B 点
   rc=p→rchild;            //B=rc
   p→rchild=rc→lchild; //A→rchild=B→lchild
   rc→lchild=p;            //B→lchild=A
   p=rc;                   //p=B
}//RR_Balance
```

算法 9-11—RL_Balance()

```
void RL_Balance(BSTree &p) { //双向先右后左旋：p—A 点，rc—B 点，rc_lc—C 点
   rc=p→rchild; rc_lc=rc→lchild; //B=rc, C=rc_lc
   p→rchild=rc_lc→lchild; //A→rchild=C→lchild
   rc→lchild=rc_lc→rchild; //B→lchild=C→rchild
   rc_lc→lchild=p;           //C→lchild=A
   rc_lc→rchild=rc           //C→rchild=B
   p=rc_lc;                  //p=C
}//RL_Balance
```

基于以上失衡调整子算法，有关平衡二叉树的插入算法实现可描述如下。

算法 9-12—Insert_AVL()

```
#define LH +1   //左边分支深
#define EH 0    //两边一样深
#define RH -1   //右边分支深
Status Insert_AVL(BSTree &T,ElemType e,Boolean &taller) { //有插入返回 1，否则返回 0
 if (!T) { //T 为空时，e 就是根，即单根树
   T=(BSTree)malloc(sizeof(BSTNode)); T→data=e; T→lchild=T→rchild=NULL;
   T→bf=EH; taller=TRUE; //返回树 T 增高的信息
 }
 else {
   if (EQ(e.key,T→data.key)) {taller=FALSE; return 0;} //e 存在时，直接返回 0
   if (LT(e.key,T→data.key)) { //在 T 的左分支查找和插入
     if (!Insert_AVL(T→lchild,e,taller)) return 0; //e 在左分支时，返回 0
     if (taller) {  //左分支插入 e，且左分支长高时，进行平衡调整
       switch (T→bf) { //根据 T 的平衡因子进行调整
         case LH:LeftBalance(T);taller=FALSE;break; //T 的 BF 原值为 1 时要调整
         case EH:T→bf=LH; taller=TRUE; break; //T 的 BF 原值为 0 时无须调整
         case RH:T→bf=EH; taller=FALSE; break; //T 的 BF 原值为-1 时无须调整
       } //switch(T→bf)
```

```
        } //if
      } //if
      else {
        if (!Insert_AVL(T→rchild,e,taller)) return 0; //e 在右分支时，返回 0
        if (taller) {
          switch (T→bf) {
            case LH:T→bf=EH; taller=FALSE; break; //T 的 BF 原值为 1 时无须调整
            case EH:T→bf=RH; taller=TRUE; break; //T 的 BF 原值为 0 时无须调整
            case RH:RightBalance(T); taller=FALSE; break; //T 的 BF 原值为-1 时要调整
          } //switch(T→bf)
        } //if
      } //else
      return 1; //e 插入到了 T
    }//Insert_AVL
```

算法 9-12 中，还要实现 LeftBalance()和 RightBalance()，InsertAVL()算法才完整。下面给出 LeftBalance()算法的描述。关于 RightBalance()算法的描述，请读者自行完成。

算法 9-13—Left_Balance()

```
void Left_Balance(BSTree &T) { //对二叉树 T 进行左平衡处理
  lc=T→lchild; //获取左子树的根，即 B 点
  switch (lc→bf) {
    case LH: T→bf=lc→bf=EH; //对 LL 型，调整 A、B 点的 BF 值为 0
             LL_Balance(T); break;
    case RH: lc_rc=lc→rchild; //对 LR 型，获取 lc 的右子树的根，即 C 点
             switch (lc_rc→bf) { //根据 C 点平衡因子调整 A、B 点的 BF 值
                 case LH:T→bf=RH; lc→bf=EH; break; //A→bf=RH，B→bf=EH
                 case EH:T→bf=lc→bf=EH; break; //A→bf=B→bf=EH
                 case RH:T→bf=EH; lc→bf=LH; break; //A→bf=EH，B→bf=LH
              } //switch(lc_rc→bf)
              lc_rc→bf=EH; //C 点的 BF 置为 0
              LR_Balance(T); break;
  } //switch(lc→bf)
} //Left_Balance()
```

为了更清晰地理解平衡二叉树的构造过程及失衡处理原理，图 9-18 展示了根据整数序列{38,49,76,97,80}构造平衡二叉树的过程。

一般情况下，在平衡二叉树上查找时，对给定记录关键字值的比较次数不会超过树的深度。因此，平衡二叉树的查找复杂度为 $O(\log_2 n)$。其中，n 为平衡二叉树中结点个数。

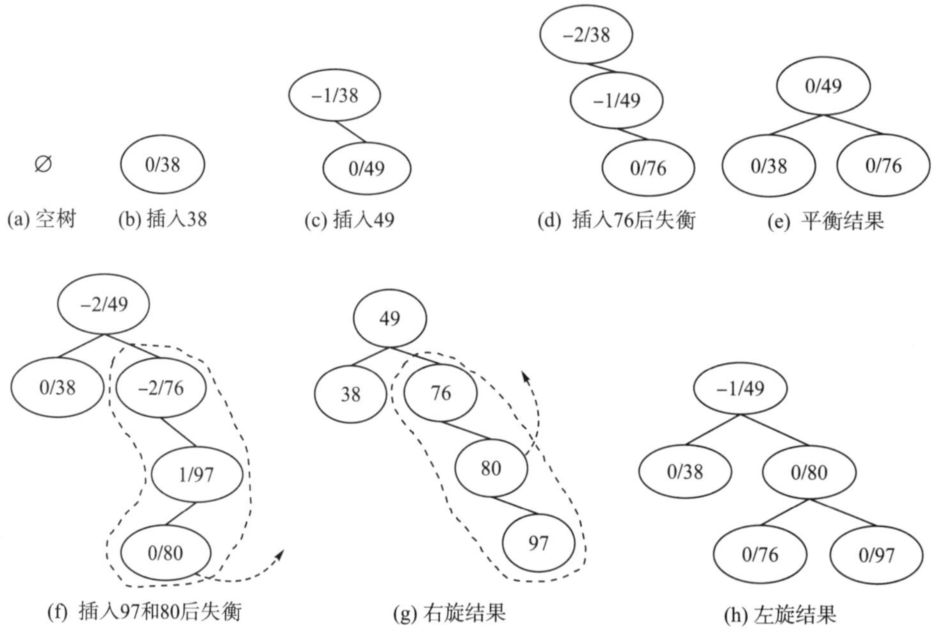

图 9-18　平衡二叉树的生成过程图示

9.3.3　*B-树和 B+树

1. B-树及其查找

B-树[①]主要在数据库索引、数据检索、缓存管理、操作系统文件管理等方面作为索引工具。一般来讲，B-树结构的数据通常存在外部磁盘，其结点查找还涉及外部磁盘访问。

B-树概念：一种平衡的多路查找树或平衡多叉树，一般可记为 B-树。

m 阶 B-树：要么为空树，要么满足下列性质：

(1) 树中每个结点最多有 m 棵子树。

(2) 如果根结点不是叶子结点，它至少要有两棵子树。

(3) 除根之外，所有内部结点至少要有 $\lceil m/2 \rceil$ 棵子树。

(4) 所有内部结点必须包含如下信息：$(n, A_0, K_1, A_1, K_2, A_2, \cdots, K_n, A_n)$。

(5) 所有叶子结点都在同一层上，且不带信息。

实际上，m 阶 B-树是一种 m 路查找机制下的有序结构树。其中，K_i 为关键字且 $K_i<K_{i+1}$，A_j 指向子树根结点，且其所指向子树的关键字均小于 K_j，n 为关键字个数且 $\lceil m/2 \rceil -1 \leqslant n \leqslant m-1$ 或 $n+1$ 为子树个数。叶子结点是树的外部结点或查找失败结点，它们实际上不存在，一般用空指针值代替。

B-树实例：一棵 4 阶的 B-树如图 9-19 所示，树的深度为 4。图中有 8 个结点，为叙述方便，分别标记为 a～h，根标记为 t。由 B-树定义易知，其查找过程与二叉排序树相似。

① Rudolf Bayer(鲁道夫·拜尔，1939—)，德国，摩尼黑工业大学教授，计算机学家，B-树结构提出者。

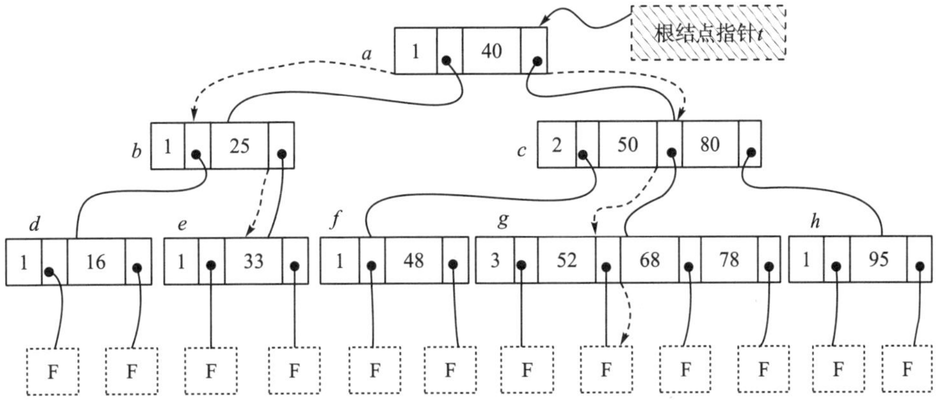

图 9-19　一棵 4 阶的 B-树示意图

假设在图 9-19 中查找关键字为 53 的结点，则查找路径如图中虚线所示。可见，当树中不存在该关键字结点时，查找过程要延续到外部叶子结点。同理，查找 33 的过程如根出发的左边的虚线组合所示。

观察图 9-19 可知，对 m 阶 B-树，假设树中有 N 个关键字，则查找失败的结点为 N+1 个。从根结点到各关键字所在结点路径上的结点数不会超过 $\log_{\lceil m/2 \rceil}((N+1)/2)+1$。

m 阶 B-树的结点类型的数据结构可描述如下：

```
#define m 4
typedef struct BTNode {
    int keynum; //结点中含有的关键字个数
    struct BTNode *parent; //指向双亲结点的指针
    KeyType key[m+1]; //存放结点关键字的向量，0 号单元不用
    struct BTNode *ptr[m+1]; //指向子树的指针向量
    Record *recptr[m+1]; //指向关键字记录的指针向量，0 号单元不用
} BTNode, *BTree;
```

为了记录查找到的点的信息，查找结果的信息结构可描述如下：

```
typedef struct {
    BTNode *ptr; //记录 B-树中找到的结点
    int i; //记录查找到的结点关键字序号，应该在 1..m 之间
    int tag; //记录查找状态，tag=1 查找成功，tag=0 查找失败
} Result;
```

2. B-树的记录关键字插入

与其他树结构一样，可以从空树开始构造 B-树，一个一个插入记录关键字即可，但在插入操作中，要确保结点中的关键字个数≥$\lceil m/2 \rceil - 1$的约束条件成立。

基本思想：找到插入点，如果插入后该结点关键字个数不超过 $m-1$，插入任务完成。否则，需要对插入点进行分裂处理。

假设插入点为 p，且 p 中已有 $m-1$ 个关键字，新关键字插入后，p 中关键字数变成 m，即 $m, A_0, (K_1, A_1), \cdots, (K_m, A_m)$。显然，它不满足 m 阶 B-树规定，需要分裂。在分裂后，直接将关键字 $K_{\lceil m/2 \rceil}$ 和 p' 一起，插入到新 p 的双亲结点，插入操作的分裂处理操作即可完成。

分裂方法：从结点 p 的 $K_{\lceil m/2 \rceil}$ 处，将其分裂成如下三部分。

(1) $\lceil m/2 \rceil - 1, A_0, (K_1, A_1), \cdots, (K_{\lceil m/2 \rceil - 1}, A_{\lceil m/2 \rceil - 1})$，仍记为 p。

(2) $K_{\lceil m/2 \rceil}$。

(3) $m - \lceil m/2 \rceil, A_{\lceil m/2 \rceil}, (K_{\lceil m/2 \rceil + 1}, A_{\lceil m/2 \rceil + 1}), \cdots, (K_m, A_m)$，记为 p'。

B-树插入点是其查找路径上的最底层非终端结点，不是外层叶子结点，但二叉查找树插入点一定是叶子结点。例如，对于图 9-19，为方便图示简化，先忽略叶子及指向子树的指针等。插入 70 时，g 结点关键字数超过了 $m-1$，需要分裂。插入与分裂过程如图 9-20 所示。又如，如图 9-21 所示，在插入 10、38 和 55 时无须分裂，再插入 60 时又需要分裂。同时，分裂过程可能产生连锁效应，形成多级分裂才能稳定下来。

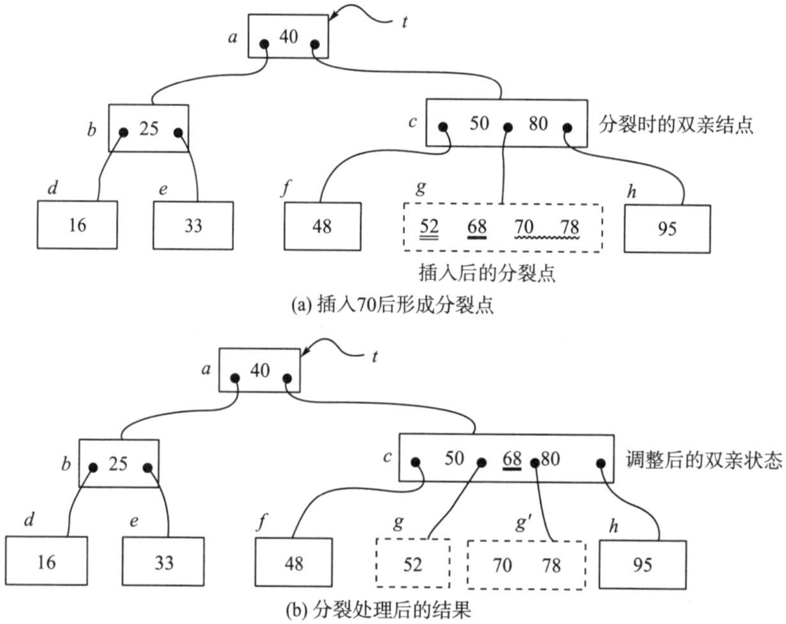

(a) 插入70后形成分裂点

(b) 分裂处理后的结果

图 9-20　一棵 4 阶的 B-树带分裂过程的插入示意图

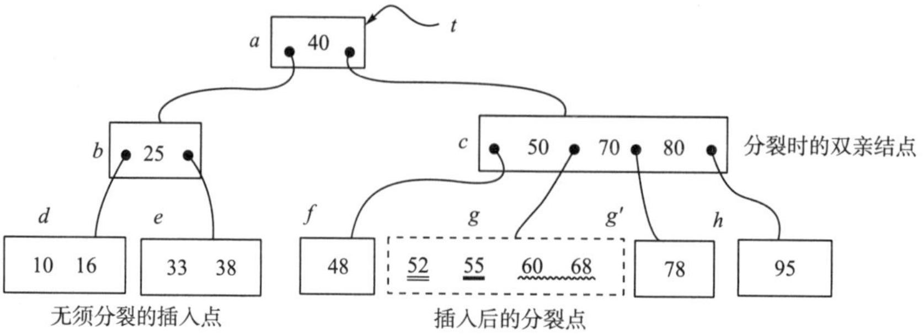

(a) 插入60后形成分裂点

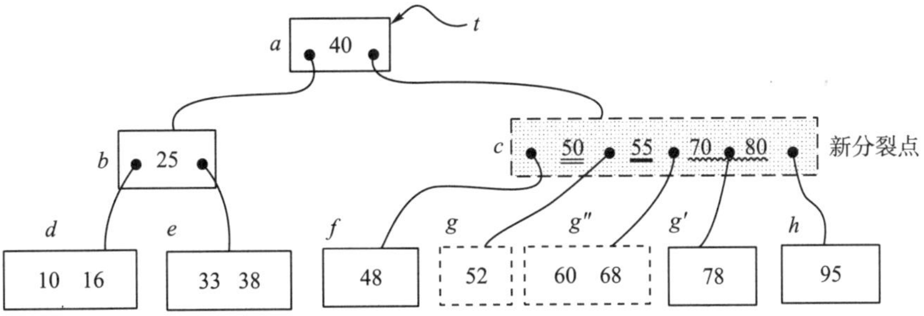

(b) 分裂处理后的双亲需要分裂

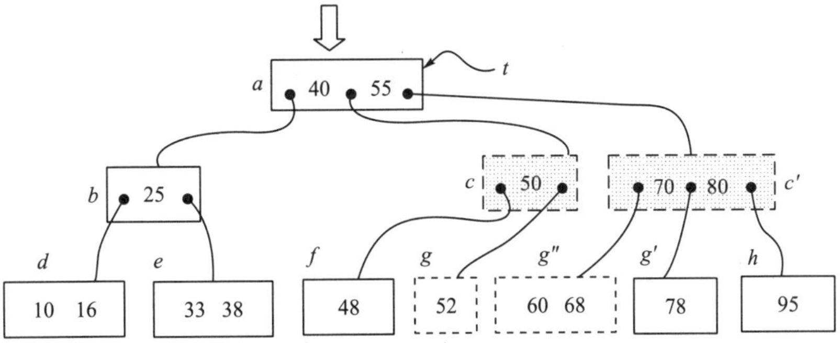

(c) 分裂处理后的最终结果

图 9-21　依次插入关键字 10,38,55,60 时的分裂过程示意图

关于 m 阶 B-树的插入算法实现，请读者在课外自行完成。

3. B-树的记录关键字删除

与插入相似，记录关键字删除也要遵守 B-树关键字个数 $\geqslant \lceil m/2 \rceil -1$ 的约束。

基本思想：找到删除结点，并删除给定的记录关键字。若结点是 B-树最下层非终端结点，且删除前的关键字个数 $\geqslant \lceil m/2 \rceil$，删除完成。否则，需要对删除结点进行合并处理。

合并方法：假设删除的是非终端结点 p 中的关键字 K_i，在 A_i 指向的子树中，最小关键字 $K_{i\text{-min}}$ 所在结点为 q，就可以用 $K_{i\text{-min}}$ 替代 p 中的 K_i，之后，再删除 q 中的 $K_{i\text{-min}}$。

易知，只需讨论最下层非终端结点中的关键字删除，即可解决任意关键字删除问题。对结点中的关键字删除有如下三种情形。

(1) 结点关键字数大于或等于 $\lceil m/2 \rceil$。同时删除结点关键字 K_i 及其子树指针 A_i 即可。例如，对图 9-21 中结点 d、e 和 g''，其关键字删除均满足这种情形。

(2) 结点关键字数等于 $\lceil m/2 \rceil -1$，但左兄弟或右兄弟结点中的关键字数大于 $\lceil m/2 \rceil -1$。将左兄弟的最大(或右兄弟的最小)关键字上移至双亲结点，并将双亲结点中大于(或小于)且靠近上移关键字的相邻关键字下移到关键字被删除的结点中。例如，对图 9-21 中结点 g'，其关键字删除就属于这种情形。删除示意图如图 9-22(a) 所示。

(3) 结点及其左右兄弟结点中的关键字数均等于 $\lceil m/2 \rceil -1$。假设该结点有右兄弟，且其双亲指向右兄弟的指针为 A_i，那么，删除结点关键字后，可以将结点中余下的关键字、指向子树的指针，以及双亲中的 K_i，一起合并到 A_i 所指兄弟结点中。相似地，假设结点没有右兄弟，可将结点信息合并到其左兄弟。当要把双亲结点中的 K_i 合并到 A_i 所指兄弟时，若双亲结点关键字数变成小于$\lceil m/2 \rceil -1$了，就要依次类推，将其合并到双亲结点的左兄弟或右兄弟中。例如，对图 9-22(b)，删除 95 的示意图如图 9-22(c)所示。其中，删除 48 时就要做两次合并处理操作。最后的 4 阶 B-树如图 9-23 所示。

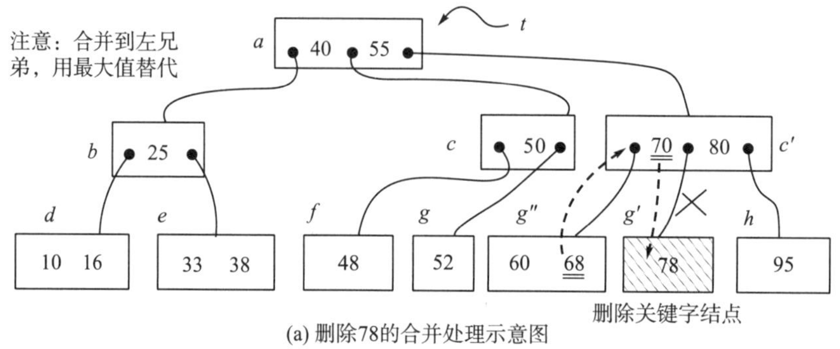

(a) 删除78的合并处理示意图

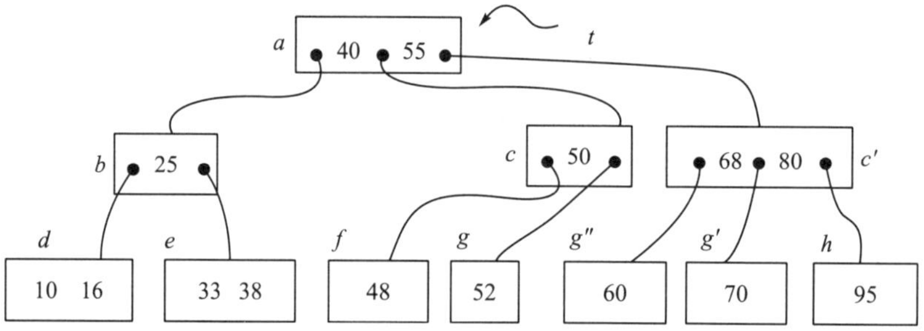

(b) 删除78后的4阶B-树

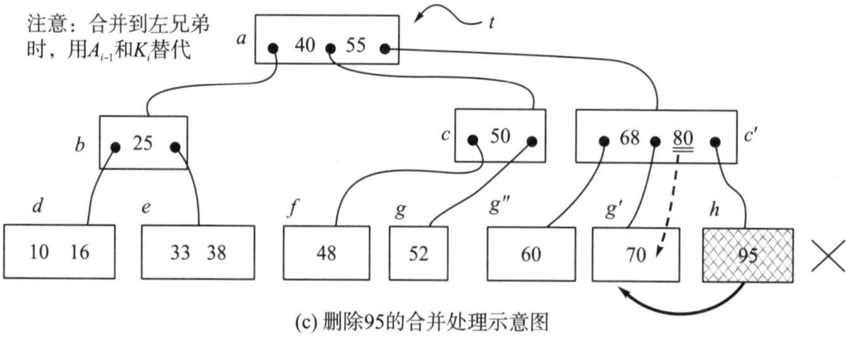

(c) 删除95的合并处理示意图

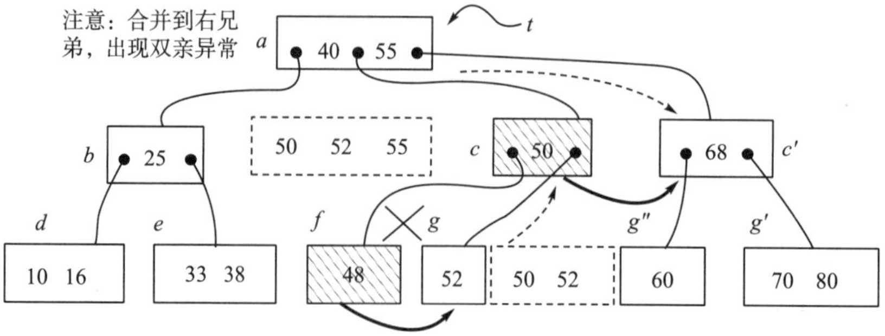

(d) 删除48的合并处理示意图

图 9-22 在图 9-21 基础上依次删除 78、95 和 48 的合并处理示意图

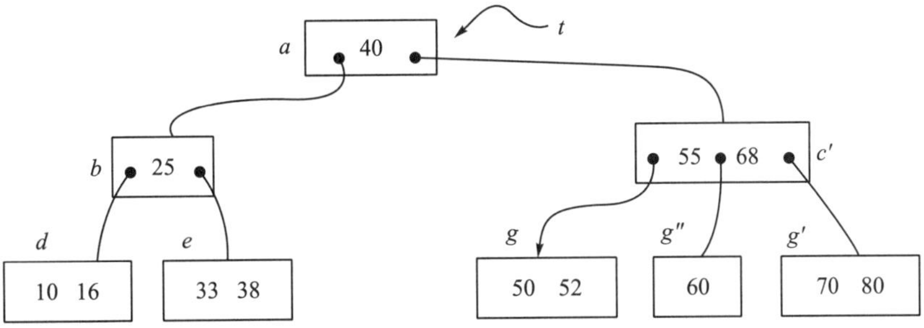

图 9-23　在图 9-21 基础上依次删除 78、95 和 48 后的结果示意图

4. B+树的概念

B+树是 B-树的一种变型或拓展结构。它基于 B-树，是多级索引型复合数据结构，面向块存储环境进行高效的数据检索、管理和维护，如数据库、操作系统文件管理等。*m* 阶 B+树也可称为 *m* 叉排序树，其非叶子结点仅存索引值，不存记录数据值。最底层叶子结点存储了所有的记录关键字，且是有序排列的。非叶子结点存储下一层结点中的最大索引值或最小索引值。因此，*m* 阶 B+树与 *m* 阶 B-树的区别主要有以下三点。

(1) 有 *n* 棵子树的结点，对应的关键字数必然是 *n*。

(2) 所有叶子结点集合在一起时，其整体是由小到大有序的。叶子结点包含了全部记录关键字和指向记录的指针，且叶子结点依据关键字值大小，由小到大顺序链接在一起。

(3) 所有非终端结点本质上是索引结点，它们只包含子树中的最小或最大关键字值。

其中，根结点至少有两棵子树，其他结点的分支数要满足 $\lceil m/2 \rceil \leqslant n \leqslant m$。另外，如图 9-24 所示，一棵 B+树是双链结构，它有两个头指针：一个指向根结点 *t*，一个指向关键字值最小的叶子结点 seq_*t*。因此，在 B+树中查找，可以有两种方式。

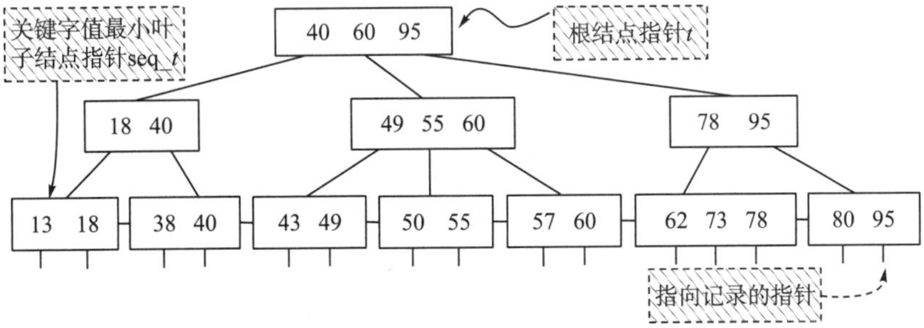

图 9-24　一个 3 阶 B+树示例结构示意图

有关 B+树的其他知识，如插入、删除等，请读者进行课外拓展阅读和学习。

9.3.4　*键树

1. 键树概述

键树 (key tree) 一般也可称为数字查找树 (digital search trees)、前缀树或字典树

(trie/prefix tree)，其结点关键字通常是字符或数字位。记录关键字值分布在指定结点(如根)开始的多个结点，而不是直接存于单个结点。即记录关键字存储于从指定结点开始的一个结点路径中。因此，它本质上基于逐层分割思想。常见应用场景有：信息搜索时对单词搜索的自动补全、单词拼写错误检测、数字键盘输入码自动匹配、单词填字游戏中的自动匹配、网络管理中的IP路由匹配、敏感词过滤、文本词频统计、快速检索多字符串组等。

键树结构：①根结点为空。②结点的孩子数与关键字的单个数位取值基数有关。例如，十进制数最多为11个，字母型最多为27个。③叶子结点存储关键字描述的特殊标记值。例如，对字符串类型键树，可用"$"表示串结束。另外，叶子结点还要有指向记录的指针信息。

对一组字符串关键字集合：{CHEN,CAO,CHENG,CAI,FENG,ZUO,ZHAO,QIAN,SUN,LI,LIAO,LIU,WU,WANG,WEN, ZHOU}，其键树结构如图9-25所示。

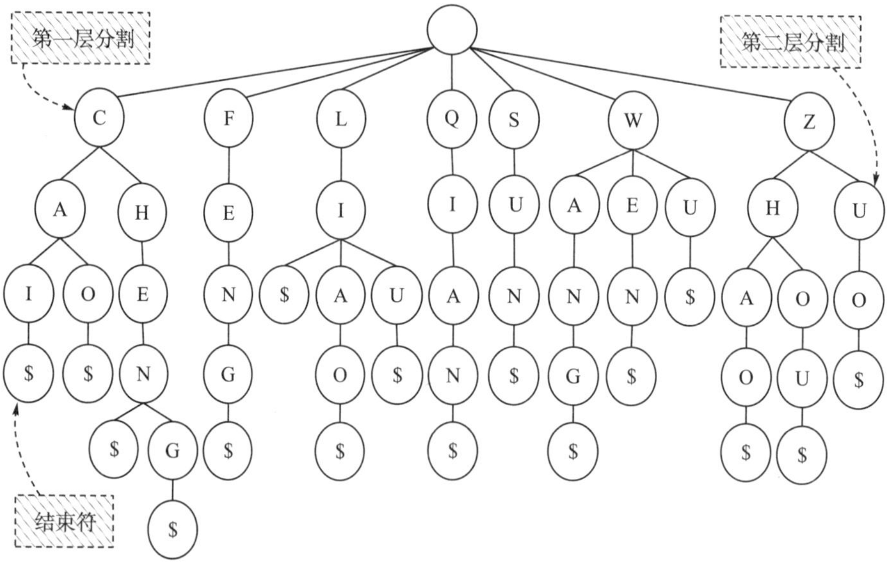

图9-25 多字符串关键字集合的键树实例示意图

基本思想：对给定字符串关键字集合，按各关键字单字母顺序，从首字母开始逐层分割，形成树型结构描述。叶子结点表示字符串关键字的结束。

实际上，如图9-25所示，为了方便在键树上进行插入、删除、查找等，一般都约定它是一种有序组织的树，即在同层的兄弟结点之间，其对应的(单)关键字取值是自左至右有序的。另外，约定关键字字符串结束符"$"的大小为最小值。

2. 键树存储结构的两种实现方式

键树一般有两种存储结构表示方法：一是以孩子兄弟法为基础的双链表示，二是多重链表表示。用多重链表表示时，键树称为trie树。下面的讨论均以字符串关键字为例。

双链孩子兄弟法表示的数据结构可描述如下：

```
#define MAXKEYLEN 16
```

```
typedef struct { //关键字存储结构
  char ch[MAXKEYLEN];
  int num; //关键字长度
} KeysType;
typedef enum {LEAF, BRANCH} NodeKind; //结点类型：叶子结点或分支结点
typedef struct DLTNode { //双链键树结点结构
  char symbol; //结点字母键值
  struct DLTNode *next; //指向兄弟结点的指针(横向)
  NodeKind kind; //结点类型
  union {
    Record *infoptr;   //指向关键字记录的指针(叶子结点用)
    struct DLTNode *first; //指向第一个分支结点或最左子树根的指针(分支结点用)
  } infoFirstPtr;
} DLTNode, *DLTree;
```

基于双链表示结构，对于图 9-25 所示的键树实例，其存储结构的逻辑关系如图 9-26 所示。关于双链结构的键树插入、删除、查找等算法的设计，读者可课外拓展学习。

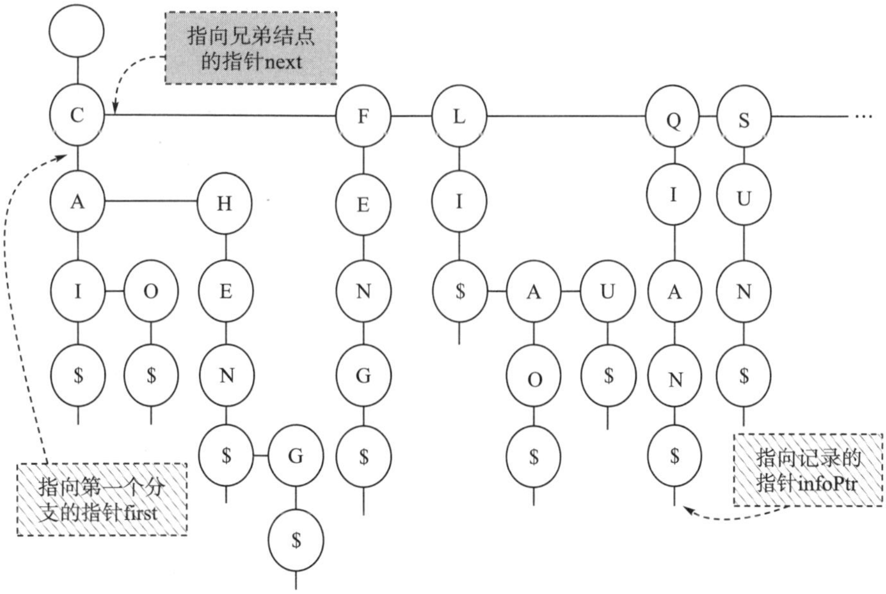

图 9-26　基于双链结构的多字符串关键字集合表示实例

多重链表表示的键树数据结构可描述如下：

```
typedef struct TrieNode { //多重链表键树结点结构
  NodeKind kind;
  union {
```

```
        struct {   //叶子结点结构
            KeysType K;
            Record *infoptr;
        } lf;
        struct {   //分支结点结构
            TrieNode *ptr[27];
            int num;
        } bh;
    } lfBh;
} TrieNode, *TrieTree;
```

基于多重链表，对于图 9-25 所示的键树实例，其存储结构的逻辑关系如图 9-27 所示。观察图 9-27 易知，在 trie 树中，当从键树的某个结点到达叶子结点路径上的所有结点均只有一个分支结点时，可以将该路径上的所有结点压缩成一个新叶子结点表示。另外，叶子结点中存储了关键字值，以及指向记录的指针等信息。分支结点不涉及存储数据域，其代表的字符由其双亲结点中指向该分支结点的指针位置决定。

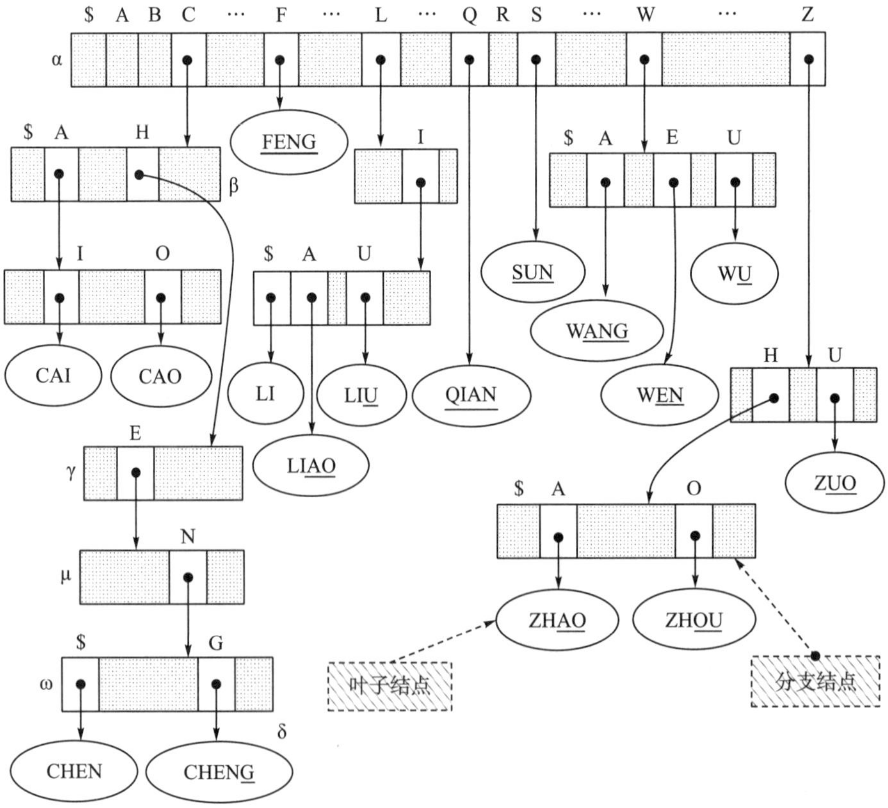

图 9-27 基于多重链表结构的多字符串关键字集合表示实例

trie 树上的查找过程：根据给定值，从根出发，逐层向叶子结点方向比较。若走到叶子结点，且叶子结点关键字与给定值一致，则查找成功。否则，查找失败。例如，对"CHEN"的查找，经过 α→β→γ→μ→ω→δ 的查找路径，查找成功。

多重链表下的结点插入、删除和查找等算法的设计，读者可课外拓展阅读与学习。

9.4　Hash 表

9.4.1　Hash 表概述

在前述的查找方法中，记录存储位置与记录关键字之间没有关联，导致算法在查找记录时，必须通过关键字比较才能区分记录大小并确定记录位置。因此，这类查找算法的查找效率与比较次数直接相关。实际上，若关键字与记录位置间有某种关联，减少查找算法比较次数或者不进行比较是可行的。Hash 表数据结构技术就是由此启发而提出的。

引入目的：希望在记录查找定位过程中，可以不经过关键字比较操作，而是通过对关键字值的映射或计算，就能查找或定位到要寻找的关键字记录。

基本思想：在记录存储位置和关键字值间建立起某种函数映射关系，使得用记录关键字查找定位记录位置时，可以采取基于关键字的计算而不是比较方式进行。

Hash 表：对数据集中的所有记录，按关键字值进行 Hash 后所形成的查找表。该查找表一般以数组形式存放，以便建立关键字和存储位置之间的映射关系。可以说，Hash 表是一种具有“键-值”映射功能的数据结构。

Hash 函数：关键字和其记录所在位置之间的映射函数，可以记为 $LOC = f(key)$，一般称为记录查找定位的 Hash、哈希或散列函数。Hash 表及 Hash 函数的映射原理示意图如图 9-28 所示。

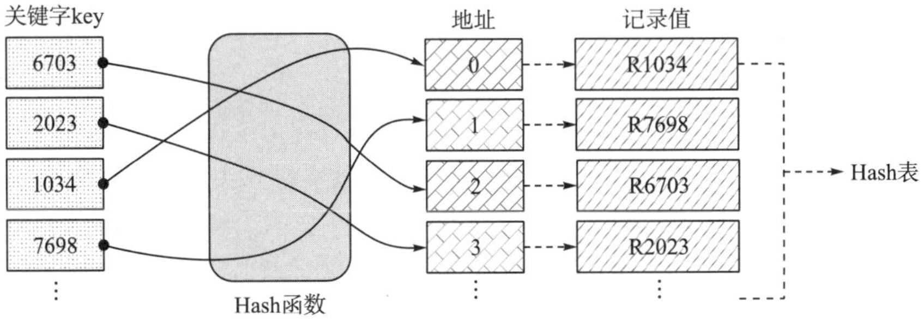

图 9-28　Hash 表及 Hash 函数的映射原理

Hash 函数的映射方法是多种多样的，具体可以根据实际应用需要而定。例如，假设要对全国 34 个行政地区的各个民族人口进行统计，建立一个统计人口查询表，且每个地区只存储一条记录，那么，查询表中要有 34 条记录。每条记录都记下了对应地区中各个民族的人口统计数。由此，统计人口查找表的记录数据结构可设计如下：

记录编号	地区名	总人口	汉族	回族	藏族	高山族	…

实际应用中，查找表中记录的组织与映射可以有多种方法。例如，对人口统计查找表，可以有如下一些组织方法。

(1)以记录编号为关键字，确定记录关键字值与记录存储位置的逻辑映射关系。比如，对一维数组存储方法，借助数组下标代表记录编号时，有 H(key)=key。

(2)以地区名为关键字，可用字符的 ASCII 码值或汉字内码作为关键字值进行映射。例如，对统计人口查询表，可以有如下一些处理方法。

①可以将记录关键字 key 的首字母在字母表中的位序号作为 Hash 映射结果，即 f_1(key)=NoOfFirstChar(key)。比如，"BEIJING"的 Hash 地址为 02，"SHANDONG"的 Hash 地址为 19。

②取关键字 key 的首尾字母在字母表中的位序和跟 34 取余，余数为 0 时取 34。那么，地址映射方法为：f_2(key)=MOD((NoOfFirstChar(key)+NoOfLastChar(key)),34)。故 f_2("BEIJING")=MOD(2+7,34)=9，f_2("SHANDONG")=MOD(19+7,34)=26。

③取每个汉字首字母的小写 ASCII 码和的 8#，将其看作 10#后，除 34 取余。如 f_3("BEIJING")=MOD($(314)_{10}$,34)=8，f_3("SHANDONG")=MOD($(327)_{10}$,34)=1。

按照以上思路，表 9-1 给出了以地区名为关键字的几种具体 Hash 映射计算实例。

表 9-1 按地区统计各民族人口分布数据记录的几种 Hash 映射结果

key	BEIJING	TIANJIN	HEBEI	SHANXI	SHANGHAI	SHANDONG	HENAN
f_1(key)	02	20	08	19	19	19	08
f_2(key)	09	34	17	28	28	26	22
f_3(key)	8	30	06	13	27	21	20

Hash 冲突(Hash collision)：对关键字值相同的记录，经过 Hash 后，得到记录位置值相同的映射现象。

实际上，记录关键字取值空间一般都大于实际分配的记录存储空间，故 Hash 映射查找时，冲突现象不可避免。对于标识符长度为 8，且以字母开头，后跟 7 个大小写敏感的字母或数字所构成的关键字 Hash，关键字取值空间有 $C_{52}^{1} \times C_{62}^{7} \times 7! \approx 1.288899 \times 10^{14}$ 种。因源程序中实际使用的标识符数有限，一般少有超过 1000，此时，要通过 Hash 映射将标识符关键字取值映射到 0～999 地址空间，冲突现象必然不可避免。

9.4.2 Hash 函数的构造方法

在构造 Hash 函数时，一般假设，对于给定记录关键字，将其 Hash 到任何一个记录存储空间地址的概率是均等的，即 Hash 结果值是均匀分布的。常见的 Hash 方法如下。

1. 直接地址(direct address)法

基本思想：可以将记录关键字或记录关键字的某个线性组合值作为 Hash 后的地址值，即 $H(\text{key})=\text{key}$ 或 $H(\text{key})=a\times\text{key}+b$。

例如，对人口数量的统计结果存储关系，可以按照被统计人的年龄进行统计与存储安排。如果以年龄作为记录关键字，那么，Hash 结果如表 9-2 所示。

表 9-2　直接地址法 Hash 案例：按年龄统计的人口表　（单位：万人）

	01	02	03	…	25	…	100
年龄	1	2	3	…	25	…	100
人数	1700	1700	1500	…	1600	…	10
⋮	⋮	⋮	⋮	⋮	⋮	⋮	⋮

再如，对给定时间点后的人口调查结果的存储关系，也可以采取线性直接地址法进行 Hash 存储。比如，对 2015 年后的人口调查结果，可以将其 Hash 函数定义为 $H(\text{key})=\text{key}-2015$，此时，Hash 结果如表 9-3 所示。

表 9-3　2016—2023 年度出生人口与净增人口统计表　（单位：万人）

	01	02	03	04	05	06	07	08	09	…
年份	2016	2017	2018	2019	2020	2021	2022	2023	2024	…
出生人口	1786	1723	1524	1465	1200	1062	956	902	…	…
净增人口	906	779	530	467	204	48	−85	−208	…	…
⋮	⋮	⋮	⋮	⋮	⋮	⋮	⋮	⋮	⋮	⋮

2. 数字分析(numerical analysis)法

基本思想：对给定记录集合进行关键字数字结构及分布特征分析，选择关键字的若干数字位，组成 Hash 地址空间，再对给定关键字进行 Hash 映射，最终获得记录存储地址。

对不超过 100 条记录的数据表，假设记录关键字由 8 位十进制数字位组成。实际上，仅需 2 位十进制数字即可表示出该表的 Hash 地址空间。因此，在 Hash 函数设计中，只需选取均匀分布的两个数字进行映射，即可最大限度地避免冲突。例如，对图 9-29 所示的关键字分布，只需选取其中的第 2,4,5,6 位和第 8 位候选位中的任意 2 位即可，而第 1,3 位和第 7 位上的取值不均匀，不利于等概率 Hash。假设取第 2 位和第 4 位组合，Hash 结果如图 9-29 所示。如果是简单地任取 8 位中的 2 位，冲突概率就可能大得多。

……

5	3	1	5	0	8	1	5
5	2	2	4	3	9	1	1
5	6	2	4	9	0	1	2
5	5	2	1	5	1	1	3
5	1	2	0	4	2	1	0
7	4	2	7	3	3	0	4
5	5	2	6	2	5	1	9
6	3	1	3	0	7	1	9
6	9	6	2	8	6	1	6

……

1	2	3	4	5	6	7	8

图 9-29 数字分析法分析实例

3. 平方取中(mid-square)①法

基本思想：将记录关键字的值进行平方取中，以中间若干个数字组合，作为 Hash 结果值。

易知，由数学常识，对任意给定的数值 a，a^2 的取值结果有如下特点：a^2 中间位置处的数字取值与 a 中各位都有可能有关系。因此，通过取关键字平方结果的中间若干位作为 Hash 地址，可以降低冲突概率。

例如，为简化计算，要为源程序建立标识符 Hash 查找表时，可约定，标识符只允许使用不区分大小的单字母或单字母加单数字构成。此时，机内可以用 2 个八进制数字来表示标识符中编码值，并将其作为标识符关键字值。假设 Hash 表的长度为 $512=2^9$，对标识符编码平方后，可以取其平方值二进制表示下的中间 9 位作为标识符 Hash 地址。其中，假设标识符中各字符的八进制编码规则如表 9-4 所示。

表 9-4 八进制编码规则

字符	A	B	C	D	E	F	G	H	I	…	Z	0	…	9
8#编码	01	02	03	04	05	06	07	10	11	…	32	60	…	71

对一个源程序，假设其中的标识符有 A、B、I、J、K、A1、A2、P1、P2、Q1、Q2 和 Q3，那么，它们的二进制平方取中 Hash 过程和结果如表 9-5 所示。其中，地址值以二进制表示下的 2^9～2^{17} 权位处的取值组合为准获得。

表 9-5 源程序标识符的平方取中 Hash 映射示例

记录	关键字(8#)	平方值	地址值(2^9～2^{17})
A	0100	00010000	010
B	0200	00040000	040

① 平方取中法是产生分布均匀的伪随机数的一种常见方法，也称为冯·诺依曼取中法。

续表

记录	关键字(8#)	平方值	地址值($2^9 \sim 2^{17}$)
I	1100	01210000	210
J	1200	01440000	440
K	1300	01710000	710
A1	0161	00030741	030
A2	0162	00031304	031
P1	2061	04310541	310
P2	2062	04314704	314
Q1	2161	04734741	734
Q2	2162	04741304	741
Q3	2163	04745651	745

4. 折叠(folding)法

基本思想：对位数较长的记录关键字，将其分割成位数相同的几部分，然后，取分割后的各段值进行叠加求和，并获得 Hash 映射地址。

要注意的是：①分割关键字时，最后一部分的长度可以短于前面的分割段；②分段叠加求和时，当和值超过取值范围时，和值进位要舍去；③分段大小一般与存储空间大小相关。

易知，采用折叠法时，记录关键字取值位数要多，且每一位上的数字取值分布大致均匀。具体的折叠方式有两种：移位叠加(shift superposition)和间界叠加(boundary superposition)。

移位叠加：将对记录关键字分割后的每一部分的最低位对齐相加。

间界叠加：根据分段结果，从记录关键字的一端向另一端方向，以分割点为边界，来回折叠取分段值，并对齐相加。

例如，若以西文图书出版物的 ISBN(international standard book number)编码作为图书信息的记录关键字，它是一个由 10 位十进制数构成的编码。以它为关键字建立书目查询 Hash 表时，若书目种类数<10000，可用 4 位十进制数进行存储地址的折叠映射。此时，对一个给定的 ISBN 号，如 978-7-121-44661-0，移位叠加和间界叠加的过程和结果示意图如图 9-30 所示。

(a) 移位叠加	(b) 间界叠加
6610	6610
2144	4412
7871	7871
+) 9	+) 9
=16634	=18902
H(key)=6634	H(key)=8902

图 9-30 由叠加法求 Hash 地址

5. 除留余数(division-remainder)法

基本思想：假设 Hash 表长度为 m，p 是一个小于等于 m 的正整数，以记录关键字值 key 除 p 取余数的结果作为记录 Hash 地址，即 $H(\text{key}) = \text{MOD}(\text{key}, p), p \leqslant m$。

要注意的是，对于除留余数法，p 的选择很重要。一般可以选用靠近 m 的最小质数或不包含小于 20 的质因子的合数。

例如，要从 91、93、95、97 和 99 中选一个作为 p 时，97 是最为合适的。

6. 随机数(random number)法

基本思想：按照选定的随机数产生方法，以记录关键字值进行随机映射，并将映射结果作为记录的 Hash 地址，即 $H(\text{key}) = \text{rand}(\text{key})$。

要注意的是，对 Hash 函数的选择，一般还要考虑如下因素：①计算时间；②记录关键字长度；③Hash 表大小；④关键字的取值分布情况；⑤记录查找频度等。

9.4.3 Hash 冲突处理方法

如前所述，Hash 冲突是指，对记录关键字进行 Hash 映射后，得到的记录存储位置所指向的存储单元中已经存放了其他记录的情形。此时，必须按照一定的策略，为当前记录寻找一个空闲的存储单元。如果没有找到空闲单元或存储空间溢出，则冲突处理过程失败。

对解决 Hash 冲突的策略，一般有如下几种办法。

1. 开放地址(open address)法

基本思想：对记录关键字 key，当 Hash 地址 $p=H(\text{key})$ 冲突时，从 p 开始，按照规定的冲突解决策略再 Hash 寻找，直到不冲突或者没有空闲单元。

开放地址法是指，在 Hash 地址冲突时，所有空闲存储单元的使用是开放的。假设通过探寻可以获得空闲单元 H_i，那么，开放地址冲突解决策略递推公式可表示如下：

$H_i=\text{MOD}(H(\text{key})+d_i, m)$，　　$i=1, 2, 3, \cdots, k(k\leqslant m-1)$，$m$ 为表长，d_i 为地址增量

基于地址增量的变化，开放地址冲突解决策略常见的方式有以下三种。

(1) 线性顺序探测，再 Hash：增量的变化规律为 $d_i=1, 2, 3, \cdots, m-1$。

(2) 二次跳跃探测，再 Hash：增量的变化规律为 $d_i=1^2,-1^2,2^2,-2^2,\cdots,k^2,-k^2 (k \leqslant m/2)$。

(3) 伪随机数探测，再 Hash：增量的变化规律为 d_i=伪随机数序列。

要注意的是：对探测地址取模的目的是确保探测地址值为 0～$(m-1)$。线性探测以单向探测为基础，二次探测是围绕 p 点前后双向探测。

例如，假设 $m=13$，依次插入 Hash 表的记录序列为：49, 38, 27, 65, 97, 19, 58, 84, …，Hash 函数 $H(\text{key})=\text{MOD}(\text{key},13)$，表中已填写了记录 49, 38, 27, 65, 97，准备插入记录 19。此时，$H(19,13)=6$，发生地址冲突。假设采用以上三种 Hash 法解决 Hash 地址冲突问题，那么，整个记录序列插入后，查找表的记录存储结构如图 9-31 所示。

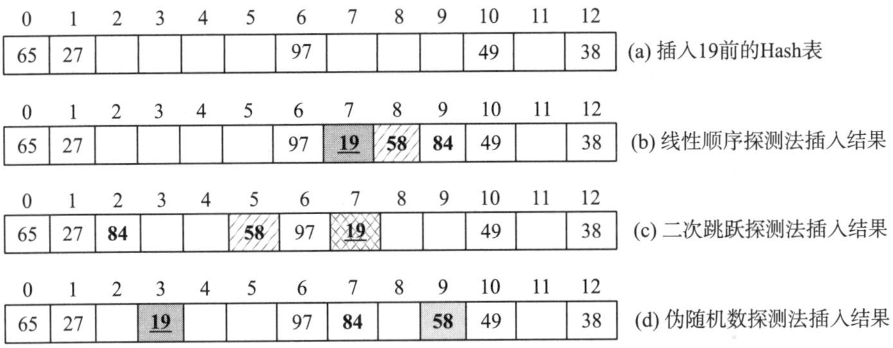

图 9-31　用三种开放地址法处理冲突的查找表的记录存储结构示例示意图

二次聚集：对记录 R_i 和 R_j，$H(\mathrm{key}_i) \neq H(\mathrm{key}_j)$，但在冲突处理中，$R_i$ 和 R_j 又同时争夺同一后继单元的现象。即在初始 Hash 值相同(同义词)的记录地址冲突探测处理中，又遇到了初始 Hash 值不同(非同义词)的记录地址探测冲突问题。比如，对图 9-31(b)，当再插入 21 时，$H(21)$ 与 $H(58)$、$H(84)$ 和 $H(49)$ 的地址冲突。易知，二次聚集现象不利于查找。

以上三种开放地址冲突解决策略各有优劣。运用线性顺序再探测时，只要查找到表中有空闲空间，就总能解决冲突，但劣势是容易产生拥挤效应。研究表明，对于二次跳跃探测法，在 Hash 表的长度为 $m=4\times j+3$ 的素数时(j 为整数)，其可以确保探测序列前 m 项不重复。因此，可以达到类似线性探测的效果，避免二次聚集出现。例如，假设 $p=H(\mathrm{key})$，$j=4$ 时，$m=19$，双向二次跳跃探测的增量序列为：1,−1,4,−4,9,−9,16,−16,25,−25,36,−36,49,−49,64,−64,81,−81，模 19 后的等价增量序列为：1,−1,4,−4,9,−9,16,−16,6,−6,17,−17,11,−11,7,−7,5,−5，可见 $\mathrm{MOD}(p+d_i,19)$ 是不会重复的。对于伪随机数探测法，其冲突解决效率取决于其产生的随机数序列分布。

除了以上三种开放地址探测法外，也可以用双 Hash 探测法或双重 Hash 法。双 Hash 法对冲突地址值的探测公式为 $H_i=\mathrm{MOD}(H(\mathrm{key})+i\times H_1(\mathrm{key}),m)$，其中，$m$ 为查找表的长度，$H(\mathrm{key})$ 是主 Hash 函数，$H_1(\mathrm{key})$ 是次 Hash 函数。可见，探测增量 $d_i= i\times H_1(\mathrm{key})$。

2. 再 Hash(reHash)法

基本思想：当发生 Hash 冲突时，用不同的 Hash 函数再 Hash，直到解决冲突。

再 Hash 过程即 $H(\mathrm{key})=\mathrm{RH}_i(\mathrm{key})$，$i=1, 2, \cdots, k$，其中，$\mathrm{RH}_i$ 是再 Hash 函数。它希望通过将多个 Hash 函数依次作用于 key，直到冲突不再发生，否则，再 Hash 失败。再 Hash 一般通过增大查找表大小，并重新计算 key 的 Hash 值，以避免聚集现象的出现。可见，再 Hash 的成本较高，尤其是在查找表存储密度较高时。

3. 链地址(chain Hash)法

基本思想：将所有关键字 Hash 值相同的记录集中存储在一个线性链表中。

对链地址法，若 Hash 映射到大小为 m 的地址空间中，就可以建立一个记录型指针向量 ChainHash[m]，其各分量的初始值为空指针。对给定记录 R_i，假设 p_i=H(key$_i$)，R_i 就可以直接插入链表 ChainHash[p_i]中。可见，链地址法解决冲突的方式是，直接将关键字 Hash 值相同的记录集中存储，其本质上运用了桶模型缓解查找表的 Hash 冲突。在将 Hash 值相同的记录插入各链表时，可以是无序的头插或尾插，也可以是有序插入。

例如，对给定的如下记录关键字序列：

49,38,27,65,97,17,29,7,68,100,56,39,11,83,88

假设 H(key)=MOD(key,13)，且采用头插法，其链地址法 Hash 结果如图 9-32 所示。

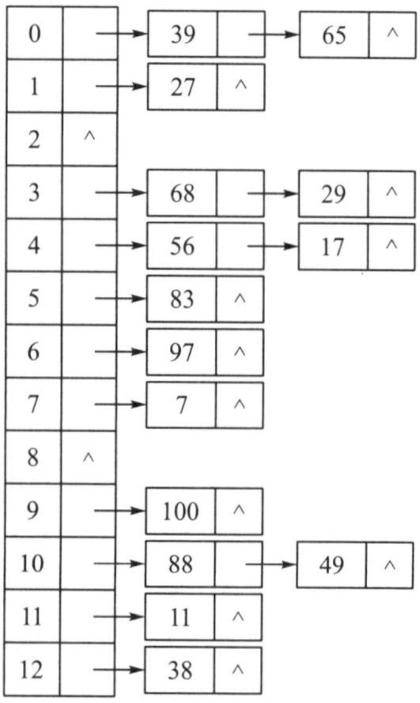

图 9-32　链地址法的 Hash 示例(头插)

4. 公共溢出区域(public overflow area)法

基本思想：将 Hash 表分为两个表，一个是基本表，一个是公共溢出表。一旦 Hash 地址在基本表中有冲突，即基本表在 Hash 位置处的记录不是要查找的记录，那么，记录就会自动存入公共溢出表，且一般都是依先后顺序存储。

假设基本表的 Hash 值域为[0..m−1]，公共溢出表的大小为[0..n−1]，记录存储空间为 m + n。对图 9-32 实例，按照公共溢出区域法进行冲突解决时，其存储结构如图 9-33 所示。

记录关键字序列：(49, 38, 27, 65, 97, 17, 29, 07, **68**, 100, **56**, **39**, 11, 83, **88**)

初始Hash地址值：(10, 12, 01, 00, 06, 04, 03, 07, ~~03~~, 009, ~~04~~, ~~00~~, 11, 05, ~~10~~)

	0	1	2	3	4	5	6	7	8	9	10	11	12
基本表	**65**	27		**29**	**17**	83	97	07		100	**49**	11	38

	0	1	2	3	4	5	6	7	8	9	10	11	12
公共溢出表	**68**	**56**	**39**	**88**									

图 9-33　利用公共溢出区域法解决 Hash 冲突示例

9.4.4 Hash 表的查找效率分析

对 Hash 表的查找过程与构建过程相似。对给定的 key，假设 Hash 表的存储数组为 HT[m]，NULLKEY 表示 HT 对应存储空间为空，即没有记录。collection(p, c)获取冲突处理后进行比较的记录地址，c 为查找过程的冲突处理次数。那么，Hash 表查找算法过程如下。

(1)获取 Hash 地址 $p=H$(key)，c=0。

(2)如果 HT[p]=NULLKEY，查找失败，temp=FALSE，转步骤(5)。

(3)如果 HT[p].key=key，查找成功，temp=TRUE，转步骤(5)。

(4)根据冲突解决策略进行冲突处理，获得新的 p 值：p=collection(p,++c)。转步骤(2)。

(5)返回查找状态 temp。

可见，Hash 表最终还是要通过比较操作才能完成查找任务，因此，ASL 仍然是评估 Hash 表效率的主要指标。对 ASL 的估算，主要涉及三个因素的影响：一是 Hash 函数，二是冲突解决策略，三是 Hash 表的装填因子。

一般情况下，假定 Hash 函数在同一组随机关键字的 Hash 过程中产生冲突的概率相同，故它对 Hash 表查找 ASL 的影响可以不考虑。但用同一 Hash 函数对同一组记录关键字 Hash 时，冲突解决策略不同，最终的 Hash 表就不同，因此，对应的 ASL 也就不同。

例如，对图 9-32 所示关键字序列，采用线性探测策略的存储结构如图 9-34 所示。此时，Hash 表的平均查找长度为 ASL(15)=(1×10+3×2+5×2+9×1)/15≈2.333。如果采用图 9-32 的链地址法解决冲突，Hash 表的平均查找长度为 ASL(15)=(1×11+2×4)/15≈1.267。

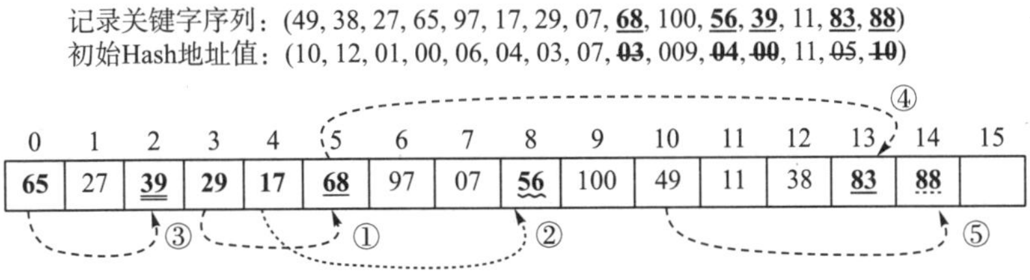

图 9-34 采用线性探测策略的 Hash 过程示意图

可见，用线性探测法时，很容易产生二次聚集现象，进而造成 ASL 长度显著增大。采用链地址法时，因不同 Hash 地址处于不同链表中，不会产生二次聚集现象。

一般而言，假设采用的冲突策略相同，Hash 表的 ASL 长度主要依赖于装填因子 α。

Hash 装填因子(Hash loading factor)：α=表中已填入记录数/m。

易知，α 表示 Hash 表的装满程度。一般来讲，α 越小，发生冲突的概率越小，反之，发生冲突的概率越大。冲突概率越大，比较次数就越多。在开放地址法下几种常见探测方式的 Hash 表查找成功的 ASL 计算公式分别如下①：

① 相关推导和证明可参见严蔚敏和吴伟民(2021)、Knuth(2002a)。

线性探测后，再 Hash： $ASL_{Tlinear} \approx (1+1/(1-\alpha))/2$。

二次探测、随机探测和再 Hash： $ASL_{Tm-r-d} \approx -1/\alpha \times \ln(1-\alpha)$。

链地址法： $ASL_{Tlink} \approx 1+\alpha/2$。

相似地，查找不成功的 ASL 计算公式分别如下：

线性探测后，再 Hash： $ASL_{Flinear} \approx (1+1/(1-\alpha)^2)/2$。

二次探测、随机探测和再 Hash： $ASL_{Fm-r-d} \approx 1/(1-\alpha)$。

链地址法： $ASL_{Flink} \approx \alpha + e^{-\alpha}$。

由以上讨论可知，Hash 表的 ASL 是 α 的函数，不是已填写记录数 n 的函数。因此，无论 Hash 表中装填了多少记录，总可以选择一个合适的 α 值，使得 ASL 值保持在一个确定的取值范围之内。另外，要注意的是，链地址法是可以直接删除记录的。在其他冲突解决方法下，对被删除记录，必须填入特殊的值，或者插入一个新的 Hash 记录替代，才能确保查找到那些冲突记录。

课 外 习 题

9-1 试分别画出在线性顺序表(*a*,*b*,*c*,*d*,*e*,*f*,*g*,*h*)中折半查找关键字 *e*,*f*,*g* 的过程。

9-2 绘制长度为 10 的有序列表的折半查找判定树,并求各元素等概率查找时的查找成功平均查找长度。

9-3 试给出线性链表表示下的关键字顺序查找算法实现描述。

9-4 对算法 9-1，“哨兵”ST.elem[0]的作用何在？哨兵位置可否在顺序表的高位设置？

9-5 为什么折半查找判定树是一棵“二叉排序树”？

9-6 为什么折半查找判定树是一棵完全二叉树?

9-7 试分析折半查找算法的查找不成功情形下 ASL 的计算公式。

9-8 试分析并给出综合查找成功和不成功两种情形时，折半查找的 ASL 计算公式。

9-9 试分析有序列表的 Fibonacci 查找的时间复杂度。

9-10 试分析有序列表的插值查找的时间复杂度。

9-11 假设以两级索引为设计目标。对多级索引顺序查找表，试设计其实现方案，并给出其可能应用场景实例。

9-12 *试设计并实现次优查找树构造算法。

9-13 *对关键字序列{A,B,C,D,E,F,G}和对应权重序列{1,28,3,27,16,20,7}，构造其次优查找树。

9-14 对图 9-9(b)，将其调整成为二叉排序树结构。

9-15 根据算法 9-5，给出图 9-10 中二叉排序树构建过程的描述。

9-16 参照图 9-13，试分析并给出在 *p* 的右分支寻找替代元素的 *p* 结点删除算法。

9-17 *对 4 阶 B-树，假设每层结点都达到 4 阶，树中结点最多有多少?

9-18 *对 *m* 阶 B-树的插入，什么情形下分裂会达到根?

9-19 *对 *m* 阶 B-树，当树的根结点需要分裂时，怎么进行分裂处理?为什么?

9-20**请给出 m 阶 B-树的构建算法。

9-21**构建 B-树时，会不会有不平衡问题？如果有，如何调整或避免?

9-22**证明：对二次探测法的冲突解决策略，当查找表的长度 $m=4\times j+3$ 为素数时，在冲突地址探测时，前 $m-1$ 次探测的地址不重复。其中，j 为整数。

9-23 对二次探测法的冲突解决策略，假设 $j=5$，初始 Hash 冲突地址值 $p=12$，计算其所有可能的探测地址顺序序列。

9-24 对图 9-32 所示的链地址法 Hash 示例，绘制其尾部插入法下的 Hash 结果。

9-25 对图 9-32 所示的链地址法 Hash 示例，绘制其升序插入法下的 Hash 结果。

9-26 试分析和讨论，利用公共溢出区域法进行冲突解决的 ASL 计算方法。

参 考 文 献

冯山, 蒲志强, 廖浩德, 2022. 程序设计基础教程: C 语言版[M]. 北京: 科学出版社.

王晓东, 2014. 算法设计与分析[M]. 3 版. 北京: 清华大学出版社.

严蔚敏, 吴伟民, 2021. 数据结构(C 语言版)[M]. 北京: 清华大学出版社.

Alsuwaiyel M H, 2023. 算法设计技巧与分析(修订版)[M]. 曹霑懋, 译. 北京: 电子工业出版社.

Cormen T H, Thomas H, 2006. 算法导论[M]. 潘金贵, 译. 北京: 机械工业出版社.

Eckel B, 2000. C++编程思想[M]. 刘宗田, 等, 译. 北京: 机械工业出版社.

Knuth D E, 2002a. 计算机程序设计艺术 第 3 卷: 排序与查找(英文影印版)[M]. 北京: 清华大学出版社.

Knuth D E, 2002b. 计算机程序设计艺术 第 1 卷: 基本算法(英文影印版)[M]. 北京: 清华大学出版社.

附　　录

附录 A　算法的书写规范

为了使算法及其程序实现描述规范，方便阅读、理解和交流，养成良好的算法描述与表达习惯是重要的。对于算法的书写和描述，要注意以下几点注意事项和规范。

(1) 算法说明。算法说明又称算法的规格说明，是一个算法的完整描述不可或缺的组成部分。算法说明包含功能、参数和结构等内容，其基本内容包含：

①功能说明　//算法要完成的功能(可以从 IPO 角度描述)

②参数说明　//算法输入输出参数的含义和用途说明或注解

③其他说明　//算法的全局变量和外部变量说明(如入口初值和条件、数据结构等)

其他说明包含问题背景和参数数据结构等，如链表是否带头结点、表中元素是否有序、是升序还是降序等信息。

一般而言，算法说明可以使算法设计者和使用者准确判别算法功能的正确性、算法执行的前提条件和预期的执行返回结果等，以便正确定义和使用算法。在大型软件系统中，一般还会描述算法和程序的说明时间，包含重大修改版本时间等。算法说明时还要注意，应当假设由算法划分出来的子问题模块(子算法)是能够实现的。

(2) 注释和断言。在算法描述中，为了提高可读性，一般需要对关键性语句或语句组进行注释。注释表达的抽象程度应略高于算法语句或语句组。注释是适当即可，不是越多越好，关键是注释的质量。注释含义要准确、清晰和简洁。高质量的注释一般要多用断言式(assertion)表达，它是增强算法可读性的重要手段。

(3) 输入和输出。算法的输入输出关系说明是理解算法过程的基础。一般情形下，输入和输出通过参数、输入输出语句、全局变量或外部变量形式传递。针对具体算法，可以在算法参数说明中对输入输出参数关系加以说明，也可以在算法过程中注释和说明。

(4) 错误信息处理。错误信息的处理一般通过函数返回值或特定的异常处理过程完成。在算法设计中，应尽量使用函数返回值形式返回执行状态，以便进行异常处理。

(5) 语句选用。尽量使用一致的类 C 语言描述习惯，以便阅读、理解和交流，如用 if else、while、for、do while 等 C 语言控制结构语句表达算法处理过程。

(6) 其他建议。对算法思想和过程说明时，尽量结合图表描述。在算法设计和书写完成后，尽量使用输入参数的边界条件值对算法进行执行验证，以便观察或确认算法是否顺利执行。

算法书写的说明实例如下所示。

例 1　从线性表中删除 k 个元素。

Status Delete(SqList &a,int i,int k)

//从顺序存储的线性表 a 中删除第 i 个元素开始的 k 个元素

例 2　一元多项式求值。

float Evaluate(SqPoly pn,float x)

//变元 x 值确定的情况下，计算多项式 pn 的值。注意：算法不判别计算是否溢出

//公式：$\sum_{i=1}^{m} a_i x^{e_i}$

//pn：以结构体形式存放每项的值，采用顺序存储结构，其中，pn.data[i].coef 和

//pn.data[i].exp 分别存放第 i 项的系数 a_i 和指数 e_i

//多项式 pn 的各项按指数升序排列，即满足 $0 \leqslant e_1 \leqslant e_2 \leqslant \cdots \leqslant e_m$，且指数非负

例 3　双栈的入栈操作。

void push(TwoWayStack &tws, int i, ElemType x, bool &overflow)

//将元素 x 入栈 i(i：栈序号)，栈 i 满时不改变栈指针，overflow=TRUE

//两栈共享空间 tws.elem[0..m-1]，栈顶在空间的两端，记在 tws.top[0]和 tws.top[1]中

//两栈表示范围：tws.data[0..tws.top[0]]—栈一，tws.data[tws.top[1]..m-1]—栈二

附录 B　带头结点和尾指针的链表结构基本操作定义描述

(1)带头结点和尾指针的线性表存储结构。

```
typedef struct LNode { //结点结构
   ElemType data;
   struct LNode *next;
} *Link, *Position;
typedef struct {  //链表结构
   Link head, tail; //头结点和尾结点指针
   int len;         //线性链表中元素个数(表的长度)
} LinkList;
```

(2)基于 LinkList 的基本操作定义描述。

```
Status InitList(LinkList &L); //构造空表 L
Status DestroyList(LinkList &L); //销毁表 L(包含头结点)
Status MakeNode(Link &p,ElemType e); //为 e 分配结点 p
void FreeNode(Link &p); //释放结点 p
Status ClearList(LinkList &L); //将表 L 清空并释放结点空间
Status InsFirst(Link h,Link s); //将 s 插入头结点 h 之前
Status DelFirst(Link h,Link &q); //删除 h 的第一个结点并由 q 返回
Status Append(LinkList &L,Link s); //将 s 串接在线性表 L 尾部
```

```
Status Remove(LinkList &L,Link &q); //删除 L 的尾结点并由 q 返回
Status InsBefore(LinkList &L,Link &p,Link s); //将 s 插入到 L 的 p 点之前
Status InsAfter(LinkList &L,Link &p, Link s); //将 s 插入到 L 的 p 点之后
Status SetCurElem(Link &p, ElemType e); //用 e 替换 p 的元素值
ElemType GetCurElem(Link p); //返回 p 所指结点的元素值
Status ListEmpty(LinkList L); //表 L 空时返回 TRUE;否则返回 FALSE
int ListLength(LinkList L); //返回 L 结点个数(表长)
Position GetHead(LinkList L); //返回 L 头结点位置
Position GetLast(LinkList L); //返回 L 尾结点位置
Position PriorPos(LinkList L,Link p); //返回 L 中 p 的前驱位置，无时返回 NULL
Position NextPos(LinkList L,Link p); //返回 L 中 p 的后继位置，无时返回 NULL
Status LocatePos(LinkList L,int i,Link &p); //返回 L 第 i 个结点 p，否则返回 ERROR
Position LocateElem(LinkList L,ElemType e,Status (*compare) (ElemType,ElemType));
//返回 L 中值为 e 的结点位置，比较方法是采用 compare 函数
Status ListTraverse(LinkList L,Status (*visit) ()); //遍历并对结点作 visit 处理
```

(3)算法设计或描述。

一些基本操作与表的长度相关，如 DestroyList()、ClearList()、Remove()、InsBefore()、PriorPos()、LocatePos()、LocateElem()和 ListTraverse()等。因此，其执行时间复杂度与表长成正比，但 Append()只与插入结点个数成正比。以上基本操作的具体算法实现，需要由读者在实际应用时自己完成，以便应用于复杂算法的设计与描述。

附录 C　重要概念与术语

第 1 章　绪论

数据—data

数据元素或结点—data element/node

数据域—data field

数据项—data item

数据对象—data object

数据结构—data structure (DS)

数据类型—data type

原子数据类型—atom data type

结构数据类型—structure data type

抽象数据类型—abstract data type (ADT=(D,S,P))

固定聚合类型—fixed-aggregate data type

可变聚合类型—variable-aggregate data type

逻辑结构—logical structure
物理结构或存储结构—physical structure
集合关系—set relationship (none)
线性关系—linear relationship (one-to-one)
树关系—tree relationship (one-many)
图关系—graph relationship (many-to-many)
存储映射—storage mapping
顺序映射—sequential mapping
非顺序映射—non-sequential mapping
虚拟存储结构—virtual storage structure
输入-处理-输出—input process output (IPO)
传值型—value copy
地址引用型—address reference
算法—algorithm
原子操作—atom operation
基本操作—basic operation
时空效率—time-space efficiency
渐近时间复杂度—asymptotic time complexity
平均时间复杂度—average time complexity
最坏情形时间复杂度—the worst-case complexity of time
原地工作—local working

第 2 章 集合与线性表

集合—set
线性表—linear list
头元素—first element
尾元素—last element
前驱元素—prior element
后继元素—next element
空表—null/empty list
顺序表—sequential list
静态数组—static array
动态数组—dynamic array
链表—link table/link list
结点—node
数据域—data domain/field
指针域—pointer domain/field

单链表—single link list
头结点—head node
尾结点—tail node
动态链表—dynamic link list
静态链表—static link list
循环链表—circular link list
双向链表—double link list
多项式项—polynomial item/term
系数—coefficient
指数—exponent

第 3 章　堆栈和队列

堆栈或栈—stack
栈底—bottom
栈顶—top
栈底元素—bottom element
栈顶元素—top element
后进先出—LIFO—last in first out
先进后出—FILO—first in last out
入栈/压入—push
出栈/弹出—pop
递归—recursion
递归函数—recursion function
递归调用—recursion call
直接递归调用—directly recursion call
间接递归调用—indirectly recursion call
队列—queue
入队—enter queue
出队—delete queue
先进先出—FIFO—first in first out
后进后出—LILO—last in last out
队头—front/head
队尾—rear/tail
队空—queue empty/null
队满—queue full
循环队列—circular queue

第 4 章　字符串

字符串—string
空串—null string
子串/子字符串—substring
主串/主字符串—main string
源串/原始字符串—source string
目标字符串—target string
最小操作子集—minimum operation subset
定长顺序存储结构—fixed sequential structure
块链—chunk link/block chain
模式串—pattern string
模式匹配—pattern match
KMP—Knuth-Morris-Pratt

第 5 章　数组和广义表

维长—dimension length
维界—dimension boundary
行向量—row vector
列向量—column vector
稀疏矩阵—sparse matrix
非稀疏矩阵—non-sparse matrix
稀疏因子—sparse factor
三元组稀疏矩阵—triplet sparse matrix (TSMatrix)
行逻辑链稀疏矩阵—row link sparse matrix (RLSMatrix)
十字交叉链表—cross link list / orthogonal link list
广义表—general list
原子—atom
列表—list
表头—head
表尾—tail
基本项—base item
归纳项—induction item
多元多项式—multi-variate polynomial

第 6 章 树和二叉树

树—tree
空树—null tree
根—root
单根树—single root tree
子树—subtree
树结点—tree node
分支数—branch number
叶子结点—leaf node
终端结点—terminal node
非终端结点—non-terminal node
内部结点—inner node
结点的度—node degree
树的度—tree degree
树的高度—tree height
树的深度—tree depth
层的宽度—level width
树的宽度—tree width
有序树—ordered tree
无序树—unordered tree
孩子—child
父亲—father
双亲—parent
兄弟—sibling
祖先—ancestor
子孙—descendant
堂兄弟—cousin
第一个孩子—first child
最后一个孩子—last child
森林—forest
二叉树—binary tree
满二叉树—full binary tree
完全二叉树—complete binary tree
非完全二叉树—incomplete binary tree
空二叉树—null binary tree
遍历—traverse

二叉树遍历—traverse of binary tree
中序遍历—inorder traverse
先序遍历—preorder traverse
后序遍历—postorder traverse
层次遍历—levelorder traverse
表达式树或表达式的二叉树表示—binary tree of expression
前缀表达式或波兰式—prefix expression or Polish notation—PN
中缀表达式—infix expression
后缀表达式或逆波兰式—suffix expression or reverse Polish notation—RPN
线索二叉树—threaded binary tree
双亲树结点—parent tree node—PTNode
孩子树结点—child tree node—CTNode
孩子兄弟结点—child sibling node—CSNode
哈夫曼树/最优二叉树/严格二叉树/正则二叉树/带权路径长度最短树—Huffman tree
结点路径—node path
结点路径长度—node path length
树的路径长度—tree path length—TPL
带权结点—weight node
结点的带权路径长度—node weight path length
树的带权路径长度—tree weight path length—WPL
最短路径二叉树—shortest path binary tree
前缀编码—prefix code
二进制前缀码—binary prefix code

第 7 章　图

图—graph
顶点—vertex
边—edge
弧—arc
有向图—directed graph/digraph
无向图—undirected graph/un-digraph
完全图—completed graph
稀疏图—sparse graph
稠密图—dense graph
网络—network
有向网—directed network
无向网—un-digraph network

子图—subgraph
邻接点—adjacent node
顶点的度—vertex degree
入度—in degree
出度—out degree
路径—path
路径长度—path length
回路/环—cycle
简单路径—simple path
简单回路—simple cycle
最短路径—shortest path
连通图—connected graph
非连通图—un-connected graph
强连通图—strongly-connected graph
弱连通图—weakly-connected graph
连通分量—connected component
强连通分量—strongly-connected component
弱连通分量—weakly-connected component
生成树—spanning tree
生成森林—spanning forest
有向树—directed tree
图的邻接矩阵存储结构—matrix of graph—MGraph
邻接表—adjacent list
图的邻接表存储结构—adjacent list of graph—ALGraph
十字链表/十字交叉链表—orthogonal list/cross link list
图的十字交叉链表存储结构—orthogonal list of graph—OLGraph
邻接多重表—adjacent multi-list
图的邻接多重表存储结构—adjacent multi-list of graph—AMLGraph
深度优先搜索—depth first search—DFS
广度优先搜索—breadth first search—BFS
深度优先生成树—DFS spanning tree
广度优先生成树—BFS spanning tree
最小生成树—minimum-cost spanning tree—MST/MCST
关节点或割点—joint/articulation point 或 cut point
重连通图—biconnected graph
图的连通度—connectivity of graph
有向无环图—directed acycline graph
拓扑排序—topological sort

偏序—partial order
全序—total order
AOV 网—activity on vertex network
AOE 网—activity on edge network
源点—source point
汇点—convergence point/conflux
关键路径—critical path
终点—destination point

第 8 章　内部排序

关键字—key
主关键字—primary key
次关键字—secondary key
排序—sorting
稳定排序—stationary sorting
非稳定排序—non-stationary sorting
内部排序—internal sorting
外部排序—external sorting
直接插入排序—straight insertion sort
交换排序—swap sort
冒泡排序—bubble sort
快速排序—quick sort
划分—partition
支点—pivot
简单选择排序—simple selection sort
锦标赛排序/树形选择排序—tournament sort/tree select sort
堆排序—heap sort
筛选—filtering
堆调整—heap adjust
最高位优先排序—most significant digit first sort(MSD)
最低位优先排序—least significant digit first sort(LSD)
分配—allocation
收集—collection
基数—radix
逻辑关键字—logical keyword
基数排序/桶排序—radix sorting/bucket sorting

第 9 章　查找

查找—searching
查找表—search table（ST）
静态查找表—static search table（SST）
动态查找表—dynamic search table（DST）
顺序查找—sequential search
平均查找长度—average search length（ASL）
折半查找—binary search
静态最优查找树—static optimal search tree
近似最优查找树—nearly optimal search tree
索引顺序查找法/分块索引查找法—indexed sequential search/block index search
二叉排序树—binary sort tree
平衡二叉树/高度平衡树/AVL 树—balanced binary tree / height-balanced tree / Adelson-Velsky Landis tree
数字查找树/前缀树/字典树—digital search tree/trie tree/prefix tree
Hash 冲突—Hash collision
直接地址法—direct address
再散列法—reHash
链地址法—chain Hash
公共溢出区域法—public overflow area
Hash 装填因子—Hash loading factor

附录 D　重要数据结构与算法

第 2 章　集合与线性表

SqSetList—集合的动态顺序结构
SqList—线性表的动态顺序结构
LinkList—动态链表结构
SLinkList—静态链表结构
DuLinkList—动态双向链表结构
polynomial—一元多项式含头尾指针的链表结构
算法 2-1—InitSet_Sq()—基于 SqSetList 的集合初始化
算法 2-2—DestroySet_Sq()—基于 SqSetList 的集合销毁
算法 2-3—SetInsert_Sq()—基于 SqSetList 的集合元素插入
算法 2-4—SetDelete_Sq()—基于 SqSetList 的集合元素删除

算法 2-5—unionList()—基于 ADT List 的集合的并
算法 2-6—MergeList()—基于 ADT List 的有序表的并
算法 2-7—InitList_Sq()—基于 SqList 的线性表初始化
算法 2-8—ListInsert_Sq()—基于 SqList 的线性表元素插入
算法 2-9—ListDelete_Sq()—基于 SqList 的线性表元素删除
算法 2-10—LocateElem_Sq()—基于 SqList 的线性表元素查找定位
算法 2-11—CreateList_L()—基于 LinkList 的单链表创建
算法 2-12—GetElem_L()—基于 LinkList 的元素结点获取
算法 2-13—ListInsert_L()—基于 LinkList 的元素结点插入
算法 2-14—ListDelete_L()—基于 LinkList 的元素结点删除
算法 2-15—DestroyList_L()—基于 LinkList 的结点空间回收
算法 2-16—MergeList_L()—基于 LinkList 的有序表合并
算法 2-17—InitSpace_SL()—基于 SLinkList 的链表初始化
算法 2-18—Malloc_SL()—基于 SLinkList 的链表结点空间分配
算法 2-19—Free_SL()—基于 SLinkList 的链表结点空间回收
算法 2-20—LocateElem_SL()—基于 SLinkList 的链表结点获取
算法 2-21—CreateSetList_SL()—基于 SLinkList 的集合创建
算法 2-22—Difference_SL()—基于 SLinkList 的集合差运算
算法 2-23—ListInsert_Dul()—基于 DuLinkList 的双向链表结点插入
算法 2-24—ListDelete_Dul()—基于 DuLinkList 的结点删除
算法 2-25—cmp()—多项式的比较
算法 2-26—CreatePolyn()—多项式的创建
算法 2-27—AddPolyn()—多项式的加法

第 3 章　堆栈与队列

SqStack—堆栈的动态顺序结构(包含迷宫问题的动态顺序拓展结构)
LinkQueue—队列的动态链表结构
SqQueue—队列的动态顺序结构
算法 3-1—StackEmpty()—基于 SqStack 的栈空判定
算法 3-2—GetTop()—基于 SqStack 的栈顶元素获取
算法 3-3—Push()—基于 SqStack 的元素压栈
算法 3-4—Pop()—基于 SqStack 的元素出栈
算法 3-5—InitStack()—基于 SqStack 的堆栈初始化
算法 3-6—Push()—基于 LinkStack 的元素压栈
算法 3-7—Pop()—基于 LinkStack 的元素出栈
算法 3-8—GetTop()—基于 LinkStack 的栈顶元素获取
算法 3-9—conversion_ND()—将十进制数 N 转换成 d 进制数的算法($d<10$)

算法 3-10—MazePath()—迷宫问题求解算法
算法 3-11—EvaluateExpression()—表达式求解算法
算法 3-12—Hanoi()—*n* 阶汉诺塔移动游戏总体调度算法
算法 3-13—move()—*n* 阶汉诺塔的单碟移动
算法 3-14—InitQueue()—基于 LinkQueue 的队列初始化
算法 3-15—DestroyQueue()—基于 LinkQueue 的队列空间回收
算法 3-16—EnQueue()—基于 LinkQueue 的队列入队
算法 3-17—DeQueue()—基于 LinkQueue 的队列出队
算法 3-18—InitQueue()—基于 SqQueue 的循环队列初始化
算法 3-19—EnQueue()—基于 SqQueue 的循环队列入队
算法 3-20—DeQueue()—基于 SqQueue 的循环队列出队
算法 3-21—QueueEmpty()—基于 SqQueue 的循环队列是否为空判定
算法 3-22—QueueFull()—基于 SqQueue 的循环队列是否为满判定
算法 3-23—QueueLength()—基于 SqQueue 的循环队列长度获取

第 4 章　字符串

SString—字符串的静态定长顺序结构
HString—字符串的动态定长顺序结构
LString—字符串的块链存储结构
算法 4-1—Index()—一般串结构的子串位置索引获取
算法 4-2—StrAssign()—基于 SString 的串赋值
算法 4-3—Concat()—基于 SString 的串接
算法 4-4—SubString()—基于 SString 的子串获取
算法 4-5—StrAssign()—基于 HString 的串赋值
算法 4-6—StrLength()—基于 HString 的串长获取
算法 4-7—StrCopy()—基于 HString 的字符串复制
算法 4-8—StrInsert()—基于 HString 的子串插入
算法 4-9—StrCompare()—基于 HString 的串比较
算法 4-10—Concat()—基于 HString 的串接
算法 4-11—SubString()—基于 HString 的子串获取
算法 4-12—ClearString()—基于 HString 的串清空
算法 4-13—Concat()—基于 LString 的串接
算法 4-14—DestroyString()—基于 LString 的串销毁
算法 4-15—Index()—基于 SString 的模式匹配算法
算法 4-16—calculateNext()—基于 SString 的 KMP 子算法 next 的计算
算法 4-17—IndexKMP()—基于 SString 的 KMP 模式匹配算法
算法 4-18—calculateNewNext()—基于 SString 的 KMP 子算法 next 的优化

第 5 章　数组和广义表

Array—n 维数组的一般结构
Array2—2 维静态数组结构
TSMatrix—稀疏矩阵基于三元组的静态顺序结构
RLSMatrix—稀疏矩阵基于行逻辑链存储思想的三元组顺序结构
CrossList—稀疏矩阵的十字交叉链表存储结构
GList—广义表的链表存储结构
MPList—m 元多项式的广义表存储结构
算法 5-1—InitArray()—n 维数组的一般初始化算法
算法 5-2—TransposeSMatrix()—基于 TSMatrix 的矩阵转置
算法 5-3—FastTransposeSMatrix()—基于 TSMatrix 的稀疏矩阵快速转置
算法 5-4—MultSMatrix()—基于 RLSMatrix 的稀疏矩阵乘法
算法 5-5—CreateSMatrix_Cross()—基于 CrossList 的稀疏矩阵十字交叉链表创建
算法 5-6—AddSMatrix_Cross()—基于 CrossList 的稀疏矩阵加法
算法 5-7—insertNodeRow()—基于 CrossList 的稀疏矩阵结点插入
算法 5-8—deleteNodeRow()—基于 CrossList 的稀疏矩阵结点删除
算法 5-9—GListDepth()—基于 GList 的广义表深度获取
算法 5-10—GListLength()—基于 GList 的广义表宽度或长度获取
算法 5-11—GetTail()—基于 GList 的广义表尾部获取
算法 5-12—CopyGList()—基于 GList 的广义表复制
算法 5-13—GetHead()—基于 GList 的广义表头部获取
算法 5-14—departHTString()—基于 GList 的广义表符号分离
算法 5-15—CreateGList()—基于 GList 的广义表创建

第 6 章　树和二叉树

SqBiTree—二叉树的顺序存储结构
BiTree—二叉树的二叉链链式存储结构
BiTreeThree—二叉树的三叉链链式存储结构
BiThrTree—线索二叉树的二叉链链式存储结构
PTree—树的基于顺序结构的双亲表示法
CTree—树的基于链接结构的孩子表示法
CSTree—树的基于链式结构的孩子兄弟表示法
HuffmanTree—基于动态分配顺序结构的 Huffman 树存储结构
HuffmanCode—基于动态分配的 Huffman 编码存储结构(本质上是字符串数组结构)
算法 6-1—PreOrderTraverse()—基于 BiTree 的先序递归遍历算法
算法 6-2—InOrderTraverse()—基于 BiTree 的中序非递归遍历算法

算法 6-3—InOrderTraverse()—基于 BiTree 的中序非递归遍历优化算法
算法 6-4—CreateBiTree()—基于 BiTree 的二叉树创建算法
算法 6-5—InOrderThreading()—基于 BiThrTree 的中序线索化算法
算法 6-6—InOrderTraverseThreaded()—基于 BiThrTree 的非递归中序遍历算法
算法 6-7—HuffmanCodingRootToLeaf()—基于 HuffmanTree 的字符编码算法

第 7 章 图

MGraph—基于邻接矩阵的图存储结构
ALGraph—基于邻接表的图存储结构
OLGraph—基于十字交叉链表的图存储结构
AMLGraph—基于邻接多重表的图存储结构
closedgeType—Prim 算法中的辅助数组结构(记录 V-U～U 的所有最小代价边)
算法 7-1—CreateGraph()—图创建的框架算法，包含 DG、DN、UDG 和 UDN
算法 7-2—CreateUDN()—创建无向网的算法
算法 7-3—CreateUDG_AL()—创建无向图的邻接表
算法 7-4—CreateDG_OLG()—创建有向图的十字交叉链表
算法 7-5—DFSTraverse()—深度优先遍历总调度算法
算法 7-6—DFS()—从给定顶点进行深度遍历的算法
算法 7-7—BFSTraverse()—宽度优先遍历算法
算法 7-8—DFSForest()—深度优先森林生成算法
算法 7-9—DFSTree()—从给定顶点获取深度优先生成树
算法 7-10—MiniSpanTreePrim()—基于 Prim 思想的最小生成树生成算法
算法 7-11—minimum()—从 U 和 V-U 中选取最小代价边的算法
算法 7-12—DFSJoint()—从给定顶点出发的关节点算法
算法 7-13—FindJoint()—寻找图中所有关节点算法
算法 7-14—TopologicalSort()—基于 ALGraph 的 Top 排序算法
算法 7-15—TopologicalOrder()—基于 ALGraph 的 Top 排序优化算法
算法 7-16—CriticalPath()—基于 ALGraph 的关键路径算法
算法 7-17—ShortestPathDijkstra()—基于 MGraph 的 Dijkstra 最短路径算法
算法 7-18—ShortestPathFloyd()—基于 MGraph 的 Floyd 最短路径算法

第 8 章 内部排序

SqList—基于 RedType 记录结构的静态顺序表
SLinkListType—基于 SLNode 的静态顺序链表结构
SLList—基于 SLCell 的链式基数排序存储结构
算法 8-1—InsertSort()—基于 SqList 的直接插入排序

算法 8-2—BinarySearchInsertSort()—基于 SqList 的折半查找直接插入排序
算法 8-3—Rearrange()—基于 SLinkList 的静态链表插入排序
算法 8-4—ShellSort()—基于 SqList 的 Shell 排序总调度算法
算法 8-5—ShellInsertSort()—基于 SqList 的一趟 Shell 排序算法
算法 8-6—Partition()—基于 SqList 的划分算法
算法 8-7—PartitionBetter()—基于 SqList 的划分优化算法
算法 8-8—QuickSort()—基于 SqList 的快速排序的总体调度算法
算法 8-9—SelectSortSimple()—基于 SqList 的简单选择排序算法
算法 8-10—HeapAdjust()—基于 HeapType 的小顶堆调整算法
算法 8-11—HeapSort()—基于 HeapType 的小顶堆排序整体调度算法
算法 8-12—Merge()—基于 RedType 的有序表合并算法
算法 8-13—MSort ()—基于 RedType 的归并总体调度算法
算法 8-14—RadixDistribute()—基于 SLCell 的基数排序分配子算法
算法 8-15—RadixCollect()—基于 SLCell 的基数排序回收子算法
算法 8-16—RadixSort()—基于 SLCell 的基数排序总体调度算法
算法 8-17—RearrangeAddressSort()—基于 SqList 的地址重排排序算法

第 9 章 查找

SSTable—静态顺序查找表
BSTree—带平衡因子的二叉树存储结构
BTree—*m* 阶 B-树存储结构
DLTree—键树基于孩子兄弟法的双链存储结构
TrieTree—键树基于多重链表表示的存储结构
算法 9-1—SearchSequential()—基于 SSTable 的静态顺序查找算法
算法 9-2—SearchBinary()—基于 SSTable 的静态折半查找算法
算法 9-3—SearchBST()—基于 BiTree 的二叉排序树查找算法
算法 9-4—SearchBSTModified()—基于 BiTree 的二叉排序树查找改进算法
算法 9-5—InsertBST()—基于 BiTree 的二叉排序树查找插入算法
算法 9-6—DeleteBST()—基于 BiTree 的二叉排序树的查找删除总调度算法
算法 9-7—DeleteNode()—基于 BiTree 的二叉排序树的结点删除算法
算法 9-8—LL_Balance()—基于 BSTree 的平衡二叉树的 LL 型调整算法
算法 9-9—LR_Balance()—基于 BSTree 的平衡二叉树的 LR 型调整算法
算法 9-10—RR_Balance()—基于 BSTree 的平衡二叉树的 RR 型调整算法
算法 9-11—RL_Balance()—基于 BSTree 的平衡二叉树的 RL 型调整算法
算法 9-12—Insert_AVL()—基于 BSTree 的平衡二叉树总调度算法
算法 9-13—Left_Balance()—基于 BSTree 的平衡二叉树左平衡子算法

附录E 图表

第1章 绪论

第2章 集合与线性表

第 3 章 堆栈和队列

第 4 章 字符串

第 5 章　数组和广义表

第 6 章　树和二叉树

第 7 章　图

第 8 章 内部排序

第 9 章　查找

附录 F 实验指导手册

本手册可作为数据结构课程的实验作业参考。实验任务或内容可根据实际教学情况适当扩展或缩减。对于实验准备、实验过程、实验结果与报告撰写，其基本要求如下。

实验准备：实验环境准备(硬件和软件环境)。主要涉及实验题目相关的数据结构、算法设计与分析准备，包含流程图、测试用例、程序代码等。

实验过程：根据实验准备阶段准备的素材，逐一编辑和调试题目相关的数据结构和算法等，记录实验过程和结果，包含各种用例测试，为实验报告撰写做好准备。

实验结果与报告撰写：根据实验结果，撰写实验报告。它包括实验过程和结果记录、数据结构与算法时空复杂度分析等，通过实验获得的知识、经验或教训等。

以下给出的是各实验的实验目的和实验内容。

实验一　类 C 算法描述与 C 语言程序实现基础(2 学时)

实验目的：

(1) 复习 C 语言编程基础(函数、指针、动态内存空间分配等)。

(2) 熟悉算法的类 C 描述及其 C 语言源程序实现的基本技巧。

(3) 加深对数据对象逻辑结构和物理结构关系的理解。

(4) 熟悉算法的时空复杂度分析方法。

实验内容：

(1) 输入一组数，存入数组中，寻找输入数据中的最大值和最小值。要求数组中的元素个数由函数动态给出，结果通过函数参数形式返回。

(2) 对冒泡排序的以下算法类 C 描述，用 C 语言程序加以实现。要求不改变排序算法的类 C 描述框架结构。

```
void bubble_sort(int a[],int n)
{
    for(i=n-1,change=TRUE;i>=1 && change;--i)
    {
        change=FALSE;
        for (j=0;j<i;++j)
            if (a[j]>a[j+1]) {a[j]<---->a[j+1];change=TRUE;}
    }
} //bubble sort
```

(3) 对于给定的一元多项式 $f(x)$，当给定自变量 x 的值 x_0 时，求 $f(x_0)$ 的值。试设计算法的类 C 描述，并用 C 语言程序实现之。

实验二　线性表及其应用(2～4 学时)

实验目的：

(1) 熟悉线性表的 ADT 及其存储结构和基本操作算法实现特点。

(2) 针对给定问题，运用线性表存储结构和基本操作进行问题求解算法设计和实现。

(3) 熟练掌握线性表的顺序存储结构和动态存储结构的差异。

实验内容：(任选其二)

(1) 设计并实现一元多项式的加、减、乘、除运算的算法(加法必做，其他选做)。

(2) 设计并实现有序表的并的算法。

(3) 设计并实现集合的并、交、补、差运算的算法。

(4) 设计并实现约瑟夫问题的求解算法。

注：存储结构可以选静态数组、动态数组、静态链表或动态链表。选择链表存储结构时，可以采用单向链表、双向链表或单向循环链表形式。

实验三　堆栈和队列及其应用(4～6 学时)

实验目的：

(1)掌握堆栈和队列的 ADT 及其存储结构和基本操作算法实现特点。

(2)运用堆栈和队列的逻辑结构、存储结构和基本操作，进行问题求解的算法设计和实现。

实验内容：(任选其二)

(1)设计并实现堆栈和队列的各种操作算法(必做)。

(2)设计并实现算术表达式计算的算法。

(3)设计并实现迷宫问题的搜索求解算法。

实验四　字符串操作基础(2 学时)

实验目的：

掌握字符串 ADT 的存储结构和基本操作算法的设计与实现特点。

实验内容：

(1)设计并实现求字符串长度的算法。

(2)设计并实现求子串的算法。

(3)设计并实现字符串的串接合并算法。

(4)设计并实现字符串的子字符串置换算法。

(5)设计并实现字符串的子字符串插入算法。

注：存储结构可以选 SString 或 HString，也可以是链表或块链结构。

实验五　稀疏矩阵运算的三元组实现(4 学时)

实验目的：

掌握稀疏矩阵的三元组表示方法、算法设计与实现方法。

实验内容：(任选其二)

(1)设计并实现基于三元组表示的稀疏矩阵的输入、输出算法(必做)。

(2)设计并实现基于三元组表示的稀疏矩阵加法算法。

(3)设计并实现基于三元组表示的稀疏矩阵转置算法。

(4)设计并实现基于三元组表示的稀疏矩阵乘法算法。

实验六　二叉树的基本算法(4 学时)

实验目的：

(1)掌握树和二叉树基本概念，以及其顺序与链式存储结构的特点。

(2)熟练掌握二叉树的创建、遍历等基础算法。

(3)掌握二叉树的线索化原理，以及基于线索的二叉树遍历算法。

实验内容：(任选其二)

(1)设计并实现二叉树的基本算法(如创建、输出和结点插入等)(必做)。

(2)设计并实现二叉树的先序、后序、中序遍历算法。

(3)设计并实现二叉树的深度计算算法。

(4)设计并实现线索二叉树的建立和遍历算法。

实验七 Huffman 树与 Huffman 树编码算法(4 学时)

实验目的：

掌握 Huffman 树的编码方法和算法实现。

实验内容：(任选其二)

(1)建立 Huffman 树编码算法的表示结构。设计并实现以下算法：对给定的输入字符串进行 Huffman 编码，并输出字符串的编码方案。

(2)设计并实现以下算法：对于给定字符串，利用 Huffman 树编码算法对其进行编码，并输出编码结果。

(3)设计并实现以下算法：对于给定的 Huffman 树编码串，利用已有的 Huffman 树编码方案对其进行解码，并输出解码结果字符串。

实验八 图的建立与遍历算法(4 学时)

实验目的：

(1)熟练掌握图的邻接矩阵和邻接表的存储方式。

(2)熟练掌握图的基本运算算法(如图的遍历)。

(3)掌握常见的应用算法，如 MST 生成、Top 排序、关键路径、最短路径等。

实验内容：(任选其二)

(1)设计并实现图的基本存储结构和运算算法，包含 DFS()和 BFS()(必做)。

(2)设计并实现 MST 生成算法(Prim 或 Kruskal)。

(3)设计并实现 Top 排序算法。

(4)设计并实现关键路径算法。

(5)设计并实现最短路径算法(Dijkstra 或 Floyd)。

实验九 内部排序算法(4 学时)

实验目的：

(1)熟练掌握各种排序的算法思想。

(2)掌握快速排序、堆排序、归并排序等算法的实现方法。

(3)熟悉各种排序算法的时空复杂度分析方法。

实验内容：(任选其二)

(1)选择排序的算法实现(简单选择排序和堆排序)(必做)。

(2)交换排序的算法实现(快速排序和冒泡排序)。

(3)插入排序的算法实现(直接插入排序、Shell 排序和 2-路插入排序)。

(4)归并排序的算法实现。

(5)多关键字排序的算法实现(LSD 或 MSD)。

实验十　查找算法实验(2 学时)

实验目的：

(1)熟练掌握各种静态查找表方法的基本思想(顺序、折半、索引顺序表等)。

(2)熟练掌握二叉排序树的构造方法和元素查找方法。

(3)了解和掌握其他相关的查找方法。

实验内容：(任选其二)

(1)顺序查找的算法实现(必做)。

(2)折半查找的算法实现。

(3)二叉排序树的构造算法与查找算法实现。

(4)哈希表的查找算法实现。